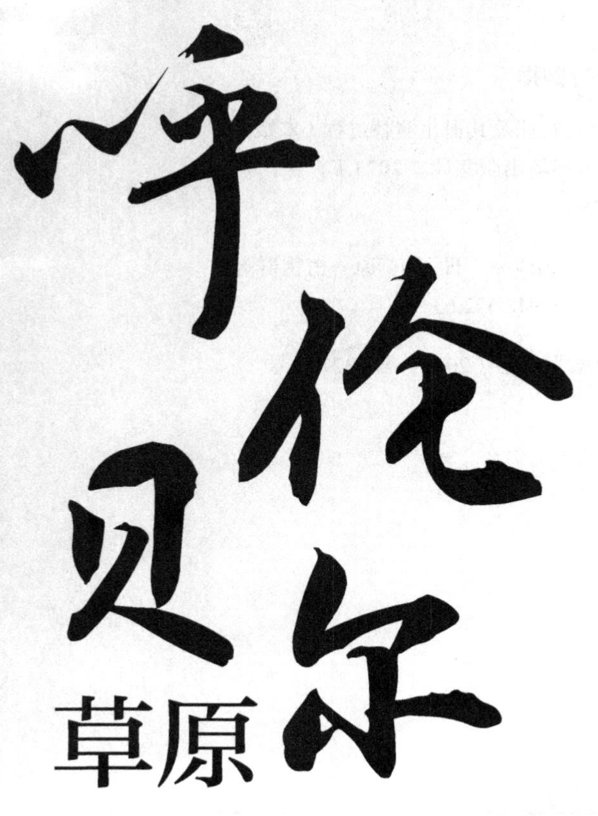

呼伦贝尔草原

Plant Community Characteristics and Degeneration Succession Process of **Hulun Buir Steppe**

植物群落特征及其退化演替过程

朱媛君　杨晓晖 / 著

中国环境出版集团 · 北京

图书在版编目（CIP）数据

呼伦贝尔草原植物群落特征及其退化演替过程 / 朱媛君，杨晓晖著．—北京：中国环境出版集团，2023.1
ISBN 978-7-5111-5075-2

Ⅰ．①呼…　Ⅱ．①朱…　②杨…　Ⅲ．①草原—植物群落—研究—呼伦贝尔市　Ⅳ．①Q948.522.63

中国版本图书馆 CIP 数据核字（2022）第 032154 号

出 版 人　武德凯
责任编辑　赵惠芬
装帧设计　彭　杉

出版发行　中国环境出版集团
（100062 北京市东城区广渠门内大街 16 号）
网　　址：http://www.cesp.com.cn
电子邮箱：bjgl@cesp.com.cn
联系电话：010-67112765（编辑管理部）
010-67112736（第六分社）
发行热线：010-67125803，010-67113405（传真）
印　　刷　北京建宏印刷有限公司
经　　销　各地新华书店
版　　次　2023 年 1 月第 1 版
印　　次　2023 年 1 月第 1 次印刷
开　　本　787×1092　1/16
印　　张　22.75
字　　数　414 千字
定　　价　88.00 元

前　言

草原是世界上分布最广的植被类型，同时也是陆地生态系统中最重要的生态系统类型之一。草原不仅是畜牧业生产的重要基地，也是防止土地风蚀沙化、涵养水源的重要生态屏障，在区域气候、生物多样性、生态保护、生态系统服务和社会经济发展等方面发挥着重要作用，是生态环境保护的主要目标。草原生态系统的保育和可持续利用，是维持区域生态系统格局功能和农牧业可持续发展的关键。草原生物多样性与生态系统功能（Biodiversity and Ecosystem Functioning，BEF）关系一直是生态学领域的研究热点及核心问题。近 30 年，由于全球生物多样性的丧失，严重影响了生态系统服务和功能，尤其以草原生态系统较为严重，其对人类依赖的草原生态系统产品和服务造成的极大损害迫使研究人员对生物多样性与生态系统功能之间的耦合关系更加关注。对 BEF 耦合关系的深入研究，有利于草原生态系统功能和服务的合理利用和科学管理，同时可以为生态系统保护、恢复和可持续发展提供理论支持，为增进人类福祉提供科学参考。

作为我国北方目前保存最完整的天然草原，呼伦贝尔草原的群落生态学研究资料并不完整，从早期的《内蒙古植被》（1985 年），到后续的《中国呼伦贝尔草地》（1992 年），以及近年陆续发表的相关文献，均未对呼伦贝尔草原群落类型及特征进行大规模、全面、系统调查和分类。而呼伦贝尔草原涵盖欧亚温带草原区草甸草原和典型草原两大地带性分布的植被类型，同时非地带性的荒漠草原群落类型也有一定分布，群落类型多样，物种组成丰富。因此，对呼伦贝尔草原进行科学、系统、全面的群落调查，同时基于最新《中国植物志》的植被分类系统对呼伦贝尔草原植被类型进行分类，以及对草原群落生物多样性、生态系统功能进行系统研究，对于探索温带草原植被受气候变化和人类活动的影响有着重要生态意义。

近年来，草原退化已经成为全球最严重的环境问题之一，100 多个国家超过 2.5 亿人直接受到了草原退化的影响。由于气候变化和过度放牧等不合理的人类活动导致呼伦贝尔草原植被发生了显著变化，本书基于呼伦贝尔草原区 733 个样地共计 2 199 个群落样方数据，首次从较大尺度上全面、系统地建立呼伦贝尔草原植被分类系统，分析不同植被类型生物多样性 - 生态系统功能变化特征及其耦合关系；

同时对呼伦贝尔草原的不同草原利用方式对草原植被 BEF 变化特征的影响，探究草原利用方式对 BEF 耦合关系的作用机制，在此基础上，提出草原退化综合指数（Steppe Composite Degradation Index，SCDI），依据状态转换模型理论确定不同退化演替阶段，计算状态转换阈值并建立草原退化演替状态转换模型，构建草原退化综合评价指标体系，同时探究不同退化演替阶段草原 BEF 变化机制。本书的研究结果将为呼伦贝尔草原退化的防治奠定理论基础和实践指导，同时也可为相似区域的草原可持续经营和管理提供科学参考。

本书受国家自然科学基金面上项目（41971061）、国家自然科学基金国际合作项目（32061123005）以及国家重点研发计划项目课题（2016YFC0500908）资助出版。本书完成过程中得到中国林业科学研究院荒漠化研究所白建华、时忠杰、刘艳书、张晓、李思瑶等老师的帮助，在植物物种鉴定上得到内蒙古大学赵利清教授、内蒙古农业大学旭日博士、内蒙古大学阿拉坦主拉博士的帮助，在野外群落调查过程中得到呼伦贝尔学院山丹博士、中国林业科学研究院王百竹博士及王丹雨博士、北京林业大学图雅博士、河北农业大学刘雪莹硕士以及呼伦贝尔市草原工作站萨拉工程师的帮助，在土壤样品测试过程中得到国家林业和草原局内蒙古磴口荒漠生态系统定位观测研究站郝玉光研究员、葛根巴图博士和辛智鸣高级工程师的帮助，在书稿整理和校正过程中得到中国林业科学研究院史超逸硕士和赵京东硕士的帮助，在此对以上人员表示诚挚的谢意。同时也要特别感谢澳大利亚新南威尔士大学 David Eldridge 教授在本书完成过程中对数据分析及写作的指导和帮助。

本研究虽然对呼伦贝尔草原进行了为期四年的野外群落调查，并获取了大量的群落调查数据，但对于整个呼伦贝尔草原的群落类型并未面面俱到，同时著者水平有限，书中难免存在一些错误和不足，希望广大读者提出宝贵意见，以便进一步修订和完善。

朱媛君，杨晓晖
2022 年元月于北京

Preface

Steppe is the most widely distributed vegetation type in the world, as well as one of the most important ecosystem types in global terrestrial ecosystems. Steppe is not only an essential base for livestock production, but also an important ecological barrier for desertification combating and water conservation, as well as an important role in regional climate, biodiversity, ecological protection, ecosystem services and socio-economic development, thus is the main target of ecological protection. The conservation and sustainable use of steppe ecosystems is critical to maintaining the function of regional ecosystem patterns and the sustainable development of agriculture and animal husbandry. The study of the relationship between steppe biodiversity and ecosystem functioning (BEF) has been a hotspot and a core issue in the field of ecology. In the past 30 years, the loss of global biodiversity has seriously affected structures and functions in steppe ecosystems, and caused great damage to products and services on which human beings depend, researchers have to pay more attention to the coupling relationship between biodiversity and ecosystem functions. Further research on the BEF relationship is beneficial to the rational use and scientific management of functions and services in steppe ecosystem, and provide theoretical support for its conservation, restoration and sustainable development as scientific reference for improving human well-being.

As the most complete preserved natural steppe in northern China, Hulun Buir Steppe has no enough plant community information. From the early "*Vegetation of Inner Mongolia*" (1985) to the subsequent "*Hulun buir Grassland of China*" (1992) and the related literature published in recent years, large-scale, comprehensive and systematic investigation and classification of Hulun Buir Steppe community types and characteristics have not been conducted. As a key and focused biodiversity area in the eastern part of the Mongolian Plateau, Hulun Buir Steppe mainly covers two zonally distributed vegetation types as meadow steppe and typical steppe in the temperate Eurasian steppe zone, in addition, azonal desert steppe can also be found. For this reason, conduct a scientific, systematic and comprehensive community survey of Hulun Buir Steppe, the classification of Hulun Buir Steppe vegetation types based on the vegetation classification system of the latest "*Flora of China*" , and the in-depthstudy of relationship between biodiversity and ecosystem functions, are of great ecological significance for getting insight into the impacts of climate change and human activities on temperate steppe vegetation.

Recently, steppe degradation has become one of the most serious environmental problems in the world, and more than 250 million people in more than 100 countries have been directly or indirectly affected by steppe degradation. In this book, based on the data of 2199 community samples from 733 sample plots in Hulun Buir Steppe area, a comprehensive and systematic steppe vegetation classification system in Hulun Buir Steppe at a large scale was established to analyze the BEF characteristics of different vegetation types and their coupling relationships; meanwhile, the influence of different steppe utilization methods on the BEF characteristics of steppe vegetation investigated, then a comprehensive evaluation system of steppe degradation formulated with a new developed steppe composite degradation index (SCDI) and the state transition model which determined different degradation succession stages and calculated the state transition thresholds. The results of this book will provide a theoretical basis and practical guidance for the prevention and control of steppe degradation in Hulun Buir, and also provide scientific reference for sustainable management and utilization in eastern and the whole Euroasian Steppe.

The publication of this book was supported financially by the National Natural Science Foundation of China (41971061), the International Cooperation Project of National Natural Science Foundation of China (32061123005), and the National Key Research and Development Program project topic (2016YFC0500908). We are grateful of warm-hearted help from Jianhua Bai, Zhongjie Shi, Yanshu Liu, Xiao Zhang, Siyao Li and other researchers from the Institute of Desertification Studies of the Chinese Academy of Forestry, Thanks to Professor Liqing Zhao from Inner Mongolia University, Dr. Xuri from Inner Mongolia Agricultural University and Dr. Alatanzhula from Inner Mongolia University for their assistance in plant species identification. Dr. Shandan from Hulun Buir University, Dr. Baizhu Wang and Dr. Danyu Wang from Chinese Academy of Forestry, Dr. Tuya from Beijing Forestry University, Ms Xueying Liu from Hebei Agricultural University and Ms Sara from Hulun Buir steppe workstation gave us selfless help during field community investigation, Professor Yuguang Hao, Dr. Genbatu Ge and senior engineer Zhiming Xin from Dengkou Desert Ecosystem Ecological Station in Inner Mongolia of the National Forestry and Grassland Administration provided technical support during soil sample testing, and Ms Chaoyi Shi and Mr Jingdong Zhao from the Chinese Academy of Forestry assisted editing and checking the draft of this book, we would like to express sincere gratitude to all the above-mentioned persons. Finnaly, special thanks to Professor David Eldridge from University of New South Wales, Australia for his assistance in idea development and data analysis during the completion of this book.

Although this book is based on a four-year field community survey on Hulun Buir Steppe with a large number of community survey data, however, the community types of the entire Hulun Buir steppe are not covered exhaustively. At the same time, limited by the authors' knowledge level, some errors and shortcomings inevitably exist in the book, any opinions or comments are welcome for further revision and improvement.

Yuanjun Zhu and Xiaohui Yang

January 2022, Beijing

目　录

1 绪 论

1.1 草原群落生态学与植被分类研究进展

群落生态学（Synecology）着重研究植物群落及其与环境之间的相互关系，研究环境条件对群落形成过程、结构特征、地理分布的影响及群落对环境的改造作用，是包含了一切关于植物群落与环境间相互关系的科学（宋永昌，2001）。而植被是某一地段内所有植物群落的集合，是地球表面最显著的特征，是环境多样性与复杂性的指示者，是地球生命系统赖以生存的物质基础（方精云等，2020）。植被分类是根据植物群落特征及其与环境的关系，按照一定的划分原则和等级系统进行逐级组合归类。植被分类是系统描述植被和编制植被图的重要工具，也有助于理解、管理和保护大区域或国家的生物多样性和生态系统功能（Guo et al.，2018；De Cáceres et al.，2015）。植被记录和分类是生物保护的核心。从规划、清查到直接的资源管理，在基础科学研究中，植被记录和分类作为组织和解释生态信息的工具，并将生态研究置于适当的生物物理学背景下，是十分重要的（Michael et al.，2009）。由于我国正面临着严重的草原景观破碎化和植被退化等问题，现在比以往任何时候都更需要对温带草原植被和生态系统的多样性进行系统调查、分类和测绘（朱媛君等，2018a；Don et al.，2014；Williams et al.，2000）。对植被单元进行一致和全面的大规模分类是生态学研究（如在群落和生态系统水平上的多样性比较）中不可或缺的方法，对于植被监测、实施有效管理以及制定保护策略和立法有着重要意义（Williams et al.，2011；Beckage et al.，2008；Willis et al.，2006；Mitchell，2005）。世界范围内，各国已逐渐建立自己的植被分类系统，如美国（Anderson et al.，1998）、英国（Rodwell，1991）、德国（Horvat et al.，1974）、日本（Miyawaki，1980）等。我国分布着多个气候带，从沿海到喜马拉雅山脉的地势变化较大（陈灵芝等，2014），所以植被类型丰富。然而，我国植被研究的方法和成果，特别是中国植被分类系统（China-vegetation classification system，China-vcs）却鲜为人知。我国现代植被研究起步较晚，早期的植被科学家在工作中采用了不同的植被科学学术流派的不同方法（Song，2011；ECVC，1980；侯学煜，1960）。钱崇澍早在 20 世纪 50 年代就开始对我国植被类型进行分类研究（钱崇澍等，1956），至 1960 年侯学煜的《中国的植被》一书出版，初步建立了我国的植被分类系统，目前广泛使用的是 1980 年出版的《中国植被》中的分类系统。

欧亚草原是欧亚大陆最大的植被类型之一，东起中国、南西伯利亚、哈萨克斯坦，经中亚、西亚进入东欧，西至匈牙利、罗马尼亚（Zhu et al.，2018；Nowak et al.，2016；Werger et al.，2012），覆盖了温带干旱和半干旱地区的大部分面积（800 万～1 300 万 km^2），是低海拔和山地地区植物区系最丰富的植被类型之一（Willner et al.，2016；Dengler et al.，2014）。上一个冰河时代以来，由于定居文明的侵蚀，这一大片内陆地区经历了波动的变化，加剧了放牧和耕地耕作（Bell-Fialkoff，2000），根据区域气候、植物区系的差异可以划分为黑海－哈萨克斯坦草原亚区、亚洲中部草原亚区和青藏高原草原亚区（李博，1979；祝廷成，1964）。此外，从 20 世纪初开始，欧亚草原的大片地区均不同程度地发生了一系列的生态问题（Nowak et al.，2016；Werger et al.，2012；Borchardt et al.，2011；Miehe et al.，2011），德国和荷兰的研究主要集中在蒙古国肯特山脉、蒙古国南部戈壁和呼斯坦诺鲁地区的山区，未能全面覆盖蒙古高原草原植被（Henrik et al.，2007；Dulamsuren et al.，2005；Vries et al.，1996；Hilbig，1987；Hilbig et al.，1983）。我国北方草原作为欧亚草原的重要组成部分，其植被分类研究自 20 世纪 50 年代始（李继侗，1986），之后刘钟龄（1960）、李博（1979，1962）对我国北方草原植被分类进行了完善，《内蒙古植被》一书对内蒙古草原植被分类系统进行了全面论述。呼伦贝尔草原作为我国北方草原的一部分，历史上受到的干扰相对较少，因此原始植被保存完好、生物多样性丰富。国内学者对呼伦贝尔草原植被进行研究始于 1956 年，李继侗带领北京大学生物系师生到呼伦贝尔草原做草原生态考察研究，随后写出了呼伦贝尔的植被考察报告（李继侗，1986），这是呼伦贝尔草原植被调查方面的开创性工作，首次将苏联植物学派植被调查与制图的方法在国内生态学调查中进行应用；李博（1964）对呼伦贝尔草原区羊草、丛生禾草群落水分生态进行了初步研究；后来赵一之（1987）对呼伦贝尔草原区植物资源进行了较为详细的调查，共记录维管植物 78 科、342 属、888 种；《中国呼伦贝尔草地》（中国呼伦贝尔草地编委会，1992）一书以整个呼伦贝尔市的草地范围为研究区域，而不是大兴安岭以西的呼伦贝尔草原区，且植被分类的群落调查资料并未有较大更新。

基于植被分类的生物多样性－生态系统功能研究对于探索不同植被类型之间的生物多样性特征差异及不同植被类型之间生态系统功能变化有着重要意义。不同植被类型之间在植物生活型、植物水分生态类型、物种组成（包括群落的建群种、特征种等）等方面均存在一定差异，不同植被类型的建群种由于其对群落的特异性主导作用进而影响该植被类型下的土壤和水文等因素的变化，因此不同植被类型之间的生物多样性及生态系统功能同样存在不同程度的差异（Fons，2019）。经过数十年生态学研究，我们知道植物物种组成（不同植物的丰富度）及功能群组成会影响一个群落的生态系统功能的水平。生物多样性和生态系统功能之间的关系通常是通过控制物种丰富度和群落组成来研究的（Bannar-Martin et al.，2018；Tilman et al.，2014）。因此，基于植被分类，以物种组成和群落组成为中心，通过物种的增益、损失和丰度的变化来整合物种丰富度和组成，可以更好地揭示植被类型变化对生物多样性和生态系统功能的影响（Reed et al.，2010）。近年来，由于气候变化和围封、刈割、过度放牧等不合理的人类活动导致呼伦贝尔草原植被发生了显著变化（Liu et al.，2014；Zhang et al.，2013），对呼伦贝尔草原进行科学、系统的植被调查研究，同时基于植被分类对呼伦贝尔草原的生物多样性、生态系统功能进行系统研究，对于探索温带草原植被受气候变化和人类活动的影响、呼伦贝尔草原退化的防治，以及退化草原的恢复和重建都具有重要意义。

1.2 草原生态系统植物多样性研究进展

草原生态系统生物多样性是生态系统功能及草原群落生产力健康发展的基础（杨利民等，2002；Tilman et al.，1996）。作为草原生态系统的重要组成部分，生物多样性从基因到物种，再到生态系统三个层次决定着草原生态系统的可持续、健康发展（Purvis et al.，2000），而植物多样性作为其最主要的研究方向，主要可分为 3 个维度，即物种多样性（Species Diversity）、系统发育多样性（Phylogenetic Diversity）以及功能多样性（Functional Diversity）。近年来，在全球气候变化和人类活动影响的大背景下，草原生态系统生物多样性正在迅速丧失，生物多样性的丧失对生态系统服务、生态系统功能所产生的影响和机制成为人们关注的重点（Cardinale et al.，2012）。探讨不同维度的植物多样性与生态系统功能之间的关系是全面研究 BEF 变化机制的基础。物种多样性是植物多样性研究的基础，主要通过对物种水平上的分类学信息和多度信息对多样性进行量化计算，常用的指数有丰富度指数（Richness Index）、辛普森指数（Simpson Index）、香农－威纳指数（Shannon-Wiener Index）和均匀度指数（Pielou Index）等（马克平，1994）。随着 BEF 研究的不断发展，物种多样性对生态系统功能的正效应被广泛认可，如物种多样性可以显著增强土壤的碳储量（Conti et al.，2013），可以加快凋落物的分解速率（Lorenzen，2008）；在干旱生态系统中，物种多样性对碳、氮、磷循环相关的多个生态系统功能均具有正影响作用（朱媛君等，2018c；Maestre et al.，2012）。

植物功能性状（Functional Traits）与植物生长、发育、繁殖、竞争等过程有着密切相关性，可以更好地体现植物对生态系统功能的直接影响（雷羚洁等，2016；朱媛君等，2015）。植物功能多样性（Functional Diversity）逐渐成为 BEF 研究的重要手段，该多样性主要是指那些影响生态系统功能的物种或有机体性状的数值和范围（Mcgill et al.，2006；Petchey et al.，2006）。植物功能多样性与生态系统功能具有高度关联，大量研究表明，与物种多样性相比，功能多样性可以更好地预测和解释生态系统功能（Loreau et al.，2001；黄建辉等，2001）。当前常用的功能多样性指数主要有 3 类（Mouchet et al.，2010；Mason et al.，2005），即功能丰富度（Functional Richness，Fric）、功能均匀度（Functional Evenness，Feve）和功能分散度（Functional Divergence，Fdiv）。Fric 指群落中物种所占有的以 n 维功能性状为基础的凸壳体积，直接体现 n 维功能性状值的高低；Feve 指群落中各物种的功能性状数值在凸壳体积中排列的规则性或均匀性程度，当物种多度分布不均匀或物种之间功能距离分布不均匀时，Feve 则会降低；Fdiv 指群落中物种功能性状数值在凸壳体积中排列的分散程度。除此之外，常用的功能多样性指数还包括功能离散度指数（FDis）和 RaoQ 二次熵。FDis 指群落内部各物种的 n 维功能性状到所有种功能性状空间重心的平均距离，它可以通过重心向丰富度较高的物种转移，并通过相对丰度加权各物种间的距离来解释物种丰度变化，是加权平均绝对偏差（MAD）的多元类比，这使得 FDis 不受物种丰富度的影响，在某种程度可表示相当于功能多样性的 β 尺度多样性（Laliberté et al.，2010）；RaoQ 二次熵指群落中随机选择的两个物种之间的平均功能性状的不相似性，可以很好地代表功能丰富度和功能离散度，高的 RaoQ 二次熵反映群落受到功能性状的不相似性影响，而低的 RaoQ 二次熵则反映群落主要受环境筛的支配（Cadotte et al.，2011；Griffin et al.，2009；Botta-Dukát，2005）。群落中某些关键功能性状的变异可以反映植物对资源利用的生态策略，而由其组成的功能多样性随环境梯度的变异则可以揭示群落中物种的共存机制（Mason et al.，2011）。

由于要测试群落内植物功能性状，所以生态系统的植物功能多样性在实际应用中存在一定的局限性。随着植物种间系统发育信息在生态学研究中的发展（Flynn et al.，2011），人们发现近亲缘关系的物种可被假设具有相似的功能性状，BEF 研究开始使用体现物种间亲缘关系的系统发育多样性（Phylogenetic Diversity）预测生态系统功能（Narwani et al.，2015）。系统发育多样性的计算主要是基于物种间的系统发育关系，也称为系统发育树，常用的系统发育多样性指数包括计算系统发育树枝长的 Faith's PD 指数，以及基于计算系统发育距离的平均配对亲缘距离（MPD）、平均最近亲缘距离（MNTD）、净谱系亲缘关系指数（Net Relatedness Index，NRI）和最近分类单元指数（Nearest Taxon Index，NTI）等（Webb et al.，2008）。系统发育多样性可能更有助于解释生态系统功能，因为系统发育多样性可以提供某些未被测量到的功能性状信息，而这些功能性状可能与生态系统功能密切相关（Cadotte et al.，2009）。总之，物种多样性、功能多样性、系统发育多样性 3 个维度对于反映生态系统功能的相对重要性具有十分重要的作用。

1.3 草原生态系统功能及生态系统多功能性研究进展

生态系统功能是指生态系统作为自然界一个开放系统，其内部与外部环境之间所发生的物质循环、能量流动和信息传递的总称（Tilman，1999；Tilman et al.，1994），其主要研究内容包括生态系统的生产力变化、系统稳定性和营养物质动态。生态系统功能变化最终是通过物种水平来实现的（Marshall et al.，2011），因此生物多样性与生态系统功能之间存在密切联系。同时，生态系统功能也是一个宽泛的术语，包括生态系统属性、生态系统产品和生态系统服务等（Hooper et al.，2005；Christensen et al.，1996）。天然草原约占全球陆地总面积的 1/3（Mitchell et al.，2005）。草原为人类提供丰富多样的生产和服务功能，在全球生态系统功能中发挥着重要作用。陆地生态系统中近 1/3 的有机碳储存在草原中，其维持着 30% 的净初级生产力，为全球提供了 30%～50% 的畜产品（陈佐忠等，2006），在调节全球气候变化、促进碳氮及养分循环、调节畜牧业生产及水土保持等方面具有重要的作用（Semmartin et al.，2004）。

随着对生态系统功能研究的不断深入，人们逐渐意识到生态系统作为一个整体，其同时具有多种生态系统功能，在探讨 BEF 间关系时，同时关注多个功能的意义要明显大于只考虑单一的功能（Manning et al.，2018）。随着生态系统多功能性（Ecosystem Multifunctionality）概念的诞生（Sanderson et al.，2004），生物多样性与生态系统多功能性之间关系的量化研究逐年增加（徐炜等，2016a；Cardinale et al.，2011；Hector et al.，2007）。由于生物多样性的维持是增加生态系统服务功能的基础，故研究生物多样性如何影响生态系统功能显得十分重要（Cardinale et al.，

2012；Maestre et al.，2012）。Hector等（2007）首次进行了物种多样性与生态系统多功能性之间关系的量化分析，研究得出生物多样性与生态系统功能存在明显的正饱和关系。相比单一的生态系统功能，维持生态系统多功能性需要更高的生物多样性（徐炜等，2016b）。随着针对生物多样性-生态系统多功能性（BEMF）的研究越来越多，陆续出现了很多量化生态系统多功能性的方法，这在很大程度上促进了BEMF的发展（徐炜等，2016a）。目前，国际上常用的多功能性测度方法主要有平均值法（Averaging Approach）（Hooper et al.，1998）、单阈值法（Single-threshold Approach）（Gamfeldt et al.，2008）、单功能法（Single-function Approach）（Duffy et al.，2003）、功能-物种替代法（Turnover Approach）（Hector et al.，2007）以及多阈值法（Multiple-threshold Approach）（Byrnes et al.，2014）。除此之外，还有一些近年来提出的更为复杂、新颖的方法，包括直系同源基因法（Orthologous Approach）（Miki et al.，2013）和多元模型法（Multivariate Model Approach）（Dooley et al.，2015）。由于不同的计算方法具有不同的测度标准，因而很难进行不同研究结果的整合分析，使得研究结果难以推广。

生态系统多功能性的量化方法较为多样，每种方法的侧重点存在一定区别，Maestre等（2012）所使用的平均值法为目前使用最为广泛的一种方法。Maestre等（2012）首次研究了全球尺度上的干旱区自然生态系统，并评估了生物多样性与生态系统多功能性的关系，主要过程包括首先将不同功能的测定值进行Z转化，消除量纲之间的差异，随后对所有功能继续平均得到一个代表所测群落内所有功能平均水平的指数，即多功能性指数（M-index）。

1.4 生物多样性-生态系统功能关系研究进展

BEF相互关系的研究是近20年来生态学研究的重点内容之一（Hooper et al.，2005；Loreau et al.，2001）。科研人员对全球生物多样性丧失影响生态系统功能、商品和服务的关注逐渐增加，并开始探索生物多样性与生态系统功能的相互关系（Naeem et al.，1994；Tiessen et al.，1994），由此诞生了研究“生物多样性与生态系统功能关系”的新领域。生物多样性-生态系统功能最初的研究集中在生物多样性随机变化与生态系统功能的因果关系上，趋于将环境变化及其影响最小化（Fons，2019）。早期生物多样性-生态系统功能关系研究的主要目的是调查生物多样性是否可以驱动生态系统的功能，而不是评估这些影响强度的大小。20世纪90年代中期，生物多样性－生态系统功能关系研究多在实验室和野外试验中开展，主要通过随机去除植物物种改变生物多样性来进行研究，结果表明生态系统功能（如生产力、养分循环等）都会对生物多样性的变化做出响应（Hector et al.，1999）。但是，这些结论的解释及其机制一直都颇具争议。20 世纪 90 年代后期，研究人员展开了对实验设计的有效性、结果与非实验环境相关性的大讨论（Srivastava et al.，2005），并进行了一系列研究，涉及森林、草原、荒漠、海洋、淡水、湖泊等多个生态系统。

近 20 年，科研人员进行生物多样性－生态系统功能关系研究时开展了大量实验并形成了系统的理论（Loreau et al.，2001；Tilman et al.，1997b），研究的范围从小规模实验扩展到了自然生态系统（Maestre et al.，2012）和全球模式（García-Palacios et al.，2018），研究对象从单一营养级延伸到多营养级（Eisenhauer et al.，2019），并且进一步明确了生物多样性会影响生态系统功能。例如，生物多样性损失将显著降低群落生物量、枯落物分解和碳储存等生态系统功能（Hooper et al.，2012）；而生物多样性的增加能够维持或者加强生态系统功能的时间稳定性（Cardinale et al.，2013）。在自然生态系统中，生物多样性会受到许多环境因素的影响。生物多样性既能对环境变化做出反应，又能推动生态系统功能，因此现阶段生物多样性－生态系统功能关系的研究更注重生物多样性和环境变化如何共同驱动生态系统功能，以及与其他非生物因素相比，生物多样性对生态系统功能影响的相对重要性如何（Fons，2019）。

生境异质性通常在区域尺度上比在局部尺度上明显，并且随着环境梯度的增加而增加。了解环境因素如何影响生物多样性－生态系统功能关系以及生物多样性－生态系统功能关系如何沿环境梯度而变化，可能是了解自然群落中生物多样性对生物量影响的关键。Loreau 等（2001）提出，在气候和土壤条件较好的生境中，生物多样性对生物量的促进作用会逐渐增强，这一假设得到了实验的支持，即随着资源可利用性的增加，物种丰富度对生产力的积极影响越来越强（Yin et al.，2017）。也有研究显示，随着环境条件的变化，生物多样性－生态系统功能关系逐渐减弱甚至消失，一些对灌丛或森林自然生态系统的分析表明，随着恶劣的气候或土壤条件逐渐转好，物种丰富度与群落生物量关系经历正相关—无显著关系—负相关的变化（Guo et al.，2018；Paquette et al.，2011），这主要是由于物种间相互作用在环境条件变化下由互补作用逐渐转变为竞争作用。与之相反，Costanza 等（2007）对北美多个生态系统的综合分析表明，在低温条件下，生物多样性与生产力呈负相关关系，在中等温度下则没有相关性，而在高温条件下，生物多样性与生产力呈正相关，这可以解释为低温对生产力具有抑制作用。此外，还有研究人员认为生物多样性和生产力的关系是稳健的，不会受到资源可利用性的影响。Craven 等（2016）利用北美和欧洲 16 个草地实验的数据，通过控制物种丰富度和生境条件，评估植物多样性与资源变化对地上生产力和生态系统的影响。结果显示，尽管养分增加会使生产力大幅提高，干旱会导致生产力显著降低，但生境变化并不会改变生物多样性与生态系统功能间的正相关关系及强度。因此，环境因素可能是影响生物多样性 - 生态系统功能关系的一个潜在决定因素，多种环境因素可以同时对群落生物多样性和生态系统功能产生影响（Tilman et al.，2014），但是在控制实验和自然生态系统的研究中又表现出明显的差异。

1.5 草原利用方式对生物多样性 - 生态系统功能的影响

欧亚草原是世界上最大的过渡生态系统，是一个多干旱或半干旱的地区，具有各种环境、社会和经济压力（Zhu et al.，2018；Chen et al.，2017a）。在这片广袤的草原上，畜牧业是人类的主要活动之一。该地区土壤碳储量和固碳潜力巨大，在全球碳循环中发挥着重要作用（Tarrasón et al.，2016；Soussana et al.，2007）。欧亚草原自然资源丰富，因此被人类大量开发利用。历史上，这片土地被广泛用作游牧牧场长达几个世纪。随着人口和畜产品需求的不断增加，近 30 年来，欧亚草原持续退化，甚至荒漠化（Mohammat et al.，2013；Gong et al.，2006）。在一些传统的优质牧场（如锡林郭勒草原、呼伦贝尔草原），现在的草资源质量比游牧时期差得多（Zhu et al.，2019a；Li et al.，2007）。近几十年来，一些地区出现了草原退化甚至荒漠化的现象（Chen et al.，2017b；Li et al.，2016；Zhou et al.，2014）。草原提供了许多必要的生态系统服务，以维持草原居民的正常生活（Egoh et al.，2011），因此，如果管理得当，可以为生态系统保护和经济目标创造双赢局面（Bullock et al.，2011）。半天然草原是人类管理的产物，需要牲畜放牧或刈割来维护，如果不进行生产，通常会被灌木和树木侵占（Queiroz et al.，2014）。生态系统服务的提供高度依赖于牧场的自然生产力和土地利用方式。土地利用方式决定了放牧强度，不断增加的牲畜数量和管理不善的状况导致了牧场的退化（Khan et al.，2009；Asner et al.，2004）以及生态系统服务的降低（Katalin et al.，2014；Steinfeld et al.，2010）。显然，如果管理得当，草原可以为人类和有机体提供关键的生态系统产品和服务，但如果管理不善（如过度放牧），草原的各项功能就会下降。

放牧作为全球草原最重要的土地利用方式，为全球数百万人提供了基本的商品和服务，同时也是维持栖息地保护状况的重要手段，因为放牧有助于维持草原生态系统的生物多样性（Eldridge et al.，2018a；Maestre et al.，2016）。此外，放牧还支持当地基于畜牧业生产的经济发展（Porqueddu et al.，2016），从而产生供应服务，如肉类和牛奶生产或监管服务。然而，部分受全球畜牧产品需求驱动的畜牧业放牧强度的持续增加，可能会导致生物多样性和生态系统功能的变化，从而可能导致某些生态系统服务功能的丧失（Ford et al.，2012），如损害生物多样性、加强气候变化、加速土壤侵蚀、使牧场水质下降等（Ziv et al.，2017；Herrero et al.，2013）。

刈割与放牧对草原生态系统有明显不同的影响。刈割是非选择性的，即在很少或没有地表扰动的情况下均匀去除植物生物量（Socher et al.，2012a）。刈割可以增强生态位互补，允许更多的物种吸收营养（Moinardeau et al.，2018；Mason et al.，2011），并使物种多样性和生态系统功能增加（Mason et al.，2011）。相反，放牧支持着全世界数百万人的生计（Eldridge et al.，2018a；Petz et al.，2014），但会对生态系统结构、组成和功能产生重大负面影响（Eldridge et al.，2016），导致植物群落组成改变，使水文功能降低。与刈割不同，放牧具有高度的选择性，结合了对植被的选择性去除和对土壤表面的物理干扰。家畜对土壤表面的干扰会造成植被缺口，促进一年生、外来和光照需求物种的建立和持续（Köhler et al.，2000；Rupprecht et al.，2000）。

土地集约化利用在过去的一个世纪中有所增加，以满足日益增长的全球人口的粮食需求（Tilman et al.，2011）。草原地区的土地集约化利用包括家畜过度放牧、去除植被和为农业开垦土地以及施肥，已被证明会降低多样性和生产力，从而降低生态系统的功能和稳定性（Blüthgen et al.，2016；Chillo et al.，2016；Allan et al.，2015；Habel et al.，2013）。目前，大多数研究都考察了单一土地利用驱动因素的影响，或不同驱动因素同时对多种功能的影响，且大多数研究集中在地上过程（Garland et al.，2020）。然而，与类似的土地利用驱动因素（如刈割）相比，放牧对植物（特别是根系性状）和土壤功能的影响尚不清楚。同样，对于刈割和放牧对不同土壤深度的土壤生态系统功能的影响也知之甚少。这一研究很重要，因为土地利用的集约化往往涉及多种土地利用驱动因素（如放牧和施肥），这些因素对地上和地下功能都有不同的影响。土地利用集约化实践，如刈割 + 放牧，会影响地上生态系统功能，通过减少植物生物量，改变物种组成，并可能去除多年生丛生禾草等对维持生态系统生产和稳定至关重要的关键物种（Bai et al.，2012）。然而，我们对这些过程如何影响地下组成部分的生物量（如根生物量）知之甚少。同样，刈割或放牧对土壤碳（C）、氮（N）和磷（P）浓度的影响预计在表层更为显著。与刈割和放牧相关的淋溶和侵蚀过程可能会随深度的变化影响土壤 C、N 和 P 的浓度，但对于影响程度的研究较少。例如，干旱（半干旱到半湿润）土壤中的 C 和养分集中在最上层（<10 cm），因此，许多关于放牧对土壤影响的研究都倾向于关注这些深度（Eldridge et al., 2016）。同样，刈割可以通过减少光合作用从而减少 C 底物、增加表面温度或增加土壤呼吸来影响土壤，但通常只在相对较浅的深度上（<10 cm）进行测试（Han et al., 2012）。

在本书中，我们测试了单一土地利用方式（放牧、刈割）和联合土地利用方式（放牧 + 刈割）如何影响欧亚草原的生物多样性、土壤和植物功能，以及地上和地下功能和特性之间的耦合关系。我们预测，在单一土地利用方式下，会有更强的耦合作用，而更密集的土地利用方式（放牧 + 刈割）将导致地上和地下功能的耦合关系分离。我们的研究可以为人们维护草原生态系统的多样性、保证其提供的重要服务和功能，以及维持稳定、健康的草原和制定相关政策提供科学依据。

1.6 草原退化现状评价与发生机制研究进展

草原是一类特定的土地资源，通常用于放牧或打草。由于人为活动或不利自然因素所引起的草原（包括植物及土壤）质量衰退，生产力、经济潜力及服务功能降低，环境变劣以及生物多样性或复杂程度降低，恢复功能减弱或失去恢复功能，称为草原退化（李博，1997）。草原退化已经成为全球生态环境的重点问题之一。截至 2010 年，草原退化面积已经达到 1 401 万 km^2，约占世界草原面积的 49.3%（Gang et al., 2014）。人类活动的不合理利用（Harris, 2010；Nan, 2005）和全球气候变化被认为是草原退化的主要驱动力。人类活动不合理利用的主要表现形式就是过度放牧，从全球范围来看，过度放牧使全球土壤侵蚀和盐渍化面积大大增加，是草原土壤退化的主要驱动因素（Eldridge et al., 2018b；Harris, 2010）。一项关于阿根廷巴塔哥尼亚草原的研究表明，在不同降水梯度下，羊的放牧压力可以调节土壤结皮、植物地上生物量、总覆盖和群落结构。因此，在动物生产及维持生态系统、为野生动物提供宝贵服务和生境之间找到最佳平衡是管理牧场的一个主要目标。由于家畜的啃食和踩踏，过度放牧草原类型的草层高度、地表植被盖度显著降低，使表层土壤直接裸露，加速了土壤风蚀，这进一步降低了草原的初级生产力和凋落物的积累，使来源于植被凋落物的养分输入减少，只有 20%～50% 的地上生物量以凋落物和家畜粪便的形式返还土壤（王玉辉等，2002；Abril et al.，2001）。这直接导致草原土壤的水分循环、养分和盐分的积累减退，土壤严重风蚀，土壤机械组成进一步粗化、沙化，肥力衰退，植被和养分循环急剧变化（Eldridge et al.，2018a；Bisigato et al.，2009；María et al.，2001；Lavado et al.，1996；Chaneton et al.，1996）。虽然家畜的践踏在一定程度上可以促进枯落物的物理破碎，并使枯落物和表层土壤更好地融合，有利于枯落物的分解和养分的循环，但集中分布在土壤表层的养分很容易遭受风蚀而损失并再分布（Franzluebbers et al.，2000；Schuman et al.，1999）。

与此同时，一些研究将这种草原退化归因于全球气候变化，特别是气温升高和降水模式的改变，将影响草原植物的生长季节以及生理过程、初级生产力、群落组成和植物多样性等（Man et al.，2016；Ravi et al.，2010；Lemmens et al.，2006）。Oliva 等（2016a）利用与生态系统结构和功能特别是生物量有关的植被指数（Vegetation Indices，VIs）研究了阿根廷巴塔哥尼亚草原 1981—2011 年植物生物量随气候变化的趋势，发现该区域近 30 年来气温逐渐升高，同时能够代表绿色植物生物量变化的 fPAR 值呈显著负增长趋势。近几十年，我国北方干旱的气候也给草原生态系统增加了更多的压力（Yang et al.，2016）。气候变化主要通过降水和温度变化影响陆地植被，从而进一步调节土壤呼吸、光合作用以及生长状态和分布，水热因子的耦合作用决定了水分胁迫是否影响植物群落组成和生态系统生产力（Zhang et al.，2011）。降水呈下降趋势、气温呈上升趋势，气候变暖、变干燥，会增加草原植被的蒸散，消耗更多由降水带来的土壤水分（Yanagawa et al.，2016；Li et al.，2015）。降水减少和蒸散增加严重制约了植被生长，导致草原物种数量和植物多样性下降，因此，长期的水热胁迫综合作用加剧了我国北方草原退化（Han et al.，2018；Zhou et al.，2017b；Zhou et al.，2015）。

综上可知，草原植被退化是不合理的管理方式与超限度利用在脆弱的生态地理条件下所造成的逆行生态演替，从而导致植被生产力衰退、生物组成更替、土壤退化、水文循环系统改变、近地表小气候环境恶化的演替过程。因此，草原植被退化是人类活动与气候变化多因素叠加、耦合作用于草原生态系统的复杂过程。从人类活动角度看，过大的放牧压力和超负荷的刈割，超越了草原优势种的再生能力，使植被的生物量减少，群落稀疏、矮化，高利用价值的牧草衰减，低适口性草种增加；随着植被的退化，草原有害动物种群（如鼠类、昆虫、土壤动物等）也发生消长，共同迫使草原生态系统逆行演替。从气候变化角度看，水分因素是温带的干旱半干旱地区生物生产的限制因素，因此气候干燥度往往是该地区草原生物群落自我维持的阈限，超越这一阈限必然突破植被的再生能力，导致草原退化；在草原区出现大风天气与春旱的频率很高，植被的衰退（稀疏、矮化）往往会增强风力侵蚀作用，引起土壤流失和土壤结构恶化，这种土壤退化过程又会加剧草原生态系统的退化（刘钟龄，2005）。因此，草原退化是气候因素与人类活动综合作用的结果，不合理地利用草原资源，必将使草原生态系统自我调节功能和机制受损。草原退化演替的阶段，尚处于生态系统自我调节阈限之内，但是随着退化程度的加剧，生态系统的结构与功能对系统内部环境的适应能力必将降低，若不能及时恢复，伴随着更强烈的干扰，可能会导致生态系统的崩溃。

研究发现，草原的退化通常伴随着植物物种多样性的减少、适口性差草种的增加、植物生产量的急剧减少以及草本植物的高度和盖度的降低（朱媛君等，2016；Taylor et al.，2012），草原植物的质量（放牧价值）和数量（相对丰度）也会随着退化草原的使用程度的变化而发生变化（Snyman，2009），其中牲畜喜食的草类会大量减少甚至消失（被定义为下降种，Decreaser），而适口性差的草类则会大量增加甚至成为优势种（被定义为增长种，Increaser），后者的数量反映了草原退化演替过程的重要阶段性特征（Oba et al.，2006），其消长对于草原退化具有十分明显的指示意义，因此被定义为草原退化的指示种（群）（Indicator Species）（刘钟龄等，2002）。一直以来，指示种的方法在环境科学中得到了十分广泛的应用，不同学科及研究方向对指示种的定义存在一定的差别（Jørgensen et al.，2010）。Caro（2010）对众多定义进行了归纳总结，并根据研究对象的不同将指示种分为两大类，一类用来反映物种多样性（Azeria et al.，2009），另一类则用来反映个体、群落或生态系统对外部干扰的响应（Fleishman et al.，2009），后一类又被分为环境指示种（Environmental Indicator Species）、生态干扰指示种（Ecological-disturbance Indicator Species）和跨类别响应指示种（Cross-taxon-response Indicator Species）。其中，前两者反映的是指示种本身对变化的指示作用（Mata et al.，2008），而后者则反映了群落中其他物种对环境变化的响应（Gardner et al.，2009）。在植物群落生态学中，早期主要采用双向指示种分析法（TWINSPAN）来确定群落的指示种，其通过对群落中物种分类来确定反映群落整体状况的指示种。此后，Dufrene 等（1997）提出了一种更为常用的 IndVal 方法，该方法综合考虑了物种与环境因子间的关系，因此更能准确地反映物种对环境变化的响应（朱媛君等，2018b）。上述两种方法因简单、直观且易于操作，在生态学领域特别是评价草原退化状况方面得到了广泛应用（Taylor et al.，2014；Legendre et al.，2013；Mansour et al.，2013，2012）。大多数研究中用于评价草原退化的指示种为侵入种（Angassa，2014）。从生活型上看，这些植物种主要以多年生草本或半灌木（Van-Auken et al.，2013）为主；从植物种的生理生态型上看，则多是有毒的、适口性差或多刺的物种（Shorrocks et al.，2015），其侵入会导致草原经济生产力显著下降（López-Díaz et al.，2015）。近年来，科学家们又提出了一种多物种结合的方法对群落的指示种进行分析（De Cáceres et al.，2012）。毫无疑问，指示种是一种最为简单、最为直接的判断草原群落退化状况的方法，但无法准确地反映群落退化潜在的生态学过程（Butler et al.，2012），因此亟需建立一套系统的草原退化的评价指标体系，目前这方面的研究尚不多见。经济合作与发展组织提出了一种构建生态－社会系统评价的综合指数的计算方法（OECD，2008），该方法已经被应用于各种生态系统的评价中（Heimann，2019；Cutter et al.，2014；Paracchini et al.，2014；Gasparatos et al.，2008；Zhou et al.，2007）。

在以往的生态学研究中，由于缺少长期的定位监测数据，常常采用“空间代替时间”（Space-for-time Substitution，SFT）的方法对生态系统的变化过程进行研究（Walker et al.，2010），该方法适用于静态的空间数据序列，通过在生态和环境变量间建立的空间回归模型来验证相关的生态学假设，其中最具代表性的方法就是物种分布模型（朱媛君等，2018b；Wisz et al.，2013）。从历史上看，该方法在生态学科的发展方面发挥了不可替代的作用（Johnson et al.，2008；Pickett，1989；Cowles et al.，1899）。然而从时间上看，生态和环境变量通常是非稳态的（nonstationary），采用上述方法通常会得出错误的结论（Damgaard，2019）。近年来，大数据应用技术和遥感技术的飞速发展为我们研究较长时间尺度上的生态过程的变化提供了无限可能（Gorelick et al.，2017），科学家已经开发出了几种基于不同数学算法的高、中空间分辨率的 Landsat（MSS/TM/ETM）数据和 MODIS 数据的时间序列的趋势分析和突变点检验的方法，如 BFAST（Breaks for Additive Season and Trend）（Verbesselt et al.，2010a，2010b）、Landtrendr（Landsat-based Detection of Trends in Disturbance and Recovery）（Kennedy et al.，2010）、MODTrendr（Landtrendr Calibrated to MODIS Data）（Sulla-Menashe et al.，2014）、CCDC（Continuous Change Detection and Classification）（Zhu et al.，2014）、COLD（Continuous Monitoring of Land Disturbance）（Zhu et al.，2019b）、Rbeast（Bayesian Change-point Detection and Time Series Decomposition）（Zhao et al.，2019），目前这些方法已被用于不同尺度的农地、森林、水体、城市等土地利用 / 覆盖的时空动态变化的分析中（Cohen et al.，2018；Wang et al.，2018；Yuan et al.，2015；Watts et al.，2014），但在草原退化发生过程与机理研究中尚未得到有效应用（Yin et al.，2018）。同时，科学家们也提出了几种基于气象和遥感数据量化气候因子和人为活动对荒漠化的贡献率的分析方法（Abel et al.，2019，2018；Burrell et al.，2017），其中最具代表性的是 TSS-RESTREND（Time Series Segmentation and Residual Trend Analysis）（Burrell et al.，2017），该方法已经在一些旱地得到了初步应用（Burrell et al.，2018；Wang et al.，2018；De Keersmaecker et al.，2017）。

1.7 状态转换模型在退化生态系统中的研究进展

Lewontin（1969）提出了稳定的数学模型，并讨论了将生态系统转移出稳定状态所需的动力。Krebs（1985）对这个模型进行了阐述，Hurd 等（1974）首次提出了一个“杯和球”的类比说明，以传达稳定的概念和破坏稳定的必要力量。Godron 等（1983）以及 Forman 等（1986）描述了一个“俄罗斯丘陵”模型，使用沟槽和弹珠来描述物理系统的稳定性，槽的深度代表该群落稳定的环境条件范围，只有受到强烈的水平作用或环境变化，弹珠才能被迫从一个槽转移到另一个槽（Laycock，1991）。生态阈值理论模型的提出为状态转换模型（State Transition Model，STM）的产生奠定了一定的理论基础（唐海萍等，2015）。May（1977）、Wissel（1984）、Rietkerk 等（1997）分别提出了生态阈值的定量方法。Archer（1989）引入了转换性阈值的定性概念，他以转换阈值作为草地和灌木的边界，模拟了林地群落向草地群落的扩展过程。Westoby 等（1989a）最早使用专业术语来描述植被动力学中，适用于非平衡生态理论的草地生产管理模型，该模型是将非线性框架作为替代线性连续过程的量化顶级模型，并将其定义为 STM，其中状态被定义为一种可替代的、持续性的植被群落，而不是简单的在线性演替框架中的可逆。我们把 Westoby 提出的转变解释为状态之间的路径，状态之间的转换通常由多种干扰触发，包括自然事件（如气候事件或火灾）、管理行为（放牧、耕作等）等。转变可能发生得很快，如火灾或洪水等灾难性事件，也可能在很长一段时间内发生得很慢，如天气模式的逐渐变化，或者反复出现的外界压力。无论变化的速度如何，在转换完成之前，系统都不会稳定下来。Friedel（1991）通过对相对稳定域之间环境变化阈值的研究，将阈值定义为两个域或状态之间的空间和时间的边界，如果没有大量的外力输入，在实际的时间尺度上是不可逆的。在当前的 STM 相关研究中，阈值的使用并不相同，阈值是存在于所有状态之间，还是仅存在于状态的子集中，学者们并不清楚（Stringham et al.，2001）。

STM 常用于随时间变化的系统的建模，在这些系统中，物理环境的不同状态之间有明显的过渡。STM 特别适用于草场生态系统的建模，但是也可以应用于其他生态和环境领域。STM 主要基于状态、转换、阈值关系建立，三者之间的关系由生态系统中主要生态过程的恢复力和抗逆性决定。STM 通过描述植被的结构变化、物种的存在与缺失以及非生物条件的变化（Hobbs et al.，1996），说明了在生态系统中运行的主要过程。STM 是一个概念结构，通过结合各种变化机制，并说明这些机制与所呈现的路径上的各种“状态”之间的关系，来解释连续路径（Pickett et al.，1987）。

STM 主要应用于牧场管理（Stringham et al.，2003；Whalley，1994；Grice et al.，1994；Westoby et al.，1989a，1989b）。然而，近年来有人提出，STM 在其他生态系统保护及管理方面也可以发挥作用，尤其是针对处于不同退化程度的濒危生态系统（Prober et al.，2002），例如，澳大利亚农业景观中的许多林地生态系统就应用了 STM（Allcock et al.，2004；McIntosh et al.，2003；Plant et al.，2000；Huntsinger et al.，1992）。STM 有助于更好地了解不同植被“状态”之间的退化“阈值”，这些植被状态可能是由局部灭绝、杂草入侵或自然扰动破坏等过程造成的。特别是，STM 对于自然干扰和人类活动对植被“状态”转换及恢复途径等方面的影响，可以提出更有建设性的分析（Hobbs et al.，1996；Whalley，1994；Huntsinger et al.，1992）。因此，针对不同退化生态系统的 STM 应用应该逐渐引起生态学家的重视，同时应将 STM 与其他数量生态学方法相结合，这是今后 STM 研究的一个主要方向。例如，在巴塔哥尼亚草原的放牧排斥试验研究中，利用主成分分析和线性回归方法对退化草地的状态和阈值进行了研究（Gabriel et al.，1998）；在澳大利亚林地土壤及林下群落层片组成变化的研究中，构建了 STM，并使用回归分析等统计学方法比较生态系统状态之间的差异（Prober et al.，2007，2002）。

STM 创立 30 余年来，已经在全球草原的综合管理中得到了较为广泛的应用（Bestelmeyer et al.，2017），相关研究和管理实践主要集中在澳大利亚（Bastin et al.，2009；Bestelmeyer et al.，2009）、美国（Caudle et al.，2013；Knapp et al.，2011）、阿根廷（Oliva et al.，2016b；Brown et al.，2006）和蒙古国（Khishigbayar et al.，2015；Addison et al.，2012）等，多采用该模型进行草原退化与恢复的研究，但实例报道较少。

1.8 研究内容及拟解决的关键问题

1.8.1 研究内容

本书以呼伦贝尔草原为研究区域，基于样带、样地的群落生态调查方法，对呼伦贝尔草原进行了呈网格状全面覆盖调查，对特殊生境下的特殊植被类型采取补充调查，建立呼伦贝尔草原植被分类系统，分析不同植被类型的生物多样性和生态系统功能（BEF）变化特征及其之间的耦合关系（本书的生物多样性主要指植物多样性）；同时对群落调查样地的草原利用方式进行记录，以分析呼伦贝尔草原 BEF 变化特征及其耦合关系对不同草原利用方式的响应，以及不同退化程度对草原生态系统功能和生物多样性的影响，具体内容如下。

1.8.1.1 基于样带、样地调查的呼伦贝尔草原植被分类系统构建

基于呼伦贝尔草原网格状覆盖式群落生态调查，记录样方内群落生态指标，采集土壤样品用来测试土壤功能指标，每隔一个样地进行一次植物叶片及植物个体功能性状采集，植物功能性状同时可以用来计算功能多样性指数；对特殊生境下的特殊植被类型采取补充调查，获取整个呼伦贝尔草原区详细的植被调查数据；参考《中国植被志》编研方案制定的最新中国植被分类系统，构建呼伦贝尔草原植被分类系统。

1.8.1.2 呼伦贝尔草原不同植被类型的生物多样性及生态系统功能分析

基于呼伦贝尔草原植被分类结果，同时参考《内蒙古植物志》（第三版），将呼伦贝尔草原划分为草甸草原区和典型草原区，对呼伦贝尔草原 2 个草原区的不同植被类型（植被亚型和群系水平上）分别进行植物多样性和生态系统功能变化特征分析，其中植物多样性主要涵盖物种多样性、系统发育多样性和功能多样性 3 个水平；生态系统功能涵盖群落功能、植物功能及土壤功能 3 个水平。本书结合随机森林回归方法和 Pearson 相关性方法，分析影响呼伦贝尔草原植物多样性和生态系统功能的主要环境因子及其之间的相互关系；计算呼伦贝尔草原每个调查样地的生态系统多功能指数，进而分析生物多样性 - 生态系统多功能的关系及其驱动因子。

1.8.1.3 呼伦贝尔草原不同利用方式对 BEF 关系的影响

基于呼伦贝尔草原群落调查数据，对不同样地的土地利用方式进行记录。研究区主要利用方式包括单一利用方式（放牧、刈割）和复合利用方式（刈割 + 放牧），分别分析了单一利用方式及复合利用方式下植物多样性、生产力和生态系统多功能的变化特征，结合结构方程模型，分析不同利用方式对 BEF 关系的影响。

1.8.1.4 呼伦贝尔草原退化演替及状态转换模型分析

基于状态转换模型理论确定了呼伦贝尔草原不同退化演替阶段主要群落类型，同时计算 SCDI 指数及对不同演替阶段的群落类型的状态转换阈值，建立不同草原区的状态转换模型，根据模型结果进行草地退化早期预警；依据退化演替阶段的划分，分别分析不同草原区的不同退化演替阶段生物多样性及生态系统功能的变化特征。

1.8.2 拟解决的关键问题

本书通过对呼伦贝尔草原网格状覆盖的全面群落调查，拟解决以下科学问题：

（1）呼伦贝尔草原不同植被类型生物多样性及生态系统功能变化特征如何，及其主要影响因子的作用机制。

（2）呼伦贝尔草原生物多样性 - 生态系统功能之间耦合关系如何变化，以及影响其变化的主要驱动机制是什么。

（3）不同利用方式（单一利用方式和复合利用方式）如何影响呼伦贝尔草原生物多样性 - 生态系统功能变化特征及其耦合关系，复合利用方式是否会对该耦合关系有解耦作用。

1.8.3 技术路线图

本书的技术路线见图 1-1。

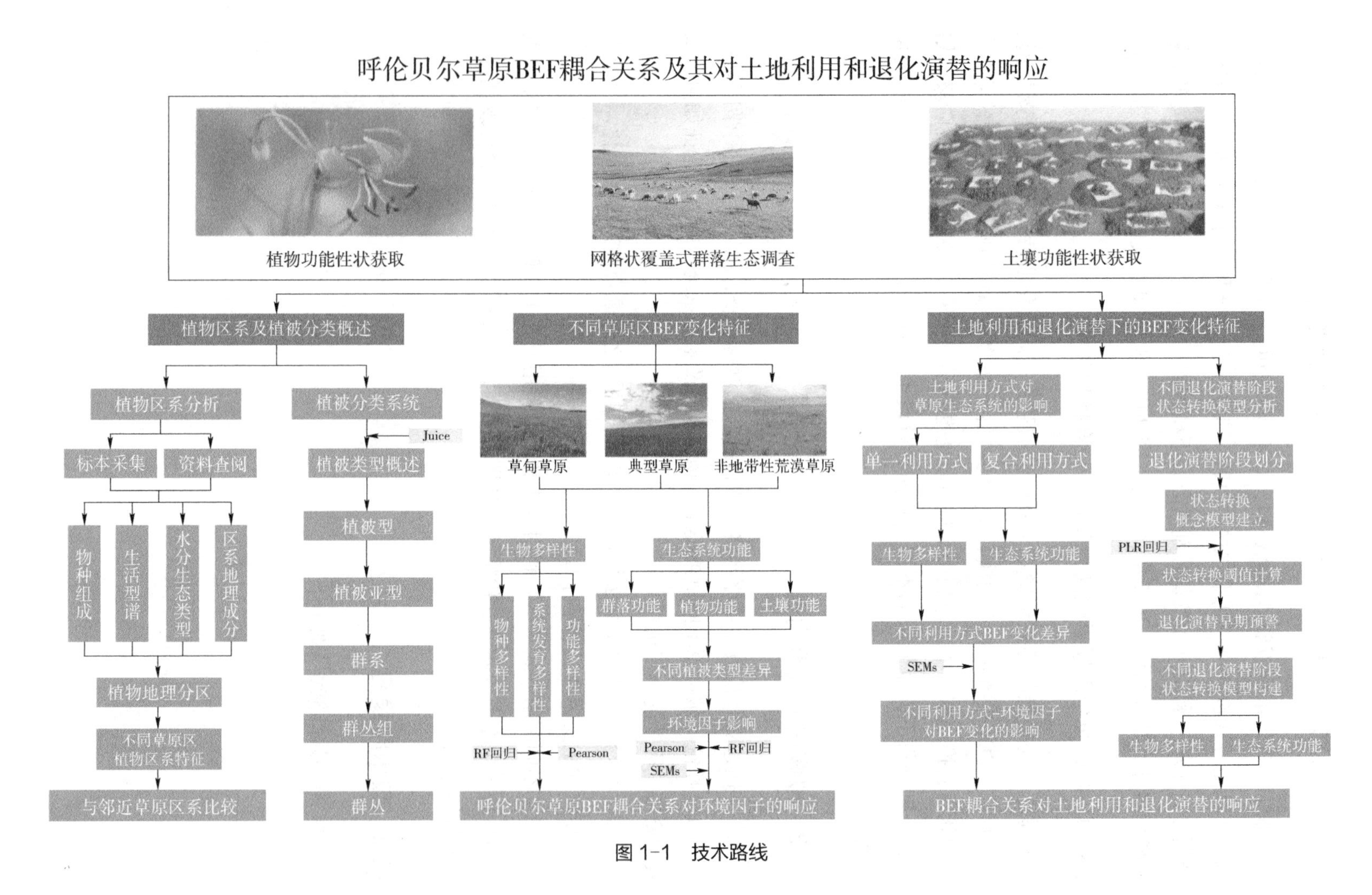
呼伦贝尔草原BEF耦合关系及其对土地利用和退化演替的响应
植物功能性状获取
网格状覆盖式群落生态调查
土壤功能性状获取
植物区系及植被分类概述
不同草原区BEF变化特征
土地利用和退化演替下的BEF变化特征
植物区系分析
植被分类系统
标本采集
资料查阅
物种组成
生活型谱
水分生态类型
区系地理成分
植物地理分区
不同草原区植物区系特征
与邻近草原区系比较
Juice
植被类型概述
植被型
植被亚型
群系
群丛组
群丛
草甸草原
典型草原
非地带性荒漠草原
生物多样性
物种多样性
系统发育多样性
功能多样性
RF回归
Pearson
生态系统功能
群落功能
植物功能
土壤功能
不同植被类型差异
环境因子影响
Pearson
RF回归
SEMs
呼伦贝尔草原BEF耦合关系对环境因子的响应
土地利用方式对草原生态系统的影响
单一利用方式
复合利用方式
生物多样性
生态系统功能
不同利用方式BEF变化差异
SEMs
不同利用方式-环境因子对BEF变化的影响
不同退化演替阶段状态转换模型分析
退化演替阶段划分
状态转换概念模型建立
PLR回归
状态转换阈值计算
退化演替早期预警
不同退化演替阶段状态转换模型构建
生物多样性
生态系统功能
BEF耦合关系对土地利用和退化演替的响应

图 1-1　技术路线

2 研究区概况与研究方法

2.1 研究区概况

2.1.1 地理位置与地形地貌

呼伦贝尔草原位于内蒙古自治区东北部、大兴安岭以西的草原区，北部与俄罗斯接壤，西部与蒙古国相邻；行政区包括海拉尔区、满洲里市、新巴尔虎左旗、新巴尔虎右旗、陈巴尔虎旗、鄂温克族自治旗共 1 区 1 市 4 旗的全境，以及额尔古纳市南部和牙克石市西部的部分区域，地理范围为东经 115°30′～121°10′、北纬 47°20′～50°15′，总面积约 11.3 万 km^2（Liu et al., 2014）。

呼伦贝尔草原位于大兴安岭以西，主体属呼伦贝尔高平原。由挠曲构造运动下降形成的呼伦贝尔高平原，其地面沉积了厚厚的第四纪细砂层。呼伦贝尔草原整体海拔为 650～700 m，草原面呈微波起伏，地势东高西低，在呼伦湖附近形成最低点（海拔 540 m）。呼伦贝尔草原区河流主要以额尔古纳水系为主，其主要支流有海拉尔河、克鲁伦河、根河等，其他主要河流包括乌尔逊河、伊敏河等，河流两岸形成了面积宽阔的冲积平原，通过河流长期的侵蚀堆积作用，两岸发育成大面积河漫滩和二级阶地。同时，呼伦贝尔草原区湖泊众多，面积较大的为呼伦湖（达赉湖）以及处于中蒙边界的贝尔湖，“呼伦贝尔草原”也因此得名。在海拉尔河南北两岸、呼伦湖东岸、乌尔逊河与伊敏河及辉河右岸的波状平原上，分布有 3 条沙带，多为固定、半固定的梁窝状及蜂窝状沙丘，高度在 5～15 m，即呼伦贝尔沙地。呼伦贝尔草原西缘为台岗状低山丘陵，多由花岗岩、石英粗面岩、安山岩及玄武岩组成，长期受风蚀，山形浑圆或呈平台状，伴有谷地、平原相间分布（呼伦贝尔盟土壤普查办公室，1992）。

2.1.2 研究区气候

呼伦贝尔草原属中温带大陆性季风气候，受大气环流影响，冬季盛行强劲的西北风，严寒干燥；夏季暖湿的东南季风越过大兴安岭到达呼伦贝尔草原，已经十分微弱。因此，呼伦贝尔草原夏季温凉短促、降雨集中；春季干燥风大、降雨较少；秋季气温骤降、落霜较早。多年平均气温为 -3～0℃，年蒸发量为 900～1 630 mm，无霜期短，为 40～130 d。年日照比较充足，为 2 800～3 100 h，平均年积温为 1 800～2 800℃，多年平均湿润度为 0.3～0.6，年平均风速达 3.5～4.6 m/s。受大兴安岭影响，夏季西太平洋副热带高压西输受阻，冬季受西伯利亚高压影响，降水从东向西呈逐渐减少的趋势，年降水量为 250～500 mm，多集中在 7 月、8 月，雨热同期（Zhu et al., 2019a）。

2.1.3 研究区土壤类型

呼伦贝尔草原气候条件不仅影响着植物生长状况，同时对土壤形成过程中的有机及无机化合物的合成与分解、淋溶与沉积等作用，以及土壤的性质和分布有很大影响。东北部草甸草原区，受半湿润气候及寒冷低温影响，有机质分解缓慢，土壤中有机质积累丰富，黑土、黑钙土、暗色草甸土、暗棕壤等土壤得以很好发育；中西部的典型草原区受半干旱气候影响，土壤中碳酸钙得以淋溶和沉积，形成石灰性的土壤类型，即黑钙土和栗钙土。

2.2 数据获取与预处理

2.2.1 植物区系数据整理及植物类型划分依据

2.2.1.1 植物区系数据整理

（1）生活型的确定

按照 Raunkiaer 生活型，依据植物休眠芽在不良季节的高度、位置和形态，分为高位芽、地上芽、地面芽、隐芽及一年生植物；参照《中国植被》中的生态形态学生活型系统，分为灌木、小灌木、半灌木、小半灌木、多年生草本、一年生草本。

（2）水分生态类型的确定

根据《中国植被》中对植物水分生态类型的划分方法，划分为旱生（强旱生、旱生、中旱生）、中生（旱中生、中生）和湿生。生活型和水分生态类型主要结合野外采集的实际生境记录以及查阅《内蒙古维管植物分类及其区系生态地理分布》（赵一之，2012）进行确定。

（3）物种的区系地理成分

主要依据《中国种子植物区系地理》（吴征镒等，2011）和《内蒙古维管植物分类及其区系生态地理分布》（赵一之，2012）文献中划定的区系单元范围，并结合物种的实际分布范围来确定。

2.2.1.2 植物分类划分依据

呼伦贝尔草原植被类型的主要划分依据为《中国植被志》的植被分类系统、编研体系和规范（方精云等，2020；郭柯等，2020；王国宏等，2020）。划分方案沿用"植物群落学－生态学"的分类原则，将植物群落本身特征和群落所处的生态条件作为划分植被类型的依据，针对不同等级分类单位采用的具体群落特征和指标有所侧重，高级单位侧重于群落的生态条件和外貌特征，中、低级分类单位侧重于群落种类组成及群落结构（宋永昌等，2017；陈灵芝等，2014；中国科学院中国植被图编辑委员会，2001；中国植被编辑委员会，1980；侯学煜，1960）。

需要说明的是，在呼伦贝尔草原区，植被类型划分的高级和中级单位依据群落建群种和共建种，而低级分类单位则依据群落所有层片优势种和层片种类组成；对于生态幅度较广的建群种类型而言，其他层片优势种、特征种甚至种类组成也可能成为确定群落高级分类单位的重要依据，这种植被类型划分涉及的物种主要有羊草、羊茅、脚苔草、寸草苔、小叶锦鸡儿、狭叶锦鸡儿。以羊草为建群种的群落，根据其他层片的优势种组成及其反映的生态条件来划分，如丛生草类层片的优势种为贝加尔针茅，杂类草层片优势种为地榆、蓬子菜一类的羊草草原，则划分为羊草草甸草原；而丛生草类层片优势种为大针茅、克氏针茅，杂类草层片优势种为麻花头、野韭等典型草原区优势植物，则划分为羊草典型草原群系。

植被分类划分依据首先考虑植物群落的现状特征，同时也要兼顾群落的动态特征。对处于演替过程中的一些次要的演替系列类型，特别是处于极度不稳定状态的类型，往往适当节略处理，大部分直接归至其顶极演替类型或最接近的演替稳定阶段。例如，在呼伦贝尔草原与沙地过渡区域的沙化草原群落中，以狗尾草、雾冰藜、虎尾草等一年生植物为优势的群落是极不稳定的先锋类型，受雨水变化和人类活动影响，通常称为沙地一年生植物群落，本书将其归入与之相关的顶极群落或演替过程中相对稳定的植被类型加以说明。又如，呼伦贝尔草原中的寸草苔群落，往往是贝加尔针茅、大针茅、克氏针茅、羊草等顶极群落的退化演替类型，因此在群落划分时，若寸草苔在群落中的重要值接近以上几个建群种的重要值，则将其归入相关的顶极群落类型加以说明；如果寸草苔的重要值明显大于以上几个建群种的重要值，说明寸草苔在该群落中已经处于比较稳定的演替阶段，则将其单独划分为寸草苔典型草原群系。

依据以上植被分类原则，在呼伦贝尔草原植被分类系统中，使用植被型（Vegetation formation）、植被亚型（Vegetation subformation）、群系（Alliance）、群丛组（Association group）和群丛（Association）5级分类单位进行划分。从生物多样性与生态系统功能分析两方面分别对草甸草原区和典型草原区的植被亚型、群系水平进行分析。

2.2.2 样带群落生态调查及数据获取

2.2.2.1 样带群落生态调查

如图2-1所示，于2017年6月开始，至2020年9月结束，对整个呼伦贝尔草原区进行了呈网格状覆盖式植被调查，对于特殊生境类型下的特殊植被分布，采取单独补样调查，其间共完成呼伦贝尔草原733个样地的调查，每个样地设置3个1 m×1 m的草本群落调查样方，共计2 199个样方，每个草本样方内记录物种种

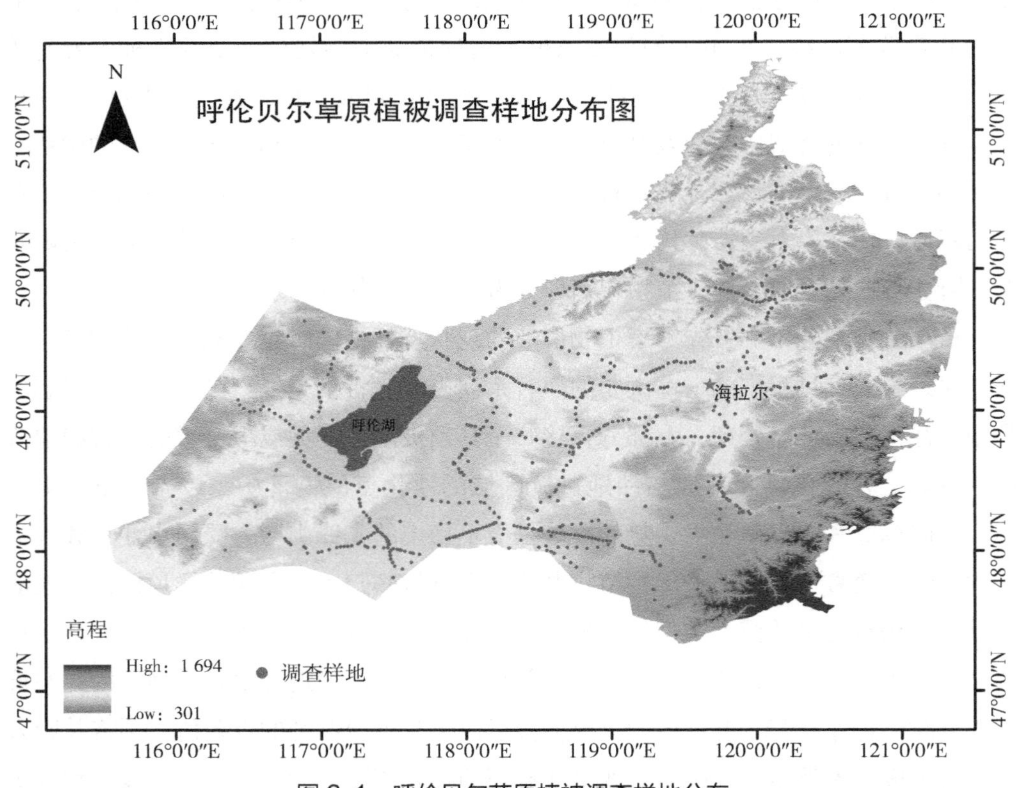

图2-1 呼伦贝尔草原植被调查样地分布

类、样方总盖度、单物种分盖度、物种高度以及株丛数，并将不同物种齐地面剪下装信封带回实验室，80℃下烘干至恒重，称取其地上生物量；同时在每个样方对角线中心位置，使用直径 10 cm 的根钻，获取地表 25 cm 的土壤和根，带回实验室清水冲洗至无泥沙残存，85℃下烘干至恒重，获取地下生物量，并根据样方面积换算群落地下生物量。采用手持 GPS 获取样地的经纬度等信息，同时观察记录草场利用类型（刈割、放牧、刈割 + 放牧），用来分析利用方式对草原退化的影响。

2.2.2.2 样带群落土壤样品采集与理化性质分析

在每个 1 m × 1 m 样方按对角线取 3 个直径为 5 cm，深度分别为 0～10 cm、10～20 cm、20～40 cm 的土壤样品，带回室内风干，去除土壤样品中的岩石、植物等，过 2 mm 筛，一部分样品进行土壤容重、含水量、粒径等物理分析，另一部分继续研磨，过 100 目筛子进行土壤 pH、土壤有机碳、全氮、全磷、有机质等化学指标分析。pH 采用土与水比例为 1 : 2.5 的混合液进行测定（Mettler Toledo，Shanghai，China）。为了校正土壤碳、氮和磷的储存量，测量了岩石的质量和体积。每个地点表层土壤深度（0～10 cm）的土壤容重是通过使用体积为 100 cm^3 的环刀取样称重获得，土壤含水量采用烘干法测定，烘箱设置为 110℃，烘干至恒重。土壤有机碳采用 liquiTOC 分析仪（Elementar，Hanau，Germany）进行测定，全氮测定采用凯氏定氮法，使用氮分析仪系统（KJELTEC 2300 AUTO SYSTEM II，Foss Tecator AB，Höganäs，Sweden）。全磷采用酸溶 - 钼锑抗比色法测定，有机质用重铬酸钾氧化外加热法测定。使用 EyeTech 激光粒度粒形分析仪测定土壤粒径，并且依据 USDA 系统将土壤粒径分为黏粒（<2 μm）、粉粒（2～50 μm）和砂粒（50～2 000 μm）（Minasny et al.，2001）。

2.2.3 气候及 NDVI 数据获取

本书使用的 NDVI 数据来自美国国家航空航天局（NASA）（http：//ladsweb.nascom.nasa.gov）的 MOD13Q1 数据，空间分辨率为 250 m，每年 23 景，时间长度为 2017—2020 年。本书采用最大合成法（Baeza et al.，2020）得到月数据，进而得到年最大 NDVI 数据。最后运用 ArcGIS 结合研究区矢量图进行裁剪，得到研究区时间序列 NDVI 图。

本书所用的气候数据来自中国气象数据网（http：//www.nmic.cn），选取海拉尔区、满洲里市、新巴尔虎左旗、新巴尔虎右旗、鄂温克族自治旗及陈巴尔虎旗的 2017—2020 年月降水量和月平均温度数据，用均值法计算年平均温度，选取 5—9

月作为生长季，进一步运用均值法计算生长季降水。

2.2.4 植物功能性状的选择和测定方法

本书选择了27种植物功能性状开展研究，包括21种物理性状、6种化学性状，物理性状中有叶片基本功能性状、叶片功能性状以及植物功能性状，化学性状为植物碳（PlantC，g/kg）、氮（PlantN，g/kg）、磷（PlantP，g/kg）含量以及根的碳（RootC，g/kg）、氮（RootN，g/kg）、磷（RootP，g/kg）含量6项。

叶片基本功能性状包含叶长（LL，cm）、叶宽（LW，cm）、叶周长（LC，cm）、叶面积（LA，cm^2）、叶鲜重（LFW，g）、叶干重（LDW，g）以及叶厚（LT，mm）7项。在野外采集叶片后，及时测量叶鲜重、叶厚，将叶片的叶柄剪去，用电子天平称量叶片鲜重（北京赛多利斯BS300S），使用游标卡尺（日本三丰数显卡尺500-196-30）测量叶片厚度，为减少误差，每次选取5片叶片叠加进行测量，测量时避开主脉和二级脉，并在叶片中心位置进行测量，单片叶片平均厚度是用叶片厚度总和除以叶片数量而得。将叶片烘干后，称量可得叶干重。用扫描仪（Cano Scan LiDE 110）扫描叶片的黑白图像，使用ImageJ 1.44j（National Institutes of Health，Bethesda，MD）对图像进行数字分析，以确定投影的叶片长、宽、面积和周长。

叶片功能性状包括叶含水量（LWC，g）、比叶面积（SLA，cm^2/g）、叶干物质含量（LDMC）、叶面积指数（LAI）、分离指数（LDI）以及叶形指数（LSI）6项。该6项指标的计算公式分别为：

叶含水量（LWC）= LFW – LDW　　（2-1）

比叶面积（SLA）= LA / LDW（铁军等，2012）　　（2-2）

叶干物质含量（LDMC）= LDW / LFW（道日娜等，2016）　　（2-3）

叶面积指数（LAI）= LA /（LL × LW）（铁军等，2012）　　（2-4）

分离指数（LDI）= LC^2 /（4 × 3.14 × LA）（Kevyn et al.，2012）　　（2-5）

叶形指数（LSI）= LL / LW（黄茜等，2016）　　（2-6）

植物功能性状有植株高（PlH，cm）、叶片数（L，个）、茎干重（SDW，g）、茎鲜重（SFW，g）、植株干重（PDW，g）、植株鲜重（PFW，g）、植株干物质含量（PDMC）和茎叶比（SLR）8项。植株高、叶片数在野外调查时直接测量可得，植株采集后，及时称量植株鲜重，烘干后可得植株干重，茎的鲜重干重可由植株的鲜重干重减去叶片的鲜重干重得到，植株干物质含量 = PDW / PFW，茎叶比 = SDW / SFW。

叶片烘干后，用球磨机（NM200，Retsch，Haan，Germany）研磨后置于塑料离心管中密封放置，在进行碳、氮、磷元素含量测量时需再次在60℃烘干。称量烘干的研磨样品，用锡杯包裹后放入稳定性同位素质谱仪（Isotope-MS，Delta V Advantage；Thermo Fisher Scientific，Darmstadt，Germany）中测定样品碳（C）、氮（N）含量。用钼锑抗分光光度法测量磷元素含量，称量叶片的研磨样品0.25 g左右，将其置于消解罐，先后加入5 ml硝酸（HNO_3）、1 ml双氧水（H_2O_2），加盖放入微波消解仪（Ethos One Milestone；Sorisole，Italy）中消解。消解完成后，转移至比色管中，定容至100 ml，用蒸馏水稀释至标线，颠倒振荡20次，吸取上清液10 ml至试管，加入钼锑抗试剂0.6 ml摇匀，静置15 min，用分光光度计测量其在700 nm的吸光度以计算样品中磷元素含量。

2.2.5 生物多样性的计算

2.2.5.1 物种多样性的计算

物种多样性（Species Diversity）一般包括α多样性和β多样性，其中α多样性表示群落中所含物种的多少，β多样性则表示物种沿环境梯度所发生替代的程度或物种变化的速率。本书中使用如下指标测度：

（1）α多样性（Magurran，1988）

物种丰富度（Species Richness）= 样方内出现的物种数 （2-7）

$$\text{Shannon-Wiener 指数：} H' = -\sum_{i=1}^{s} P_i \ln P_i \quad (2\text{-}8)$$

$$\text{Pielou 均匀度指数：} E = H' / \ln S \quad (2\text{-}9)$$

$$\text{Simpson 指数：} P = 1 - \sum_{i=1}^{s} P_i^2 \quad (2\text{-}10)$$

（2）β多样性（Whittaker，1972；Magurran，1988）

$$\text{Jaccard } \beta \text{ 指数：} C_J = \frac{c}{a+b-c} \quad (2\text{-}11)$$

式中，a和b分别为两样方的物种数，c为两样方的共有物种数。

以上物种多样性指数均可由R语言“Vegan”包计算得到。

2.2.5.2 系统发育多样性的计算

群落中的系统发育信息可以解释群落构建的生态学和进化过程，系统发育多样性的计算过程如下：

（1）平均谱系距离

平均谱系距离（MPD）是基于系统发育树枝长距离矩阵计算的，代表着系统发育树上所有物种两两之间的系统发育距离之和的平均值，该指数可以表示群落物种组成的整体系统发育差异性。其计算公式如下：

$$\mathrm{MPD}=\sum_{i}^{n}\sum_{j}^{n}\frac{\delta_{i,j}}{n} \tag{2-12}$$

式中，n 为物种数量，系统发育距离矩阵 δ，$\delta_{i,j}$ 则是物种 i 和物种 j 的系统发育距离，物种 i 不等于物种 j。

（2）净谱系亲缘关系指数

净谱系亲缘关系指数（NRI）是指群落内实际得到的所有物种平均成对系统发育距离（$\mathrm{MPD_{obs}}$）相对于零模型（Null Model）随机值（$\mathrm{MPD_{null}}$）的标准化效应值（Standardized Effect Size）（Webb et al.，2002），其计算公式如下：

$$\mathrm{NRI}=-1\times\frac{\mathrm{MPD_{obs}}-\mathrm{mean}(\mathrm{MPD_{null}})}{sd(\mathrm{MPD_{null}})} \tag{2-13}$$

式中，mean（$\mathrm{MPD_{null}}$）是系统发育树上物种随机分配（Taxa Shuffle）运行 999 次进行 1 000 次迭代产生的每个群落 999 个随机 MPD 值的平均值，sd（$\mathrm{MPD_{null}}$）则是这些随机值的标准差。

（3）平均最近相邻谱系距离指数

平均最近相邻谱系距离指数（MNTD）是指群落系统发育树上亲缘关系最近的物种，物种两两之间系统发育距离之和的平均值（Webb，2000），其计算公式如下：

$$\mathrm{MNTD}=\sum_{i}^{n}\frac{\min\delta_{i,j}}{n} \tag{2-14}$$

式中，n 为物种数量，$\min\delta_{i,j}$ 是物种 i 和群落内其他所有物种最小的系统发育距离，物种 i 不等于物种 j。

（4）最近分类单元指数

最近分类单元指数（NTI）是指群落内亲缘关系最近的物种之间的平均系统发育距离（$\mathrm{MNTD_{obs}}$）与零模型随机生成值（$\mathrm{MNTD_{null}}$）的标准化效应值（Webb et al.，2002），其计算公式如下：

$$\mathrm{NTI}=-1\times\frac{\mathrm{MNTD_{obs}}-\mathrm{mean}(\mathrm{MNTD_{null}})}{sd(\mathrm{MNTD_{null}})} \tag{2-15}$$

式中，mean（$\mathrm{MNTD_{null}}$）是随机产生的 999 个 $\mathrm{MNTD_{null}}$ 值的平均值，sd（$\mathrm{MNTD_{null}}$）为随机值的标准差。

上述 4 种指数均运用 R 语言“picante”包中的 ses.mpd 和 ses.mnpd 函数进行计算。

2.2.5.3 功能多样性的计算

功能多样性被认为是生态系统功能的重要驱动因素，在多年的研究中，研究者们陆续提出了很多衡量群落功能多样性的指标，但对于量化功能多样性仍然没有一个统一的标准。Villéger 等（2008）提出了 3 种功能多样性指标，这些指标可以量化群落在多维功能空间中各方面的功能多样性，包括功能丰富度（Functional Richness，Fric）、功能均匀度（Functional Evenness，Feve）以及功能分散度（Functional Divergence，Fdiv）。Laliberté（2010）在 Rao 二次熵的基础上提出了一种新的、直观的多维功能多样性指数，称为功能离散度（Functional Dispersion，FDis）。这些指标可以直接衡量物种在多元功能性状空间中的分布，与物种丰富度无关，并且相互独立（Mason et al.，2008）。

功能丰富度是指群落所填满的功能空间的数量。对于单性状方法，功能丰富度可以被定义为群落中存在的最大和最小功能值之间的差值。功能均匀度描述了在功能特征空间中丰度分布的均匀性，该指数基于连通多维函数空间中所有物种的最小生成树，量化了物种丰度沿生成树分布的规律。对于单一性状的方法，功能分散度表示在群落占据的范围内，丰度沿着功能性状轴扩散的方式（Mason et al.，2005），该指数量化了物种到功能空间重心的距离的方式。功能离散度 FDis 是加权平均绝对偏差（MAD）的多元模拟，这使得新指数不受物种丰富度的影响（Laliberté et al.，2010）。

本书选择了功能丰富度、功能均匀度、功能分散度、Rao 二次熵以及功能离散度来衡量群落功能多样性，采用 R 语言“FD”包中的“dbFD”函数进行计算，计算前使用“scale”函数对不同植物功能性状进行标准化。

2.2.6 生态系统多功能性的计算

本书使用平均值法评估生态系统的多功能性，该方法是通过计算不同生态系统功能的平均标准化得分进行评估，该得分可以表示生态系统的多功能性，可以作为一种量化生态系统多功能能力的方法，该方法计算简单且容易解释，被研究者们广为应用（Byrnes et al.，2014）。在实际量化生态系统多功能性时，通过平均值法与单功能法结合，既能得到植物多样性变化对生态系统多个功能的平均影响，又能通过单功能法所得每个功能的值分析如何随植物多样性的变化而变化，从而使研究人员发现植物多样性与生态系统多功能之间的潜在关系（Jing et al.，2015），因此本书选择使用多功能的均值法与单功能法相结合对呼伦贝尔草原生物多样性与生态系统功能进行研究，生态系统多功能计算过程中使用的单功能分为群落功能、植物功能和土壤功能 3 类，植物功能又分为植物叶片功能和植物个体功能 2 类，生态系统多功能计算过程中使用的调查属性对照关系如表 2-1 所示。

表 2-1　生态系统功能分类

生态系统功能	生态属性	属性单位
植物生产力	地上生物量	g
	地下生物量	g
	植物高度	cm
	植物盖度	%
植物多样性	α 多样性	—
	Pielou 均匀度指数	—
	辛普森指数	—
	β 多样性	—
	香农 - 威纳指数	—
水资源	土壤含水量	g/cm^3
养分循环	土壤氮含量	g/kg
	土壤磷含量	g/kg
养分吸收	根氮含量	g/kg
	根磷含量	g/kg
	根碳含量	g/kg
	植物氮含量	g/kg
	植物磷含量	g/kg
	植物碳含量	g/kg
碳储量	土壤有机碳储量	g/kg
土壤酸化	土壤酸碱度	—
土壤密度	土壤容重	%

2.2.7　草地综合退化指数的计算

本书中引用了草地综合退化指数（Steppe Composite Degradation Index，SCDI）用于计算状态转换阈值，该指数包含 3 个分量，分别是指示种组合指数、草原牧草指数、功能退化指数，3 个分量参考生态系统健康指数（Li et al.，2013）的计算公式构建 SCDI。计算公式如下：

2.2.7.1　指示种组合指数（Indicator Species Combinations Index，ISCI）

$$\mathrm{ISCI}=\frac{\left(\frac{\sum_{n}^{i}\mathrm{C_{IS}}}{\mathrm{TC}_n}+\frac{\sum_{n}^{i}\mathrm{AGB_{IS}}}{\mathrm{TAGB}_n}\right)}{2} \tag{2-16}$$

式中，n是样地数，i是物种，C是盖度，AGB是地上生物量，IS是指示种，TC是样地总盖度，TAGB样地总地上生物量。

2.2.7.2　草原牧草指数（Steppe Forage Index，SFI）

$$\mathrm{SFI}=\frac{1-\left(\frac{\sum_{n}^{i}\mathrm{FAGB}}{\mathrm{TAGB}_n}+\frac{\sum_{n}^{i}\mathrm{FC}}{\mathrm{TC}_n}\right)}{2} \tag{2-17}$$

式中，n是样地数，i是物种，FC是牧草盖度，FAGB是牧草地上生物量，TC是样地总盖度，TAGB样地总地上生物量。

2.2.7.3　功能退化指数（Functional Degradation Index，FDI）

$$\mathrm{FDI}=\frac{\left(\frac{\sum_{n}^{i}\mathrm{C_{ABH}}+\sum_{n}^{i}\mathrm{C_{PF}}}{\mathrm{TC}_n}+\frac{\sum_{n}^{i}\mathrm{AGB_{ABH}}+\sum_{n}^{i}\mathrm{AGB_{PF}}}{\mathrm{TAGB}_n}\right)}{2} \tag{2-18}$$

式中，n是样地数，i是物种，ABH是一、二年生植物，PF是杂类草，TC是样地总盖度，TAGB样地总地上生物量。

2.2.7.4　草地综合退化指数（Steppe Composite Degradation Index，SCDI）

$$\mathrm{SCDI}=\sqrt{\mathrm{ISCI}^2+\mathrm{SFI}^2+\mathrm{FDI}^2} \tag{2-19}$$

2.2.8　数据处理与统计分析

本书采用单因素方差分析呼伦贝尔草原不同草原区不同植被类型间生物多样性、生态系统功能以及生态系统多功能的差异；呼伦贝尔草原生物多样性、群落功能、植物功能性状与环境因子间以及植物功能性状与土壤功能采用Pearson相关性分析。为综合分析物种多样性、系统发育多样性以及功能多样性与环境因子的关系，本书使用了随机森林法进行计算，该算法是一种基于决策树模型的机器学习方法。研究单一土地利用方式下呼伦贝尔草原群落物种组成的差异，应用MDS排序方法构建基于物种组成的放牧－刈割样地多尺度MDS图。

我们通过构建结构方程模型来探究土地利用方式与生态系统的关系，包括不同土地利用方式与生态系统功能和生态系统多功能之间的影响，还有单一土地利用方式与生态系统功能的直接和间接影响。在对呼伦贝尔草原生物多样性－生态系统多功能性进行SEM分析时，生态系统地上多功能选择使用了生态系统功能中的植物功能和群落功能中的地上生物量、群落盖度和群落高度，生态系统地下多功能选择了生态系统功能中的土壤功能和群落功能中的地下生物量，物种多样性中SDiversity-α使用香农－威纳指数、SDiversity-β使用Jaccard指数，功能多样性中FDiversity-α使用Fric指数、FDiversity-β使用FDis指数，系统发育多样性中PDiversity-α使用MPD指数、PDiversity-β使用MNTD指数。

以上分析均通过R 4.0.3完成。单因素方差分析利用aov函数进行计算。相关性分析采用“corrplot”包“corr”函数。随机森林模型采用“random Forest”包“random Forest”函数进行构建，参数采用默认设置。结构方程模型采用“lavaan”包“sem”函数进行构建。分段线性回归用“SiZer”包中piecewise.linear函数完成。PCA与MDS排序法则使用“vegan”包中的“princomp”和“metaMDS”进行计算，使用“ggplot2”包进行制图。

3 呼伦贝尔草原植物区系特征及植被分类系统

3.1 呼伦贝尔草原植物区系特征

3.1.1 群落的区系组成特征

呼伦贝尔草原物种组成丰富多样，根据野外群落调查统计、采集标本鉴定及相关资料整理，呼伦贝尔草原维管植物总计 1 113 种、86 科、413 属（表 3-1）；其中蕨类植物 4 科、5 属，共计 9 种；裸子植物 2 科、2 属，共计 5 种；被子植物 80 科、406 属，共计 1 099 种，包括双子叶植物 64 科、315 属、843 种，单子叶植物 16 科、91 属、256 种。对所有物种基于 APG Ⅲ系统的呼伦贝尔草原植物系统发育树如图 3-1 所示。

表 3-1 呼伦贝尔草原维管植物物种组成

<table>
<tr><th colspan="3">植物类群</th><th>科数</th><th>占总科数 /%</th><th>属数</th><th>占总属数 /%</th><th>种数</th><th>占总种数 /%</th></tr>
<tr><td colspan="3">蕨类植物门</td><td>4</td><td>4.65</td><td>5</td><td>1.21</td><td>9</td><td>0.81</td></tr>
<tr><td rowspan="3">种子植物</td><td colspan="2">裸子植物门</td><td>2</td><td>2.33</td><td>2</td><td>0.48</td><td>5</td><td>0.45</td></tr>
<tr><td rowspan="2">被子植物门</td><td>双子叶植物</td><td>64</td><td>74.42</td><td>315</td><td>76.27</td><td>843</td><td>75.74</td></tr>
<tr><td>单子叶植物</td><td>16</td><td>18.60</td><td>91</td><td>22.03</td><td>256</td><td>23.00</td></tr>
<tr><td colspan="3">维管植物总计</td><td>86</td><td>—</td><td>413</td><td>—</td><td>1 113</td><td>—</td></tr>
</table>

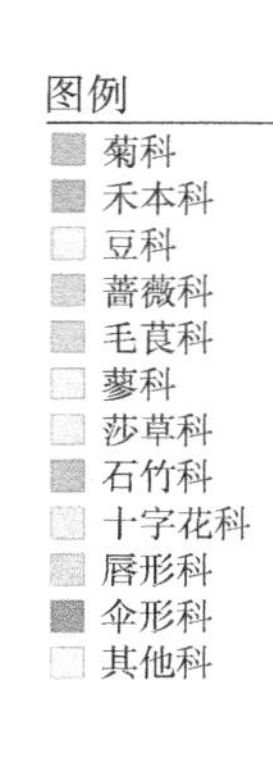

图 3-1 呼伦贝尔草原植物系统发育树

在呼伦贝尔草原的植物区系组成中，物种数超过12种的大科有17个，总计292属863种，占总属数的70.70%，占物种总数的77.54%（表3-2）；其中物种数最多的是菊科，共51属172种，占总属数12.35%，占物种总数的15.45%，蒿属为呼伦贝尔草原第一大属，共40种，占物种总数的3.59%（表3-3），其他主要属有风毛菊属和蒲公英属等，主要物种有野艾蒿、冷蒿、蒲公英、草地风毛菊、阿尔泰狗娃花、麻花头、欧亚旋覆花、鸦葱等以及一、二年生草本黄花蒿、猪毛蒿、栉叶蒿、大籽蒿等；呼伦贝尔草原菊科植物多以伴生成分出现，其中冷蒿作为典型的草原草地退化指示种，在针茅草原、羊草草原等群落退化到一定程度时，冷蒿优势度超过原生建群物种，形成典型草原退化演替的一种草原类型——冷蒿草原，而裂叶蒿、蒲公英、猪毛蒿等物种可作为亚建群种或层片优势种出现在各顶级群落中。呼伦贝尔草原第二大科为禾本科，共48属127种，占总属数的11.62%，占物种总数的11.41%，以多年生丛生禾草及多年生丛生小禾草为主，所形成的群落类型组成了呼伦贝尔草原的主体部分，涵盖了呼伦贝尔的草甸草原、典型草原和非地带性荒漠草原，其中草甸草原的建群种有贝加尔针茅、羽茅等，典型草原建群种有大针茅、克氏针茅、冰草、糙隐子草等，非地带性荒漠草原建群种有小针茅等；此外禾本科的一、二年生草类的狗尾草、小画眉等广布于呼伦贝尔草原的各种群落类型之中，主要以伴生种出现，在退化严重的草场或地表扰动较大的区域，甚至可成为亚优势成分。呼伦贝尔草原第三大科为豆科，共19属80种，占总属数的4.60%，占物种总数的7.19%，以黄耆属和棘豆属（表3-3）多年生植物为主，常见有糙叶黄耆、乳白花黄耆、草木樨状黄耆、斜茎黄耆、二色棘豆、砂珍棘豆、海拉尔棘豆、扁蓿豆等；豆科的灌木和半灌木植物的小叶锦鸡儿和狭叶锦鸡儿在呼伦贝尔草原中主要以伴生种出现，在一些条件适宜的区域会形成灌丛化草原群落类型。蔷薇科有21属67种，占总属数的5.08%，占物种总数的6.02%，委陵菜属植物多达22种，占物种总数的1.98%，为第二大属，常见有星毛委陵菜、二裂委陵菜、菊叶委陵菜等。十字花科有15属53种，占总属数的3.63%，占物种总数的4.76%，常见有小花花旗杆、蒙古糖芥、燥原荠、独行菜等。唇形科有12属50种，占总属数的2.91%，占物种总数的4.49%，以多年生草本为主，常见有蒙古糙苏、黄芩、多裂叶荆芥等，小半灌木百里香及一、二年生草本益母草也占有一定优势。石竹科有22属43种，占总属数的5.33%，占物种总数的3.86%，常见有石竹、灯心草蚤缀、叉歧繁缕、女娄菜、卷耳等。莎草科有15属40种，占总属数的3.63%，占物种总数的3.59%，苔草属有31种，占总种数的2.79%，为第二大属，其中以寸草苔为建群种的群落多为针茅草原和羊草草原的退化演替类型，脚苔草多在呼伦贝尔草甸草原群落中作为亚优势成分出现，在适宜环境下会成为建群种，其他常见物种有黄囊苔草、灰脉苔草等。毛茛科有 16 属 34 种，占总属数的 3.87%，占物种总数的 3.05%，瓣蕊唐松草、细叶白头翁、棉团铁线莲等均为草原常见伴生物种。百合科有 14 属 33 种，占总属数的 3.39%，占物种总数的 2.96%，以葱属植物为主，野韭、双齿葱、多根葱、细叶葱、矮葱、黄花葱等，多以伴生种存在，其中野韭、双齿葱、多根葱在条件适宜区域能够成为建群种，百合属的山丹、毛百合等为常见伴生种。另外，其他物种数相对较多的科（如藜科、蓼科、玄参科、伞形科、紫草科等），均是组成呼伦贝尔草原的重要成分。

表 3-2 呼伦贝尔草原优势科物种组成

科名	属	占总属数 /%	种	占总种数 /%	科名	属	占总属数 /%	种	占总种数 /%
菊科	51	12.35	172	15.45	蓼科	5	1.21	33	2.96
禾本科	48	11.62	127	11.41	玄参科	15	3.63	27	2.43
豆科	19	4.60	80	7.19	百合科	14	3.39	33	2.96
蔷薇科	21	5.08	67	6.02	唇形科	12	2.91	50	4.49
毛茛科	16	3.87	34	3.05	伞形科	1	0.24	13	1.17
莎草科	15	3.63	40	3.59	紫草科	16	3.87	27	2.43
十字花科	15	3.63	53	4.76	堇菜科	10	2.42	21	1.89
藜科	11	2.66	31	2.79	鸢尾科	1	0.24	12	1.08
石竹科	22	5.33	43	3.86	总计	292	70.70	863	77.54

表 3-3 呼伦贝尔草原优势属物种组成

属	种数	占总种数 /%	属	种数	占总种数 /%
蒿属	40	3.59	酸模属	10	0.90
委陵菜属	22	1.98	沙参属	10	0.90
蓼属	19	1.70	柳属	10	0.90
风毛菊属	14	1.26	毛茛属	10	0.90
苔草属	31	2.79	繁缕属	9	0.81
黄耆属	20	1.80	藜属	9	0.81
葱属	14	1.26	唐松草属	9	0.81
堇菜属	13	1.17	虫实属	8	0.72
早熟禾属	15	1.35	碱茅属	8	0.72
棘豆属	15	1.35	白头翁属	8	0.72
马先蒿属	13	1.17	拉拉藤属	8	0.72

续表

属	种数	占总种数 /%	属	种数	占总种数 /%
野豌豆属	12	1.08	老鹳草属	7	0.63
蒲公英属	11	0.99	龙胆属	7	0.63
鸢尾属	11	0.99	总计	370	33.24
绣线菊属	7	0.63			

3.1.2 呼伦贝尔草原植物区系的生活型谱

植物生活型是植物在漫长的系统发育过程中对生态因素的综合形态适应结果。常用的生活型分类系统有《中国植被》所采用的生态形态学原则拟定的生活型分类系统以及 Raunkiaer 生活型系统，本书分别从这两个系统的角度分析呼伦贝尔草原植物生活型谱。在呼伦贝尔草原群落中，乔木有 16 种，仅占物种总数的 0.014%，主要为松科樟子松，杨柳科山杨、钻天柳，桦木科白桦，榆科榆树、春榆，蔷薇科山荆子、辽山楂等，其中樟子松为呼伦贝尔草原区沙地特有的一种乔木，在呼伦贝尔高原东部、海拉尔河中游（完工至赫尔洪德）及支流伊敏河流域和哈拉哈河上游一带的固定沙丘上分布着沙地樟子松疏林草原；其他乔木物种多位于大兴安岭西麓森林草原过渡带，零星散落在草甸草原中。灌木植物有 52 种，占物种总数的 4.67%，主要有麻黄科的草麻黄，杨柳科柳属植物黄柳、兴安柳等，蔷薇科绣线菊属植物柳叶绣线菊、海拉尔绣线菊等，以及豆科锦鸡儿属的小叶锦鸡儿等，多分布在山地草原或沙地中较湿润区域，其中小叶锦鸡儿可以形成灌丛化的典型草原和草甸草原群落。半灌木植物有 25 种，占物种总数的 2.25%，以藜科盐爪爪属、驼绒藜属、豆科胡枝子属以及百里香、冷蒿等植物为主，其中冷蒿和百里香可形成独立的冷蒿草原和百里香草原，其他半灌木植物多以群落伴生种形式出现。多年生杂类草植物是呼伦贝尔草原的优势生活型类群，共计 643 种，占物种总数的 57.78%，其中线叶菊、红柴胡、脚苔草等可在草甸草原中形成独立群落，寸草苔、星毛委陵菜、野韭、双齿葱等物种可在典型草原中形成独立群落，多根葱可在呼伦贝尔非地带性荒漠草原中形成独立群落。多年生禾草类植物有 152 种，占物种总数的 13.66%，其中针茅属植物贝加尔针茅、大针茅、克氏针茅、小针茅为呼伦贝尔草原重要的草地植物群落建群种，从东向西组成了呼伦贝尔草原的主体部分，根茎型禾草植物羊草为呼伦贝尔草原代表性的优质牧草，羊草草原为呼伦贝尔草原典型的群落类型，其他多年生禾草（如羽茅、冰草、洽草、草地早熟禾等），均为草原重要建群种。一、二年生草本植物有 235 种，占物种总数的 21.11%，常见禾本科狗尾草属植物、小画眉等，菊科蒿属的猪毛蒿、大籽蒿等，藜科藜属的灰绿藜、尖头叶藜等植物，多为沙地先锋物种或地表扰动较大的退化草原的常见物种。

根据 Raunkiaer 生活型系统分析（图 3-2）呼伦贝尔草原植物可以发现，呼伦贝尔草原植物以地面芽植物为主，共计 453 种，占物种总数的 40.70%，主要为多年生杂类草和多年生禾草；地下芽物种有 333 种，占物种总数的 29.92%，仅次于地面芽植物，这充分说明呼伦贝尔草原地处高纬度地区，地下芽植物由于具备很好的芽隐藏性，使其可以忍耐高纬度低温环境；一、二年生草本植物有 235 种，与《中国植被》分类系统一致；地上芽和高位芽植物分别为 28 种和 64 种，基本为《中国植被》分类系统中的乔木、灌木和半灌木植物。

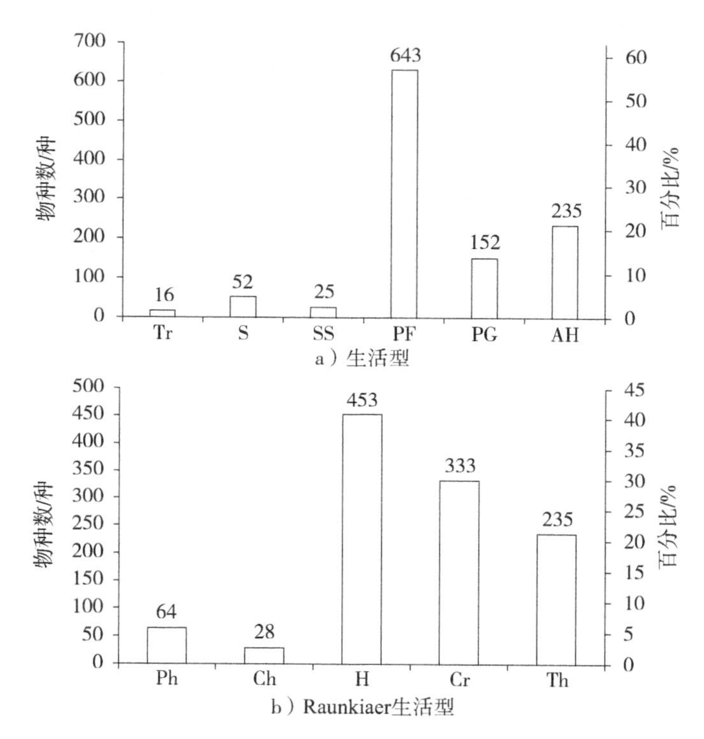

图 3-2 呼伦贝尔草原植物生活型谱

注：Tr（Tree）—乔木；S（Shrubs）—灌木；SS（Semi-shrubs）—半灌木；PF（Perennial Forbs）—多年生杂类草；PG（Perennial Grass）—多年生禾草类；AH（Annual Herbs）—一、二年生草本；Ph（Phanerophytes）—高位芽；Ch（Chamaephytes）—地上芽；H（Hemicryptophytes）—地面芽；Cr（Cryptophytes）—地下芽；Th（Therophytes）—一年生植物。

3.1.3 呼伦贝尔草原植物区系的水分生态类型

植物水分生态类型是指植物对水分状况的适应方式和适应能力，植物的不同水分生态类型可以反映植物对水分的依赖程度，对某一地区所有植物的水分生态类型加以归类，分析其组成的水分生态类型谱可以得到这一地区水分环境状况的特点。

根据 *Flora of China* 以及《内蒙古植物志》（第三版）将呼伦贝尔草原所有物种划分为水生植物、典型湿生植物、湿中生植物、典型中生植物、旱中生植物、中旱生植物、典型旱生植物 7 种水分生态类型。由图 3-3 可知，呼伦贝尔草原典型中生植物处于绝对优势地位，有 582 种，占物种总数的 52.29%，湿中生植物 78 种，典型湿生植物 73 种，水生植物 32 种，分别占物种总数的 7.01%、6.56% 和 2.88%，这 4 类水分生态类型共计 765 种，占物种总数的 68.73%，充分说明呼伦贝尔草原地处大兴安岭西麓，其气候湿润、地表水系发达，水分环境具有优势。旱中生植物 95 种，占物种总数的 8.54%；中旱生植物 108 种，占物种总数的 9.70%；典型旱生植物 145 种，占物种总数的 13.03%，这 3 类植物总计 348 种，占物种总数的 31.27%，这说明作为亚洲中部草原区一部分的呼伦贝尔草原具有旱生特性。

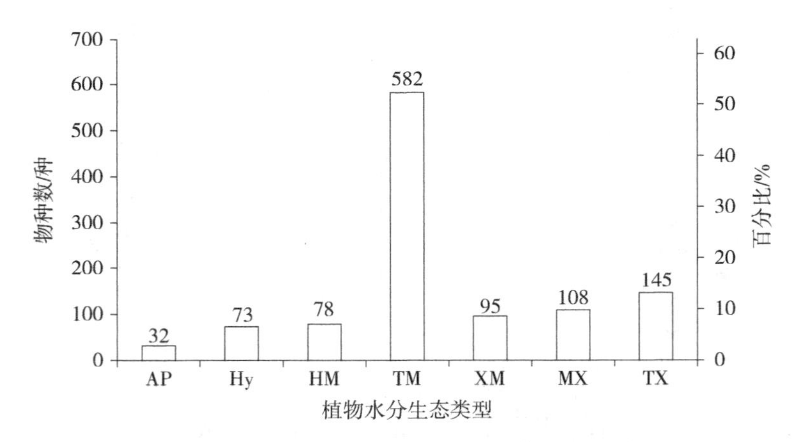

图 3-3　呼伦贝尔草原植物水分生态类型谱

注：AP—水生植物（Aquatic Plants）；Hy—典型湿生植物（Hygrophytes）；HM—湿中生植物（Hygro-mesophytes）；TM—典型中生植物（Typical-mesophytes）；XM—旱中生植物（Xero-mesophytes）；MX—中旱生植物（Meso-xerophytes）；TX—典型旱生植物（Typical-xerophytes）。

3.1.4　呼伦贝尔草原植物区系的物种存在度分析

对呼伦贝尔草原样地物种的存在度统计分析可得（图 3-4），Ⅰ级存在度（0～10%）的物种最多，有 290 种，占物种总数的 87.88%，这些物种均为样地中的一些偶见成分，或受地理环境、气候环境影响较大的物种；Ⅱ级存在度

（10%～20%）有 26 种，常见的有细叶葱、二裂委陵菜、大籽蒿、红柴胡、裂叶蒿、脚苔草、双齿葱等；Ⅲ级存在度（20%～40%）有 10 种，常见的有冰草、冷蒿、黄蒿、洽草、星毛委陵菜、麻花头等；Ⅳ级存在度（40%～70%）有 1 种，即大针茅，存在度为 48.22%；Ⅴ级存在度（70%～90%）有 3 种，分别为寸草苔、羊草和糙隐子草，存在度分别为 82.12%、78.98% 和 77.62%，图 3-5 的所有物种存在度的词云图可以很好地显示出存在度高的物种。

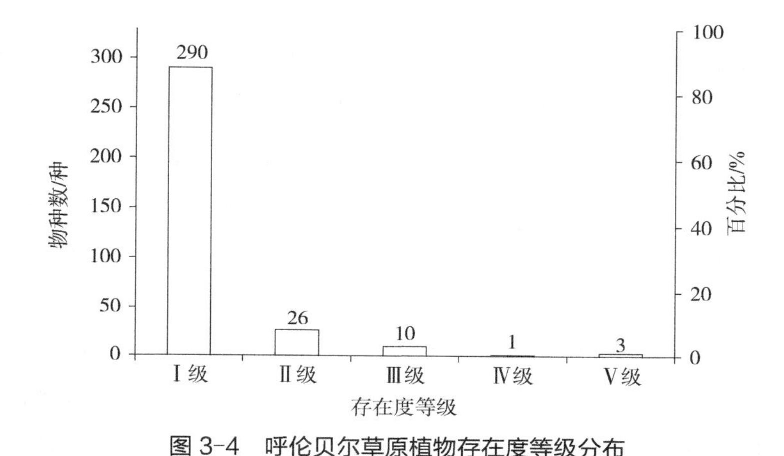

图 3-4　呼伦贝尔草原植物存在度等级分布

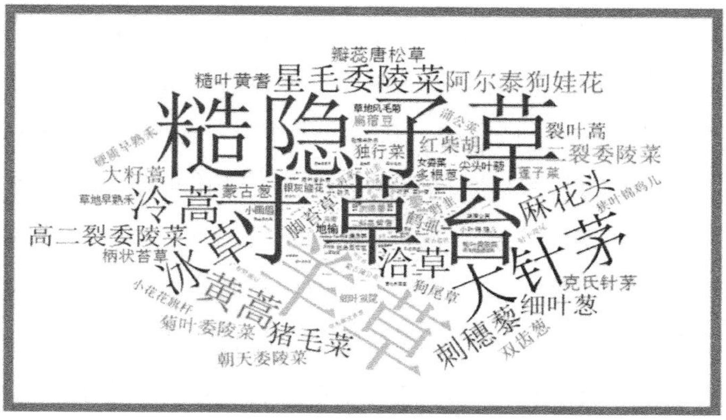

图 3-5　物种频度词云图

3.1.5　呼伦贝尔草原植物区系地理成分分析

植物区系是一定自然区域或国家、地区所有植物种类的总称，它是植物在一定自然地理条件，特别是自然历史条件作用下植物自身发展演化的结果。而植物区系地理是研究在一定地区或国家的所有植物种、属或科的组成，过去与现代的分布、起源和演变，其目的是探究植物生命的起源、演化、时空分布规律及与地球历史变迁的关系。植物分布区是指任何植物分类单元科、属或种分布的地域或地理范围，即它们分布于一定空间的总和，而植物区系地理成分就是按照他们的分布区类型来划分的，植物区系分区也是以此为依据。对于植物区系地理的研究，从建立植物自然发生分类系统的角度，植被的发生分类的角度，以及认识古地理的变迁的角度来看，植物区系地理的研究都具有重要的意义。

根据植物种的现有分布资料，我们将呼伦贝尔的 1 113 种植物的地理分布区归纳为 10 个分布区类型，由表 3-4 和图 3-6 可知，呼伦贝尔草原植物区系地理成分复杂多样，温带成分种（泛北极分布种、古北极分布种和东古北极分布种）为呼伦贝尔草原植物区系的最主要成分，共计 747 种，占物种总数的 67.12%，其中东古北极分布种数量最多，为 430 种，占物种总数的 38.63%，充分说明呼伦贝尔草原是属于欧亚草原区温带性质的植物区系，温带成分种可以作为草原建群种和层片优势种的主要有冰草、洽草、羽茅、寸草苔、脚苔草、红柴胡、达乌里胡枝子、星毛委陵菜、独行菜等。东亚分布种仅次于温带成分种，有 193 种，占物种总数的 17.34%，主要由于呼伦贝尔草原东部为大兴安岭西麓森林草原过渡带，该区域的草甸草原植物区系与东亚森林植物区系关系密切，充分说明了东亚植物区系成分对呼伦贝尔草原植物区系的深刻影响，主要物种包括硬质早熟禾、华北珍珠梅、狼毒大戟、狭叶米口袋、白鲜、条叶龙胆、轮叶沙参等；在呼伦贝尔草原的半干旱区域占优势的古地中海成分（包括中亚 - 亚洲中部分布种和亚种中部分布种）所占比例较高，总计 115 种，占物种总数的 10.33%，其中亚洲中部分布种 92 种，占物种总数的 8.27%，在其内的蒙古高原草原成分包含了呼伦贝尔草原群落中主要的建群物种，主要有大针茅、克氏针茅、羊草、糙隐子草、芨芨草、多根葱等，其余很多物种（如丝叶鸦葱、蒙古葱、斜茎黄芪、草原丝石竹等）都可以作为呼伦贝尔草原的亚优势种或常见种，充分体现了该草原的半干旱性特点；同时，本书调查过程中也记录到呼伦贝尔分布种 5 种，为呼伦贝尔草原特有成分，包括樟子松、呼伦白头翁、海拉尔绣线菊、沙地绣线菊和草原黄耆。世界分布种、泛温带分布种 2 种分布广泛的区系成分在呼伦贝尔草原植物区系组成中也占有一定比例，合计 47 种，占物种总数的 4.22%，同时还记录到外来入侵种 11 种，这都极大地丰富了呼伦贝尔草原植物区系地理成分。

表 3-4 呼伦贝尔草原植物区系地理成分

区系地理成分	物种数		占总种数 /%	
1. 世界分布种	36	47	3.23	4.22
2. 泛温带分布种	11		0.99	
3. 泛北极分布种	144	158	12.94	14.20
3-1. 亚洲—北美分布种	13		1.17	
3-2. 北极—高山分布种	1		0.09	
4. 古北极分布种	156	159	14.02	14.29
4-1. 欧洲—西伯利亚分布种	3		0.27	
5. 东古北极分布种	227	430	20.40	38.63
5-1. 西伯利亚分布种	2		0.18	
5-1-1. 东西伯利亚分布种	2		0.18	
5-1-1-1. 大兴安岭分布种	3		0.27	
5-2. 西伯利亚—东亚分布种	39		3.50	
5-2-1. 西伯利亚—东亚北部分布种	51		4.58	
5-2-1-1. 西伯利亚—满洲分布种	29		2.61	
5-2-1-2. 西伯利亚—远东分布种	4		0.36	
5-3. 西伯利亚—蒙古分布种	4		0.36	
5-4. 蒙古—东亚分布种	7		0.63	
5-4-1. 蒙古—东亚北部分布种	24		2.16	
5-4-1-1. 蒙古—华北分布种	36		3.23	
5-4-1-2. 蒙古—华北—青藏分布种	2		0.18	
6. 东亚分布种	77	193	6.92	17.34
6-1. 东亚北部（满洲—日本）分布种	38		3.41	
6-1-1. 华北—满洲分布种	41		3.68	
6-1-2. 华北分布种	10		0.90	
6-1-3. 满洲分布种	25		2.25	
6-2. 华北—横断山脉（中国—喜马拉雅）分布种	2		0.18	
7. 古地中海分布种	18	18	1.62	1.62
8. 中亚—亚洲中部分布种	2	5	0.18	0.45
8-1. 黑海—哈萨克斯坦—蒙古分布种	3		0.27	

续表

区系地理成分	物种数		占总种数 /%	
9. 亚洲中部分布种	11	92	0.99	8.27
9-1. 哈萨克斯坦—蒙古分布种	7		0.63	
9-2. 蒙古高原分布种	17		1.53	
9-2-1. 东蒙古分布种	27		2.43	
9-2-1-1. 呼伦贝尔分布种	5		0.45	
9-2-2. 北蒙古分布种	3		0.27	
9-2-3. 科尔沁分布种	1		0.09	
9-3. 戈壁—蒙古分布种	16		1.44	
9-3-1. 东戈壁—阿拉善分布种	1		0.09	
9-4. 戈壁分布种	4		0.36	
10. 外来入侵种	11	11	0.99	0.99
合计	1 113	1 113	100.00	100.00

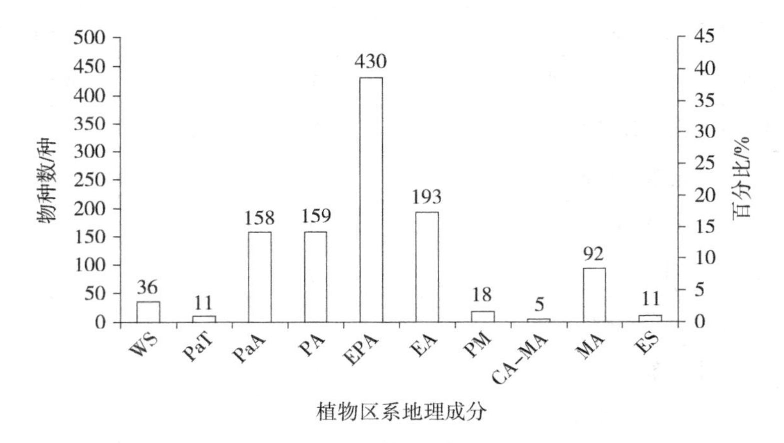

图 3-6　呼伦贝尔草原植物区系地理成分

注：WS—世界广布种（World spread element）；PaT—泛温带成分（Pan-Temeperate element）；PaA—泛北极成分（Pan-Arctic element）；PA—古北极成分（Palaearctic element）；EPA—东古北极成分（East Palaearctic element）；EA—东亚成分（East Asia element）；PM—古地中海成分（Palaeo-Mediterranean element）；CA-MA—中亚—亚洲中部分布种（Central Asia-Middle Asia）；MA—亚洲中部成分（Middle Asia element）；ES—外来入侵植物（Exotic species element）。

呼伦贝尔草原东至大兴安岭西麓，西与蒙古国东部草原相连，其物种组成丰富、生境复杂多样，其区系地理成分以温带成分为主体，东部半湿润区与东亚成分联系密切，中西部半干旱区以亚洲中部的草原成分为主，其区系地理成分的多样性是构成群落物种多样性的基础，使得呼伦贝尔草原成为世界温带草原中最具代表性的草原之一。

3.1.6 呼伦贝尔草原植物地理分区及不同分区植物区系特征

3.1.6.1 呼伦贝尔草原植物地理分区

根据《内蒙古植物志》（第三版）第一卷的植物地理分区系统，并结合呼伦贝尔草原植被调查实际情况，现将呼伦贝尔草原植物地理分区划分为呼伦贝尔岭西草甸草原州（以下简称草甸草原区）、呼伦贝尔典型草原州（以下简称典型草原区）和呼伦贝尔非地带性荒漠草原州（以下简称非地带性荒漠草原区）3类（图3-7），其中草甸草原区与内蒙古植物志植物地理分区的“7-大兴安岭西麓植物州（岭西州）”呼伦贝尔部分基本一致，典型草原区为内蒙古植物志地理分区的“8-呼锡高原州”呼伦贝尔部分去除新巴尔虎右旗西南部非地带性荒漠草原区域，而非地带性荒漠草原区则位于新巴尔虎右旗西南部，中蒙边界—贝尔湖以北、克尔伦苏木—宝格德乌拉苏木一线以南、克鲁伦河与沃尔逊河之间的区域，该州属呼伦贝尔草原的非地带性分布区域，由于其植被类型主要以荒漠草原典型分布的小针茅群系、多根葱群系和狭叶锦鸡儿群系为主，主要伴生成分为银灰旋花、蓍状亚菊、糙隐子草等

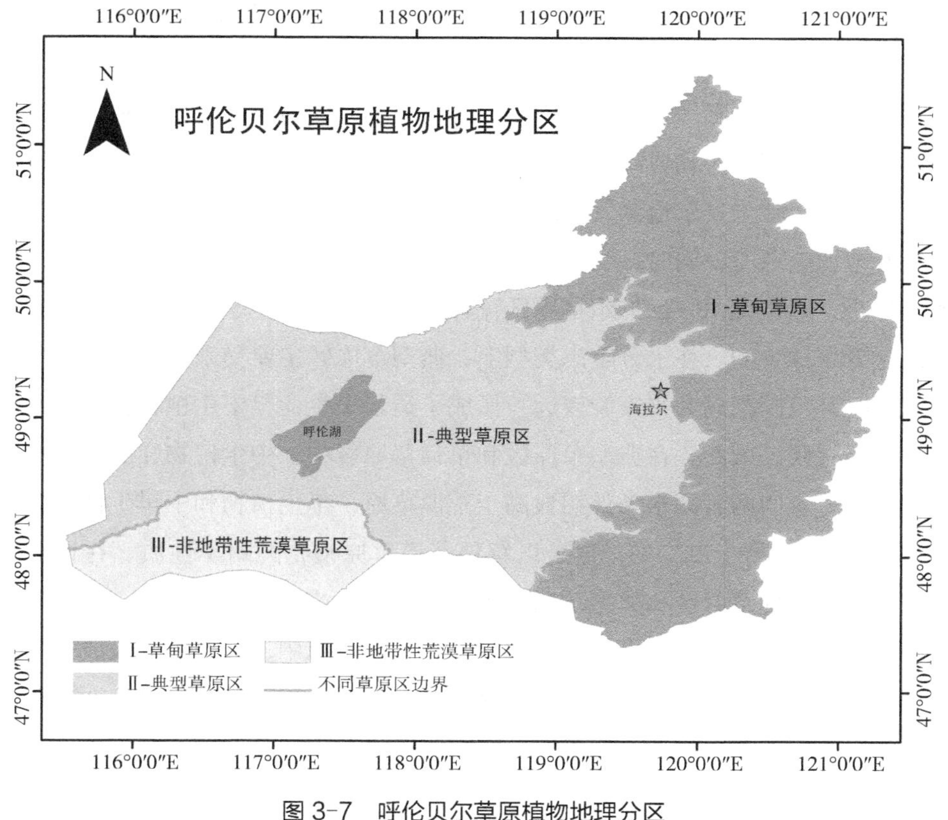

图3-7 呼伦贝尔草原植物地理分区

荒漠草原常见伴生成分，土壤则以砾石质化、沙砾质化较为严重的栗钙土、暗栗钙土为主，而部分盐碱化栗钙土上分布着多根葱群系；同时，该区域与蒙古国东部草原区在地理上相连为一体，在植物区系上与蒙古国东部草原的荒漠草原成分有着极大的关联，因此，无论是在群落类型与土壤类型，还是与相邻区域的关系方面，该区域均与蒙古高原荒漠草原具有一定的相似性和内在关联，因此本书首次将其单独划出作为一个独立植物州，与其他两个植物州共同组成呼伦贝尔草原。呼伦贝尔草原 3 个不同植物州是根据研究区内植物区系的分异和植物群系类型划分的，同一州内植物区系的水分生态类型、生活型及植物区系地理成分均存在不同程度的联系，在植物群系的划分上也存在一定的差异，因此本书对呼伦贝尔草原生物多样性分析、生态系统功能分析均将在比较 3 个区域差别的基础上，又单独对每个区域内部的植被亚型和群系进行比较分析。由于本书仅对呼伦贝尔草原区进行研究，在植物地理分区上不在植物州以下单位进行继续划分，为简便起见，下文对以上 3 个植物州简称为草甸草原区、典型草原区和非地带性荒漠草原区。

3.1.6.2 呼伦贝尔草原不同植物地理分区植物区系特征

基于呼伦贝尔草原植物地理分区的结果，我们发现不同草原区表现出不同的区系特征，在植物生活型谱上，我们发现（图 3-8a、b、c）草甸草原区与典型草原区的生活型谱以地面芽和地上芽植物为主，而荒漠草原区的地下芽植物和一年生植物明显要高于草甸草原区和典型草原区，这主要是由于在呼伦贝尔西南部的非地带性荒漠草原区属于呼伦贝尔地区气候最为干旱少雨的区域，恶劣的环境使得地下芽植物能更好地适应环境；同时，受欧亚草原区气候的影响，地上芽植物和高位芽植物的比例最小，这也说明呼伦贝尔草原区疏林草原与灌丛化草原相比蒙古高原的其他草原区是分布较少的。在水分生态类型上，典型草原区主要受来自蒙古的干冷气流影响，同时其范围距离大兴安岭较远，形成了适于旱生、旱中生植物生长的半湿润半干旱草原气候，因此，在典型草原区和草甸草原区中，中生植物和湿中生植物所占比例较大，表明两者的水条件明显高于荒漠草原，旱生植物和中旱生植物共占荒漠草原的物种总数的 73.33%，这足以解释荒漠草原植物的耐旱性质。在植物区系地理成分上，草甸草原区和典型草原区中，东古北极成分占绝对优势，其中蒙古高原成分和西伯利亚—东亚成分占很大比例，在荒漠草原中，除东古北极成分占主导地位外，中亚—亚洲中部成分明显高于其他 2 个草原区，表明呼伦贝尔西部荒漠草原区植物区系与中亚—亚洲中部荒漠地区密切相关。

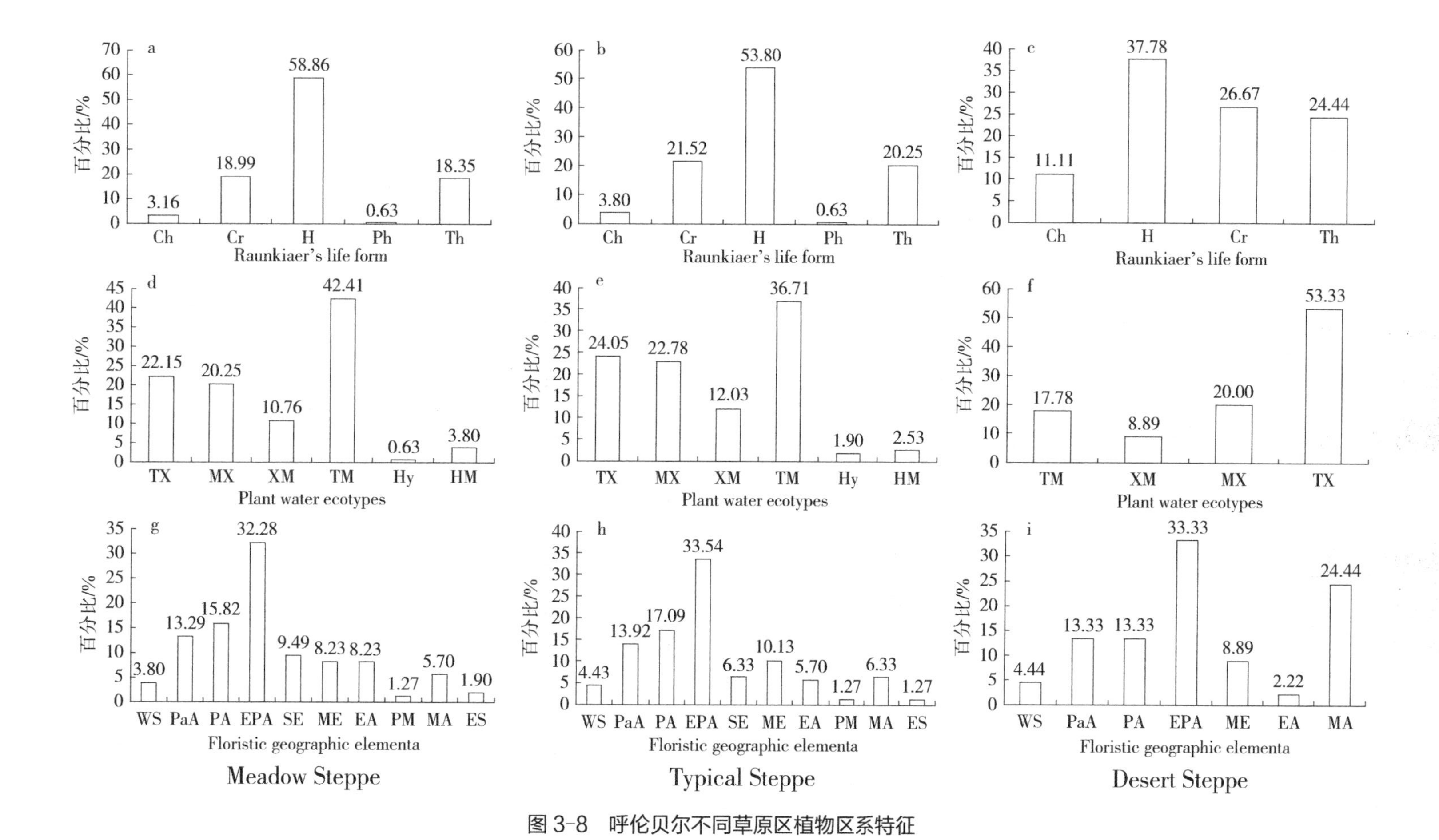

图 3-8 呼伦贝尔不同草原区植物区系特征

注：a—草甸草原区植物生活型谱；b—典型草原区植物生活型谱；c—荒漠草原区植物生活型谱；d—草甸草原区植物水分生态类型；e—典型草原区植物水分生态类型；f—荒漠草原区植物水分生态类型；g—草甸草原区植物区系地理成分；h—典型草原区植物区系地理成分；i—荒漠草原区植物区系地理成分；图中英文简写与图 3-2、图 3-3 和图 3-5 一致。

3.1.7 呼伦贝尔草原与临近草原植物区系比较

呼伦贝尔草原北邻俄罗斯达乌里地区，西与蒙古国东部草原相连，南与我国锡林郭勒草原和科尔沁草原相邻，由于其特殊的地理位置，呼伦贝尔草原植物区系上与邻近各大草原有着重要的关联。因此，本书针对与呼伦贝尔草原邻近的蒙古国东部草原、锡林郭勒草原、科尔沁草原、乌兰察布草原进行植物区系对比研究。首先从物种组成上（表 3-5、图 3-9），呼伦贝尔草原有 86 科 413 属 1 113 种，从科属种的数量上，锡林郭勒草原最为接近，其为 87 科 358 属 1 015 种，物种数最少的草原为乌兰察布草原，主要由于其地处荒漠草原带，因此水分条件和土壤条件等与其他 4 个草原相差较大，因此其物种数量也较少；而与呼伦贝尔草原最近的蒙古国东部草原，有 78 科 347 属 753 种，其之所以相比呼伦贝尔草原物种数量较少，主要是由于其地处呼伦贝尔草原西部，其草原类型相当于我国典型草原区，甚至该草原西南部的一些区域，水分条件与我国荒漠草原区相当，另一方面，呼伦贝尔草原东部草甸草原区与大兴安岭相连，其植物区系中与森林草原带的关系十分密切，因此虽然蒙古国东部草原与呼伦贝尔草原相邻，但其植物物种数量仍然相比较少。从物种组成上看，呼伦贝尔草原蕨类植物 4 科 5 属 9 种，裸子植物 2 科 2 属 5 种，双子叶植物 64 科 315 属 843 种，单子叶植物 16 科 91 属 256 种，与其最为接近的草原仍为锡林郭勒草原，这说明两者直接的植物区系组成上十分相似，主要是二者在地理分布上有着一定的共同点，由于大兴安岭呈弧形的东北—西南走向分布，大兴安岭北部山地主要位于呼伦贝尔草原区东部，而大兴安岭南部山地则主要位于锡林郭勒草原东部，因此在草原区类型上，两者东部同样为草甸草原区，主体部分为典型草原区，所以锡林郭勒草原的物种组成及优势科组成均与呼伦贝尔草原最为接近。

表 3-5 呼伦贝尔草原与邻近草原植物物种组成对比

草原名称			呼伦贝尔草原			蒙古国东部草原			科尔沁草原			锡林郭勒草原			乌兰察布草原		
植物类群			科	属	种	科	属	种	科	属	种	科	属	种	科	属	种
蕨类植物			4	5	9	3	4	5	6	8	14	4	4	9	0	0	0
种子植物	裸子植物		2	2	5	2	2	4	2	2	3	3	3	8	2	4	5
	被子植物	双子叶植物	64	315	843	58	263	549	66	204	411	66	274	762	57	197	429
		单子叶植物	16	91	256	15	78	195	17	78	173	14	77	236	12	59	118
维管植物总计			86	413	1 113	78	347	753	91	292	601	87	358	1 015	71	260	552

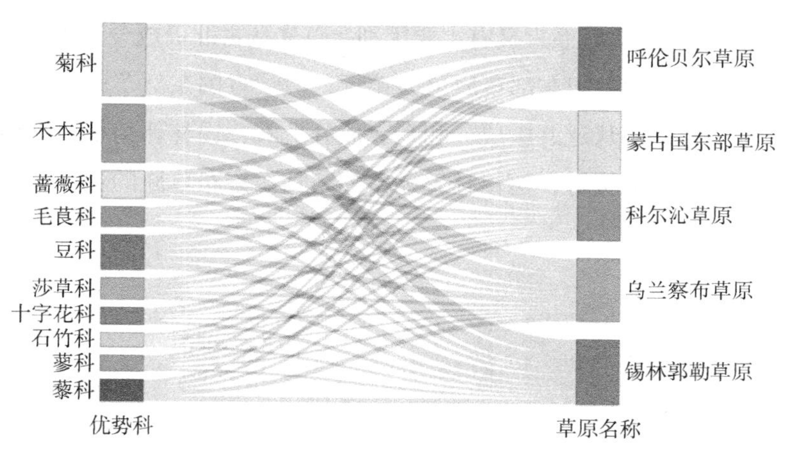

图 3-9 呼伦贝尔草原与其他临近草原优势科物种比较

通过对比呼伦贝尔草原与临近草原的植物生活型（图 3-10）可以发现，与呼伦贝尔草原最为接近的是蒙古国东部草原，相比呼伦贝尔草原，蒙古国东部草原的多年生禾草所占比例略高，多年生杂类草相比略低，其他生活型相差不大，呼伦贝尔草原多年生杂类草主要分布在东部的草甸草原区，该区水分条件优异，以线叶菊、红柴胡、地榆、蓬子菜等多年生杂类草为优势种，在群落中占有十分重要的地位，而蒙古国东部草原整体旱生性更强，其杂类草层片发育并不占优势，因此在植物生活型谱上表现出一定差异。除此之外，因与呼伦贝尔草原相邻，生活型谱组成上相似性最强。从水分生态类型（图 3-11）上看，与呼伦贝尔草原最为接近的是锡林郭勒草原，这是因为，受大兴安岭影响的水分条件起主要作用，使得锡林郭勒草原的物种水分生态类型与呼伦贝尔草原十分接近。从植物区系地理成分（图 3-12）

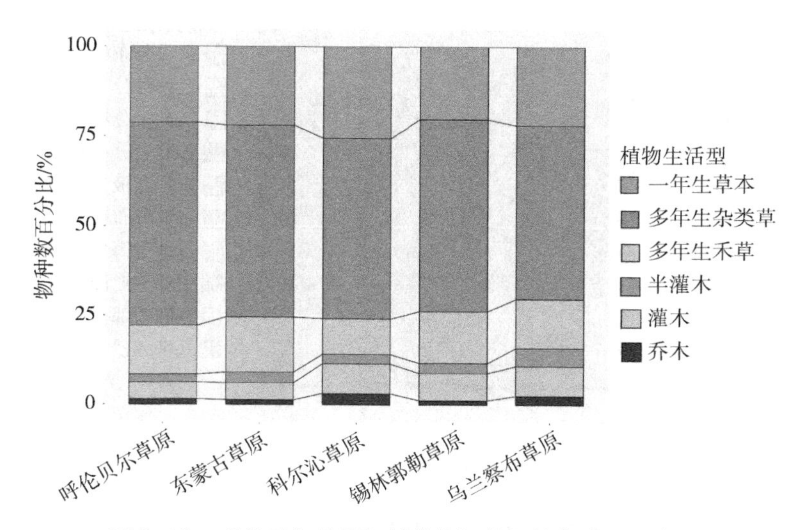

图 3-10 呼伦贝尔草原与其他临近草原植物生活型比较

上看，5个草原既有一定联系，又有主要区别，首先从古北极成分和东古北极成分上看，呼伦贝尔草原与蒙古国东部草原最为接近，但蒙古国东部草原的东亚成分明显少于呼伦贝尔草原；而从泛北极成分和东亚成分上看，锡林郭勒草原与乌兰察布草原同呼伦贝尔草原更为接近，但锡林郭勒草原与乌兰察布草原的亚洲中部成分要明显高于呼伦贝尔草原。

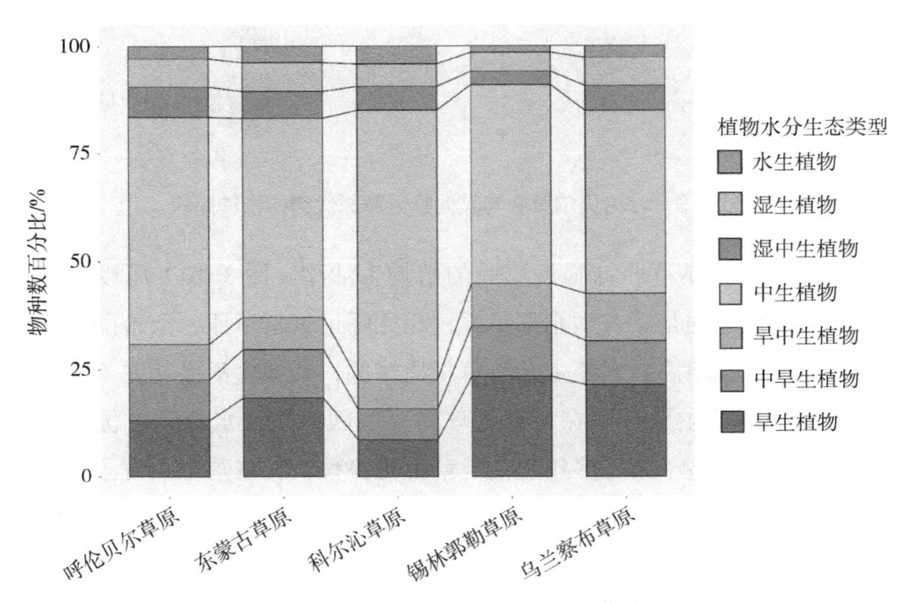

图 3-11　呼伦贝尔草原与其他临近草原植物水分生态类型比较

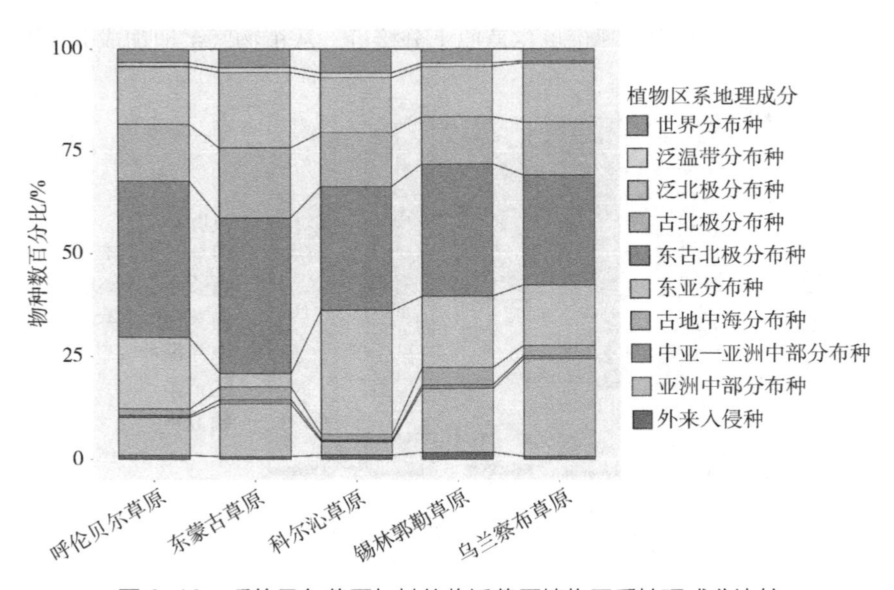

图 3-12　呼伦贝尔草原与其他临近草原植物区系地理成分比较

3.2 呼伦贝尔草原植被类型划分及植被特征

3.2.1 呼伦贝尔草原植被型－植被亚型分类系统

通过对呼伦贝尔草原733个样地，共计2 199个样方的群落数据统计，根据《中国植被志》编研方法的中国植被类型划分标准，本书将呼伦贝尔草原共划分为4个植被型、15个植被亚型、48个群系、119个群丛组、共计586个群丛。表3-6为呼伦贝尔草原植被型－植被亚型分类系统，本节将对呼伦贝尔草原的群丛组及以上植被类型单元植被特征进行群落生态学描述。

表3-6 呼伦贝尔草原植被型－植被亚型分类系统

植被型 Vegetation Formation	植被亚型 Vegetation Subformation	植被亚型英文简写 Vegetation Subformation English abbreviation
H1. 丛生草类草地 Tussock Grassland	H1.1 丛生草类草甸草原 Tussock Meadow Steppe Grassland	TMSG
	H1.2 丛生草类典型草原 Tussock Typical Steppe Grassland	TTSG
	H1.3 丛生草类荒漠草原 Tussock Desert Steppe Grassland	TDSG
	H1.4 丛生草类盐化草甸 Tussock Halophytic Meadow Grassland	THMG
H2. 根茎草类草地 Rhizome Grassland	H2.1 根茎草类草甸草原 Rhizome Meadow Steppe Grassland	RMSG
	H2.2 根茎草类典型草原 Rhizome Typical Steppe Grassland	RTSG
	H2.3 根茎草类典型草甸 Rhizome Typical Meadow Grassland	RHMG
H3. 杂类草草地 Forb Grassland	H3.1 杂类草草甸草原 Forb Meadow Steppe Grassland	FMSG
	H3.2 杂类草典型草原 Forb Typical Steppe Grassland	FTSG
	H3.3 杂类草荒漠草原 Forb Desert Steppe Grassland	FDSG
	H3.4 杂类草典型草甸 Forb Typical Meadow Grassland	FTMG
	H3.5 杂类草盐生草甸 Forb Halophytic Meadow Grassland	FHMG

续表

植被型 Vegetation Formation	植被亚型 Vegetation Subformation	植被亚型英文简写 Vegetation Subformation English abbreviation
H4. 灌木 / 半灌木草地 Shrubby/Semi-Shrubby Grassland	H4.1 灌木 / 半灌木草甸草原 Shrubby/Semi-Shrubby Meadow Steppe Grassland	S/SMG
	H4.2 灌木 / 半灌木典型草原 Shrubby/Semi-Shrubby Typical Steppe Grassland	S/STG
	H4.3 灌木 / 半灌木荒漠草原 Shrubby/Semi-Shrubby Desert Steppe Grassland	S/SDG

3.2.2 呼伦贝尔草原不同植被类型群落特征概述

3.2.2.1 H1. 丛生草类草原 Tussock Grassland

呼伦贝尔草原的丛生草类草原植被型主要分布在中部半干旱区的典型草原区，同时向东可扩展到大兴安岭西麓的半湿润区草甸草原，向西可扩展到呼伦贝尔西部非地带性荒漠草原区，由低温、旱生、多年生的丛生型地面芽植物为建群种演化形成的一种植被类型。在呼伦贝尔草原，按照生态地理环境的差异，丛生草类草原可以区分出大兴安岭西麓半湿润丛生草类草甸草原、呼伦贝尔高平原半干旱地带广泛分布的丛生草类典型草原，以及在呼伦贝尔草原西部靠近中蒙边界的贝尔苏木西南区域非地带性分布的丛生草类荒漠草原等植被亚型。其中，分属各植被亚型的 4 种针茅草原群系是呼伦贝尔草原最占优势的群落类型，同时表现出亲缘联系的地理替代分布系列。分布在呼伦贝尔草原区的针茅类草原主要是由贝加尔针茅、大针茅、克氏针茅和小针茅所建群，同时，冰草、糙隐子草、羊茅、羽茅、洽草、草地早熟禾等丛生禾草也可成为建群种，与针茅草原共同组成丛生草类草原的植被型。

（1）H1.1 丛生草类草甸草原 Tussock Meadow Steppe Grassland

本植被亚型的主要群系为贝加尔针茅草甸草原群系、羊茅草甸草原群系、洽草草甸草原群系，代表了大兴安岭西麓森林 – 草原过渡带区域草甸草原的主要类型与特征（表 3-7）。

表 3-7 丛生草类草甸草原植被亚型分类系统

群系 Alliance	群系英文简写 Alliance English abbreviation	群丛组 Association Group	群丛数 Association number
H1.1.1 贝加尔针茅草甸草原群系 *Stipa baicalensis* Tussock Meadow Steppe Grassland Alliance	SbTMGA	Ⅰ - 贝加尔针茅 - 丛生草类群丛组 *Stipa baicalensis*-Herb Tussock Grassland	2
		Ⅱ - 贝加尔针茅 - 根茎草类群丛组 *Stipa baicalensis*-Herb Rhizome Grassland	9
		Ⅲ - 贝加尔针茅 - 杂类草群丛组 *Stipa baicalensis*-Forb Grassland	14
H1.1.2 羊茅草甸草原群系 * *Festuca ovina* Tussock Meadow Steppe Grassland Alliance	FoTMGA	Ⅰ - 羊茅 - 丛生草类群丛组 * *Festuca ovina*-Herb Tussock Grassland	5
		Ⅱ - 羊茅 - 杂类草群丛组 * *Festuca ovina*-Forb Grassland	6
		Ⅲ - 羊茅 - 一年生草类群丛组 * *Festuca ovina*-Annual Grassland	1
H1.1.3 洽草草甸草原群系 * *Koeleria macrantha* Tussock Meadow Steppe Grassland Alliance	KmTMGA	Ⅰ - 洽草 - 丛生草类群丛组 * *Koeleria macrantha*-Herb Tussock Grassland	2
		Ⅱ - 洽草 - 根茎草类群丛组 * *Koeleria macrantha*-Herb Rhizome Grassland	2
		Ⅲ - 洽草 - 杂类草群丛组 * *Koeleria macrantha*-Forb Grassland	2

注：标记 * 为呼伦贝尔新纪录植被类型分类单位。

① H1.1.1 贝加尔针茅草甸草原群系 *Stipa baicalensis* Tussock Meadow Steppe Grassland Alliance

贝加尔针茅草原是呼伦贝尔草原东部草甸草原区的原生草原群系，其在大兴安岭西麓的半湿润区广阔分布，其生境耐寒，湿润度高，同时也是针茅草原中杂类草层片最为丰富的一类，为呼伦贝尔草原重要的组成部分。其土壤类型以黑钙土和淡黑钙土为主，部分伴有暗栗钙土成分，贝加尔针茅土壤适应性较好，可在有机质高的壤土、多砾石的山地或是沙土基质上发育，但耐盐性极差，在轻度盐渍化样地其优势度则让位于羊草草原；地形主要以大兴安岭西麓丘陵坡地、台地等地势开阔、排水良好的半湿润环境为主，丘陵顶部主要以线叶菊草甸草原和羊茅草甸草原所占据，而丘陵底部则发育着大面积的羊草草甸草原，这几种群系组成了大兴安岭西麓无林区域十分稳定的生态演替序列，作为呼伦贝尔草甸草原的最具代表性的群系类型，其在向西较为干旱区域过渡后，则逐渐被大针茅草原和克氏针茅草原所替代。

贝加尔针茅属于中旱生高大丛生禾草，其植株高度可达70～80 cm，群系的植物种类组成十分丰富，平均每平方米25～40种，研究区内最多可达每平方米42种，群落盖度为35%～74%，群系内记录3个群丛组、25个群丛，其中群落亚建群种或优势种主要有羊草、冰草、羊茅、脚苔草、麻花头等，主要伴生成分以葱属、百合属、委陵菜属等中生杂类草为主。其生产力和固碳能力较强，是良好的割草场与放牧场，并具有强大的生态防护功能。

② H1.1.2 羊茅草甸草原群系 *Festuca ovina* Tussock Meadow Steppe Grassland Alliance

呼伦贝尔羊茅草甸草原是一种典型的山地丛生禾草草原，主要出现在大兴安岭西麓低山海拔800～900 m的阳坡，向上则过渡到山地杂类草草甸，向下与线叶菊杂类草草甸草原相连接。在空间上，羊茅草原总是和线叶菊草原保持着密切联系，交替出现形成稳定的组合，一般总是处在线叶菊草原的上部，条件更为寒冷，因此，在羊茅草原中一般缺乏暖温型的植物出现。其生境多为山丘顶部和缓坡中上部位，地表多砾石和石块，土层浅薄，但表层多具有较为良好的粒块状结构，通常无碳酸盐反应且反应极为微弱，多属山地浅色黑钙土或暗栗钙土。

羊茅属于中等高度的密丛型禾草，其植株高度为15～25 cm，群落盖度为35%～57%，物种饱和度为每平方米9～17种，群系内记录3个群丛组、12个群丛，其中群落亚建群种或优势种主要有贝加尔针茅、脚苔草、冰草、草木樨状黄芪、益母草等，主要伴生成分以草地风毛菊、高二裂委陵菜、独行菜等杂类草为主。

③ H1.1.3 洽草草甸草原群系 *Koeleria macrantha* Tussock Meadow Steppe Grassland Alliance

洽草为多年生广旱生性密丛禾草，它是典型草原地带和森林草原地带内草原和草原化草甸群落的恒有种，有时在草原群落中作为优势成分或亚优势成分出现，在湿润环境或平坦沙质草原上可成为建群种，也常见于山地草原中，表现出一定的耐寒性特征。本群系为洽草在草甸草原区山地草原中的湿生变型，群落内亚建群成分均为草甸草原的主要优势种，如贝加尔针茅、红柴胡、硬质早熟禾等。

洽草是一种喜氮、喜镁的植物（Dixon，2000），研究区的洽草群系主要分布在黑钙土、栗钙土等土壤基质上，其植株高度为17～45 cm，群落盖度为45%～68%，物种饱和度为每平方米13～25种，群系内记录3个群丛组、6个群丛，其中群落亚建群种或优势种主要有贝加尔针茅、冷蒿、硬质早熟禾、冰草、红柴胡等，主要伴生成分为朝天委陵菜、糙隐子草、糙叶黄芪等。

（2）H1.2 丛生草类典型草原 Tussock Typical Steppe Grassland

该植被亚型主要以针茅类草原各群系构成呼伦贝尔典型草原区最主要的地带性

植被（表 3-8）。在呼伦贝尔草原中部以大针茅草原为主，向西逐渐为克氏针茅所替代，在更为旱生环境下，以糙隐子草草原所占据，当群落环境偏向于更加湿润条件下，群落中以洽草和羽茅为建群成分，当群落向丘陵顶部或偏寒冷区域，则群落以羊茅为建群种。植被类型可划分为 9 个群系、29 个群丛组、149 个群丛，其中含呼伦贝尔新纪录群系 4 个、新纪录群丛组 14 个、新纪录群丛 58 个。

表 3-8　丛生草类典型草原植被亚型分类系统

群系 Alliance	群系英文简写 Alliance English abbreviation	群丛组 Association Group	群丛数 Association number
H1.2.1 大针茅典型草原群系 *Stipa grandis* Tussock Typical Steppe Grassland Alliance	SgTTGA	Ⅰ - 大针茅 - 丛生草类群丛组 *Stipa grandis*-Herb Tussock Grassland	17
		Ⅱ - 大针茅 - 根茎草类群丛组 *Stipa grandis*-Herb Rhizome Grassland	13
		Ⅲ - 大针茅 - 杂类草群丛组 *Stipa grandis*-Forb Grassland	21
		Ⅳ - 大针茅 - 半灌木群丛组 * *Stipa grandis*-Semi-Shrubby Grassland	6
H1.2.2 克氏针茅典型草原群系 *Stipa krylovii* Tussock Typical Steppe Grassland Alliance	SkTTGA	Ⅰ - 克氏针茅 - 丛生草类群丛组 *Stipa krylovii*-Herb Tussock Grassland	7
		Ⅱ - 克氏针茅 - 根茎草类群丛组 *Stipa krylovii*-Herb Rhizome Grassland	4
		Ⅲ - 克氏针茅 - 杂类草群丛组 *Stipa krylovii*-Forb Grassland	10
		Ⅳ - 克氏针茅 - 半灌木群丛组 * *Stipa krylovii*-Semi-Shrubby Grassland	1
		Ⅴ - 克氏针茅 - 一年生群丛组 * *Stipa krylovii*-Annual Grassland	2
H1.2.3 糙隐子草典型草原群系 *Cleistogenes squarrosa* Tussock Typical Steppe Grassland Alliance	CsTTGA	Ⅰ - 糙隐子草 - 丛生草类群丛组 *Cleistogenes squarrosa*-Herb Tussock Grassland	12
		Ⅱ - 糙隐子草 - 根茎草类群丛组 *Cleistogenes squarrosa*-Herb Rhizome Grassland	2
		Ⅲ - 糙隐子草 - 杂类草群丛组 *Cleistogenes squarrosa*-Forb Grassland	14
		Ⅳ - 糙隐子草 - 半灌木群丛组 * *Cleistogenes squarrosa*-Semi-Shrubby Grassland	1
		Ⅴ - 糙隐子草 - 一年生群丛组 * *Cleistogenes squarrosa*-Annual Grassland	3

续表

群系 Alliance	群系英文简写 Alliance English abbreviation	群丛组 Association Group	群丛数 Association number
H1.2.4 羊茅典型草原群系* *Festuca ovina* Tussock Typical Steppe Grassland Alliance	FoTTGA	Ⅰ-羊茅-丛生草类群丛组* *Festuca ovina*-Herb Tussock Grassland	2
		Ⅱ-羊茅-杂类草群丛组* *Festuca ovina*-Forb Grassland	1
H1.2.5 洽草典型草原群系 *Koeleria macrantha* Tussock Typical Steppe Grassland Alliance	KmTTGA	Ⅰ-洽草-丛生草类群丛组 *Koeleria macrantha*-Herb Tussock Grassland	1
		Ⅱ-洽草-根茎草类群丛组 *Koeleria macrantha*-Herb Rhizome Grassland	1
		Ⅲ-洽草-杂类草群丛组 *Koeleria macrantha*-Forb Grassland	1
H1.2.6 羽茅典型草原群系* *Achnatherum sibiricum* Tussock Typical Steppe Grassland Alliance	AsTTGA	Ⅰ-羽茅-根茎草类群丛组* *Achnatherum sibiricum*-Herb Rhizome Grassland	1
		Ⅱ-羽茅-杂类草群丛组* *Achnatherum sibiricum*-Forb Grassland	1
H1.2.7 冰草典型草原群系 *Agropyron cristatum* Tussock Typical Steppe Grassland Alliance	AcTTGA	Ⅰ-冰草-丛生草类群丛组 *Agropyron cristatum*-Herb Tussock Grassland	6
		Ⅱ-冰草-根茎草类群丛组 *Agropyron cristatum*-Herb Rhizome Grassland	4
		Ⅲ-冰草-杂类草群丛组 *Agropyron cristatum*-Forb Grassland	12
		Ⅳ-冰草-半灌木群丛组* *Agropyron cristatum*-Semi-Shrubby Grassland	1
		Ⅴ-冰草-一年生群丛组* *Agropyron cristatum*-Annual Grassland	2
H1.2.8 沙生冰草典型草原群系* *Agropyron desertorum* Tussock Typical Steppe Grassland Alliance	AdTTGA	Ⅰ-沙生冰草-丛生草类群丛组* *Agropyron desertorum*-Herb Tussock Grassland	1
		Ⅱ-沙生冰草-一年生群丛组* *Agropyron desertorum*-Annual Grassland	1
H1.2.9 沙芦草典型草原群系* *Agropyron mongolicum* Tussock Typical Steppe Grassland Alliance	AmTTGA	Ⅰ-沙芦草-一年生群丛组* *Agropyron mongolicum*-Annual Grassland	1

注：标记*为呼伦贝尔新纪录植被类型分类单位。

① H1.2.1 大针茅典型草原群系 *Stipa grandis* Tussock Typical Steppe Grassland Alliance

大针茅草原群系是呼伦贝尔典型草原区的最主要群系，分布区的年降水量为300～350 mm，土壤是土层较厚的壤质或沙壤质栗钙土。当生境条件趋于湿润寒冷时，大针茅草原常常被较为中生的贝加尔针茅草原所取代，若生境条件偏于干旱或人为干扰较大，大针茅草原又常常被更为旱生的克氏针茅草原所代替。

大针茅是多年生旱生、大型密丛生禾草，具有发达的须根系，地上部分由多数分蘖形成密集高大的草丛。植株高度为 11～78 cm，生殖枝高可达 80～100 cm，群落盖度为 28%～50%，物种饱和度为每平方米 7～20 种。群系内记录 4 个群丛组、51 个群丛，大针茅草原的种类组成比较丰富，丛生小禾草层片优势种为糙隐子草、冰草等；根茎型禾草层片优势种为羊草；杂类草层片优势种为冷蒿、高二裂委陵菜、裂叶蒿、麻花头、草地老鹳草、糙叶黄芪等。大针茅草原是良好的草原牧场，也有防止土壤侵蚀等重要生态功能。

② H1.2.2 克氏针茅典型草原群系 *Stipa krylovii* Tussock Typical Steppe Grassland Alliance

克氏针茅草原也是呼伦贝尔典型草原区集中分布的偏旱生丛生禾草群系，主要分布在呼伦贝尔草原中西部新巴尔虎左旗、新巴尔虎右旗境内，也会在部分石质丘陵坡地形成较干旱的山地草原类型，研究区内在呼伦贝尔草原中东部与大针茅草原交错重叠分布，在新巴尔虎右旗西南部与小针茅草原交错分布，气候属半干旱气候区，年降水量为 250～300 mm；地形为开阔平缓的高平原和缓起伏的丘陵坡地，土壤为壤质、沙壤质或沙砾质栗钙土。

克氏针茅为典型草原的旱生植物，群系内记录 5 个群丛组、24 个群丛，其群落组成、结构与大针茅草原相似，但植丛较小，植株高度为 12～42 cm，叶层高 20～30 cm，生殖枝高为 60～70 cm，群落盖度为 17%～51%，物种饱和度为每平方米 8～19 种，根茎型草类层片优势种为羊草；丛生小禾草层片以糙隐子草、冰草、洽草等为优势种；半灌木层片以冷蒿为优势种；杂类草层片优势种为乳浆大戟、寸草苔等。克氏针茅草原同样作为重要的放牧场，在呼伦贝尔草原具有重要地位。

③ H1.2.3 糙隐子草典型草原群系 *Cleistogenes squarrosa* Tussock Typical Steppe Grassland Alliance

呼伦贝尔糙隐子草典型草原群系属于典型草原人为演替变型，在较强的放牧干扰下，由大针茅草原或羊草典型草原演替而来，是草原演替系列中一个较不稳定的阶段。放牧胁迫使其在早期退化的典型草原群落中处于优势地位，在严重退化阶段趋于衰退，是典型草原在重度退化过程中的过渡种，因此，糙隐子草草原一般在居民点、牲畜饮水点附近常见斑块状分布。

糙隐子草为多年生疏丛型小型禾草，是具有C4光合作用的多年生草本植物，是典型的草原旱生种。群系内记录5个群丛组、32个群丛，植株高度为6～19 cm，群落盖度为20%～71%，物种饱和度为每平方米6～16种，丛生小禾草层片优势种为克氏针茅、冰草、洽草、大针茅；杂类草层片优势种为阿尔泰狗娃花、麻花头、狗尾草等。糙隐子草草质柔软，适口性好，蛋白质和粗脂肪含量高，属优良牧草，其对人为干扰的响应将会影响草原生态系统的结构、功能和服务（游旭，杨浩，2016）。

④ H1.2.4 羊茅典型草原群系 *Festuca ovina* Tussock Typical Steppe Grassland Alliance

羊茅典型草原群系生态幅度却比较狭窄，一般出现在低山丘陵顶部或迎风坡的上部零星出现，在研究区内羊茅典型草原极少进入地带性的针茅草原群落。在呼伦贝尔高西部满洲里以西的低山丘陵区，有较大面积的羊茅典型草原分布。

羊茅属于中旱生丛生小禾草，群系内记录2个群丛组、3个群丛，植株高度为42 cm，群落盖度约为50%，物种饱和度为每平方米8～13种，丛生禾草层片以大针茅为优势种；杂类草层片优势种为寸草苔。羊茅是一种营养价值和适口性都较高的优良牧草，种群内部变异类型多样，具有适应高寒山地气候的特性，进行引种栽培试验对改良草场具有重要的实用价值，一般局限分布在低山丘陵中上部，是一类优良的夏季放牧场。

⑤ H1.2.5 洽草典型草原群系 *Koeleria macrantha* Tussock Typical Steppe Grassland Alliance

该群系类型为洽草草甸草原的旱生变型，常见呼伦贝尔典型草原区北部石质低山顶部出现，主要分布在砾石质栗钙土上，可见洽草耐土壤贫瘠性强，同时在含钙、镁较多的壤土、石砾质土壤可以很好地生长（周澎等，2014）。植株高度为17～47 cm，群系内记录3个群丛组、3个群丛，以丛生禾草贝加尔针茅、丛生小禾草冰草和硬质早熟禾为亚建群种，群落主要由3个草层片组成，群落盖度为44%～61%，物种饱和度为每平方米7～21种，丛生禾草层片以大针茅为优势种，根茎型禾草层片以羊草为优势种；一年生草本层片以酸模叶蓼为优势种。

⑥ H1.2.6 羽茅典型草原群系 *Achnatherum sibiricum* Tussock Typical Steppe Grassland Alliance

羽茅是多年生中生丛生草本，其植株高度可达34～60 cm，群系内共记录2个群丛组、2个群丛，群落盖度约为27%，物种饱和度为每平方米7～9种，丛生草类层片亚优势种为糙隐子草，羊草是根茎型草类的优势种；杂类草层片优势种为麻花头等；小半灌木层片以冷蒿为优势种。

⑦ H1.2.7 冰草典型草原群系 *Agropyron cristatum* Tussock Typical Steppe Grassland Alliance

冰草为呼伦贝尔草原典型草原区一类重要的丛生旱生小禾草，常作为主要伴生种出现在草甸草原区的针茅草原中，在典型草原沙质土壤区域作为建群种出现，尤其是呼伦贝尔沙地边缘的沙化草原、冰草典型草原大面积分布。植株高度为 12～40 cm，群系内共记录 5 个群丛组、25 个群丛，群落盖度为 38%～78%，物种饱和度为每平方米 6～15 种，丛生禾草层片优势种为大针茅；根茎型草类层片优势种为羊草、无芒雀麦，杂类草层片以寸草苔、星毛委陵菜为优势种，一年生草类草层片优势种为朝天委陵菜、鹤虱等。土壤类型为固定风沙土、暗栗钙土、栗钙土性土。

⑧ H1.2.8 沙生冰草典型草原群系 *Agropyron desertorum* Tussock Typical Steppe Grassland Alliance

沙生冰草典型草原群系主要在呼伦贝尔沙地边缘分布，其耐沙性比冰草还要强，甚至可以分布在呼伦贝尔沙地腹部区域。沙生冰草是具较短根茎的疏丛禾草，典型的旱生—沙生草原种。植株高度为 35～42 cm，群系内记录 2 个群丛组、2 个群丛，物种类组成比较贫瘠，物种饱和度为每平方米 6～13 种，群丛内优势成分以大针茅、山韭、北芸香、冰草为主，主要伴生成分以黄蒿、寸草苔等为主。

⑨ H1.2.9 沙芦草典型草原群系 *Agropyron mongolicum* Tussock Typical Steppe Grassland Alliance

该群系在呼伦贝尔草原典型草原区较少见，主要分布在呼伦贝尔沙地边缘，研究区只记录 1 个群丛组、1 个群丛，见于新巴尔虎左旗完工镇南部的沙地上。沙芦草是多年生旱生—沙生疏丛禾草，其植株高度可达 30～41 cm，群落盖度约为 50%，物种饱和度为每平方米 6～8 种，群丛内优势成分以黄蒿、冰草为主，主要伴生成分以羊草、脚苔草、洽草等为主，土壤类型为固定风沙土。

（3）H1.3 丛生草类荒漠草原 Tussock Desere Steppe Grassland（非地带性分布）

本植被亚型主要分布在呼伦贝尔草原西部，新巴尔虎右旗靠近中蒙边界的贝尔苏木西南区域，以及克鲁伦河南岸小片区域，类型单一，群落建群种只有小针茅，该类型发生在荒漠草原土壤，基质部分缺乏有机土层，地表有少量砾石覆盖。在呼伦贝尔所有丛生草类草原植被亚型中（表 3-9），该类型草本层盖度、高度和生物量均为最低水平，在呼伦贝尔草原，相对典型草原和草甸草原而言，荒漠草原区的丛生草类草地属非地带性分布。植被亚型内记录 1 个群系、4 个群丛组、9 个群丛，均为呼伦贝尔新纪录植被类型单元。

表 3-9 丛生草类荒漠草原

群系 Alliance	群系英文简写 Alliance English abbreviation	群丛组 Association Group	群丛数 Association number
H1.3.1 小针茅荒漠草原群系 * *Stipa klemenzii* Tussock Desert Steppe Grassland Alliance	SklDMGA	Ⅰ - 小针茅 - 丛生草类群丛组 * *Stipa klemenzii*-Herb Tussock Grassland	3
		Ⅱ - 小针茅 - 根茎草类群丛组 * *Stipa klemenzii*-Herb Rhizome Grassland	2
		Ⅲ - 小针茅 - 杂类草群丛组 * *Stipa klemenzii*-Forb Grassland	2
		Ⅳ - 小针茅 - 一年生群丛组 * *Stipa klemenzii*-Annual Grassland	2

注：标记 * 为呼伦贝尔新纪录植被类型分类单位。

① H1.3.1 小针茅荒漠草原群系 *Stipa klemenzii* Tussock Desert Steppe Grassland Alliance

小针茅荒漠草原群系是蒙古高原荒漠草原地带广泛分布的优势类型，也是最适应干旱气候的针茅草原群系之一，在呼伦贝尔草原西部，属于非地带性分布，其主要原因是呼伦贝尔草原西部与蒙古国东部草原相连，与蒙古国东戈壁在植物区系地理上存在一定的联系，同时该区域处于呼伦贝尔高平原西部气候最为干旱区域，其大陆性气候特征很强，小针茅荒漠草原群系在此分布也是合理的，属小针茅草原分布的北界（赵一之，1987）。

小针茅是典型的旱生荒漠草原种，多年生密丛小禾草，群系内记录 5 个群丛组、9 个群丛，植株高度为 10～28 cm，群落盖度为 22%～54%，物种饱和度为每平方米 6～19 种，丛生小禾草层片优势种为糙隐子草，根茎型草类层片优势种为羊草，灌木层片以狭叶锦鸡儿为优势种，一年生草本层片优势种为小画眉。

（4）H1.4 丛生草类盐化草甸 Tussock Halophytic Meadow Grassland

丛生草类盐化草甸主要由耐盐性的中生多年生丛生禾草为建群种所组成的植被亚型（表 3-10），主要分布在呼伦贝尔中西部的低湿地上，地表蒸发量大的不同程度的盐渍化草地，常呈斑块化分布，不呈大面积连续分布，土壤以盐化草甸土为主，本植被亚型中记录 1 个群系——芨芨草盐化草甸群系。

表 3-10 丛生草类盐化草甸

群系 Alliance	群系英文简写 Alliance English abbreviation	群丛组 Association Group	群丛数 Association number
H1.4.1 芨芨草盐化草甸群系 *Achnatherum splendens* Tussock Halophytic Meadow Grassland Alliance	AsTHMG	Ⅰ - 芨芨草 - 丛生草类群丛组 *Achnatherum splendens*-Herb Tussock Grassland	1
		Ⅱ - 芨芨草 - 根茎草类群丛组 *Achnatherum splendens*-Herb Rhizome Grassland	1
		Ⅲ - 芨芨草 - 杂类草群丛组 *Achnatherum splendens*-Forb Grassland	1

① H1.4.1 芨芨草盐化草甸群系 *Achnatherum splendens* Tussock Halophytic Meadow Grassland Alliance

芨芨草盐化草甸主要分布在呼伦贝尔典型草原东部的谢尔塔拉草原，新巴尔虎左旗嵯岗镇南的沙化草原低地以及呼伦湖东侧的盐渍化草地区域，常与马蔺盐化草甸混生在一起。群落主要建群种芨芨草为盐生旱中生高大丛生禾草，系欧亚大陆温带的欧亚草原区系成分，是一个广布种，生态适应幅度很大，在群落中常形成巨大的密丛，丛冠幅直径一般为 40～70 cm，草丛高一般为 150～900 cm。群系内记录 3 个群丛组、3 个群丛，群落盖度为 21%～47%，物种饱和度为每平方米 5～9 种，丛生小禾草层片优势种为冰草；根茎型草类层片以羊草、歧序剪股颖为优势种，杂类草层片以马蔺、寸草苔、海乳草为主，小半灌木层片以盐爪爪为主，一年生草本层以碱蓬常见。

3.2.2.2 H2 根茎草类草地 Rhizome Grassland

该植被型是以多年生中旱生性地下芽草类为建群种的植被型，在呼伦贝尔，大兴安岭西麓的半湿润区及呼伦贝尔中部半干旱区的适宜环境中，属在特异的水土生境中多年生根茎草类植物在空间上对多年生丛生草类的替代类型，在呼伦贝尔草原，根茎草类草原属于较为稳定的顶级演替阶段。在草原群落结构中，根茎草类草地与丛生草类、杂类草和小半灌木一同构成草原群落的基本成分，是草原生态多样性的互补性的体现，具有独特的不可缺少的生态功能，在呼伦贝尔草原主要划分为根茎草类草甸草原和根茎草类典型草原两类植被亚型。

（1）H2.1 根茎草类草甸草原 Rhizome Meadow Steppe Grassland

该植被亚型由具有根茎的禾本科多年生植物羊草为建群种，主要分布在呼伦贝尔草原东部的草甸草原区水分条件较好的环境，群落中常含有较多的杂类草成分，常与线叶菊草原和贝加尔针茅草原组成呼伦贝尔草甸草原典型的植被复合体（表 3-11）。常见于额尔古纳东部上库力东北的森林草原带、陈巴尔虎旗东部鄂温克民族苏木东南的大兴安岭西麓丘陵坡麓大面积分布。植被亚型内记录 1 个群系、4 个群丛组、36 个群丛。

表 3-11　根茎草类草甸草原

群系 Alliance	群系英文简写 Alliance English abbreviation	群丛组 Association Group	群丛数 Association number
H2.1.1 羊草草甸草原群系 *Leymus chinensis* Rhizome Meadow Steppe Grassland Alliance	LcRMGA	Ⅰ - 羊草 - 丛生草类群丛组 *Leymus chinensis*-Herb Tussock Grassland	11
		Ⅱ - 羊草 - 根茎草类群丛组 *Leymus chinensis*-Herb Rhizome Grassland	4
		Ⅲ - 羊草 - 杂类草群丛组 *Leymus chinensis*-Forb Grassland	20
		Ⅳ - 羊草 - 一年生群丛组 *Leymus chinensis*-Annual Grassland	1

① H2.1.1 羊草草甸草原群系 *Leymus chinensis* Rhizome Meadow Steppe Grassland Alliance

大兴安岭西麓的草甸草原半湿润气候带，降水较丰富，羊草草甸草原为主要地带性群系之一，占据丘陵下部和坡麓地段，与坡地上部贝加尔针茅草原及顶部的线叶菊草原、羊茅草原形成自上而下分布的生态系列。羊草草原的地形条件多是开阔的平原或高平原以及丘陵坡麓等排水良好的地形部位，在某些河谷阶地、滩地等低湿地上也有羊草草原的中生化类型。土壤类型主要以黑钙土、暗栗钙土、草甸栗钙土和碱化土等为主，其质地多为通气状况良好的轻质壤土，水分条件和土壤盐分的差异成为羊草草甸草原群落分化的主要生态因素。

草甸草原区的羊草高度可达 26～65 cm，群系内共记录 4 个群丛组、36 个群丛，群落盖度为 31%～82%，物种饱和度为每平方米 3～35 种，丛生禾草层片优势种为硬质早熟禾、大针茅、贝加尔针茅、洽草、羊茅；杂类草层片优势种为展枝唐松草、红柴胡、蒙古糙苏、长柱沙参等。

（2）H2.2 根茎草类典型草原 Rhizome Typical Steppe Grassland

该植被亚型区别于根茎草类草甸草原的主要之处在于分布区的不同（表 3-12），该植被亚型主要分布在呼伦贝尔草原的中西部典型草原区，气候类型也属半干旱区，群落的主要优势成分也由草甸草原区的湿生成分转变成典型草原区的偏旱生植物类群，土壤类型也由黑钙土转变为典型草原区域的地带性土壤栗钙土为主。常见于陈巴尔虎旗西北部额尔古纳河东岸区域的低山丘陵区，嵯岗镇北部的丘陵坡地等。植被亚型内记录 1 个群系、3 个群丛组、61 个群丛，其中有 2 个呼伦贝尔新纪录群丛组、40 个新纪录群丛。

表 3-12 根茎草类典型草原

群系 Alliance	群系英文简写 Alliance English abbreviation	群丛组 Association Group	群丛数 Association number
H2.2.1 羊草典型草原群系 *Leymus chinensis* Rhizome Typical Steppe Grassland Alliance	LcRTGA	Ⅰ - 羊草 - 丛生草类群丛组 *Leymus chinensis*-Herb Tussock Grassland	21
		Ⅱ - 羊草 - 杂类草群丛组 * *Leymus chinensis*-Forb Grassland	31
		Ⅲ - 羊草 - 一年生群丛组 * *Leymus chinensis*-Annual Grassland	9

注：标记 * 为呼伦贝尔新纪录植被类型分类单位。

① H2.2.1 羊草典型草原群系 *Leymus chinensis* Rhizome Typical Steppe Grassland Alliance

羊草典型草原主要分布呼伦贝尔典型草原区偏东北部及鄂温克旗伊敏苏木西南部伊敏河阶地，多出现在有径流补给水分的生境中，如丘陵坡麓地段、宽谷地及河流阶地等部位。这些羊草草原群落往往和丘陵坡麓中部到顶部的大针茅草原、洽草草原、羊茅草原等群系分布在一个完整的典型草原系列上。在气候更趋于干旱的呼伦贝尔草原西部，该群系主要分布在具有地表水或潜水补给的谷地、河滩地、丘间洼地等低湿地区，同时在土壤轻度盐碱化的低地上也可形成由耐盐碱植物组成的羊草典型草原群落，此处羊草高度整体较为矮小。

典型草原区的羊草高度一般为 15～50 cm，群系内共记录 3 个群丛组、61 个群丛，群落盖度为 17%～67%，物种饱和度为每平方米 5～18 种，丛生禾草层片优势种为硬质早熟禾、大针茅、贝加尔针茅、洽草、羊茅；杂类草层片优势种为展枝唐松草、红柴胡、蒙古糙苏、长柱沙参等。

（3）H2.3 根茎草类典型草甸 Rhizome Typical Meadow Grassland

根茎草类典型草甸植被亚型主要由典型多年生根茎型禾草为建群种（表 3-13），组成的一种草甸群落类型，在呼伦贝尔草原区主要建群种有拂子茅、无芒雀麦、巨序剪股颖和歧序剪股颖 4 种群系，主要分布在完工镇南及嵯岗镇南沙化草地低湿地、乌布尔宝力格苏木西北部丘陵区等地，土壤以典型草甸土为主，在呼伦贝尔属非地带性分布隐域性植被。植被亚型内记录4个群系、5个群丛组、7个群丛，其中有2个呼伦贝尔新纪录群丛组、4个新纪录群丛。

表3-13　根茎草类典型草甸

群系 Alliance	群系英文简写 Alliance English abbreviation	群丛组 Association Group	群丛数 Association number
H2.3.1 拂子茅典型草甸群系 *Calamagrostis epigeios* Rhizome Typical Meadow Grassland Alliance	CeRTMG	Ⅰ - 拂子茅 - 杂类草群丛组 *Calamagrostis epigeios*-Forb Grassland	1
H2.3.2 无芒雀麦典型草甸群系 *Bromus inermis* Rhizome Typical Meadow Grassland Alliance	BiRTMG	Ⅰ - 无芒雀麦 - 根茎草类群丛组 *Bromus inermis*-Herb Rhizome Grassland	1
H2.3.3 巨序剪股颖典型草甸群系 * *Agrostis gigantea* Rhizome Typical Meadow Grassland Alliance	AgRTMG	Ⅰ - 巨序剪股颖 - 杂类草群丛组 * *Agrostis gigantea*-Forb Grassland	3
		Ⅱ - 巨序剪股颖 - 一年生群丛组 *Agrostis gigantea*-Annual Grassland	1
H2.3.4 歧序剪股颖典型草甸群系 * *Agrostis divaricatissima* Rhizome Typical Meadow Grassland Alliance	AdRTMG	Ⅰ - 歧序剪股颖 - 根茎草类群丛组 * *Agrostis divaricatissima*-Herb Rhizome Grassland	1

注：标记 * 为呼伦贝尔新纪录植被类型分类单位。

① H2.3.1 拂子茅典型草甸群系 *Calamagrostis epigeios* Rhizome Typical Meadow Grassland Alliance

该群系为呼伦贝尔草原东部丘间谷地常见草甸类型，土壤多为草甸黑钙土、淋溶黑钙土，腐殖层厚，土壤肥力高。拂子茅植株高度为32 cm，群系内只记录1个群丛组、1个群丛，其植物种类组成比较丰富，达每平方米31种，群丛内优势成分以羊草、寸草苔为主，主要伴生成分以朝天委陵菜、二裂委陵菜等为主。

② H2.3.2 无芒雀麦典型草甸群系 *Bromus inermis* Rhizome Typical Meadow Grassland Alliance

无芒雀麦植株高度为25 cm，其典型草原群系的植物种类组成比较丰富，达每平方米22种，研究区内共记录1个群丛组、1个群丛，群丛内优势成分以羊草、草地风毛菊为主，主要伴生成分以朝天委陵菜、糙叶黄芪等为主。

③ H2.3.3 巨序剪股颖典型草甸群系 *Agrostis gigantea* Rhizome Typical Meadow Grassland Alliance

巨序剪股颖植株高度为28 cm，其典型草原群系的植物种类组成比较丰富，达每平方米 23 种，研究区内共记录 2 个群丛组、2 个群丛，群丛内优势成分以寸草苔、羊草、大针茅、披针叶黄华为主，主要伴生成分以糙叶黄芪、香青兰等为主。

④ H2.3.4 歧序剪股颖典型草甸群系 *Agrostis divaricatissima* Rhizome Typical Meadow Grassland Alliance

歧序剪股颖植株高度为 28 cm，其典型草原群系的植物种类组成比较丰富，物种饱和度达每平方米 26 种，研究区内共记录 1 个群丛组、1 个群丛，群丛内优势成分以羊草、地榆为主，主要伴生成分以葛缕子、山柳菊等为主。

3.2.2.3 H3 杂类草草地 Ford Grassland

呼伦贝尔草原杂类草草地植被类型受水分影响发育水平较高，按生态地理特征的差异可以划分为杂类草草甸草原和杂类草荒漠草原两个植被亚型。主要的建群种主要有草甸草原区的线叶菊、红柴胡、脚苔草；典型草原区的星毛委陵菜、野韭、山韭、寸草苔、双齿葱等；荒漠草原区的多根葱等。研究区共记录该植被型内 5 个植被亚型、20 个群系、45 个群丛。

（1）H3.1 杂类草草甸草原 Forb Meadow Steppe Grassland

杂类草草甸草原植被亚型属呼伦贝尔草甸草原区物种组成较为丰富的一种类型（表 3-14），相比于丛生草类草甸草原和根茎草类草甸草原，杂类草草甸草原建群种不再是多年生禾草，而是以菊科线叶菊、伞形科红柴胡和莎草科脚苔草为建群种的群落类型。线叶菊草原属于杂类草草甸草原植被亚型的代表性群系，红柴胡草甸草原和脚苔草草甸草原在呼伦贝尔草甸草原区也比较常见，多根葱荒漠草原是杂类草荒漠草原植被亚型的代表性群系。该植被亚型内记录 3 个群系、9 个群丛组、47 个群丛，其中有 2 个群系为呼伦贝尔新纪录群系、7 个群丛组为呼伦贝尔新纪录群丛组、40 个新纪录群丛。

表 3-14　杂类草草甸草原

群系 Alliance	群系英文简写 Alliance English abbreviation	群丛组 Association Group	群丛数 Association number
H3.1.1 线叶菊草甸草原群系 *Filifolium sibiricum* Forb Meadow Steppe Grassland Alliance	LsFMGA	Ⅰ - 线叶菊 - 丛生草类群丛组 *Filifolium sibiricum*-Herb Tussock Grassland	4
		Ⅱ - 线叶菊 - 杂类草群丛组 *Filifolium sibiricum*-Forb Grassland	3

续表

群系 Alliance	群系英文简写 Alliance English abbreviation	群丛组 Association Group	群丛数 Association number
H3.1.2 红柴胡草甸草原群系 * *Bupleurum scorzonerifolium* Forb Meadow Steppe Grassland Alliance	BsFMGA	Ⅰ - 红柴胡 - 丛生草类群丛组 * *Bupleurum scorzonerifolium*-Tussock Grassland	1
		Ⅱ - 红柴胡 - 根茎草类群丛组 * *Bupleurum scorzonerifolium*-Herb Rhizome Grassland	1
		Ⅲ - 红柴胡 - 杂类草群丛组 * *Bupleurum scorzonerifolium*-Forb Grassland	4
H3.1.4 脚苔草草甸草原群系 * *Carex pediformis* Forb Meadow Steppe Grassland Alliance	CpFMGA	Ⅰ - 脚苔草 - 丛生草类群丛组 * *Carex pediformis*-Herb Tussock Grassland	9
		Ⅱ - 脚苔草 - 根茎草类群丛组 * *Carex pediformis*-Herb Rhizome Grassland	5
		Ⅲ - 脚苔草 - 杂类草群丛组 * *Carex pediformis*-Forb Grassland	18
		Ⅳ - 脚苔草 - 一年生群丛组 * *Carex pediformis*-Annual Grassland	2

注：标记 * 为呼伦贝尔新纪录植被类型分类单位。

① H3.1.1 线叶菊草甸草原群系 *Filifolium sibiricum* Forb Meadow Steppe Grassland Alliance

线叶菊草原是一种双子叶杂类草占优势的草原群系，主要分布在大兴安岭西麓低山丘陵地带的中、低山地阳坡中上部位的薄层黑钙土或暗栗钙土上，并和贝加尔针茅草原、羊草草原形成稳定的生态序列组合。线叶菊草原的分布边界可作为研究区内草甸草原地带和典型草原地带的一个主要划分参考依据。线叶菊草原总体处于比较湿润而寒冷的山地大陆性气候，群落具有或多或少比较明显的寒生草原特性，土壤的水分状况和矿质营养条件与羊茅草原比较接近，因此二者也常混生。

因此，线叶菊属耐寒的中旱生多年生杂类草植物，植株高度为 23～35 cm，群系内记录 2 个群丛组、7 个群丛，其植物种类组成比较丰富，物种饱和度达每平方米 24～52 种，杂类草层片亚优势种为山韭；丛生禾草层片优势种为贝加尔针茅，该层片伴生种有糙隐子草、洽草；灌木层片优势种为尖叶胡枝子，主要分布在额尔古纳北部三合乡北及黑山头镇东南草甸草原区域。

② H3.1.2 红柴胡草甸草原群系 *Bupleurum scorzonerifolium* Forb Meadow Steppe Grassland Alliance

红柴胡草甸草原为呼伦贝尔草甸草原区较为常见的一类群系，以伞形科多年生杂类草红柴胡为建群种，植株高度为 23～35 cm，群系内记录 2 个群丛组、7 个群丛，群落总盖度为 41%～72%，物种饱和度为每平方米 17～26 种，杂类草层片亚优势种为脚苔草；丛生草类层片优势种为贝加尔针茅，根茎禾草层片优势种为羊草，一年生草本层片优势种为朝天委陵菜。该群系主要分布在呼伦贝尔草原东部海拉尔至牙克石之间区域，土壤类型为黑钙土、暗栗钙土 - 栗钙土性土。

③ H3.1.3 脚苔草草甸草原群系 *Carex pediformis* Forb Meadow Steppe Grassland Alliance

脚苔草草甸草原属呼伦贝尔草甸草原区丛生草类草甸草原和根茎草类草甸草原顶级群落退化演替的一个变型，在呼伦贝尔草原东部较为常见，以莎草科多年生杂类草脚苔草为建群种，植株高度为 17～32 cm，群系内记录 4 个群丛组、34 个群丛，群落总盖度为 50%～95%，物种饱和度为每平方米 18～38 种，杂类草层片亚优势种为红柴胡、萱草、亚洲蓍、地榆、秦艽等；丛生草类层片优势种为贝加尔针茅、羽茅，根茎禾草层片优势种为羊草，一年生草本层片优势种为朝天委陵菜。该群系主要分布在呼伦贝尔草原东部鄂温克民族苏木东丘陵坡麓区，伊敏苏木西南波状平原区，红花尔基东部草甸草原区等地，土壤以黑钙土、淡黑钙土为主。

（2）H3.2 杂类草典型草原 Ford Typical Steppe Grassland

杂类草典型草原植被亚型属呼伦贝尔典型草原区类型多样的一类植被亚型（表 3-15），其中以葱属植物野韭、山韭、双齿葱、多根葱为建群种的草原构成了呼伦贝尔草原优质放牧场的重要类型 - 葱类草原，牛羊在该类草原放牧有利于肉制品的品质鲜美，具有重要经济价值，其生态系统服务功能十分重要；以寸草苔、脚苔草、星毛委陵菜为建群种的群系类型则主要是由丛生草类典型草原和根茎草类典型草原退化演替而形成的草原类型，其群落生产力、生物多样性及生态系统功能均要比处于顶级演替阶段的丛生草类草原和根茎草类草原低。该植被亚型分 10 个群系、23 个群丛组、133 个群丛，其中有 7 个呼伦贝尔新纪录群系、13 个呼伦贝尔新纪录群丛组、56 个新纪录群丛。

表 3-15　杂类草典型草原

群系 Alliance	群系英文简写 Alliance English abbreviation	群丛组 Association Group	群丛数 Association number
H3.2.1 寸草苔典型草原群系 *Carex duriuscula* Forb Typical Steppe Grassland Alliance	CdFTGA	Ⅰ - 寸草苔 - 丛生草类群丛组 *Carex duriuscula*-Herb Tussock Grassland	31
		Ⅱ - 寸草苔 - 根茎草类群丛组 *Carex duriuscula*-Herb Rhizome Grassland	15
		Ⅲ - 寸草苔 - 杂类草群丛组 *Carex duriuscula*-Forb Grassland	21
		Ⅳ - 寸草苔 - 一年生群丛组 *Carex duriuscula*-Annual Grassland	12
H3.2.2 脚苔草典型草原群系 * *Carex pediformis* Forb Typical Steppe Grassland Alliance	CpFTGA	Ⅰ - 脚苔草 - 丛生草类群丛组 * *Carex pediformis*-Herb Tussock Grassland	6
		Ⅱ - 脚苔草 - 根茎草类群丛组 * *Carex pediformis*-Herb Rhizome Grassland	4
		Ⅲ - 脚苔草 - 杂类草群丛组 * *Carex pediformis*-Forb Grassland	3
		Ⅳ - 脚苔草 - 一年生群丛组 * *Carex pediformis*-Annual Grassland	4
H3.2.3 星毛委陵菜典型草原群系 * *Potentilla acaulis* Forb Typical Grassland Alliance	PaFTGA	Ⅰ - 星毛委陵菜 - 丛生草类群丛组 * *Potentilla acaulis*-Herb Tussock Grassland	7
		Ⅱ - 星毛委陵菜 - 根茎草类群丛组 * *Potentilla acaulis*-Herb Rhizome Grassland	1
		Ⅲ - 星毛委陵菜 - 杂类草群丛组 * *Potentilla acaulis*-Forb Grassland	9
H3.2.4 野韭典型草原群系 *Allium ramosum* Forb Typical Steppe Grassland Alliance	ArFTGA	Ⅰ - 野韭 - 丛生草类群丛组 *Allium ramosum*-Herb Tussock Grassland	3
		Ⅱ - 野韭 - 根茎草类群丛组 *Allium ramosum*-Herb Rhizome Grassland	1
		Ⅲ - 野韭 - 杂类草群丛组 *Allium ramosum*-Forb Grassland	3
H3.2.5 山韭典型草原群系 * *Allium senescens* Forb Typical Steppe Grassland Alliance	AsFTGA	Ⅰ - 山韭 - 杂类草群丛组 * *Allium senescens*-Forb Grassland	1

续表

群系 Alliance	群系英文简写 Alliance English abbreviation	群丛组 Association Group	群丛数 Association number
H3.2.6 双齿葱典型草原群系 *Allium bidentatum* Forb Typical Steppe Grassland Alliance	AbFTGA	Ⅰ - 双齿葱 - 丛生草类群丛组 *Allium bidentatum*-Herb Tussock Grassland	3
		Ⅱ - 双齿葱 - 杂类草群丛组 *Allium bidentatum*-Forb Grassland	2
		Ⅲ - 双齿葱 - 一年生群丛组 *Allium bidentatum*-Annual Grassland	1
H3.2.7 多根葱典型草原群系 * *Allium polyrhizum* Forb Typical Steppe Grassland Alliance	ApFTGA	Ⅰ - 多根葱 - 丛生草类群丛组 * *Allium polyrhizum*-Herb Tussock Grassland	1
		Ⅱ - 多根葱 - 一年生群丛组 * *Allium polyrhizum*-Annual Grassland	1
H3.2.8 红柴胡典型草原群系 * *Bupleurum scorzonerifolium* Forb Typical Steppe Grassland Alliance	BsFTGA	Ⅰ - 红柴胡 - 丛生草类群丛组 * *Bupleurum scorzonerifolium*-Herb Tussock Grassland	1
H3.2.9 麻花头典型草原群系 * *Klasea centauroides* Forb Typical Steppe Grassland Alliance	KcFTGA	Ⅰ - 麻花头 - 丛生草类群丛组 * *Klasea centauroides*-Herb Tussock Grassland	2
H3.2.10 瓣蕊唐松草典型草原群系 * *Thalictrum petaloideum* Forb Typical Steppe Grassland Alliance	TpFTGA	Ⅰ - 瓣蕊唐松草 - 丛生草类群丛组 * *Thalictrum petaloideum*-Herb Tussock Grassland	1

注：标记 * 为呼伦贝尔新纪录植被类型分类单位。

① H3.2.1 寸草苔典型草原群系 *Carex duriuscula* Forb Typical Steppe Grassland Alliance

寸草苔典型草原属呼伦贝尔典型草原区丛生草类典型草原和根茎草类典型草原顶级群落退化演替的一个变型，在呼伦贝尔草原中西部十分常见，以莎草科多年生小型杂类草寸草苔为建群种，群系内记录 4 个群丛组、79 个群丛，为呼伦贝尔草原记录群丛数最多的群系类型，多为大针茅典型草原、羊草典型草原和克氏针茅典型草原经过渡放牧干扰导致的退化演替结果，群落外貌矮小，植株高度为 5～15 cm，群落总盖度为 15%～56%，物种饱和度为每平方米 3～22 种，杂类草层片亚优势种为星毛委陵菜、蒲公英、冷蒿、双齿葱等；丛生草类层片优势种为糙隐子草、大针茅、克氏针茅等，根茎禾草层片优势种为羊草、赖草，一年生草本层片优势种为狗尾草、独行菜、黄蒿等。该群系广布呼伦贝尔典型草原区，土壤以栗钙土、暗栗钙土、盐化栗钙土等为主。

② H3.2.2 脚苔草典型草原群系 *Carex pediformis* Forb Typical Steppe Grassland Alliance

脚苔草典型草原属脚苔草草甸草原群系旱生变型，多分布在呼伦贝尔草原中部草甸草原与典型草原过渡区域，相比脚苔草草甸草原，该群系建群种仍为脚苔草，但群落内主要的亚优势成分已转变为典型草原中旱生的植物种类，土壤类型也转变为以栗钙土为主的典型草原土，群系内记录 4 个群丛组、17 个群丛，植株高度为 10～22 cm，群落总盖度为 30%～60%，物种饱和度为每平方米 5～18 种，杂类草层片亚优势种为冷蒿、双齿葱等；丛生草类层片优势种为大针茅、克氏针茅、冰草、糙隐子草等，根茎禾草层片优势种为羊草，一年生草本层片优势种为狗尾草、灰绿藜等。

③ H3.2.3 星毛委陵菜典型草原群系 *Potentilla acaulis* Forb Typical Steppe Grassland Alliance

星毛委陵菜为重要的典型草原退化指示种，以该物种为建群种的群系均为典型草原顶级演替群落、轻度退化演替阶段的群落进一步退化而形成一种退化演替阶段，主要分布在呼伦贝尔草原中西部放牧干扰严重的区域，其退化原生群落主要以大针茅草原、克氏针茅草原和羊草典型草原为主，同时群落内常伴随典型草原退化另一个重要指示种冷蒿的出现。群系内记录 3 个群丛组、17 个群丛，植株高度为 3～6 cm，群落总盖度为 10%～24%，物种饱和度为每平方米 5～17 种，杂类草层片亚优势种为寸草苔、冷蒿、二裂委陵菜等；丛生草类层片优势种为冰草、克氏针茅、洽草、糙隐子草等，根茎禾草层片优势种为羊草，一年生草本层片优势种为小画眉、狗尾草、刺穗藜等。

④ H3.2.4 野韭典型草原群系 *Allium ramosum* Forb Typical Steppe Grassland Alliance

野韭典型草原为呼伦贝尔草原营养价值极高的重要放牧场类型，主要分布在呼伦贝尔草原中部区域，新巴尔虎右旗北部，新巴尔虎左旗中部，陈巴尔虎旗中北部区域，土壤以暗栗钙土、栗钙土性土为主，群落以野韭为建群种，同时伴有其他葱类植物出现，羊草、大针茅等禾草植物作为亚优势物种，该类草原放牧价值极高。群系内记录 3 个群丛组、7 个群丛，植株高度为 15～42 cm，群落总盖度为 40%～90%，物种饱和度为每平方米 8～27 种，杂类草层片亚优势种为麻花头、红柴胡、细叶葱、寸草苔等；丛生草类层片优势种为大针茅、糙隐子草等，根茎禾草层片优势种为羊草，一年生草本层片优势种为独行菜等。

⑤ H3.2.5 山韭典型草原群系 *Allium senescens* Forb Typical Steppe Grassland Alliance

山韭典型草原为呼伦贝尔草原丘陵顶部栗钙土性土至暗栗钙土生长的一类葱类草原，群落以山韭为建群种，群系内记录 1 个群丛组、1 个群丛，植株高度为 14 cm，群落总盖度为 37%，物种饱和度为每平方米 9～11 种，杂类草层片亚优势种为星毛委陵菜、寸草苔等；丛生草类层片优势种为洽草、冰草等，一年生草本层片优势种为黄蒿等。

⑥ H3.2.6 双齿葱典型草原群系 *Allium bidentatum* Forb Typical Steppe Grassland Alliance

双齿葱典型草原为呼伦贝尔草原典型草原区常见的一类较为矮小的葱类草原，群落以双齿葱为建群种，常以大针茅、冰草等丛生禾草为亚建群成分，或与寸草苔共同建群，土壤为栗钙土 - 盐化栗钙土，群系内记录 3 个群丛组、6 个群丛，植株高度为 6～22 cm，群落总盖度为 18%～60%，物种饱和度为每平方米 6～24 种，杂类草层片亚优势种为二裂委陵菜、蓬子菜、冷蒿、矮葱、细叶葱等；丛生草类层片优势种为大针茅、冰草等，一年生草本层片优势种为黄蒿等。

⑦ H3.2.7 多根葱典型草原群系 *Allium polyrhizum* Forb Typical Steppe Grassland Alliance

多根葱典型草原为多根葱荒漠草原中生化的一类葱类草原，相比多根葱荒漠草原，该群系主要伴生物种或亚优势物种均以典型草原成分为主，旱生性较强的物种较少，同时在放牧干扰较强的区域也会出现一些多根葱的次生群落，为典型草原退化的结果，分布区主要为呼伦贝尔西部荒漠草原北部及东部过渡区域的盐碱化土壤，土壤类型为碱化暗色草甸土 - 栗钙土，群落以多根葱为建群种，群系内记录 2 个群丛组、2 个群丛，植株高度为 14～18 cm，群落总盖度为 30%～48%，物种饱和度为每平方米 6～10 种，丛生草类层片优势种为羽茅等，一年生草本层片优势种为碱蓬，亚优势种为虎尾草。

⑧ H3.2.8 红柴胡典型草原群系 *Bupleurum scorzonerifolium* Forb Typical Steppe Grassland Alliance

红柴胡典型草原为红柴胡草甸草原旱生化的一类杂类草草原，相比红柴胡草甸草原，该群系主要伴生物种或亚优势物种由中生性物种转变为以典型草原成分为主的成分，旱生性较强的物种增加，主要分布在海拉尔至新巴尔左旗之间的大面积典型草原区，土壤类型为盐化栗钙土 - 栗钙土，群系内记录 1 个群丛组、1 个群丛，植株高度为 36 cm，群落总盖度为 60%，物种饱和度为每平方米 12～13 种，丛生禾草层片优势种为克氏针茅；一、二年生草本层片优势种为碱蒿；小半灌木层片优势种为冷蒿。

⑨ H3.2.9 麻花头典型草原群系 *Klasea centauroides* Forb Typical Steppe Grassland Alliance

麻花头典型草原为呼伦贝尔草原典型草原区退化演替的一类草原类型，群落以麻花头为建群种，因麻花头开花后植株及叶片硬化，小型牲畜无法采食，牛、马等大型牲畜不喜采食，因此该类型草原放牧价值较低，但麻花头盛花期颜色鲜艳，具一定旅游观赏价值。群落主要分布在新巴尔虎左旗北部草原，土壤为盐化栗钙土－栗钙土，群系内记录 1 个群丛组、2 个群丛，植株高度为 25～31 cm，群落总盖度为 28%～30%，物种饱和度为每平方米 7～11 种，杂类草层片亚优势种为矮葱、红柴胡、冷蒿、高二裂委陵菜等；丛生草类层片优势种为羽茅、大针茅等，一年生草本层片优势种为黄蒿等。

⑩ H3.2.10 瓣蕊唐松草典型草原群系 *Thalictrum petaloideum* Forb Typical Steppe Grassland Alliance

瓣蕊唐松草典型草原为呼伦贝尔草原典型草原区丘陵坡麓的一类草原类型，群落以瓣蕊唐松草为建群种，群落主要分布在罕达盖苏木北部草原，土壤为栗钙土性土，群系内记录 1 个群丛组、1 个群丛，植株高度为 20～80 cm，群落总盖度为 28%～30%，物种饱和度为每平方米 16～23 种，根茎禾草层片优势种为羊草；丛生小禾草层片优势种为糙隐子草；小半灌木层片优势种为冷蒿，一年生草本层片优势种为裂叶蒿等。

（3）H3.3 杂类草荒漠草原 Ford Desert Steppe Grassland（非地带性分布）

杂类草荒漠草原植被亚型属呼伦贝尔荒漠草原区重要的一类植被亚型（表 3-16），其类型单一，在呼伦贝尔只记录以多根葱为建群种的荒漠草原群系，但在呼伦贝尔非地带性荒漠草原中十分重要，属于当地仅次于小针茅草原的重要放牧场。植被亚型中共记录 1 个群系、2 个群丛组、12 个群丛，均为呼伦贝尔新纪录植被类型单位。

表 3-16　杂类草荒漠草原

群系 Alliance	群系英文简写 Alliance English abbreviation	群丛组 Association Group	群丛数 Association number
H3.3.1 多根葱荒漠草原群系 * *Allium polyrhizum* Forb Desert Steppe Grassland Alliance	ApFDGA	Ⅰ - 多根葱 - 丛生草类群丛组 * *Allium polyrhizum*-Herb Tussock Grassland	4
		Ⅱ - 多根葱 - 杂类草群丛组 * *Allium polyrhizum*-Forb Grassland	8

注：标记 * 为呼伦贝尔新纪录植被类型分类单位。

① H3.3.1 多根葱荒漠草原群系 *Allium polyrhizum* Forb Desert Steppe Grassland Alliance

多根葱荒漠草原群系在呼伦贝尔是在荒漠草原向典型草原过渡的边缘地区、适应碱化土壤环境的一个群系，在呼伦贝尔草原西南部的贝尔湖以西的湖盆洼地外围有比较集中的分布。多根葱是旱生密丛鳞茎草类，可较好适应干旱、风蚀和牲畜践踏等干扰，形成相对稳定的群落，群落内部常有羊草、小针茅、糙隐子草、银灰旋花等植物混生。群系内记录 2 个群丛组、12 个群丛，植株高度为 6～20 cm，群落总盖度为 13%～38%，物种饱和度为每平方米 4～10 种，杂类草亚优势种有银灰旋花、寸草苔、角茴香等，丛生草类层片优势种有小针茅、冰草，小半灌木层片优势种为狭叶锦鸡儿，一年生草本层片优势种为狗尾草等。

（4）H3.4 杂类草典型草甸 Ford Typical Meadow Grassland

杂类草典型草甸植被亚型主要由典型多年生杂类草为建群种（表 3-17），组成的一种草甸群落类型，在呼伦贝尔草原区主要建群种有地榆和寸草苔两类群系，主要分布在陈巴尔虎旗中部草原低湿地及东部森林草原带低湿地区域，土壤以暗栗钙土和典型草甸土为主，在呼伦贝尔属非地带性分布隐域性植被。植被亚型内记录 2 个群系、3 个群丛组、7 个群丛，其中有 1 个呼伦贝尔新纪录群系、2 个新纪录群丛组、6 个新纪录群丛。

表 3-17 杂类草典型草甸

群系 Alliance	群系英文简写 Alliance English abbreviation	群丛组 Association Group	群丛数 Association number
H3.4.1 地榆典型草甸群系 *Sanguisorba officinalis* Forb Typical Meadow Grassland Alliance	SoFTMG	Ⅰ - 地榆 - 杂类草群丛组 *Sanguisorba officinalis*-Forb Meadow Grassland	1
H3.4.2 寸草苔典型草甸群系 * *Carex duriuscula* Forb Typical Meadow Grassland Alliance	CdFTMG	Ⅰ - 寸草苔 - 根茎草类群丛组 * *Carex duriuscula*-Herb Rhizome Meadow Grassland	2
		Ⅱ - 寸草苔 - 一年生群丛组 * *Carex duriuscula*-Annual Meadow Grassland	4

注：标记 * 为呼伦贝尔新纪录植被类型分类单位。

① H3.4.1 地榆典型草甸群系 *Sanguisorba officinalis* Forb Typical Meadow Grassland Alliance

地榆典型草甸群系在呼伦贝尔草原区丘间谷地、大兴安岭西麓山地坡下等生境中发育良好，土壤类型为草甸黑土，质地为轻壤质，土质肥厚，腐殖层深，土壤含水量稳定。群落繁茂，植株高度为60～90 cm，外貌华丽，物种饱和度为每平方米15～25种，群系内记录1个群丛组、1个群丛，群落总盖度为80%～85%，杂类草亚优势种为鼠掌老鹳草，丛生草类层片优势种为大麦草。

② H3.4.2 寸草苔典型草甸群系 *Carex duriuscula* Forb Typical Meadow Grassland Alliance

寸草苔典型草甸群系在呼伦贝尔草原区河漫滩与阶地、丘间滩地等生境中发育良好，土壤类型为黑钙土、暗栗钙土及典型草甸土。群落外貌低矮，草群密集，植株高度为5～13 cm，物种饱和度为每平方米4～14种，群系内记录2个群丛组、6个群丛，群落总盖度为34%～74%，群落内常见杂类草亚优势种为华蒲公英、二裂委陵菜、黄戴戴等，根茎草类层片优势种有歧序剪股颖，丛生草类层片优势种为糙隐子草等，一年生草本层优势种有朝天委陵菜、鹤虱。

（5）H3.5 杂类草盐生草甸 Ford Halophytic Meadow Grassland

杂类草盐生草甸植被亚型主要由耐盐多年生中生杂类草为建群种（表3-18），组成的一种草甸群落类型，主要生境为丘间谷地、河漫滩地、沙化草地低湿地，地表均呈现不同程度的盐渍化现象。在呼伦贝尔草原区主要建群种有马蔺、寸草苔、华蒲公英和黄戴戴4类群系、群落内常见耐盐小半灌木和一年生盐生植物等，土壤以盐化栗钙土、暗色草甸土和典型草甸土为主，在呼伦贝尔属非地带性分布隐域性植被。植被亚型内记录4个群系、3个群丛组、61个群丛，其中有4个呼伦贝尔新纪录群系、6个新纪录群丛组、16个新纪录群丛。

表3-18 杂类草盐生草甸

群系 Alliance	群系英文简写 Alliance English abbreviation	群丛组 Association Group	群丛数 Association number
H3.5.1 马蔺盐化草甸群系 *Iris lactea* var. *chinensis* Forb Halophytic Meadow Grassland Alliance	IlcFHMG	Ⅰ-马蔺-根茎草类群丛组 *Iris lactea* var. chinensis-Herb Rhizome Meadow Grassland	3
		Ⅱ-马蔺-杂类草群丛组 *Iris lactea* var. chinensis-Forb Meadow Grassland	4
H3.5.2 寸草苔盐化草甸群系* *Carex duriuscula* Forb Halophytic Meadow Grassland Alliance	CdFHMG	Ⅰ-寸草苔-杂类草群丛组* *Carex duriuscula*-Forb Meadow Grassland	10
		Ⅱ-寸草苔-一年生群丛组* *Carex duriuscula*-Annual Meadow Grassland	2

续表

群系 Alliance	群系英文简写 Alliance English abbreviation	群丛组 Association Group	群丛数 Association number
H3.5.3 华蒲公英盐化草甸群系 * *Taraxacum sinicum* Forb Halophytic Meadow Grassland Alliance	TsFHMG	Ⅰ - 华蒲公英 - 丛生草类群丛组 * *Taraxacum sinicum*-Herb Tussock Meadow Grassland	1
		Ⅱ - 华蒲公英 - 根茎草类群丛组 * *Taraxacum sinicum*-Herb Rhizome Meadow Grassland	1
		Ⅲ - 华蒲公英 - 杂类草群丛组 * *Taraxacum sinicum*-Forb Meadow Grassland	1
H3.5.4 黄戴戴盐化草甸群系 * *Halerpestes ruthenica* Forb Halophytic Meadow Grassland Alliance	HrFHMG	Ⅰ - 黄戴戴 - 杂类草群丛组 * *Halerpestes ruthenica*-Forb Meadow Grassland	1

注：标记 * 为呼伦贝尔新纪录植被类型分类单位。

① H3.5.1 马蔺盐化草甸群系 *Iris lactea* var. *chinensis* Forb Halophytic Meadow Grassland Alliance

马蔺盐化草甸群系在呼伦贝尔草原区河漫滩地、丘间滩地、丘间盆地及湖泡周围等生境中发育良好，土壤类型为盐化草甸土，土壤地下水位高。植株高度为15～40 cm，物种饱和度为每平方米6～14种，群系内记录2个群丛组、7个群丛，群落总盖度为28%～71%，群落内杂类草亚优势种为黄戴戴、女娄菜、华蒲公英等，根茎草类层片优势种有羊草，丛生草类层片优势种为糙隐子草等，一年生草本层优势种有朝天委陵菜、变蒿、狗尾草等，主要分布在鄂温克旗伊敏河下游沿岸阶地，新巴尔虎左旗北部丘间低地等处。

② H3.5.2 寸草苔盐化草甸群系 *Carex duriuscula* Forb Halophytic Meadow Grassland Alliance

寸草苔盐化草甸群系相比于寸草苔典型草甸，地表盐渍化程度明显增高，群落内物种组成耐盐植物种类增加，主要分布在伊敏河中下游河滩地，红花尔基镇北部低湿地及嵯岗镇西盐碱化草地，土壤类型为盐化草甸土和碱化草甸土。植株高度为15～40 cm，物种饱和度为每平方米6～16种，群系内记录2个群丛组、12个群丛，群落总盖度为31%～40%，群落内常见羊草、车前、华蒲公英。

③ H3.5.3 华蒲公英盐化草甸群系 *Taraxacum sinicum* Forb Halophytic Meadow Grassland Alliance

华蒲公英盐化草甸群系常与寸草苔盐化草甸混生，地表盐渍化程度较高，群落内华蒲公英优势度明显，主要生境为河滩地湿地及丘间低地，主要分布在伊敏苏木南及锡尼河东苏木南的伊敏河沿岸，土壤类型为盐化草甸土。植株高度为 3～8 cm，物种饱和度为每平方米 6～14 种，群系内记录 3 个群丛组、3 个群丛，群落总盖度为 28%～45%，群落内常见鹅绒委陵菜、寸草苔、车前、华蒲公英、羊草。

④ H3.5.4 黄戴戴盐化草甸群系 *Halerpestes ruthenica* Forb Halophytic Meadow Grassland Alliance

黄戴戴盐化草甸群系为河滩地常见盐化草甸类型，地表盐渍化程度较高，土壤含水量稳定，主要分布在沃尔逊河及伊敏河沿岸河滩地，土壤类型为盐化草甸土。植株高度为 4～7 cm，物种饱和度为每平方米 11～12 种，群系内记录 1 个群丛组、1 个群丛，群落总盖度为 33%，群落内常见黄戴戴、马蔺、寸草苔、车前。

3.2.2.4 H4 灌木 / 半灌木草地 Shrubby/Semi-Shrubby Grassland

该植被型是在呼伦贝尔草原区特殊生境下形成的草原植被型，是由适应半湿润与半干旱气候的灌木或小半灌木建群的植物群落。其中，有小叶锦鸡儿、山刺玫、狭叶锦鸡儿等灌木植物，也有冷蒿、百里香等小半灌木植物。这些物种都具有较发达的根系，可很好地适应旱生条件，多适应于砾质或砾石质的土壤，在群落组成中，丛生草、根茎草与杂类草都是固有成分，有些可成为亚优势种。该植被型中共记录 3 个植被亚型、8 个群系、17 个群丛组、56 个群丛。

（1）H4.1 灌木 / 半灌木草甸草原 Shrubby/Semi-Shrubby Meadow Steppe Grassland

灌木 / 半灌木草甸草原植被亚型主要由草甸草原区的灌木植物为建群种（表 3-19）组成的一种草甸草原群落类型，主要生境为大兴安岭西麓的丘陵区坡麓，以及草甸草原与典型草原过渡带水分条件较好的坡底，在呼伦贝尔草原区主要建群种为小叶锦鸡儿，土壤为暗栗钙土。植被亚型内记录 1 个群系、2 个群丛组、3 个群丛均为呼伦贝尔新纪录植被类型单元。

表 3-19　灌木 / 半灌木草甸草原

群系 Alliance	群系英文简写 Alliance English abbreviation	群丛组 Association Group	群丛数 Association number
H4.1.1 小叶锦鸡儿草甸草原群系 * *Caragana microphylla* Shrubby/ Semi-Shrubby Meadow Steppe Grassland Alliance	CmS/SMGA	Ⅰ - 小叶锦鸡儿 - 丛生草类群丛组 * *Caragana microphylla*-Herb Tussock Grassland	2
		Ⅱ - 小叶锦鸡儿 - 根茎草类群丛组 * *Caragana microphylla*-Herb Rhizome Grassland	1

注：标记 * 为呼伦贝尔新纪录植被类型分类单位。

① H4.1.1 小叶锦鸡儿草甸草原群系 *Caragana microphylla* Shrubby/Semi-Shrubby Meadow Steppe Grassland Alliance

小叶锦鸡儿草甸草原群系属小叶锦鸡儿典型草原群系的湿生变型，相比小叶锦鸡儿典型草原，该群系草本层优势种多为中生类型物种，常见贝加尔针茅、羊草、草地早熟禾、线叶菊、脚苔草、羽茅等，均为草甸草原优势物种，因此该类型草原划分为小叶锦鸡儿草甸草原群系，主要分布在陈巴尔虎旗鄂温克民族苏木北部、哈达图苏木西北草甸草原区，植株高度为 20～35 cm，物种饱和度为每平方米 12～21 种，群落总盖度为 30%～68%，群系内记录 2 个群丛组、3 个群丛。

（2）H4.2 灌木 / 半灌木典型草原 Shrubby/Semi-Shrubby Typical Steppe Grassland

灌木 / 半灌木典型草原植被亚型主要由典型草原区的灌木或小半灌木植物为建群种（表 3-20）组成的一种典型草原群落类型，主要生境为呼伦贝尔草原中西部呼伦贝尔沙地边缘的沙化草地，以及东部石质丘陵顶部，主要建群种为锦鸡儿属植物小叶锦鸡儿和狭叶锦鸡儿，蔷薇科山刺玫，以及小半灌木冷蒿和百里香等，土壤为固定风沙土、暗栗钙土和栗钙土。植被亚型内记录 6 个群系、13 个群丛组、43 个群丛，其中有 3 个呼伦贝尔新纪录群系、6 个群丛组、20 个群丛。

表 3-20　灌木 / 半灌木典型草原

群系 Alliance	群系英文简写 Alliance English abbreviation	群丛组 Association Group	群丛数 Association number
H4.2.1 小叶锦鸡儿典型草原群系 *Caragana microphylla* Shrubby/Semi-Shrubby Typical Steppe Grassland Alliance	CmS/STGA	Ⅰ - 小叶锦鸡儿 - 丛生草类群丛组 *Caragana microphylla*-Herb Tussock Grassland	9
		Ⅱ - 小叶锦鸡儿 - 根茎草类群丛组 *Caragana microphylla*-Herb Rhizome Grassland	2
		Ⅲ - 小叶锦鸡儿 - 杂类草群丛组 *Caragana microphylla*-Forb Grassland	1
H4.2.2 山刺玫典型草原群系 * *Rosa davurica* Shrubby/Semi-Shrubby Typical Steppe Grassland Alliance	RdS/STGA	Ⅰ - 山刺玫 - 丛生草类群丛组 *Rosa davurica*-Herb Tussock Grassland	1
H4.2.3 草麻黄典型草原群系 * *Ephedra sinica* Shrubby/Semi-Shrubby Typical Steppe Grassland Alliance	EsS/STGA	Ⅰ - 草麻黄 - 丛生草类群丛组 *Ephedra sinica*-Herb Tussock Grassland	1
		Ⅱ - 草麻黄 - 一年生群丛组 *Ephedra sinica*-Annual Meadow Grassland	1

续表

群系 Alliance	群系英文简写 Alliance English abbreviation	群丛组 Association Group	群丛数 Association number
H4.2.4 狭叶锦鸡儿典型草原群系 * *Caragana stenophylla* Shrubby/Semi-Shrubby Typical Steppe Grassland Alliance	CsS/STGA	Ⅰ - 狭叶锦鸡儿 - 丛生草类群丛组 *Caragana stenophylla*-Herb Tussock Grassland	8
		Ⅱ - 狭叶锦鸡儿 - 根茎草类群丛组 *Caragana stenophylla*-Herb Rhizome Grassland	3
		Ⅲ - 狭叶锦鸡儿 - 杂类草群丛组 *Caragana stenophylla*-Forb Grassland	6
H4.2.5 冷蒿典型草原群系 *Artemisia frigida* Shrubby/Semi-Shrubby Typical Steppe Grassland Alliance	AfS/STGA	Ⅰ - 冷蒿 - 丛生草类群丛组 *Artemisia frigida*-Herb Tussock Grassland	5
		Ⅱ - 冷蒿 - 杂类草群丛组 *Artemisia frigida*-Forb Grassland	1
		Ⅲ - 冷蒿 - 一年生群丛组 *Artemisia frigida*-Annual Grassland	1
H4.2.6 百里香典型草原群系 *Thymus mongolicus* Shrubby/Semi-Shrubby Typical Steppe Grassland Alliance	TmS/STGA	Ⅰ - 百里香 - 杂类草群丛组 *Thymus mongolicus*-Forb Grassland	4

注：标记 * 为呼伦贝尔新纪录植被类型分类单位。

① H4.2.1 小叶锦鸡儿典型草原群系 *Caragana microphylla* Shrubby/Semi-Shrubby Typical Steppe Grassland Alliance

小叶锦鸡儿典型草原群系为呼伦贝尔草原灌丛化的一类特殊群系类型，为典型草原地带固定、半固定沙地上分布最广的一种旱生具刺灌丛。建群种小叶锦鸡儿一般在半固定沙地上生长最旺盛，随着沙地固定程度的提高，生长势呈下降趋势，当逐渐由沙地侵入到草原区时，呈稀疏状分布，呈现灌丛化草原景观。群落中丛生草类层片优势种有大针茅、克氏针茅、冰草、糙隐子草等，根茎草类层片以羊草为优势种，杂类草如星毛委陵菜、麻花头，小半灌木冷蒿、百里香、达乌里胡枝子等均在不同群落占有一定优势地位，使小叶锦鸡儿灌丛表明明显的草原化特征。小叶锦鸡儿的防风固沙能力很强，因此常作为草原区重要的固沙植物，广泛推广。在呼伦贝尔草原区以呼伦贝尔沙地边缘沙化草地此类群系广泛分布。群系中记录 3 个群丛组、12 个群丛。

② H4.2.2 山刺玫典型草原群系 *Rosa davurica* Shrubby/Semi-Shrubby Typical Steppe Grassland Alliance

山刺玫典型草原群系在呼伦贝尔草原多分布在东部低山丘陵区顶部，石质化明显的地带，带有一定山地草原性质，建群种以山刺玫为主，但不同于山刺玫灌丛植被，该群系内山刺玫呈零星状分布于草原群落中，随着海拔升高会逐渐过渡到山地灌丛群落中。群落内水分条件略高，但群落草本层以洽草、冰草、星毛委陵菜等旱生植物为优势成分，还达不到草甸草原的水分条件。群落总盖度为31%，物种饱和度为每平方米17～18种，群系内仅记录1个群丛组、1个群丛。

③ H4.2.3 草麻黄典型草原群系 *Ephedra sinica* Shrubby/Semi-Shrubby Typical Steppe Grassland Alliance

草麻黄典型草原群系在呼伦贝尔草原多分布在丘陵坡地或相对干旱的草原区域，地表常呈轻微盐碱化，土壤以盐化栗钙土为主，建群种为草本状灌木植物草麻黄。植株高度为12～18 cm，物种饱和度为每平方米6～8种，群落总盖度为30%～35%，群系内记录2个群丛组、2个群丛，群落内丛生草类层片优势种为大针茅，杂类草优势种为矮葱、冷蒿等，一年生草本层优势种有黄蒿、鹤虱，主要见于新巴尔虎左旗莫达木吉北部草原。

④ H4.2.4 狭叶锦鸡儿典型草原群系 *Caragana stenophylla* Shrubby/Semi-Shrubby Typical Steppe Grassland Alliance

狭叶锦鸡儿典型草原群系为小叶锦鸡儿典型草原旱生演替的替代分布类型，在呼伦贝尔主要分布于西部典型草原区与荒漠草原区过渡带石质丘陵中上部，相比于狭叶锦鸡儿荒漠草原群系，该类型内主要草本层优势植物为典型草原常见成分，如大针茅、克氏针茅、脚苔草、羊草、冷蒿等。植株高度为8～22 cm，物种饱和度为每平方米3～18种，群落总盖度为10%～45%，群系内记录3个群丛组、17个群丛，主要见于新巴尔虎左旗甘珠尔苏木西南草原及满洲里市西南草原。

⑤ H4.2.5 冷蒿典型草原群系 *Artemisia frigida* Shrubby/Semi-Shrubby Typical Steppe Grassland Alliance

冷蒿典型草原群系是以菊科小半灌木冷蒿为建群种的一类小半灌木典型草原，该群系多在过度放牧或强烈风蚀条件下由典型草原其他群系退化而来，属典型草原的次生退化变型，冷蒿为典型草原重要的退化指示种。植株高度为13～21 cm，物种饱和度为每平方米4～24种，群落总盖度为25%～48%，丛生禾草层片优势种常见大针茅、克氏针茅、糙隐子草、冰草等，杂类草层片优势种为星毛委陵菜、阿尔泰狗娃花、麻花头等，一年生草本层优势植物常见狗尾草、刺穗藜等。群系内记录3个群丛组、7个群丛。冷蒿典型草原环境适应性极强，可以适应各种水分梯度环境，在极度干旱条件下仍可生长，由于冷蒿这种耐干旱、耐践踏、耐土壤侵蚀的特性，其分布范围几乎在整个草原区，同时冷蒿营养价值较高，对牲畜有催肥、催乳作用，因此对该类草原应该进行保护和改良，可恢复到禾草草原阶段。

⑥ H4.2.6 百里香典型草原群系 *Thymus mongolicus* Shrubby/Semi-Shrubby Typical Steppe Grassland Alliance

百里香典型草原是以唇形科小半灌木百里香为建群种的次生小半灌木典型草原群系，由典型草原的禾草草原在表土风蚀过程或放牧干扰较强形成的一种草原生态变型，在呼伦贝尔草原主要见于东部石质丘陵顶部及中部沙化草原区。群落内植株高度为 3～8 cm，物种饱和度为每平方米 4～18 种，群落总盖度为 25%～55%，丛生禾草层片优势种常见糙隐子草、冰草等，杂类草层片优势种为寸草苔、叉分蓼、狼毒等，一年生草本层优势植物常见狗尾草、刺穗藜等。群系内记录 1 个群丛组、4 个群丛。由于其可以耐粗骨质和砾石质土壤，同时固定沙地和沙化草原也能生长，在当禾草类或杂类草因风蚀或过度放牧而受到抑制时，百里香可取而代之成为建群种，因此百里香草原可成为一种典型草原的石质变体或表土侵蚀变型。

（3）H4.3 灌木 / 半灌木荒漠草原 Shrubby/Semi-Shrubby Desert Steppe Grassland（非地带性分布）

灌木 / 半灌木荒漠草原植被亚型主要由呼伦贝尔荒漠草原区的小灌木狭叶锦鸡儿为建群种（表 3-21）组成的一种荒漠草原群落类型，主要生境为呼伦贝尔草原西部非地带性分布的荒漠草原区砾质化草原，土壤以栗钙土和盐化栗钙土为主，该植被亚型在呼伦贝尔草原属非地带性分布的隐域性植被类型。植被亚型内仅记录 1 个群系、2 个群丛组、10 个群丛，均为呼伦贝尔新纪录植被类型单元。

表 3-21　灌木 / 半灌木荒漠草原

群系 Alliance	群系英文简写 Alliance English abbreviation	群丛组 Association Group	群丛数 Association number
H4.3.1 狭叶锦鸡儿荒漠草原群系 *Caragana stenophylla* Shrubby/Semi-Shrubby Desert Steppe Grassland Alliance	CsS/SDGA	Ⅰ - 狭叶锦鸡儿 - 丛生草类群丛组 *Caragana stenophylla*-Herb Tussock Grassland	1
		Ⅱ - 狭叶锦鸡儿 - 杂类草群丛组 *Caragana stenophylla*-Forb Grassland	9

① H4.3.1 狭叶锦鸡儿荒漠草原群系 *Caragana stenophylla* Shrubby/Semi-Shrubby Desert Steppe Grassland Alliance

狭叶锦鸡儿荒漠草原群系是以锦鸡儿属狭叶锦鸡儿为建群种的一类荒漠草原灌丛化草原类型，该群系主要分为两个群丛组，草本层分别以小针茅为优势成分的群丛组和草本层以多根葱为优势成分的群丛组。该群系主要见于新巴尔虎右旗贝尔苏木西部、克尔伦苏木南部的砾质化荒漠草原，土壤为淡栗钙土和盐化栗钙土。群落内植株高度为 8～22 cm，物种饱和度为每平方米 5～17 种，群落总盖度为 13%～55%，丛生禾草层片优势种常见小针茅、冰草、糙隐子草等，杂类草层片优势种为多根葱、银灰旋花等，一年生草本层优势植物常见狗尾草等。群系内记录 2 个群丛组、10 个群丛。

3.3 本章小结

呼伦贝尔草原维管植物总计 1 113 种，隶属于 86 科，413 属，其中以被子植物为主，共计 80 科 406 属 1 099 种，占物种总数的 98.74%；生活型谱以多年生草本植物为主，共计 795 种，占物种总数的 71.43%；Raunkiaer 生活型以地面芽植物为主，共计 453 种，占物种总数的 40.70%；水分生态类型以典型中生植物为主，共计 582 种，占物种总数的 52.29%；植物区系地理成分以温带成分为主，共计 747 种，占物种总数的 67.12%。与相邻草原植物区系相比，物种组成和水分生态类型上最为接近的是锡林郭勒草原，生活型谱组成上最为接近的是蒙古国东部草原，从植物区系地理的古北极和东古北极成分上看，与蒙古国东部草原最为接近，从泛北极成分和东亚成分上看，与锡林郭勒草原及乌兰察布草原最为接近。

通过对呼伦贝尔草原 733 个样地，共计 2 199 个样方的群落数据统计，根据《中国植被志》编研方法的中国植被类型划分标准，本书将呼伦贝尔草原共划分为 4 个植被型、15 个植被亚型、48 个群系、119 个群丛组，共计 586 个群丛。4 个植被型有丛生草类草地、根茎草类草地、杂类草草地、灌木 / 半灌木草地；15 个植被亚型分别为丛生草类草甸草原、丛生草类典型草原、丛生草类荒漠草原、丛生草类盐化草甸、根茎草类草甸草原、根茎草类典型草原、根茎草类典型草甸、杂类草草甸草原、杂类草典型草原、杂类草荒漠草原、杂类草典型草甸、杂类草盐生草甸、灌木 / 半灌木草甸草原、灌木 / 半灌木典型草原、灌木 / 半灌木荒漠草原。其余群系、群丛组和群从划分单位见附录 1。其中高级分类单位中，灌木 / 半灌木草地为呼伦贝尔新纪录植被型；丛生草类荒漠草原、杂类草荒漠草原、杂类草典型草甸、杂类草盐生草甸、灌木 / 半灌木草甸草原、灌木 / 半灌木典型草原、灌木 / 半灌木荒漠草原为呼伦贝尔新纪录植被亚型；中低级分类单位中，呼伦贝尔新纪录群系 25 个，呼伦贝尔新纪录群丛组 53 个，呼伦贝尔新纪录群丛 359 个，具体呼伦贝尔新纪录植被分类单位见附录 1 中以 * 标出。

4 呼伦贝尔草原生物多样性分析

4.1 呼伦贝尔草原物种多样性差异

4.1.1 呼伦贝尔草原不同草原区物种多样性差异

在呼伦贝尔草原不同草原区的物种多样性变化中，物种多样性总体上均为草甸草原与典型草原要显著高于荒漠草原（图 4-1）。其中物种丰富度与 Shannon-Wiener 指数变化趋势一致，均为草甸草原显著高于典型草原显著高于荒漠草原；Pielou 均匀度指数与 Simpson 指数变化趋势一致，均为草甸草原与典型草原之间无显著差别，二者显著高于荒漠草原。Jaccard-β 多样性指数的变化趋势为草甸草原显著高于典型草原显著高于荒漠草原，这说明草甸草原区的群落之间物种替换速率要显著高于另外两个草原区。

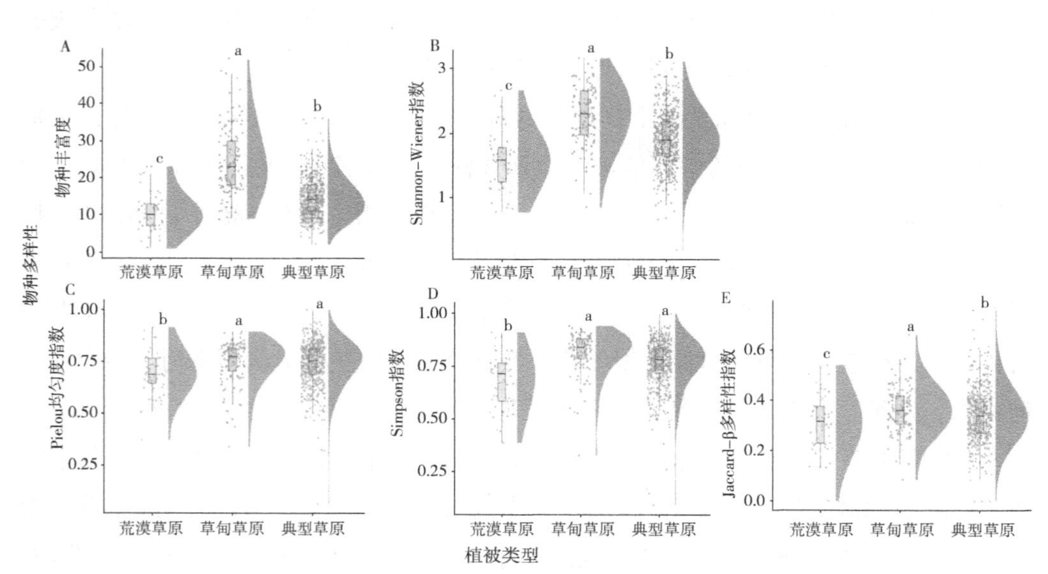

图 4-1 呼伦贝尔草原不同草原区物种多样性差异

4.1.2 呼伦贝尔草甸草原不同植被类型物种多样性差异

在呼伦贝尔草甸草原不同植被亚型的物种多样性变化中（图 4-2），物种丰富度、Shannon-Wiener 指数与 Simpson 指数均以杂类草草甸草原为最高，物种丰富度及 Shannon-Wiener 指数以灌木 / 半灌木草甸草原为最低，Simpson 指数丛生草类草甸草原最低；Pielou 均匀度指数则以灌木 / 半灌木草甸草原为最高，显著高于丛生禾草草甸草原，与其他两种植被亚型无显著差异；Jaccard-β 多样性指数以灌木 / 半灌木草甸草原为最高，显著高于另外三种植被亚型；这说明草甸草原区的灌丛化草原虽然物种 α 多样性普遍最低，但 β 多样性的物种替换速率是显著高于其他植被亚型的。

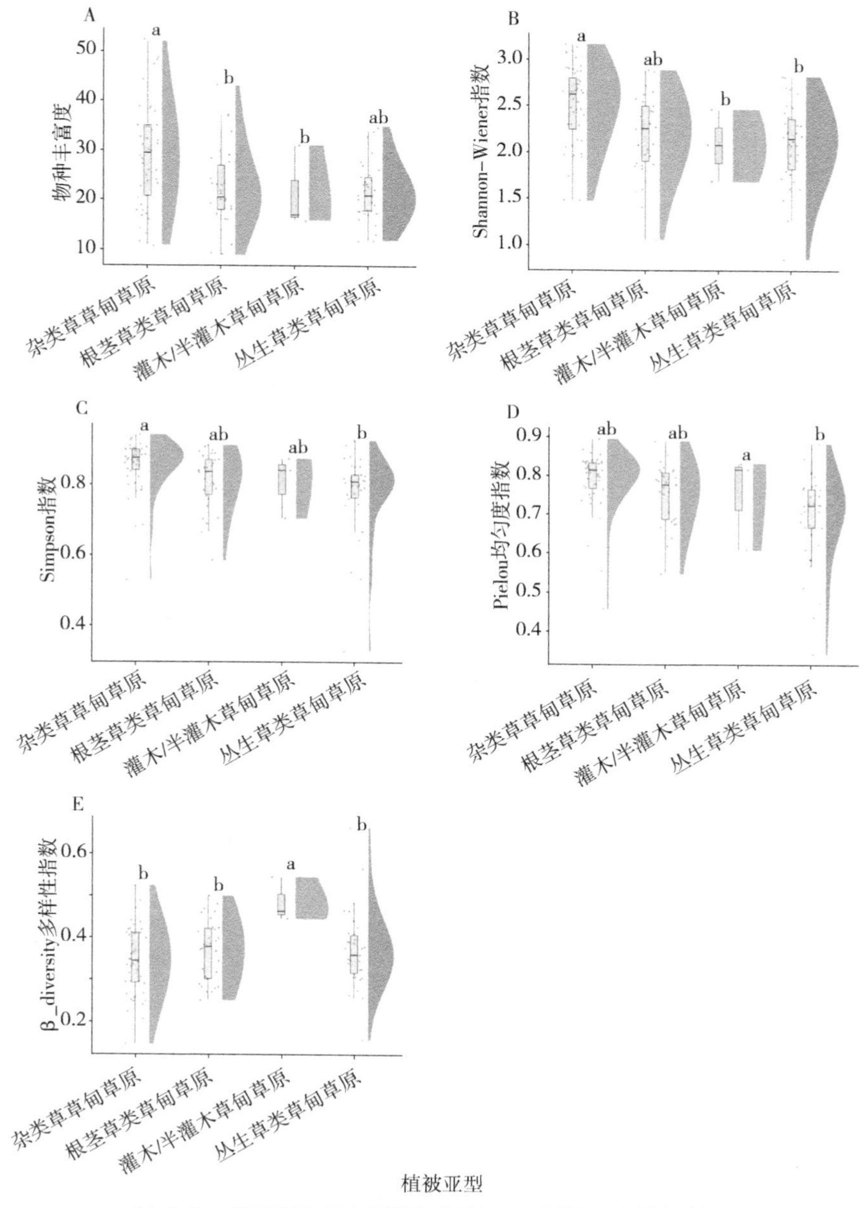

图 4-2　呼伦贝尔草甸草原不同植被亚型物种多样性差异

在呼伦贝尔草甸草原不同群系的物种多样性变化中（图 4-3），物种丰富度以脚苔草草甸草原最高，显著高于小叶锦鸡儿草甸草原、羊茅草甸草原和贝加尔针茅草甸草原，与其他植被亚型无显著差异；Shannon-Wiener 指数以洽草草甸草原最高，显著高于除红柴胡草甸草原和脚苔草草甸草原的其他几类植被亚型，其中羊茅草甸草原最低；羊茅草甸草原的 Simpson 指数最低，显著低于其他植被亚型；红柴胡草甸草原的 Pielou 均匀度指数最高，显著高于羊茅草甸草原和贝加尔针茅草甸草原，与其他植被亚型无显著差异；Jaccard-β 多样性指数以小叶锦鸡儿草甸草原最高，其群落内部物种替换速率最高，红柴胡草甸草原最低。

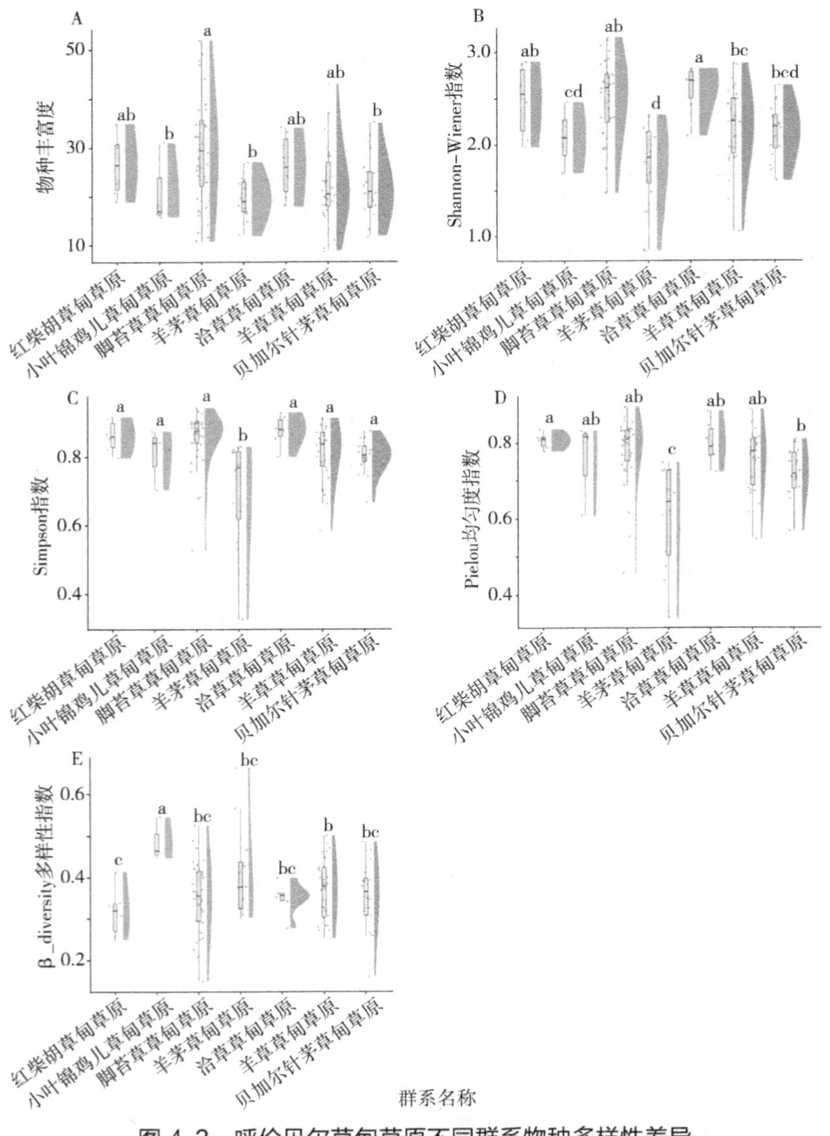

图 4-3　呼伦贝尔草甸草原不同群系物种多样性差异

4.1.3 呼伦贝尔典型草原不同植被类型物种多样性差异

与草甸草原区不同，在呼伦贝尔典型草原区不同植被亚型的物种多样性变化中（图 4-4），整体以丛生草类典型草原为最高，其中物种丰富度中，杂类草典型草原显著低于丛生草类典型草原，Shannon-Wiener 指数中杂类草典型草原与根茎草类典型草原均显著低于丛生草类典型草原，Simpson 指数均以灌木 / 半灌木典型草原为最高，杂类草典型草原最低；Pielou 均匀度指数中灌木 / 半灌木典型草原和丛生草类典型草原显著高于其他两种植被亚型；Jaccard-β 多样性指数以灌木 / 半灌木典型草原为最高，显著高于另外三种植被亚型；与草甸草原区相似，说明典型草原区的灌丛化草原 β 多样性的物种替换速率是显著高于其他植被亚型的。

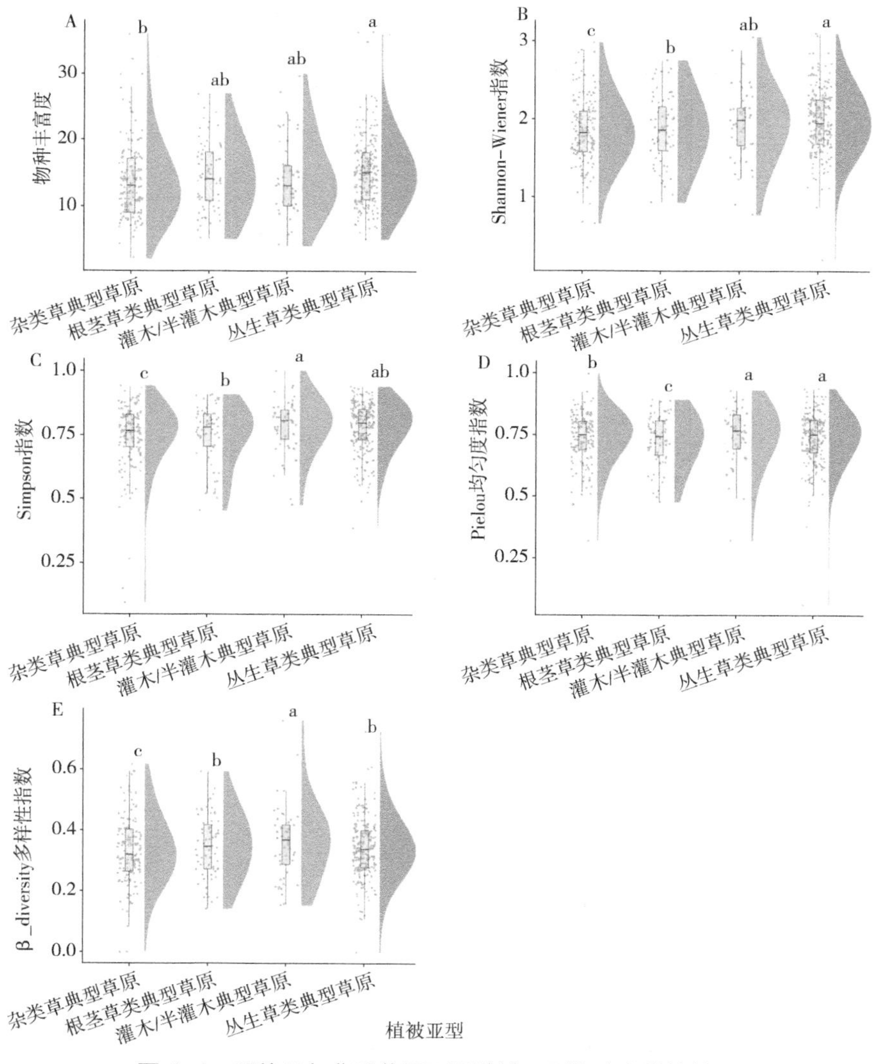

图 4-4 呼伦贝尔典型草原不同植被亚型物种多样性差异

在呼伦贝尔典型草原不同群系的物种多样性变化中（图 4-5），物种丰富度、Shannon-Wiener 指数及 Simpson 指数均以冷蒿典型草原最高，其次为糙隐子草典型草原和小叶锦鸡儿典型草原，最低的为狭叶锦鸡儿典型草原。Pielou 均匀度指数中小

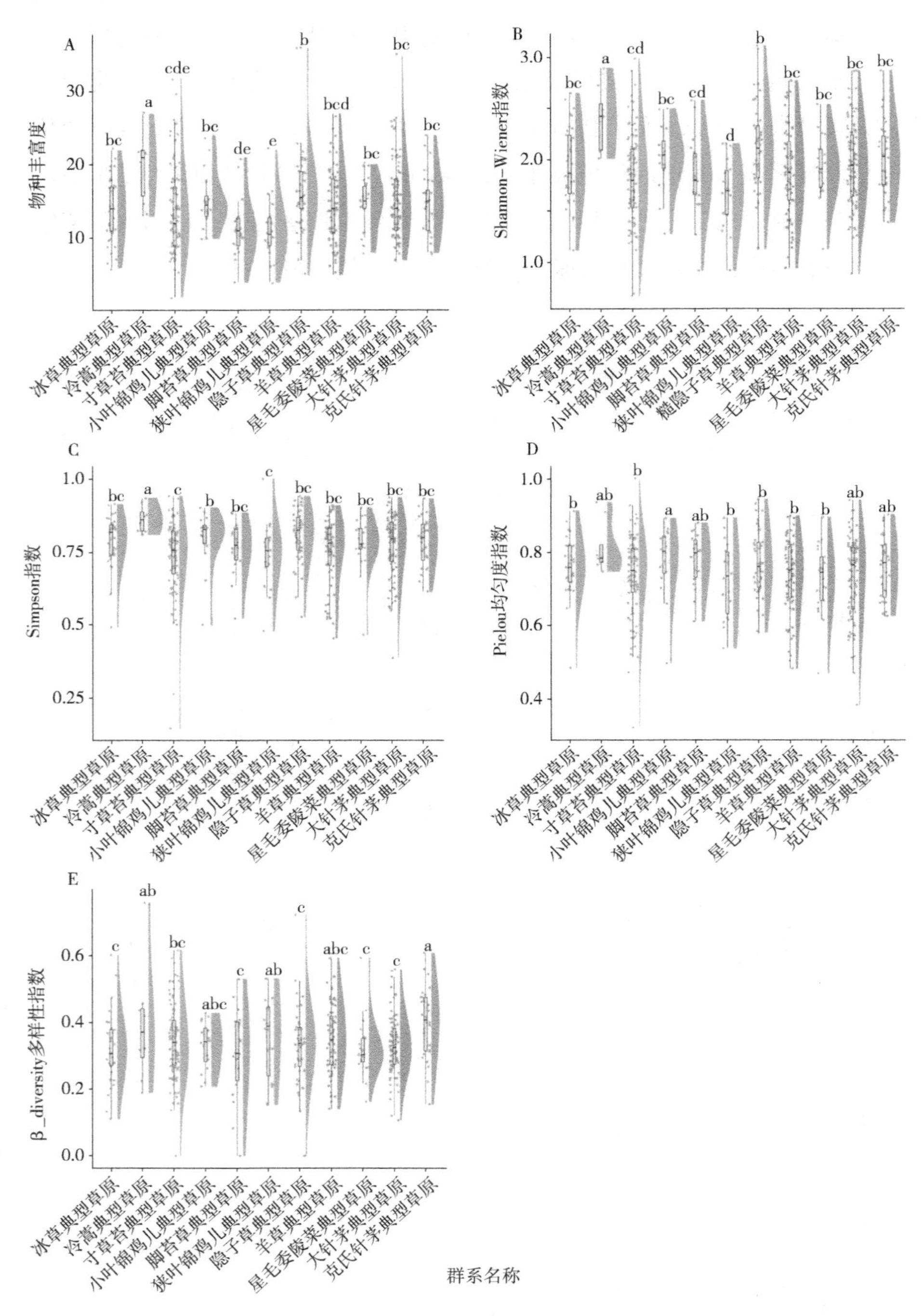

图 4-5　呼伦贝尔典型草原不同群系物种多样性差异

叶锦鸡儿典型草原群系最高，其次为冷蒿、脚苔草、大针茅典型草原群系。Jaccard-β多样性指数以克氏针茅典型草原最高，其次为冷蒿、糙隐子草、羊草典型草原。研究发现，物种丰富度最高的并不是处于顶级演替阶段的羊草典型草原和大针茅典型草原，这说明在顶级演替群落中，羊草和大针茅等建群种优势度处于绝对优势地位，其他物种很难在群落中占有一定的生态位，而处于退化演替阶段的冷蒿、糙隐子草典型草原中，其他物种很容易侵入到群落中，占有自己的生态位，所以这类典型草原群系的物种多样性反而要显著高于处于顶级演替位置的羊草和大针茅典型草原。

4.1.4　呼伦贝尔荒漠草原不同植被类型物种多样性差异

与前两类草原区不同，呼伦贝尔荒漠草原区植被亚型种类较少，群系特征基本与植被亚型特征一致，因此在此一并说明（图 4-6～图 4-9）。不同植被亚型的物种多样性变化中，物种丰富度、Shannon-Wiener 指数及 Simpson 指数的变化趋势一致，即从生草类荒漠草原显著大于灌木 / 半灌木荒漠草原显著大于杂类草荒漠草原，对应的群系即为小针茅群系显著大于狭叶锦鸡儿群系、显著大于多根葱群系；

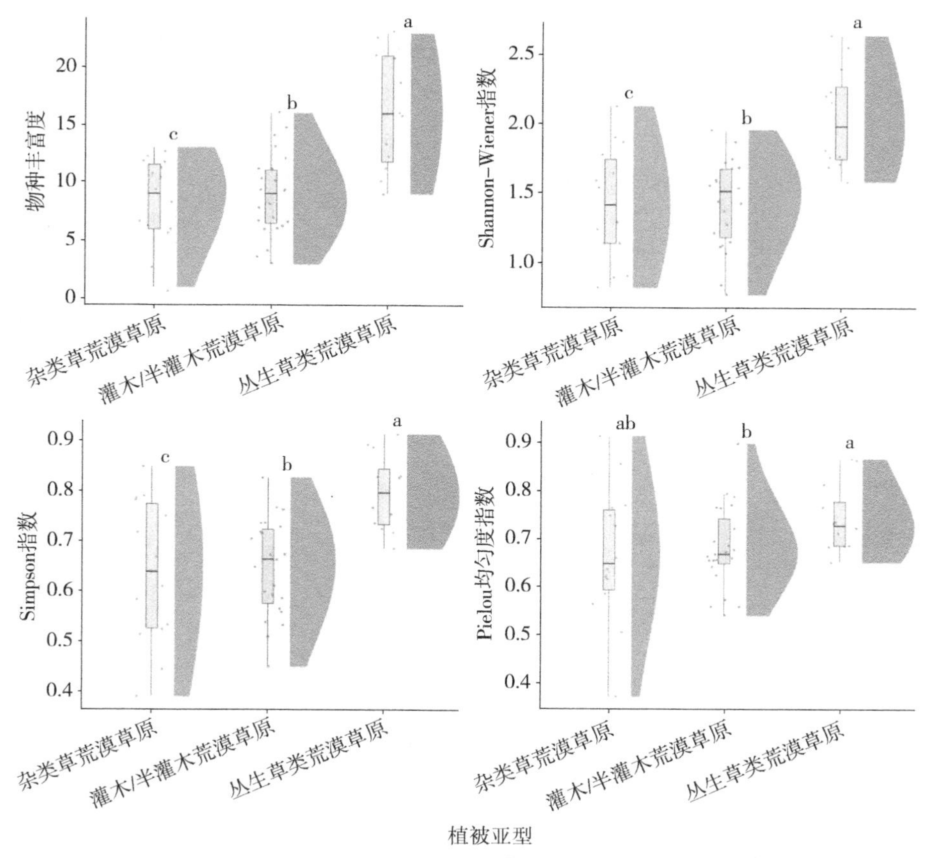

图 4-6　呼伦贝尔荒漠草原不同植被亚型物种 α 多样性差异

Pielou 均匀度指数中，丛生草类荒漠草原显著大于灌木 / 半灌木荒漠草原，与杂类草荒漠草原无显著差异，对应群系即为小针茅群系显著高于狭叶锦鸡儿群系，与多根葱群系无显著差异；Jaccard-β 多样性指数以丛生草类荒漠草原最高，显著高于杂类草荒漠草原、显著高于灌木 / 半灌木荒漠草原，对应群系即为小针茅群系显著高于多根葱群系、显著高于狭叶锦鸡儿群系。

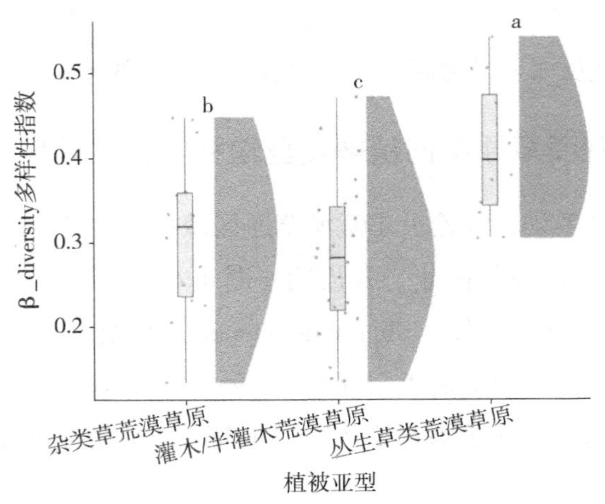

图 4-7　呼伦贝尔荒漠草原不同植被亚型物种 β 多样性差异

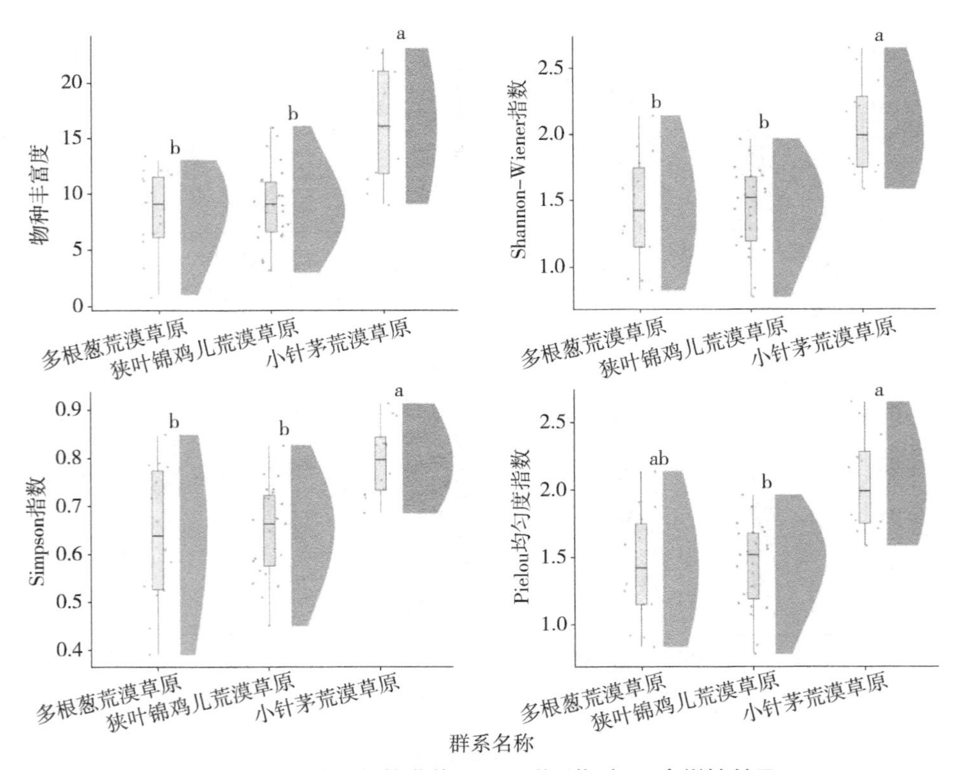

图 4-8　呼伦贝尔荒漠草原不同群系物种 α 多样性差异

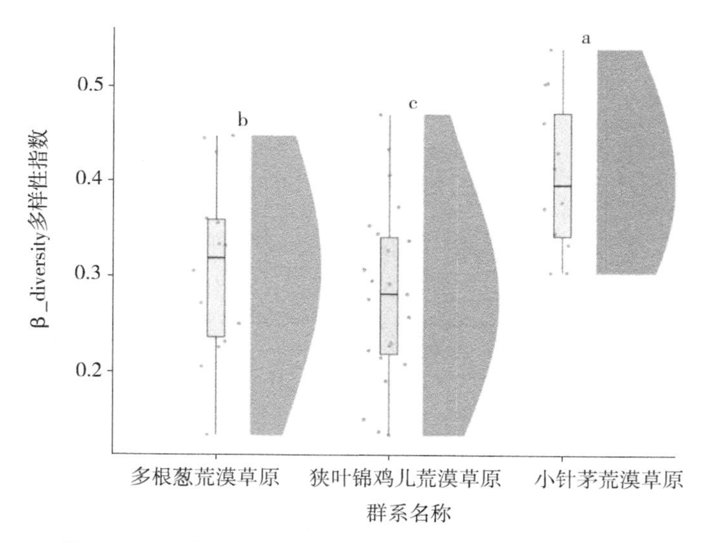

图 4-9 呼伦贝尔荒漠草原不同群系物种 β 多样性差异

4.2 呼伦贝尔草原系统发育多样性差异

4.2.1 呼伦贝尔草原不同草原区系统发育多样性差异

不同草原区的系统发育多样性均存在一定差异（图 4-10），群落平均谱系距离（MPD）与群落平均最近相邻谱系距离（MNTD）变化趋势一致，以荒漠草原区最高，显著高于另外两个草原区；群落净谱系亲缘关系指数（NRI）与群落最近分类单元指数（NTI）变化一致，均为荒漠草原区显著高于草甸草原区显著高于典型草原区。由图中 NRI 指数与 NTI 指数中的小于 0 的样地分布点数量也可以发现，典型草原区的系统发育结构发散程度最高，其次为草甸草原区，荒漠草原区的系统发育结构是聚集性程度最高的。呼伦贝尔草原的三种草原区依次从东向西分布，随着与大兴安岭距离的增加，降水量逐渐降低，土壤水分含量是逐渐递减的，由典型草原区分别向东和向西，水分条件分别为逐渐递增和逐渐递减，群落的系统发育结构均为逐渐趋于聚集，趋于干旱状态的荒漠草原区聚集性程度更明显。

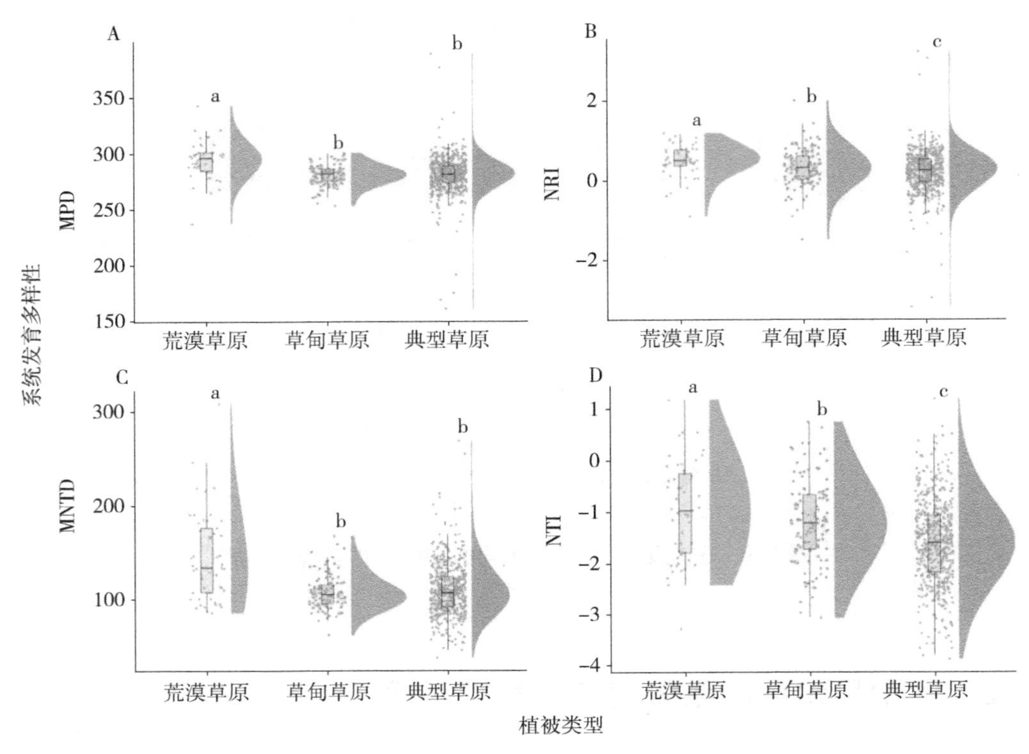

图 4-10　呼伦贝尔草原不同草原区系统发育多样性差异

4.2.2　呼伦贝尔草甸草原不同植被类型系统发育多样性差异

在呼伦贝尔草甸草原不同植被亚型的系统发育多样性变化中（图 4-11），整体以灌木 / 半灌木草甸草原为最高，且群落的系统发育结构聚集性程度最强，而根茎草类草甸草原的系统发育多样性值为最低，其群落系统发育结构发散性程度最高，MPD 指数的杂类草草甸草原仅次于灌木 / 半灌木草甸草原，显著高于其他植被亚型；NRI 指数的杂类草草甸草原与灌木 / 半灌木草甸草原均为最高，显著高于另外两种植被亚型；MNTD 指数中杂类草草甸草原与丛生草类草甸草原无显著差异，二者均显著高于根茎草类草甸草原；NTI 指数的杂类草草甸草原仅次于灌木 / 半灌木草甸草原，显著高于另外两种植被亚型。从中可以发现灌木 / 半灌木草甸草原植被亚型群落的系统发育结构聚集性最强，根茎草类草甸草原最差。

从呼伦贝尔草甸草原不同群系的系统发育多样性指数变化结果（图 4-12）可知，从 MPD 指数、NRI 指数和 NTI 指数来看，小叶锦鸡儿群系的群落系统发育结构聚集性程度最强，其次为脚苔草群系和羊茅群系，群落系统发育聚集性程度最差，发散性程度最高或更趋近于随机分布的群系为羊草群系和贝加尔针茅群系。由此可以发现，在呼伦贝尔草甸草原中，处于演替的顶级状态的羊草草原和贝加尔针茅草原群落系统发育结构的聚集性是没有其他群系强的，原因是其建群种的优势度很强，亲缘关系相近的物种所处生态位相近，存在一定种间竞争，而建群种优势度过强，亲缘关系近的物种侵入群落的可能性较低，群落系统发育结构的聚集性就趋于较低水平。

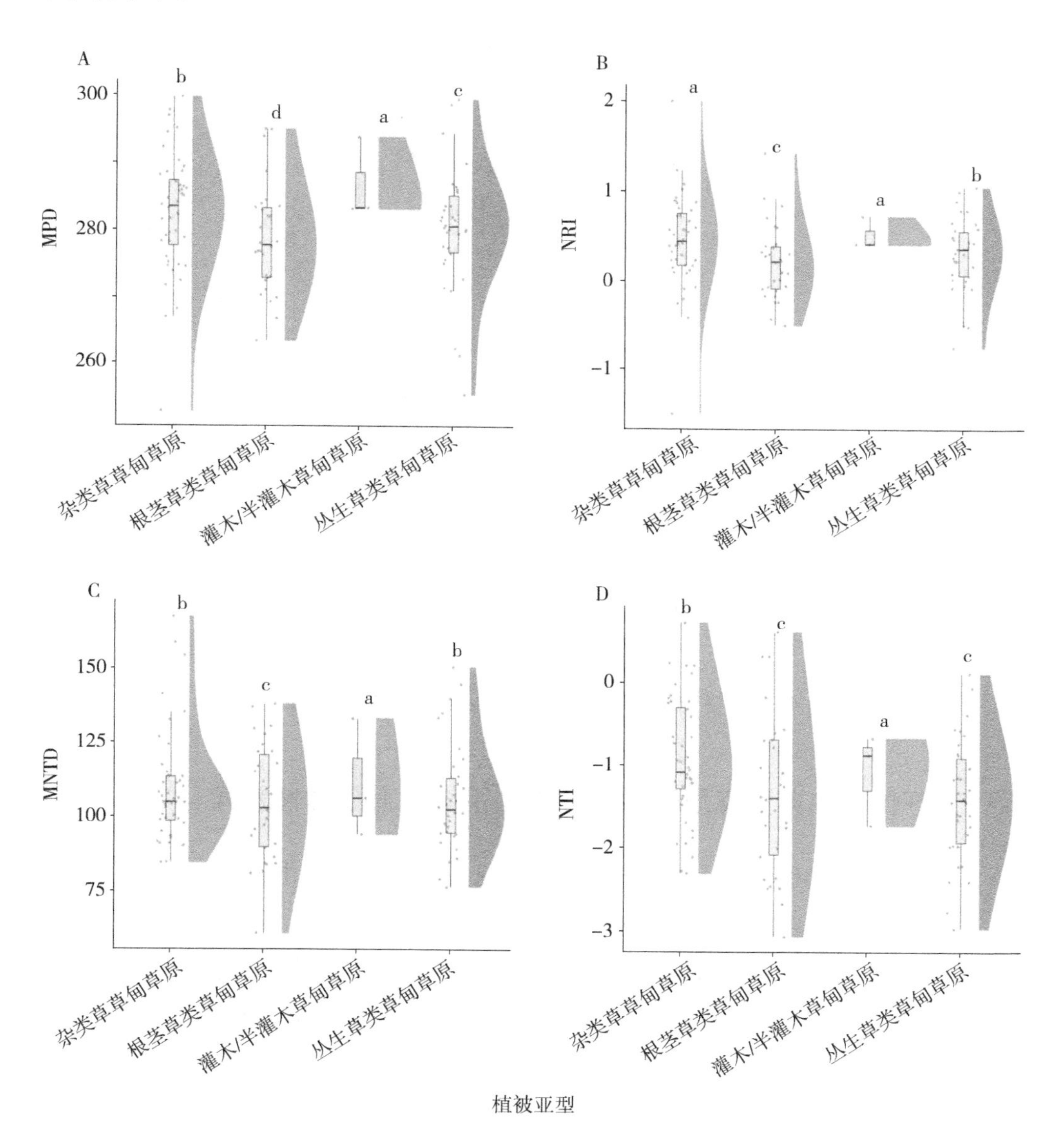

图 4-11　呼伦贝尔草甸草原不同植被亚型系统发育多样性差异

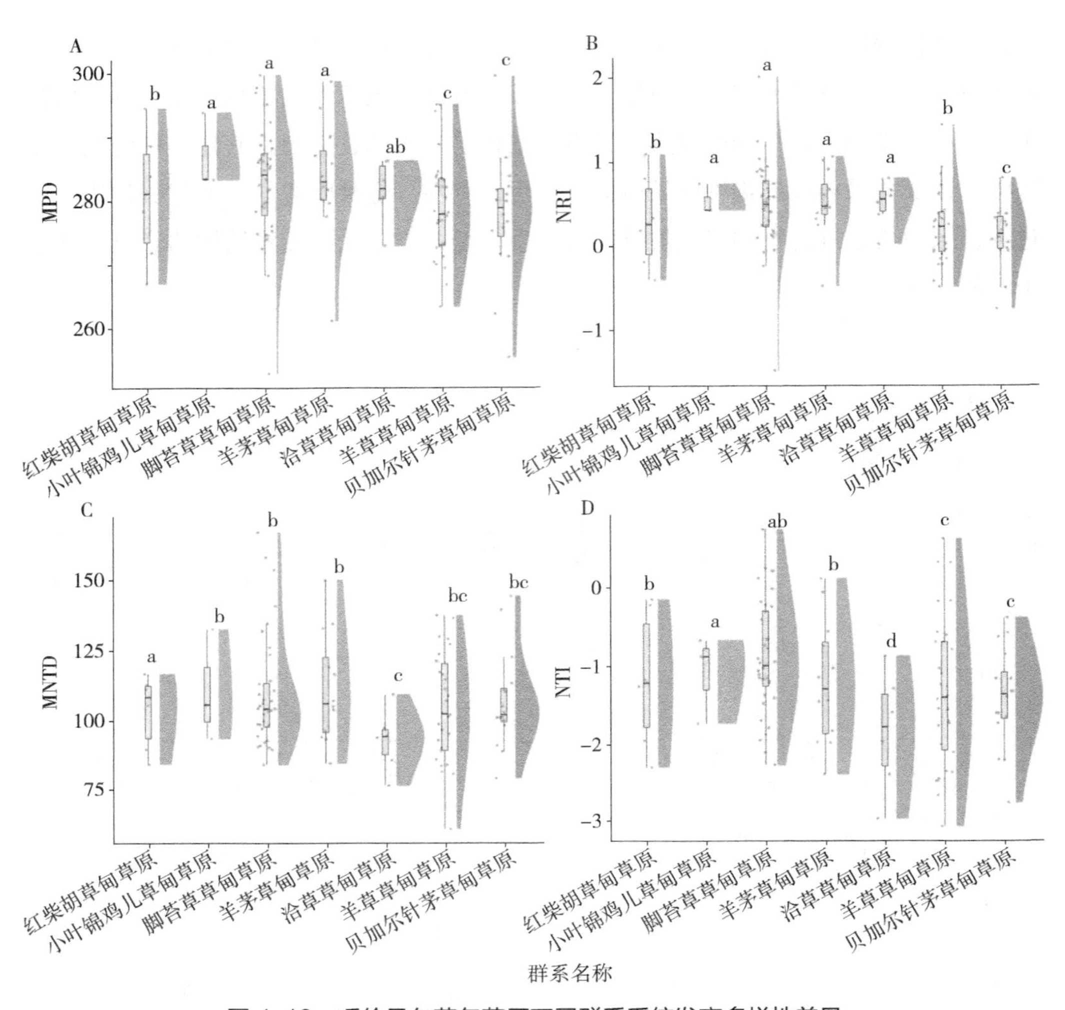

图 4-12　呼伦贝尔草甸草原不同群系系统发育多样性差异

4.2.3　呼伦贝尔典型草原不同植被类型系统发育多样性差异

在呼伦贝尔典型草原不同植被亚型的系统发育多样性变化中（图 4-13），与草甸草原相似，整体以灌木 / 半灌木典型草原为最高，且群落的系统发育结构聚集性程度最强，而根茎草类典型草原的系统发育多样性值为最低，其群落系统发育结构发散性程度最高，MPD 指数与 NRI 指数变化一致，杂类草典型草原与丛生草类典型草原无显著差异，二者显著高于根茎草类典型草原；MNTD 指数中杂类草典型草原与灌木 / 半灌木典型草原无显著差异，二者均显著高于根茎草类典型草原；NTI 指数的杂类草典型草原仅次于灌木 / 半灌木典型草原，显著高于另外两种植被亚型。从中可以发现灌木 / 半灌木典型草原植被亚型群落的系统发育结构聚集性最强，其次为杂类草典型草原，根茎草类典型草原最差。

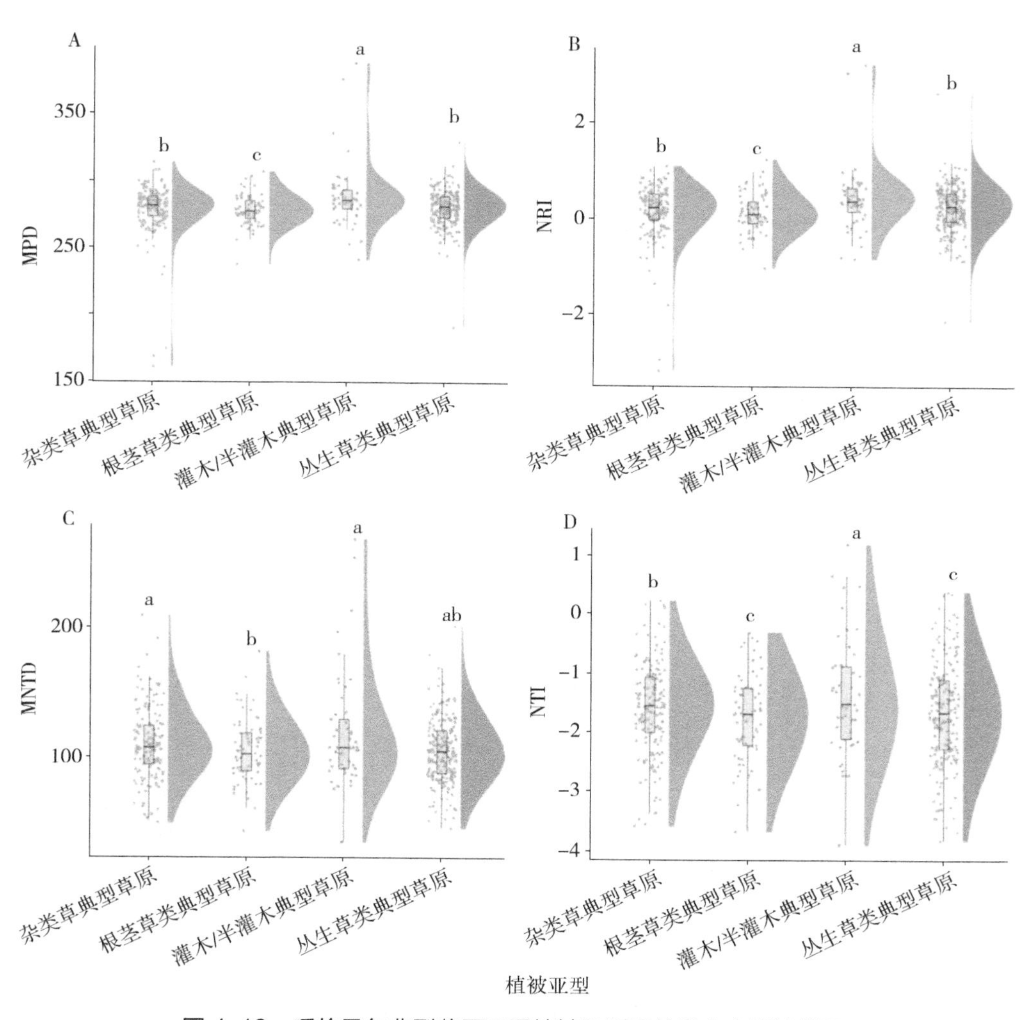

图 4-13　呼伦贝尔典型草原不同植被亚型系统发育多样性差异

从呼伦贝尔典型草原不同群系的系统发育多样性指数变化结果（图 4-14）可知，MPD 指数、MNTD 指数、NRI 指数及 NTI 指数均为狭叶锦鸡儿群系的群落系统发育结构聚集性程度最强，其次为冷蒿、克氏针茅、寸草苔等群系，群落系统发育聚集性程度最差、发散性程度最高的群系为星毛委陵菜群系和小叶锦鸡儿群系，而处于演替顶级位置的大针茅和羊草群系整体系统发育多样性处于中间位置，其 NRI 指数更接近于 0 的状态，即其群落内部物种的系统发育结构多处于随机分布状态。由此可知，典型草原的顶级演替群落，其建群种的优势度并没有像草甸草原区的顶级演替群落优势度那么强，更多的非近缘物种是可以侵入群落内部的。

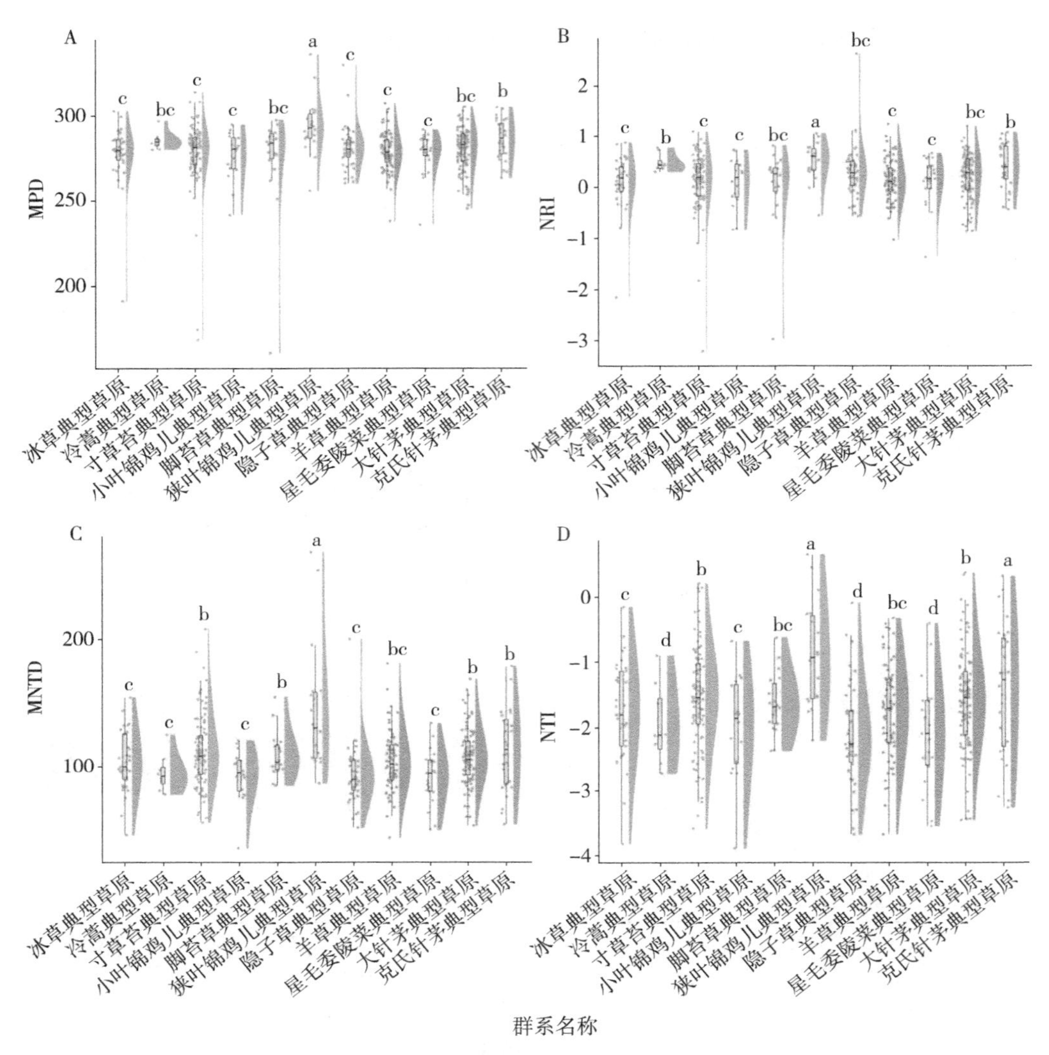

图 4-14　呼伦贝尔典型草原不同群系系统发育多样性差异

4.2.4　呼伦贝尔荒漠草原不同植被类型系统发育多样性差异

与前两类草原区不同，呼伦贝尔荒漠草原区植被亚型种类较少，系统发育特征基本与植被亚型特征一致，因此在此一并说明（图 4-15、图 4-16）。在呼伦贝尔荒漠草原不同植被亚型的系统发育多样性变化中（图 4-15），MPD 指数、MNTD 指数、NRI 指数及 NTI 指数整体变化一致，均为灌木 / 半灌木荒漠草原最高，且群落的系统发育结构聚集性程度最强，显著高于杂类草荒漠草原显著高于丛生草类荒漠草原，丛生草类荒漠草原的系统发育多样性值为最低，其群落系统发育结构发散性程度最高，杂类草典型草原处于其他两种植被亚型之间；对应到群系变化中

（图 4-16）为狭叶锦鸡儿荒漠草原群系最高，系统发育结构聚集性最强，小针茅草原群系的系统发育多样性值最低，显著低于其他两类群系，系统发育结构的发散性最高。

通过对以上三类草原区的系统发育多样性分析可知，整体均以灌木 / 半灌木草原类型的系统发育结构聚集性最强，根茎草类草原和丛生草类草原的系统发育结构聚集性普遍较低，对应到群系中为小叶锦鸡儿群系或狭叶锦鸡儿群系系统发育结构的聚集性强，而处于群落顶级演替状态的贝加尔针茅群系、羊草群系、大针茅群系和小针茅群系的系统发育结构聚集性普遍较低。由此可知，灌木侵入而形成的灌丛化草原对于其所处的草原群落内部系统发育多样性结构的聚集性具有促进作用。

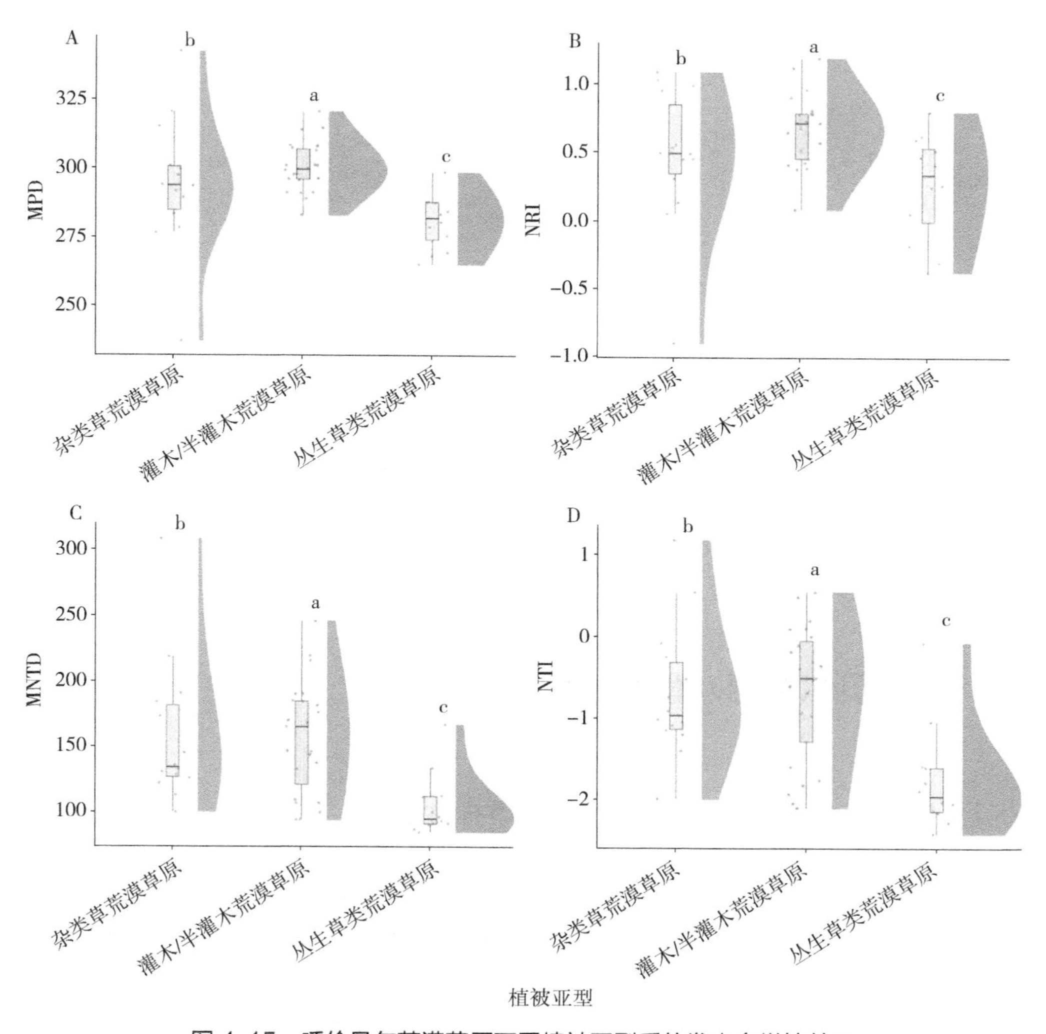

图 4-15　呼伦贝尔荒漠草原不同植被亚型系统发育多样性差异

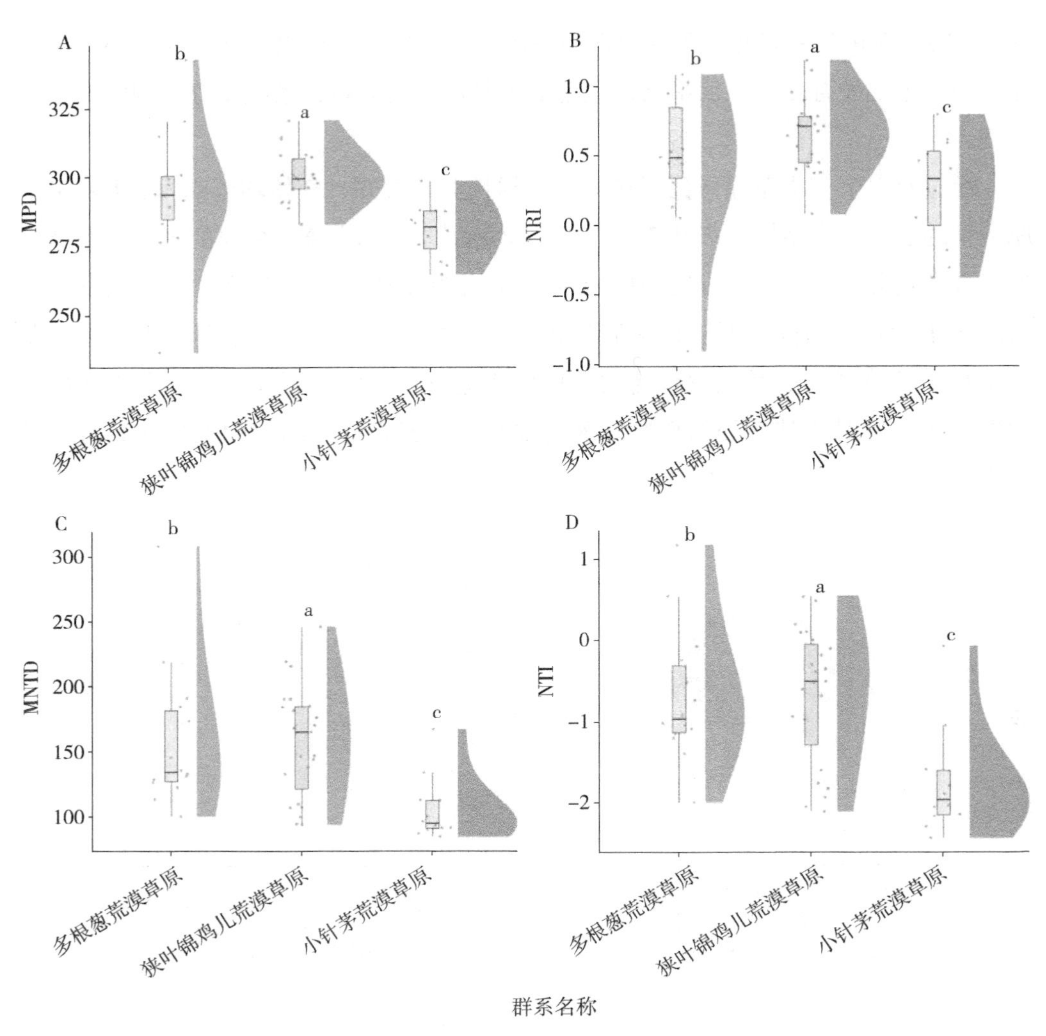

图 4-16 呼伦贝尔荒漠草原不同群系系统发育多样性差异

4.3 呼伦贝尔草原功能多样性差异

4.3.1 呼伦贝尔草原不同草原区功能多样性差异

在呼伦贝尔草原不同草原区的功能多样性变化中（图 4-17），总体上表现为典型草原功能多样性最高，荒漠草原最低，其中 RaoQ 指数表现为草甸草原处于中间状态，且与其他两类草原区无显著差异；功能丰富度（Fric）表现为草甸草原最高，显著高于另外两类草原区；功能均匀度（Feve）表现为草甸草原与荒漠草原无显著差异，二者显著低于典型草原；功能分散度（Fdiv）表现为荒漠草原显著低于草甸草原显著低于典型草原；功能离散度（FDis）表现为草甸草原与典型草原无显著差异，二者显著高于荒漠草原。功能多样性对于生态系统功能和服务具有重要指示作用，由此也可说明，呼伦贝尔典型草原区在呼伦贝尔地区的生态系统功能和服务具有重要作用。

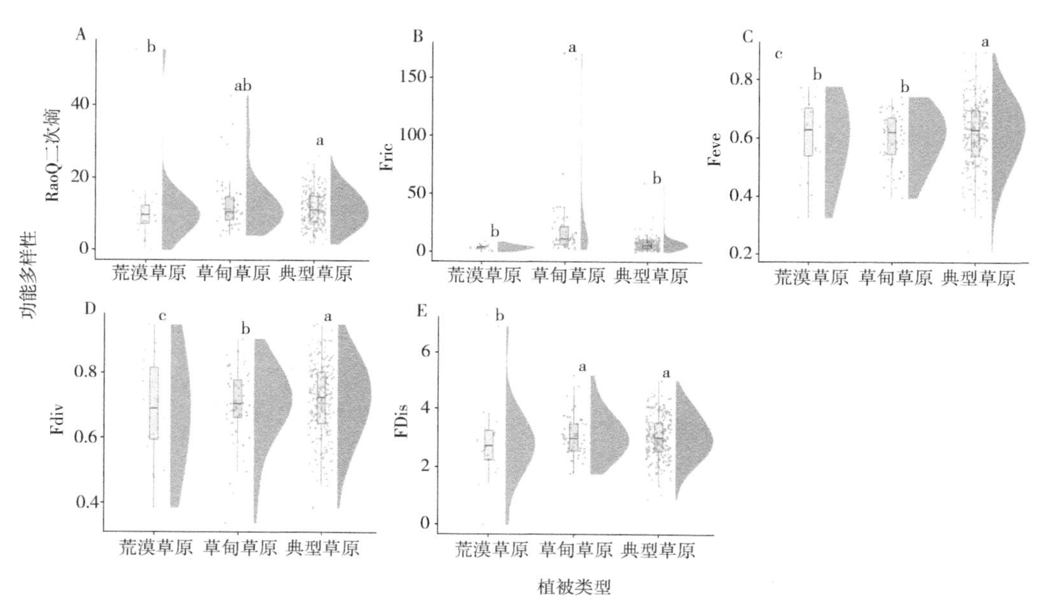

图 4-17　呼伦贝尔草原不同草原区功能多样性差异

4.3.2　呼伦贝尔草甸草原不同植被类型功能多样性差异

在呼伦贝尔草甸草原不同植被亚型的功能多样性变化中（图 4-18），整体以杂类草草甸草原为最高，丛生草类草甸草原功能多样性显著低于其他类型；RaoQ 指数的丛生草类草甸草原与根茎草类草甸草原无显著差异；Feve 指数为杂类草草甸草原与根茎草类草甸草原无显著差异，二者显著高于丛生草类草甸草原；Fric 指数与 FDis 变化趋势相同，均为杂类草草甸草原显著高于根茎草类草甸草原显著高于丛生草类草甸草原；而 Fdiv 指数则以根茎草类草甸草原最高，显著高于杂类草草甸草原显著高于丛生草类草甸草原。从中可以发现杂类草草甸草原植被亚型群落的功能多样性整体显著高于其他植被亚型，说明杂类草草甸草原在物种组成上更为多样，植物功能性状普遍更强，杂类草的叶片叶型更为复杂，叶面积也普遍相比以丛生禾草和根茎禾草为主的植被亚型要大，植物整体碳氮储量也较高。

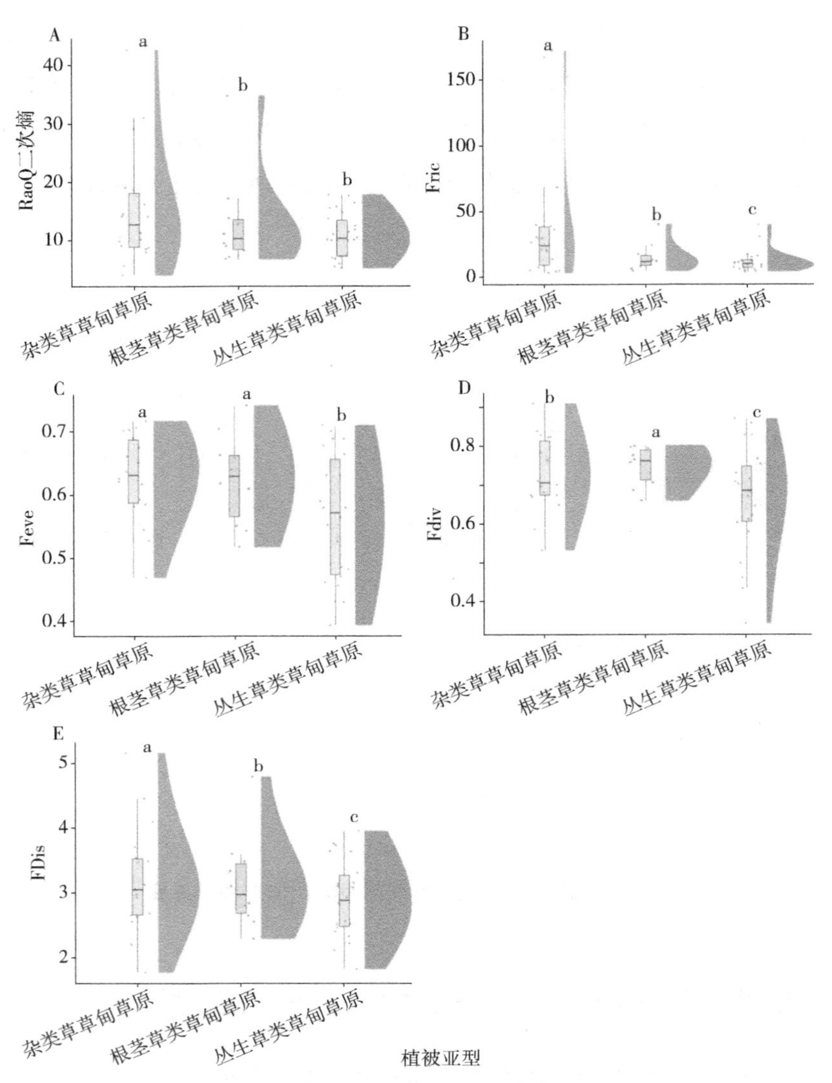

图 4-18　呼伦贝尔草甸草原不同植被亚型功能多样性差异

在呼伦贝尔草甸草原不同群系的功能多样性变化中（图 4-19），整体以红柴胡草甸草原为最高，其次为小叶锦鸡儿灌丛化草甸草原，以脚苔草群系和贝加尔针茅群系的功能多样性整体最低；RaoQ 指数的小叶锦鸡儿群系与除红柴胡以外的其他群系无显著差异，而脚苔草、羊草和贝加尔针茅群系的功能多样性最低；Fric 指数为小叶锦鸡儿群系最高，显著高于其他群系，其次为红柴胡群系，羊茅群系与洽草群系无显著差异，脚苔草和贝加尔针茅群系显著低于其他群系；Feve 与 FDis 指数相似，红柴胡群系最高，脚苔草和贝加尔针茅群系最低；功能分散度指数 Fdiv 与其他功能多样性变化不同，羊草群系最高，脚苔草、羊茅和贝加尔针茅群系最低。

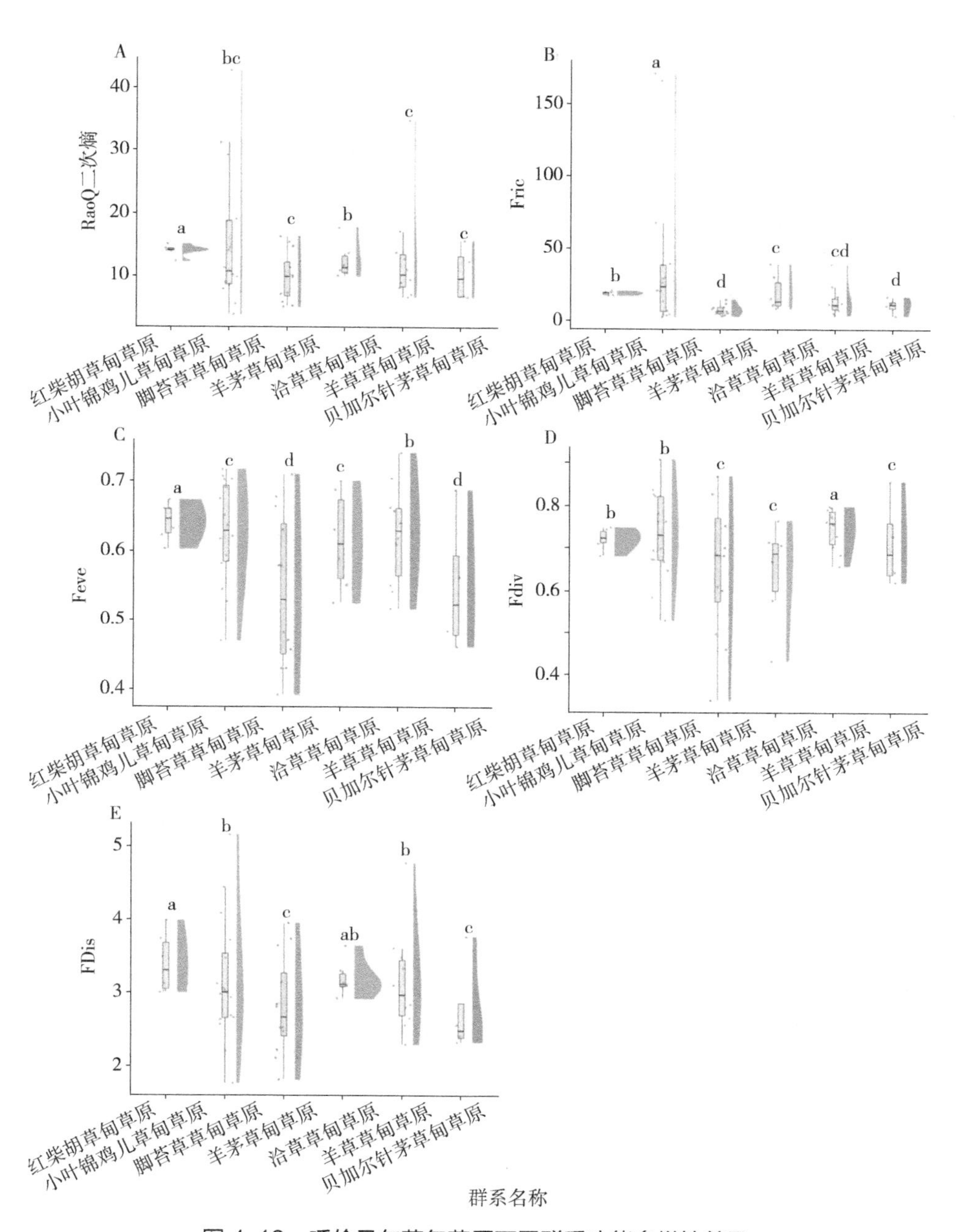

图 4-19 呼伦贝尔草甸草原不同群系功能多样性差异

4.3.3 呼伦贝尔典型草原不同植被类型功能多样性差异

与草甸草原功能多样性不同，在呼伦贝尔典型草原不同植被亚型的功能多样性变化中（图 4-20），杂类草典型草原的功能多样性普遍处于较低水平，RaoQ 指数、Fric 指数与 FDis 指数三者丛生草类典型草原最高，Feve 指数与 Fdiv 指数的灌木 /

半灌木植被亚型功能多样性最高，由此可以发现典型草原中杂类草群落的功能多样性水平明显下降，主要原因是典型草原普遍放牧压力较大，而且水分条件相比草甸草原要差，杂类草群落中的一些物种是牲畜喜食物种，如葱属植物，而同时本书中的草甸草原重要一类退化群落类型寸草苔群落划分到了杂类草典型草原中，该群落类型的整体高度普遍矮小，物种叶片性状植株性状普遍较低，因此也是典型草原中的杂类草草原功能多样性普遍要低。

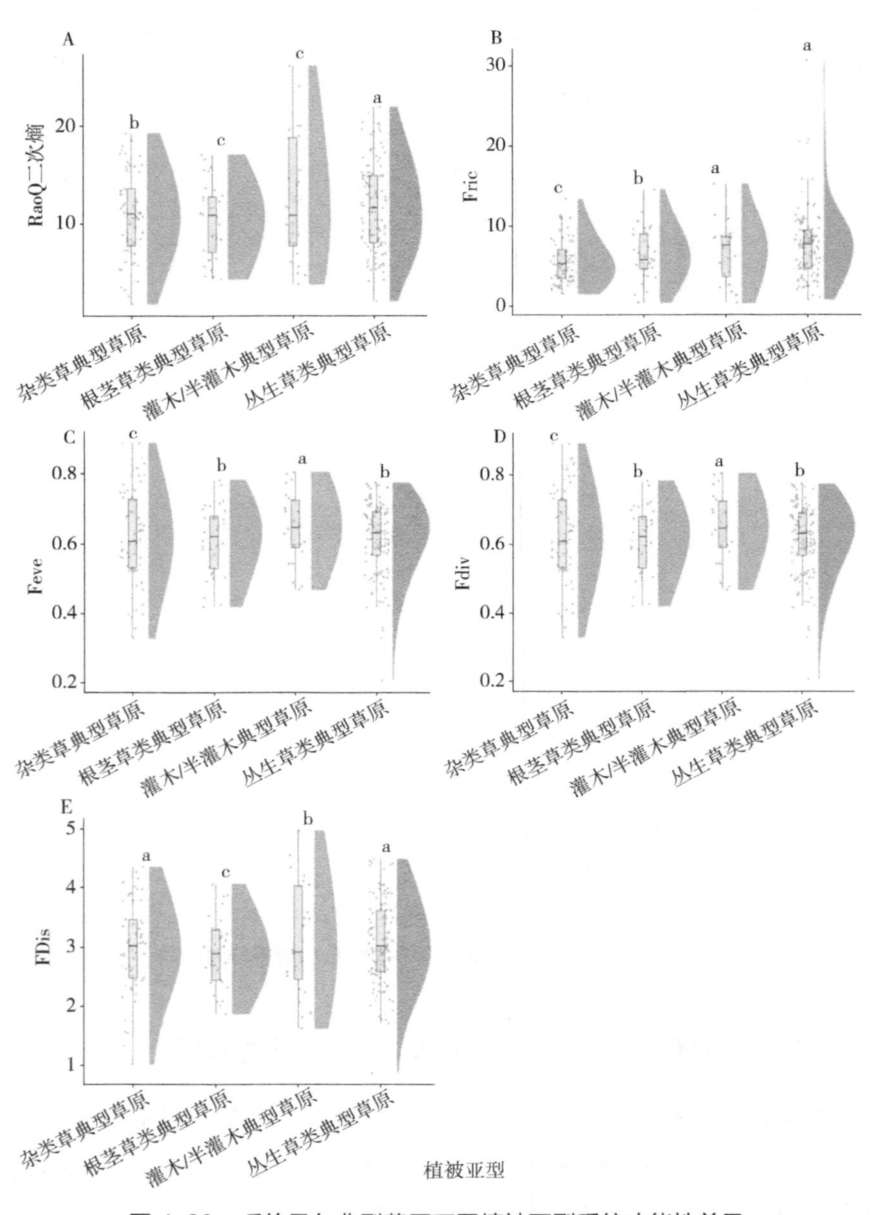

图 4-20　呼伦贝尔典型草原不同植被亚型系统功能性差异

在呼伦贝尔典型草原不同植被群系的功能多样性变化研究中（图 4-21），我们发现相比于植被亚型的功能多样性指数，群系的各个功能多样性指数的变化规律性不强，RaoQ 指数的小叶锦鸡儿群系最高，脚苔草群系的功能多样性最低；Fric 指

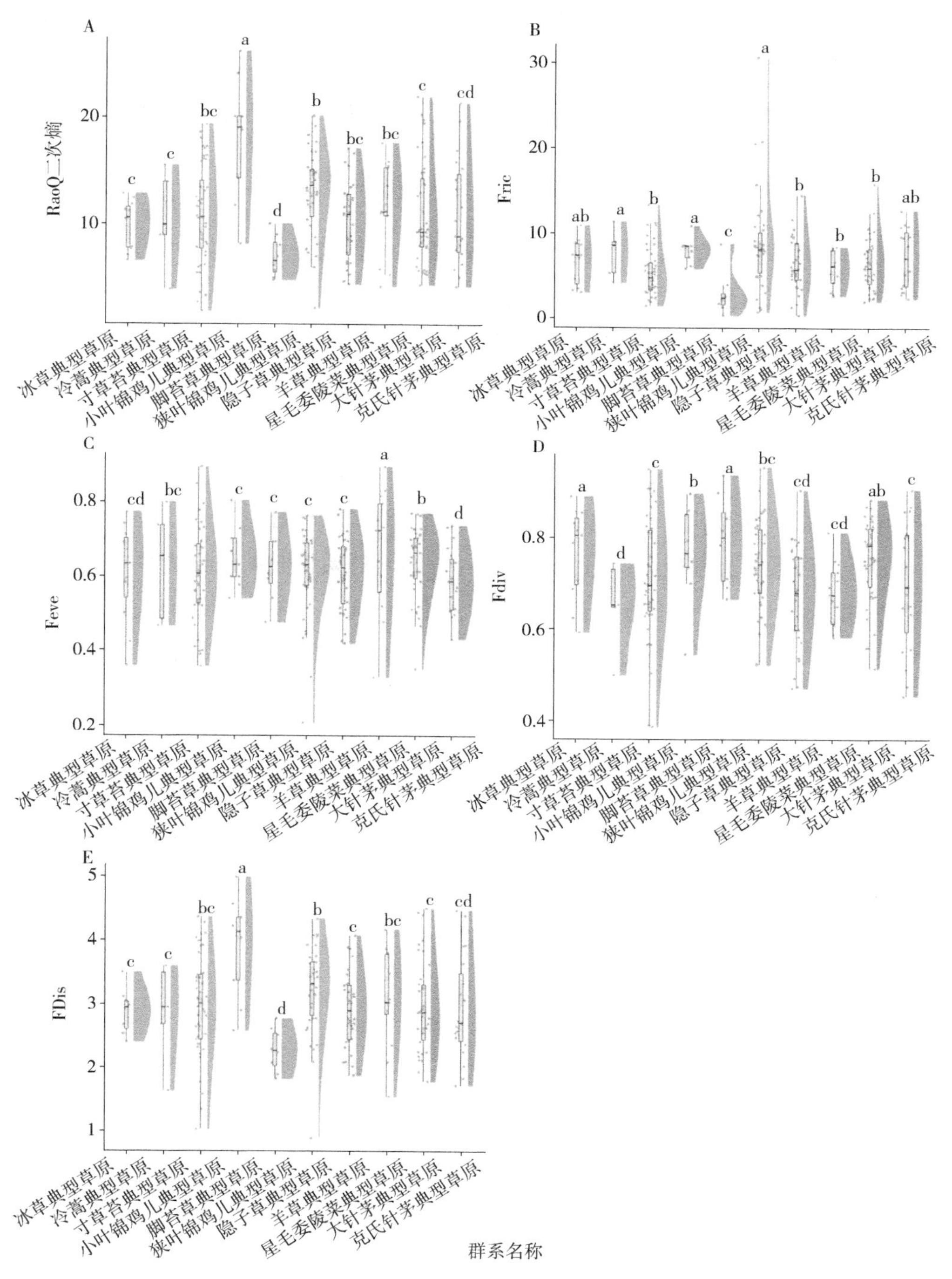

图 4-21 呼伦贝尔典型草原不同群系功能多样性差异

数以冷蒿、小叶锦鸡儿和狭叶锦鸡儿群系最高，脚苔草群系最低；Feve 指数以星毛委陵菜群系最高，功能分散度指数 Fdiv 以冰草和脚苔草群系最高，FDis 指数以小叶锦鸡儿群系最高，脚苔草群系最低；典型草原各群系功能多样性指数变化如此无序，其主要原因是典型草原放牧干扰较大造成的，因为功能多样性相比于物种多样性和系统发育多样性对放牧过程牛羊的啃食和践踏更为敏感，因此在放牧扰动较强的群落中，植物的功能性状受牛羊采食的喜好等各方面因素影响，变异程度很大。

4.3.4 呼伦贝尔荒漠草原不同植被类型功能多样性差异

在呼伦贝尔荒漠草原不同植被亚型的功能多样性变化中（图 4-22），整体以丛生草类荒漠草原为最高，显著高于杂类草荒漠草原和灌木 / 半灌木荒漠草原，对应到群系当中即为小针茅草原群系功能多样性整体要高于多根葱和狭叶锦鸡儿群系（图 4-23）；RaoQ 指数的杂类草荒漠草原最低，显著低于灌木 / 半灌木荒漠草原，对应到群系中即为多根葱群系显著低于狭叶锦鸡儿群系；Fric 指数与 Feve 指数则为灌木 / 半灌木荒漠草原显著低于杂类草荒漠草原，群系即为狭叶锦鸡儿群系显著其余多根葱群系；Fdiv 指数不同于其他四类指数，杂类草荒漠草原最高，灌木 / 半灌木荒漠草原最低，群系即为多根葱草原最高，狭叶锦鸡儿群系最低；FDis 指数中杂类草荒漠草原与灌木 / 半灌木荒漠草原无显著差异。由此说明，呼伦贝尔草原西部的荒漠草原中，处于该区域顶级演替阶段的小针茅草原的功能多样性是整体最高的。

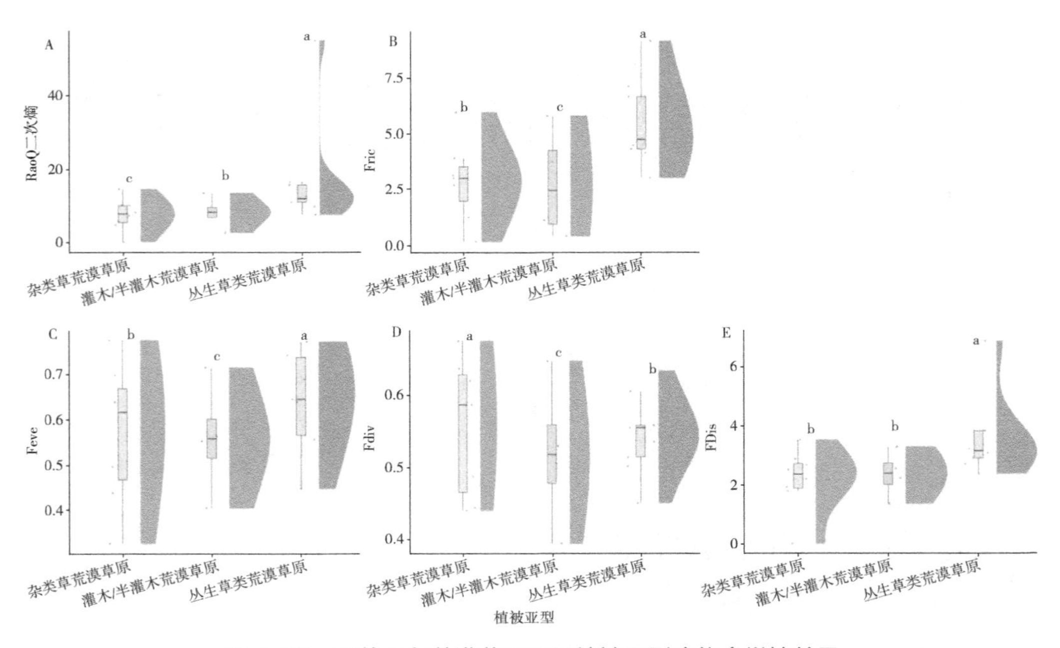

图 4-22 呼伦贝尔荒漠草原不同植被亚型功能多样性差异

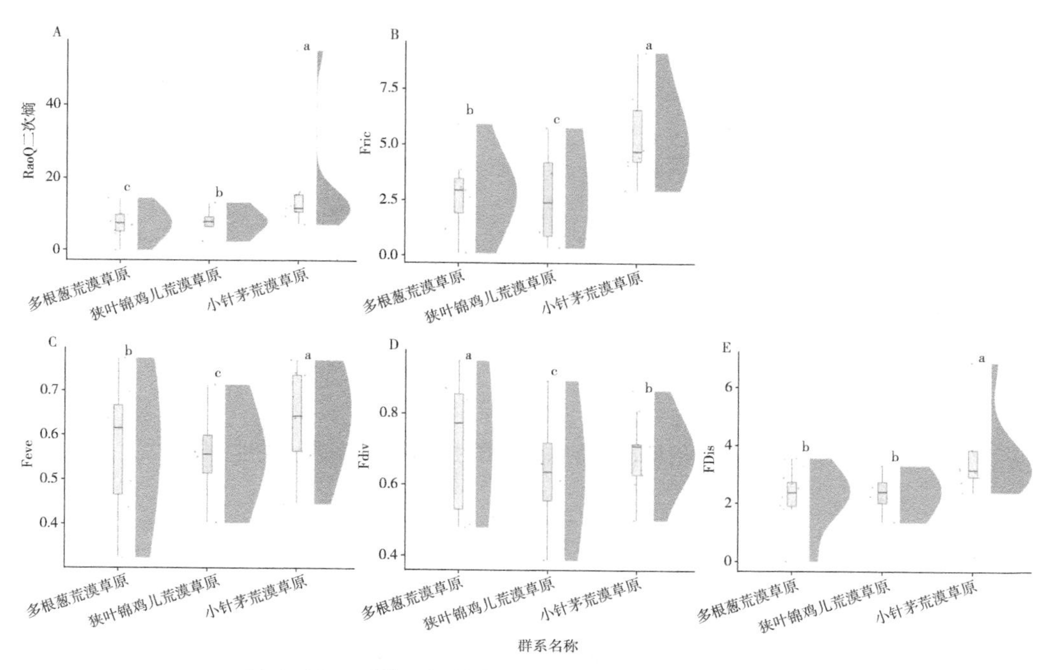

图 4-23 呼伦贝尔荒漠草原不同群系功能多样性差异

4.4 呼伦贝尔草原生物多样性与环境因子的关系

4.4.1 呼伦贝尔草原物种多样性与环境因子的关系

4.4.1.1 呼伦贝尔草原物种多样性与环境因子的相关性分析

由图 4-24 可知，对呼伦贝尔草原整体的物种多样性与对应环境因子进行的相关性分析可以发现，环境因子对物种丰富度的影响是最显著的，除土壤容重和土壤 pH 外，其余环境因子均为显著正相关；其次为 Shannon-Wiener 指数，所有因子中，与纬度和土壤 P 不存在显著相关性，与土壤容重及土壤 pH 为显著负相关，与其余环境因子均为显著正相关；而 Simpson 指数与环境因子的相关性最低，与所有环境因子均不存在显著性；Pielou 指数与海拔、经度、有机质含量及有机碳含量为显著正相关，与土壤容重和 pH 为显著负相关；β 多样性与叶形指数及土壤容重为显著负相关，与海拔、有机碳储量、有机碳、有机质含量及土壤 N 为显著正相关。

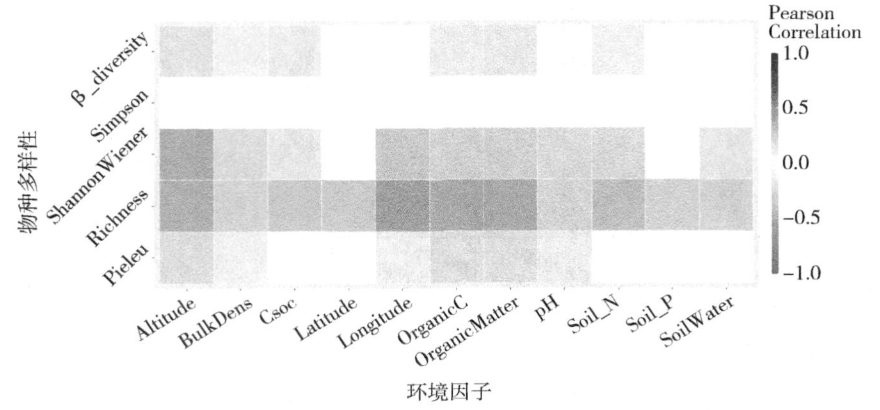

图 4-24 呼伦贝尔草原物种多样性与环境因子的相关性

4.4.1.2 呼伦贝尔草原物种多样性与环境因子的随机森林回归分析

通过对呼伦贝尔草原丰富度指数与环境因子的随机森林回归分析（图 4-25）发现，十折交叉验证结果显示，影响呼伦贝尔草原丰富度的所有环境因子中选择前 12 个即可对呼伦贝尔草原丰富度的解释率达到最佳，解释率最强的前 5 个环境因子依次为海拔、容重、纬度、经度和有机质，通过丰富度与环境因子的线性回归拟合（图 4-26）可以发现，全部 12 个环境因子与丰富度的线性回归均为 0.01 水平的极显著相关。

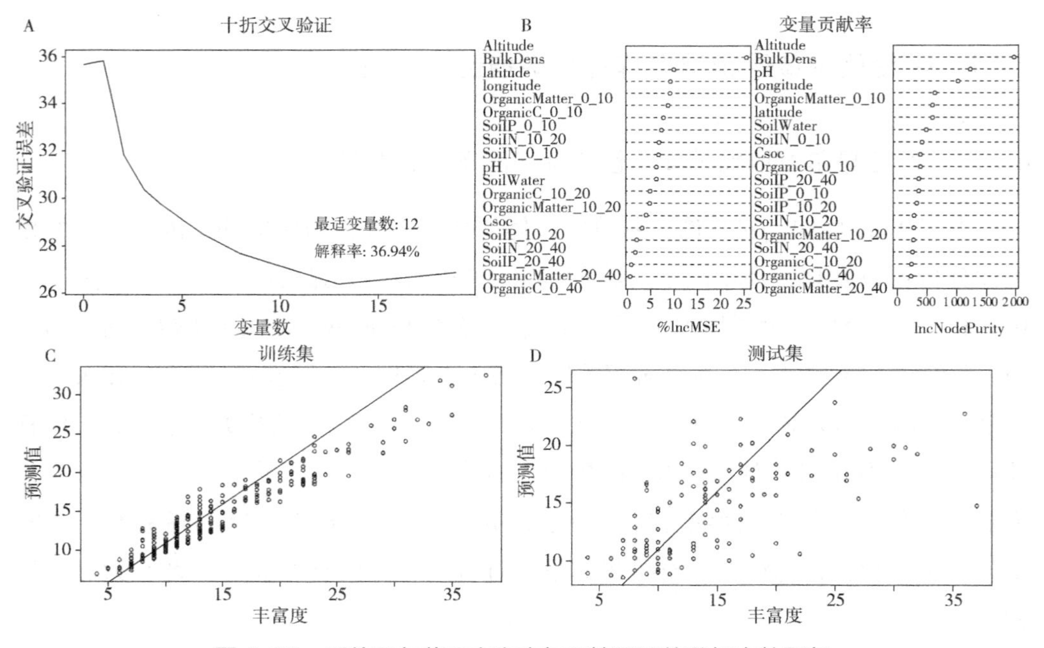

图 4-25 呼伦贝尔草原丰富度与环境因子的随机森林回归

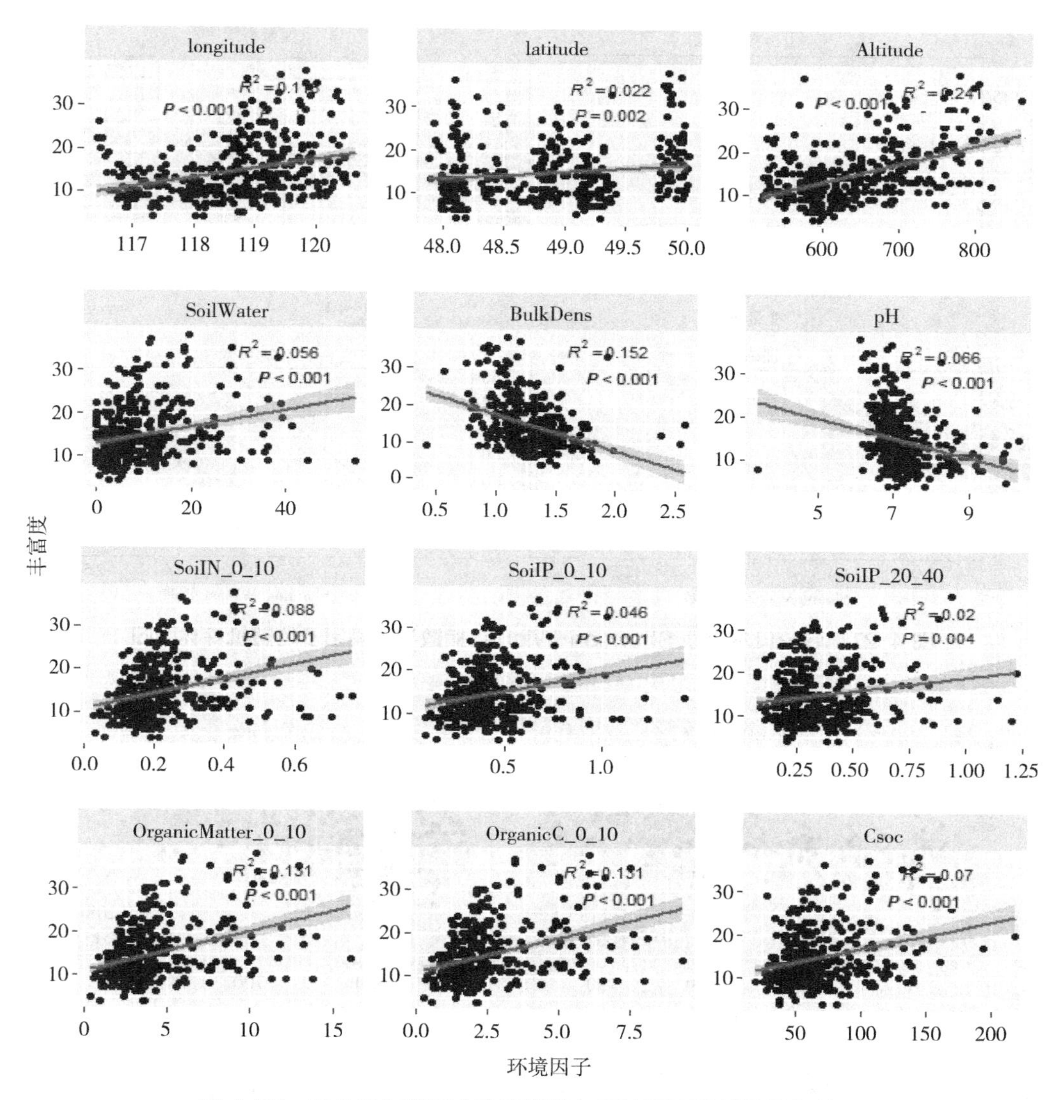

图 4-26 呼伦贝尔草原丰富度指数与环境因子的线性回归关系

通过对呼伦贝尔草原 Shannon-Wiener 指数与环境因子的随机森林回归分析（图 4-27）发现，十折交叉验证结果显示，影响呼伦贝尔草原 Shannon-Wiener 的所有环境因子中选择前 4 个即可对呼伦贝尔草原 Shannon-Wiener 的解释率达到最佳，解释率最强的前 4 个环境因子依次为海拔、经度、纬度和有机质，通过 Shannon-Wiener 与环境因子的线性回归拟合（图 4-28）可以发现，全部 4 个环境因子与 Shannon-Wiener 的线性回归均为 0.01 水平的极显著相关。

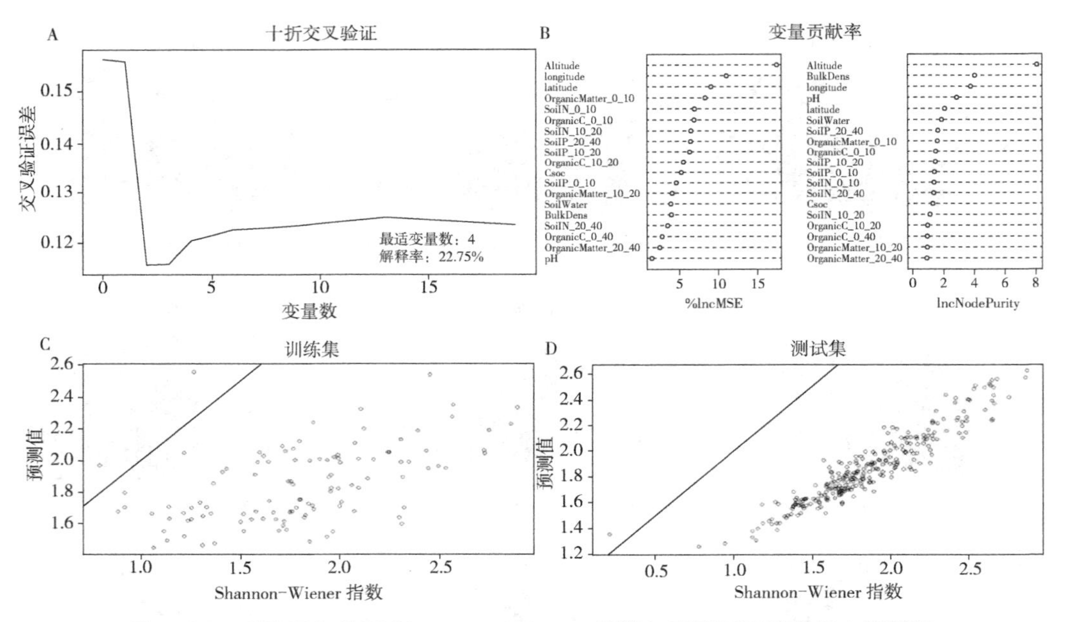

图 4-27　呼伦贝尔草原 Shannon-Wiener 指数与环境因子的随机森林回归

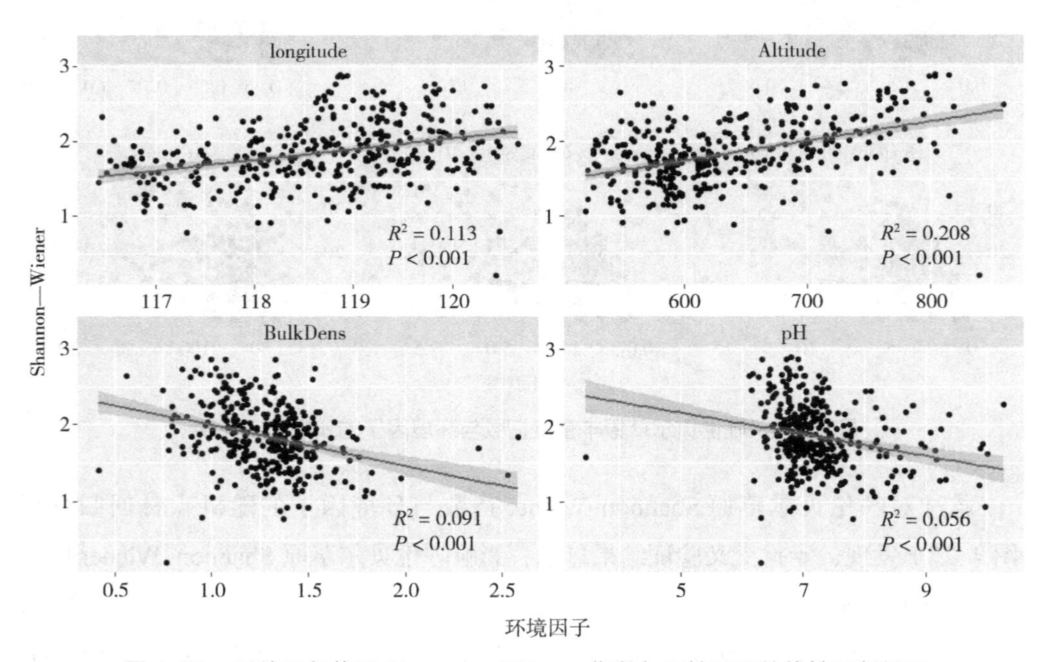

图 4-28　呼伦贝尔草原 Shannon-Wiener 指数与环境因子的线性回归关系

通过对呼伦贝尔草原 Pielou 指数与环境因子的随机森林回归分析（图 4-29）发现，十折交叉验证结果显示，影响呼伦贝尔草原 Pielou 的所有环境因子中选择前 4 个即可对呼伦贝尔草原 Pielou 的解释率达到最佳，解释率最强的前 4 个环境因子依次为纬度、经度、土壤、海拔，通过 Pielou 与环境因子的线性回归拟合（图 4-30）可以发现，除海拔外的 3 个环境因子与 Pielou 的线性回归均为 0.01 水平的极显著相关。

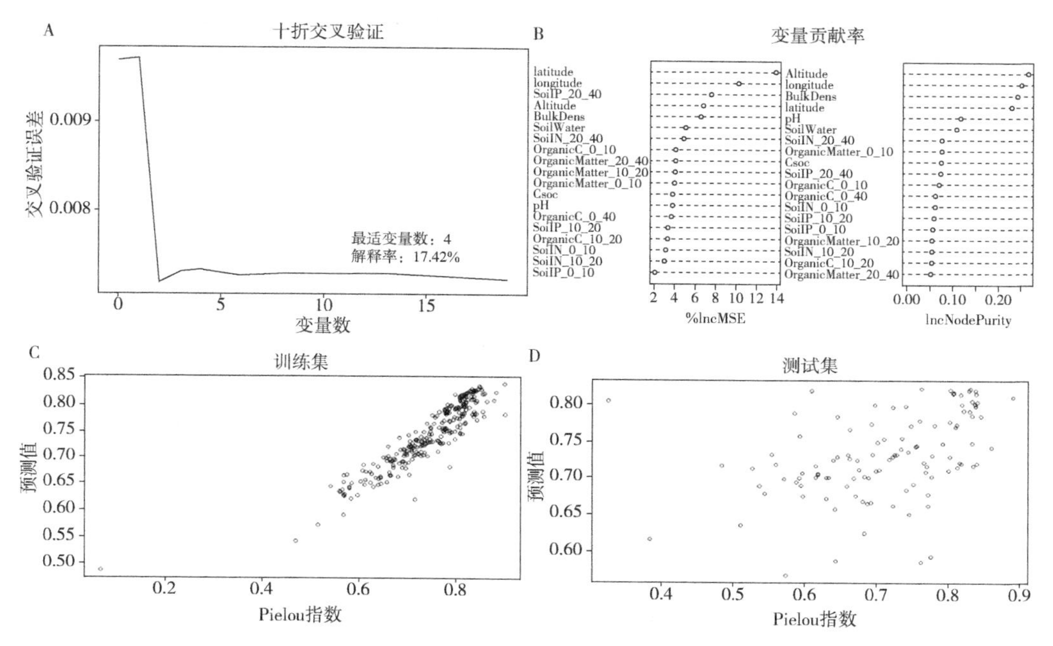

图 4-29 呼伦贝尔草原 Pielou 指数与环境因子的随机森林回归

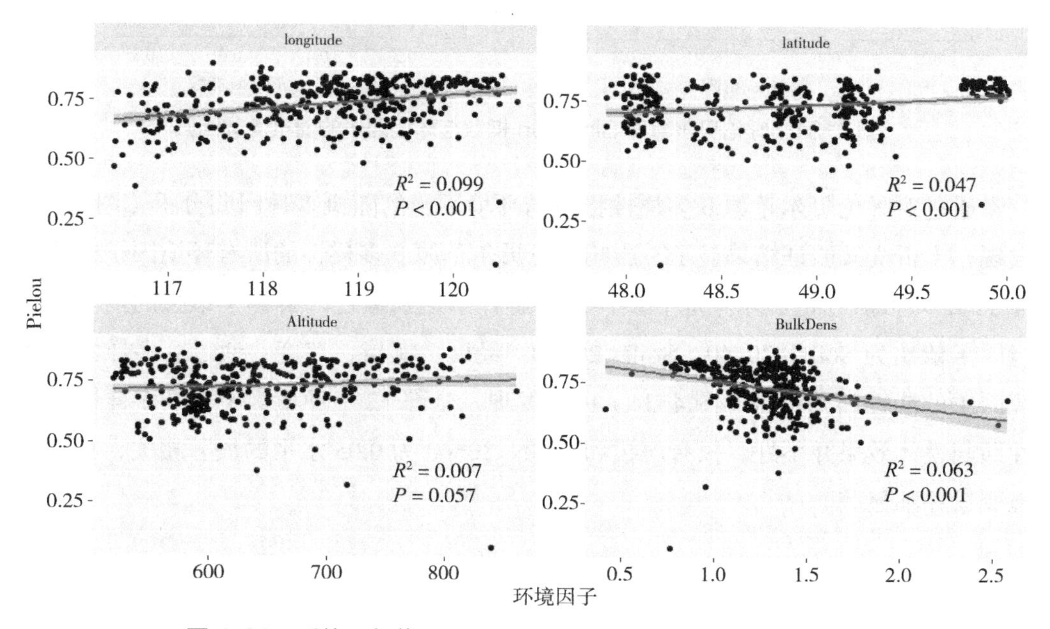

图 4-30 呼伦贝尔草原 Pielou 指数与环境因子的线性回归关系

通过对呼伦贝尔草原 Simpson 指数与环境因子的随机森林回归分析（图 4-31）发现，十折交叉验证结果显示，影响呼伦贝尔草原 Simpson 的所有环境因子中选择前 4 个即可对呼伦贝尔草原 Simpson 的解释率达到最佳，解释率最强的前 4 个环境因子依次为海拔、纬度、经度、土壤，通过 Simpson 与环境因子的线性回归拟合（图 4-32）可以发现，全部 4 个环境因子与 Simpson 的线性回归均为 0.01 水平的极显著相关。

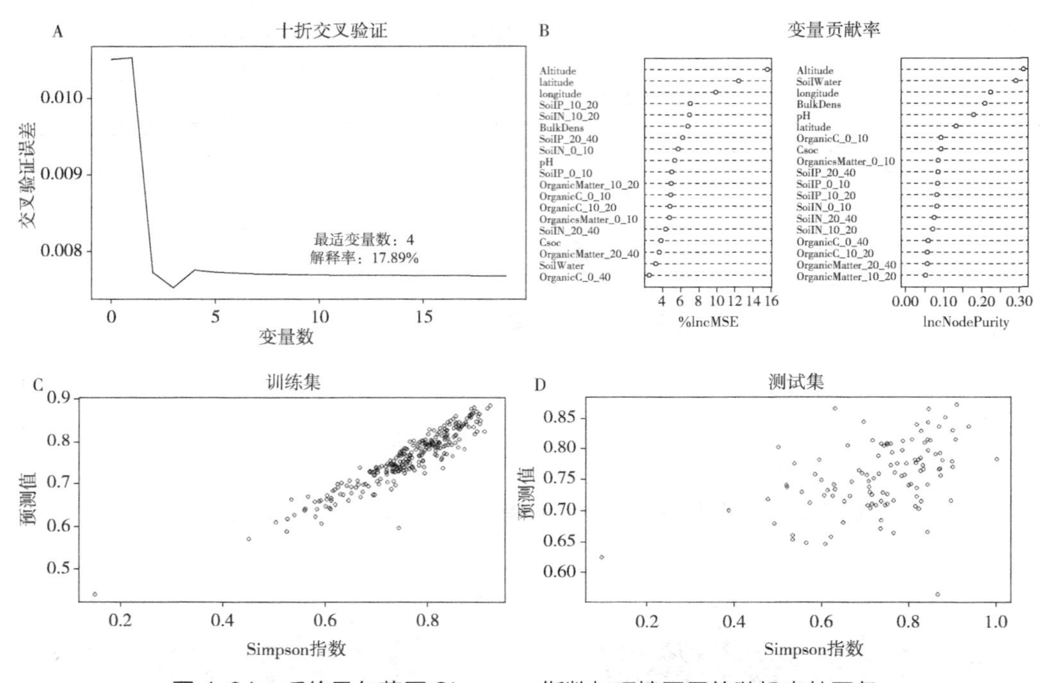

图 4-31　呼伦贝尔草原 Simpson 指数与环境因子的随机森林回归

通过对呼伦贝尔草原 β 多样性指数与环境因子的随机森林回归分析（图 4-33）发现，十折交叉验证结果显示，影响呼伦贝尔草原 β 多样性的所有环境因子中选择前 12 个即可对呼伦贝尔草原 β 多样性的解释率达到最佳，解释率最强的前 5 个环境因子依次为 SoilN_20-40，SoilP_20-40，经度、海拔、纬度，通过 β 多样性与环境因子的线性回归拟合（图 4-34）可以发现，全部 12 个环境因子与 β 多样性的线性回归整体效果并不好，只有海拔和 SoilN_20-40 为 0.05 水平的显著相关，其余环境变量并不显著。

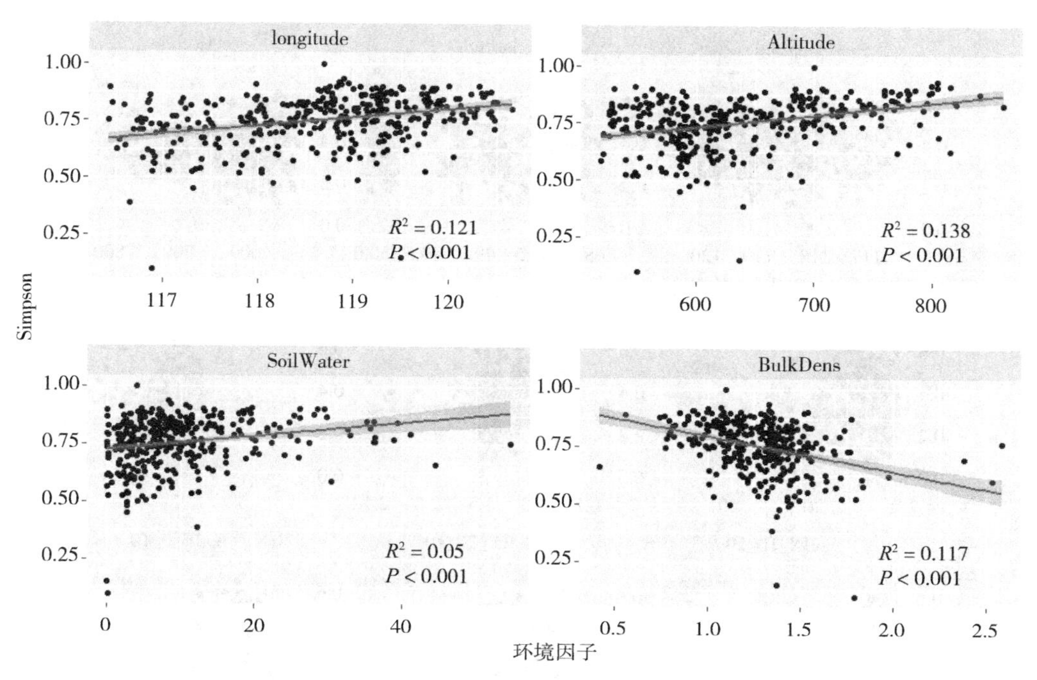

图 4-32 呼伦贝尔草原 Simpson 指数与环境因子的线性回归关系

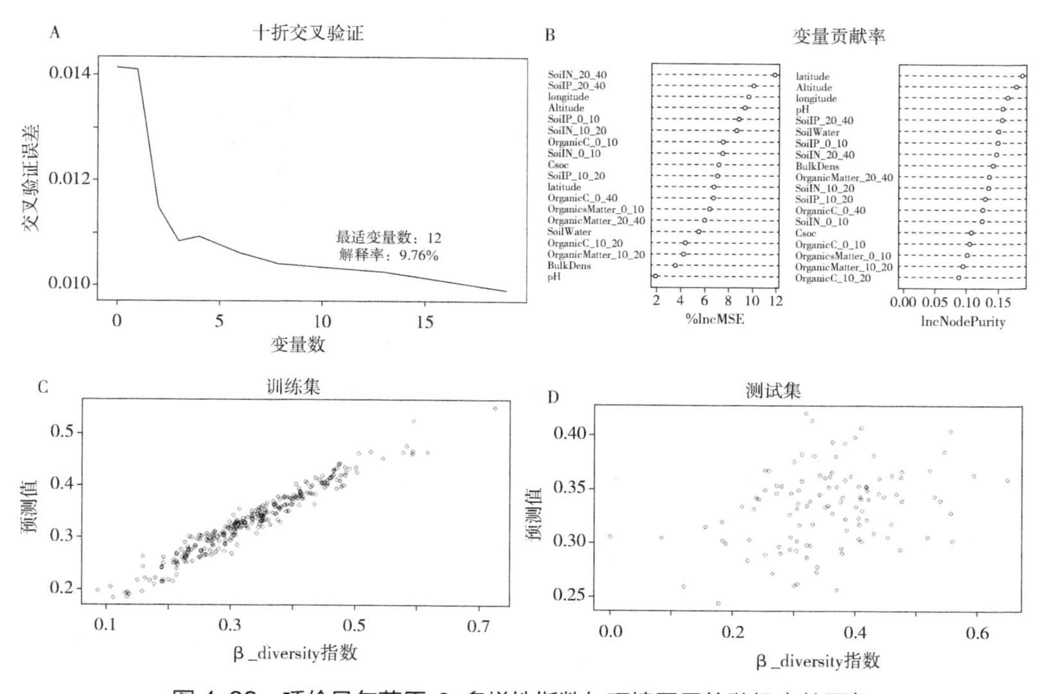

图 4-33 呼伦贝尔草原 β 多样性指数与环境因子的随机森林回归

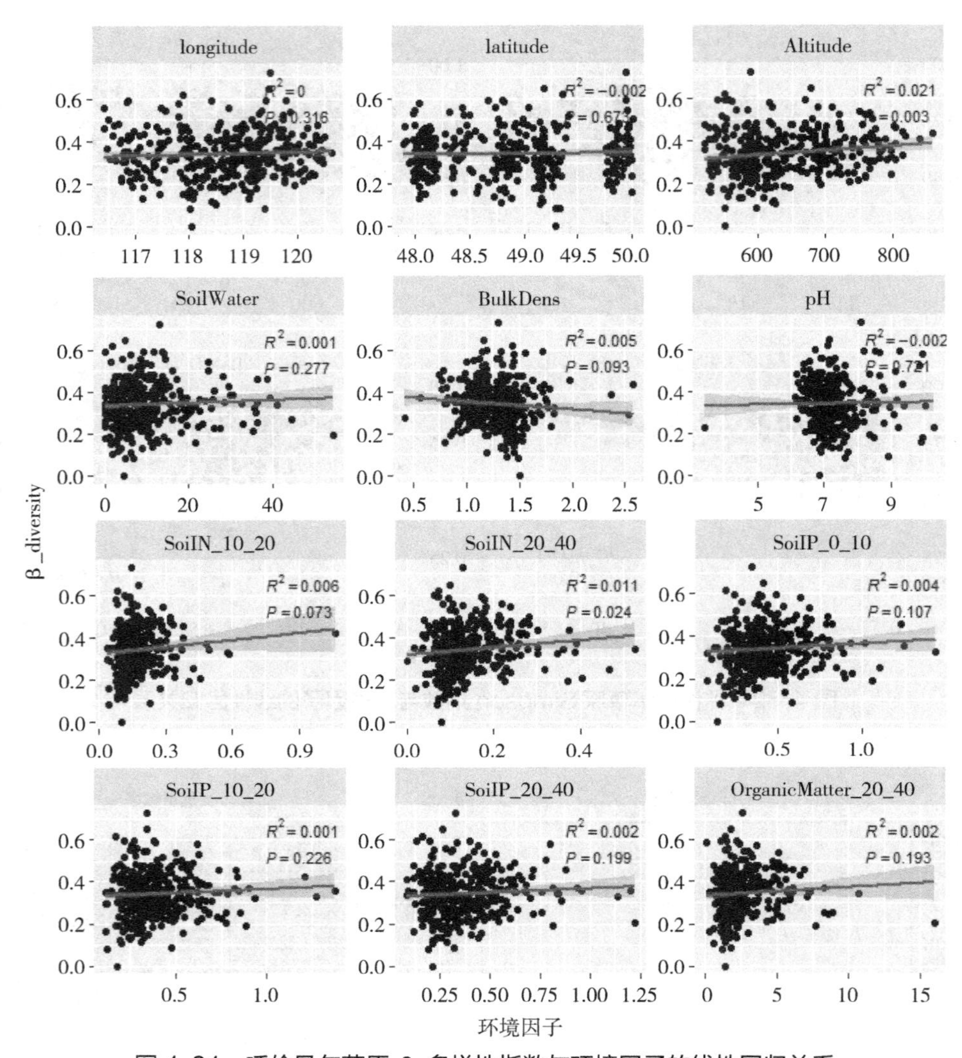

图 4-34　呼伦贝尔草原 β 多样性指数与环境因子的线性回归关系

4.4.2　呼伦贝尔草原系统发育多样性与环境因子的关系

4.4.2.1　呼伦贝尔草原系统发育多样性与环境因子的相关性分析

由图 4-35 可知，对呼伦贝尔草原整体的系统发育多样性与对应环境因子进行的相关性分析可以发现，环境因子对 NTI 指数的影响是最显著的，与土壤容重显著负相关，与有机碳储量、有机碳、有机质、土壤 N 及土壤 P 均为显著正相关；其次为 MNTD 指数，与海拔、经度和纬度呈显著负相关，与有机碳储量和土壤 P 呈显著正相关；而 NPD 指数只与经度和纬度显著负相关，与土壤 P 显著正相关，与其他环境因子无显著相关性；NRI 指数只与经度显著负相关，与土壤 N 和土壤 P 显著正相关。

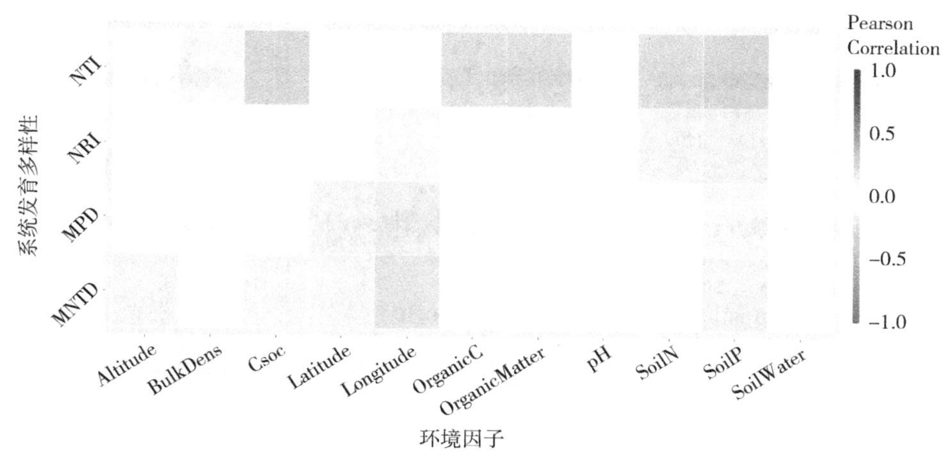

图 4-35 呼伦贝尔草原系统发育多样性与环境因子的相关性

4.4.2.2 呼伦贝尔草原系统发育多样性与环境因子的随机森林回归分析

通过对呼伦贝尔草原 MPD 指数与环境因子的随机森林回归分析（图 4-36）发现，十折交叉验证结果显示，影响呼伦贝尔草原 MPD 指数的所有环境因子中选择前 11 个即可对呼伦贝尔草原 MPD 指数的解释率达到最佳，解释率最强的前 5 个环境因子依次为经度、SoilN_20-40，SoilP_0-20，SoilN_0-10 和容重，通过 MPD 指数与环境因子的线性回归拟合（图 4-37）可以发现，全部 11 个环境因子与 MPD 指数的线性回归拟合效果很好，均在 0.01 水平上显著相关。

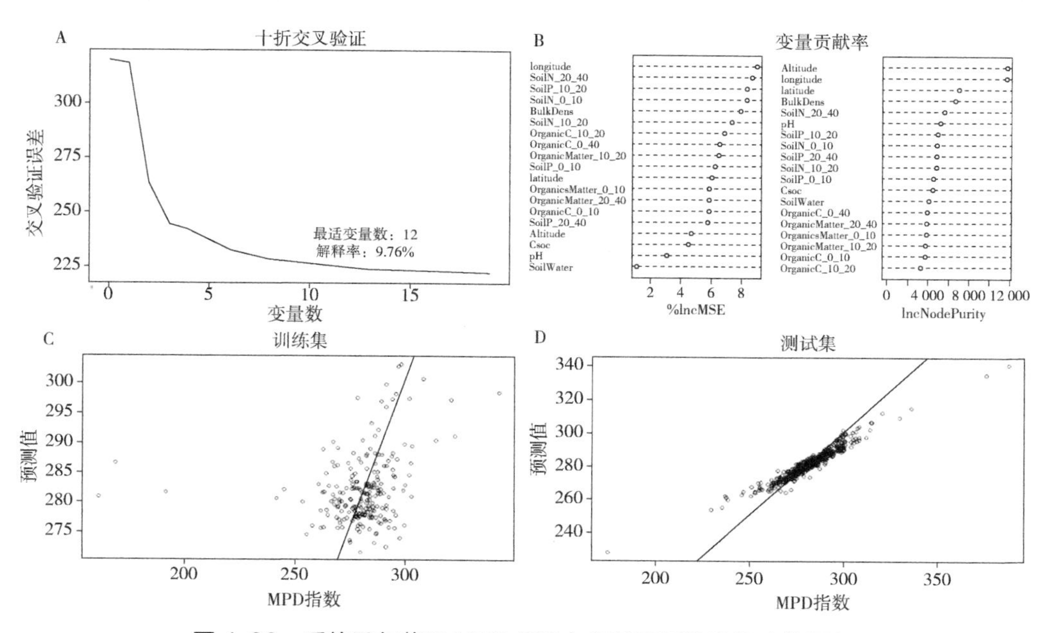

图 4-36 呼伦贝尔草原 MPD 指数与环境因子的随机森林回归

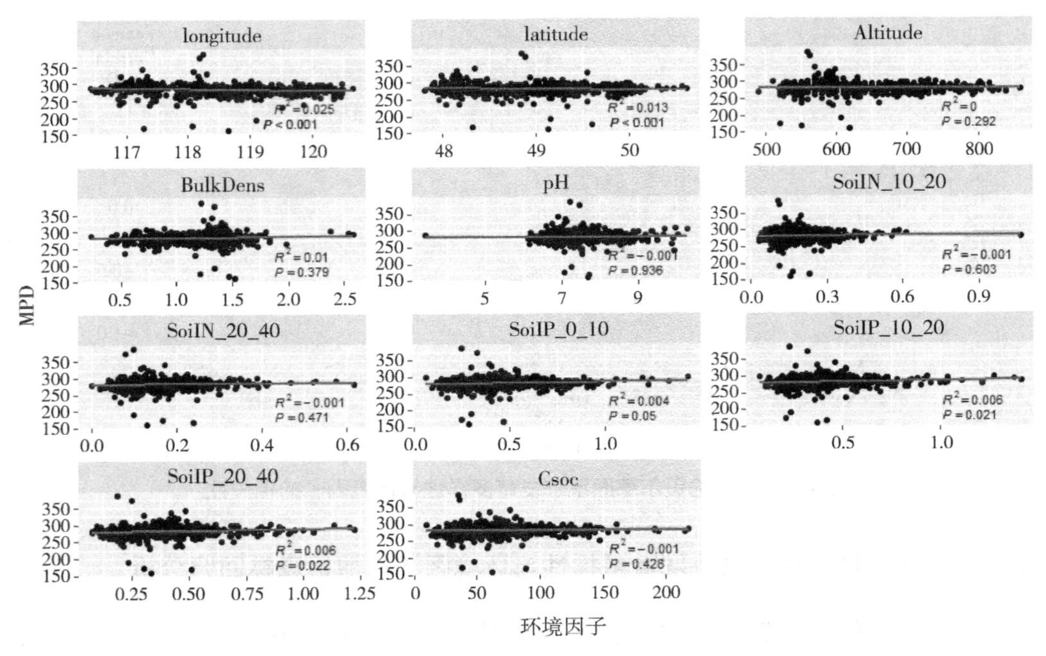

图 4-37　呼伦贝尔草原 MPD 指数与环境因子的线性回归关系

通过对呼伦贝尔草原 NRI 指数与环境因子的随机森林回归分析（图 4-38）发现，十折交叉验证结果显示，影响呼伦贝尔草原 NRI 指数的所有环境因子中选择前 11 个即可对呼伦贝尔草原 NRI 指数的解释率达到最佳，解释率最强的前 5 个环境因子依次为经度、SoilN_20-40，SoilP_0-20，SoilN_0-10 和容重，通过 NRI 指

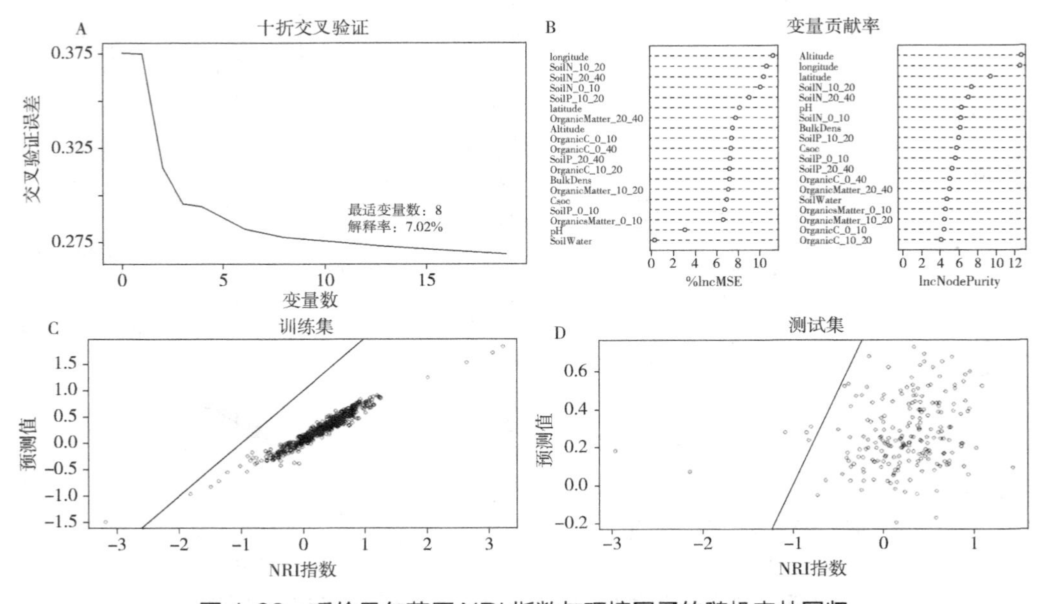

图 4-38　呼伦贝尔草原 NRI 指数与环境因子的随机森林回归

数与环境因子的线性回归拟合（图 4-39）可以发现，全部 11 个环境因子与 NRI 指数的线性回归拟合效果很好，均在 0.01 水平上显著相关。

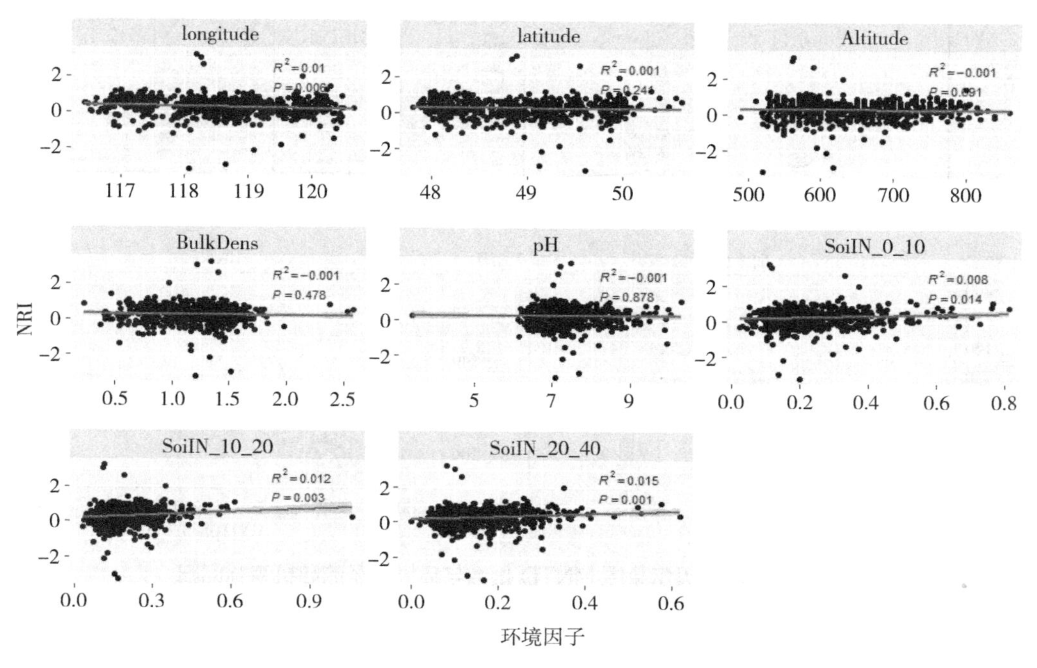

图 4-39 呼伦贝尔草原 NRI 指数与环境因子的线性回归关系

通过对呼伦贝尔草原 MNTD 指数与环境因子的随机森林回归分析（图 4-40）发现，十折交叉验证结果显示，影响呼伦贝尔草原 MNTD 指数的所有环境因子中选择前 11 个即可对呼伦贝尔草原 MNTD 指数的解释率达到最佳，解释率最强的前 5 个环境因子依次为经度、SoilN_20-40，SoilP_0-20，SoilN_0-10 和容重，通过 MNTD 指数与环境因子的线性回归拟合（图 4-41）可以发现，全部 11 个环境因子与 MNTD 指数的线性回归拟合效果很好，均在 0.01 水平上显著相关。

通过对呼伦贝尔草原 NTI 指数与环境因子的随机森林回归分析（图 4-42）发现，十折交叉验证结果显示，影响呼伦贝尔草原 NTI 指数的所有环境因子中选择前 11 个即可对呼伦贝尔草原 NTI 指数的解释率达到最佳，解释率最强的前 5 个环境因子依次为经度、SoilN_20-40，SoilP_0-20，SoilN_0-10 和容重，通过 NTI 指数与环境因子的线性回归拟合（图 4-43）可以发现，全部 11 个环境因子与 NTI 指数的线性回归拟合效果很好，均在 0.01 水平上显著相关。

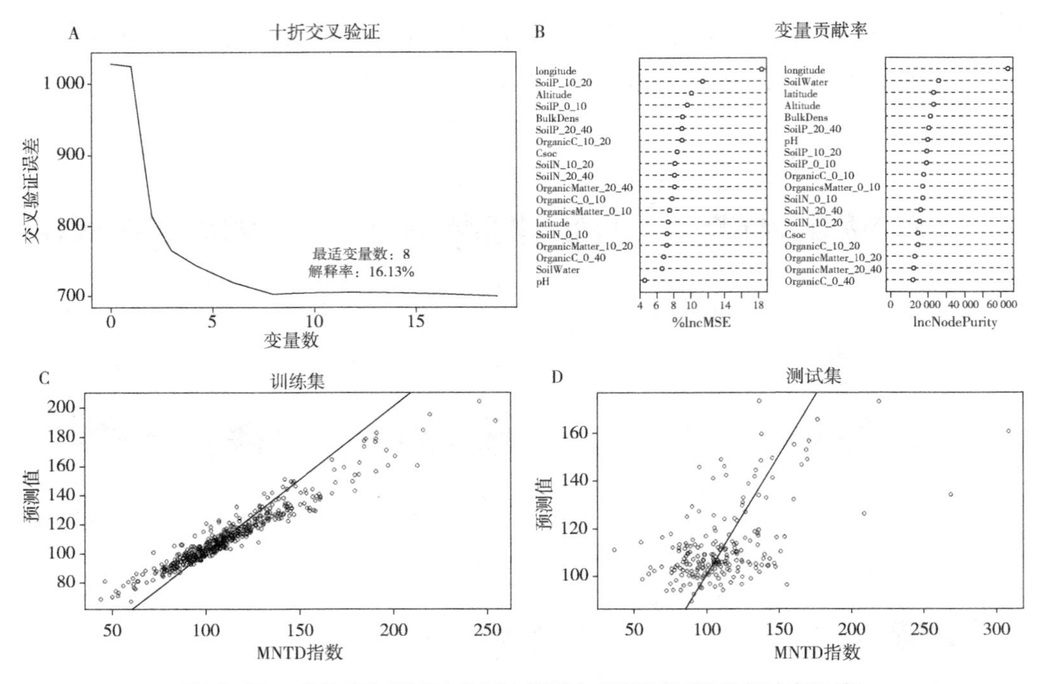

图 4-40 呼伦贝尔草原 MNTD 指数与环境因子的随机森林回归

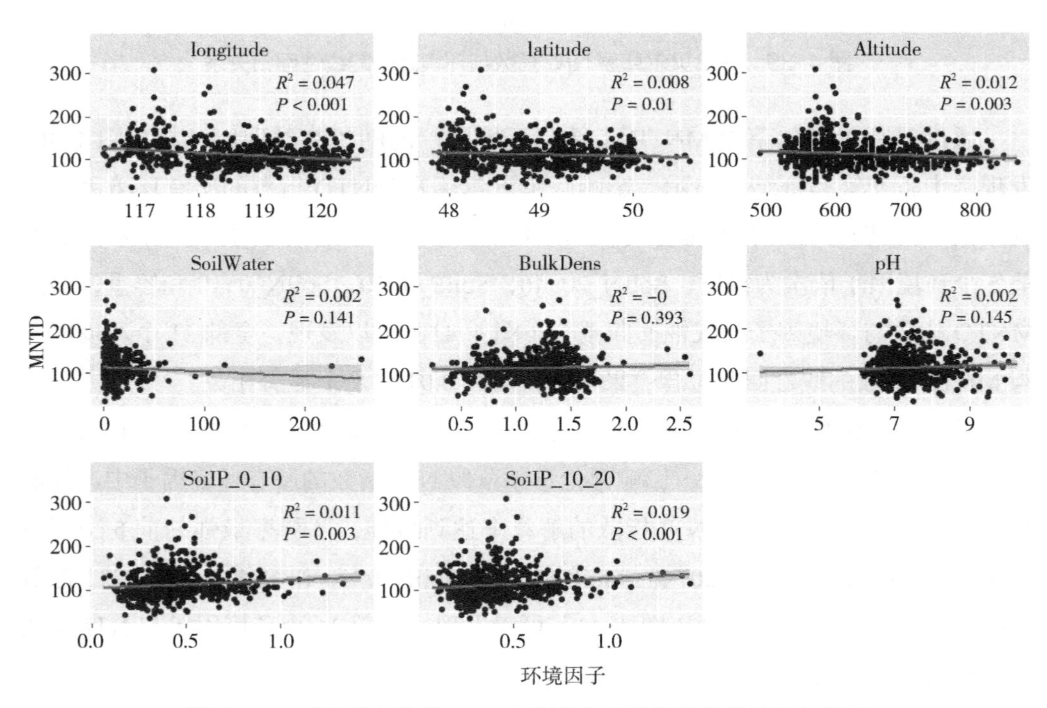

图 4-41 呼伦贝尔草原 MNTD 指数与环境因子的线性回归关系

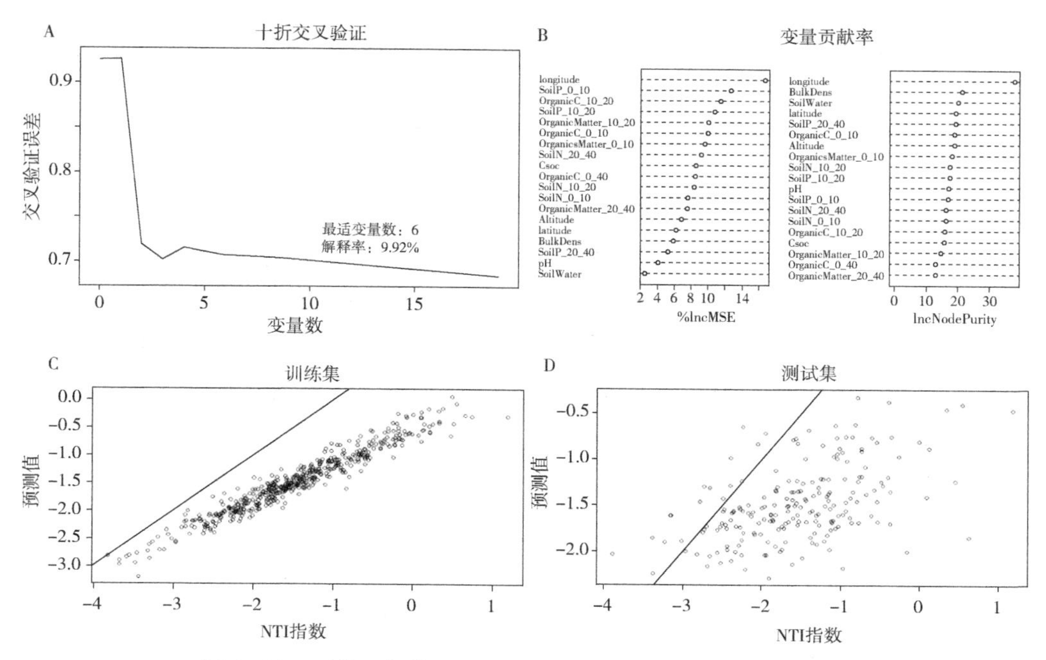

图 4-42 呼伦贝尔草原 NTI 指数与环境因子的随机森林回归

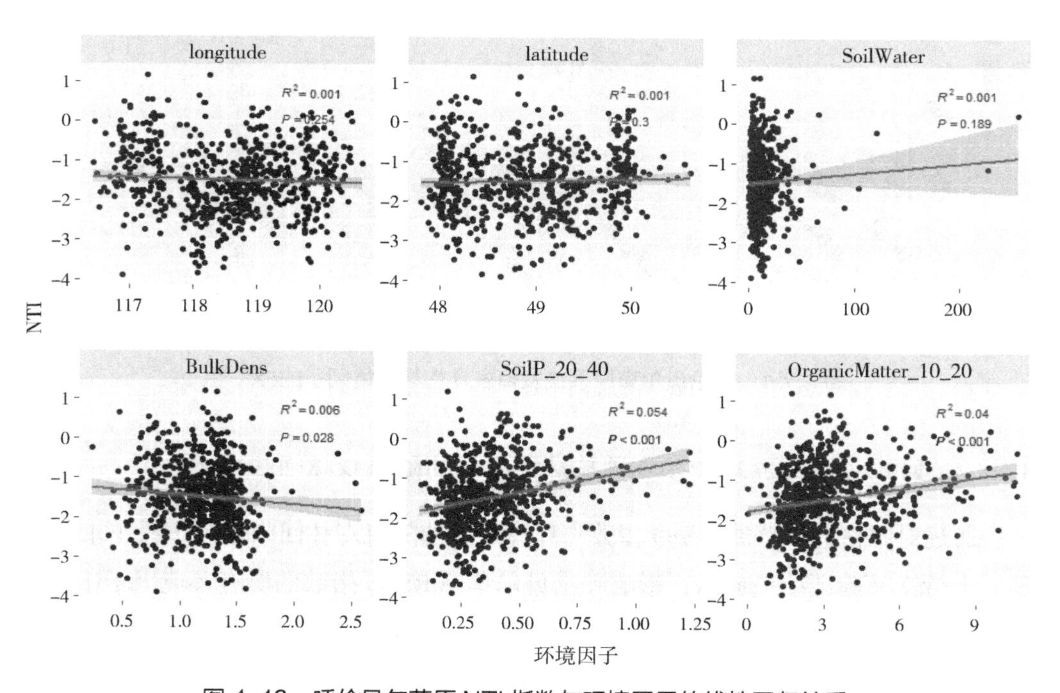

图 4-43 呼伦贝尔草原 NTI 指数与环境因子的线性回归关系

4.4.3 呼伦贝尔草原功能多样性与环境因子的关系

4.4.3.1 呼伦贝尔草原功能多样性与环境因子的相关性分析

由图 4-44 可知，对呼伦贝尔草原整体的功能多样性与对应环境因子进行的相关性分析可以发现，环境因子对 Fric 指数的影响是最显著的，与土壤 pH 显著负相关，与容重和土壤水无显著相关性，与其余环境因子均呈显著正相关；其次为 Feve 指数，与海拔显著正相关，与有机碳储量、经度、纬度、土壤 N 和土壤 P 呈显著负相关；FDis 指数与容重显著正相关，与海拔、土壤有机碳、土壤有机质、土壤 N 和土壤 P 均呈显著负相关；而 RaoQ 指数只与海拔显著负相关，与土壤容重显著正相关，与其他环境因子无显著相关性；Fdiv 指数则与任何环境因子均无显著相关性。

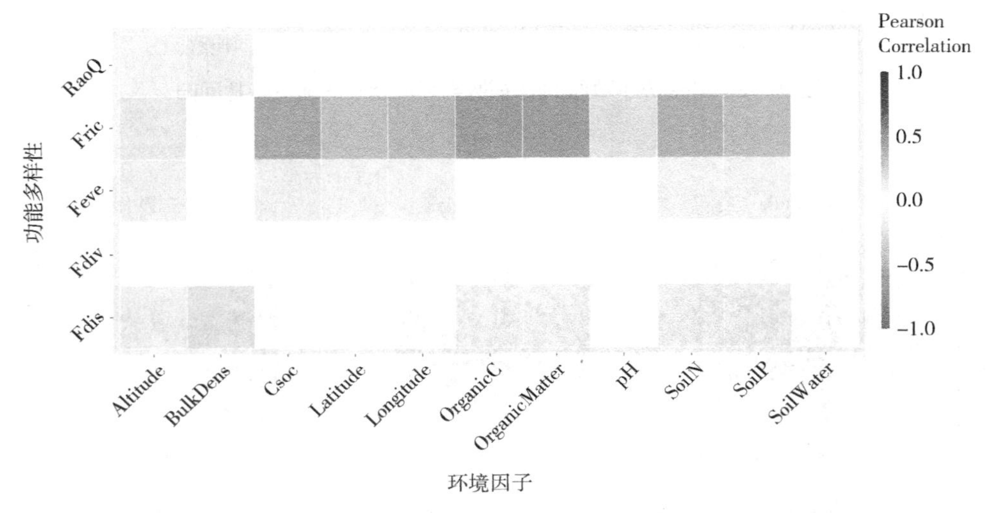

图 4-44 呼伦贝尔草原系统发育多样性与环境因子的相关性

4.4.3.2 呼伦贝尔草原功能多样性与环境因子的随机森林回归分析

通过对呼伦贝尔草原 RaoQ 指数与环境因子的随机森林回归分析（图 4-45）发现，十折交叉验证结果显示，影响呼伦贝尔草原 RaoQ 指数的所有环境因子中选择前 12 个即可对呼伦贝尔草原 RaoQ 指数的解释率达到最佳，解释率最强的前 5 个环境因子依次为经度、SoilN_20-40，SoilP_0-20，SoilN_0-10 和容重，通过 RaoQ 指数与环境因子的线性回归拟合（图 4-46）可以发现，全部 12 个环境因子与 RaoQ 指数的线性回归拟合效果很好，均在 0.01 水平上显著相关。

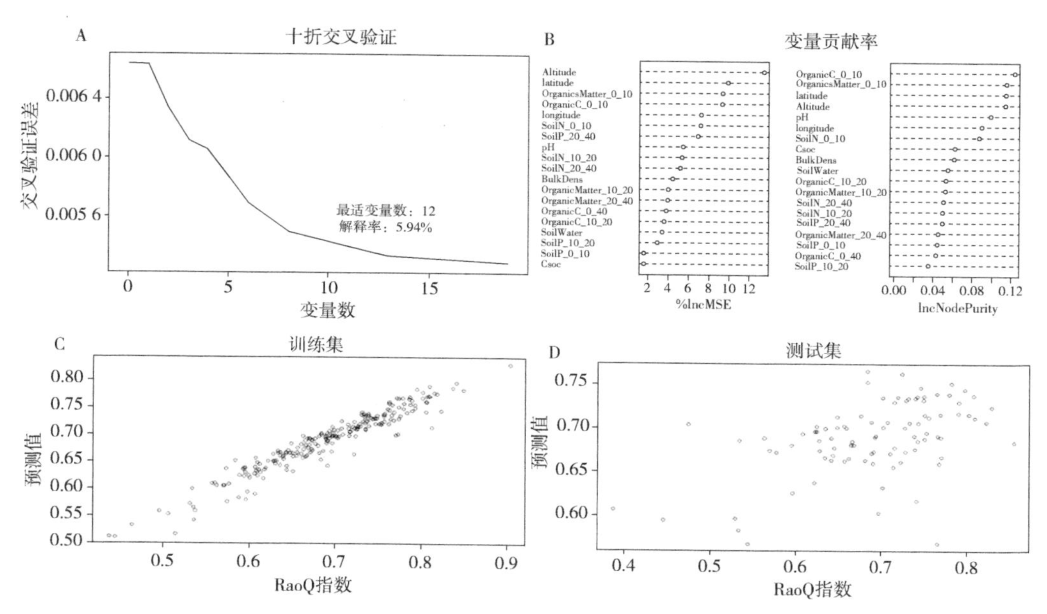

图 4-45　呼伦贝尔草原 RaoQ 指数与环境因子的随机森林回归

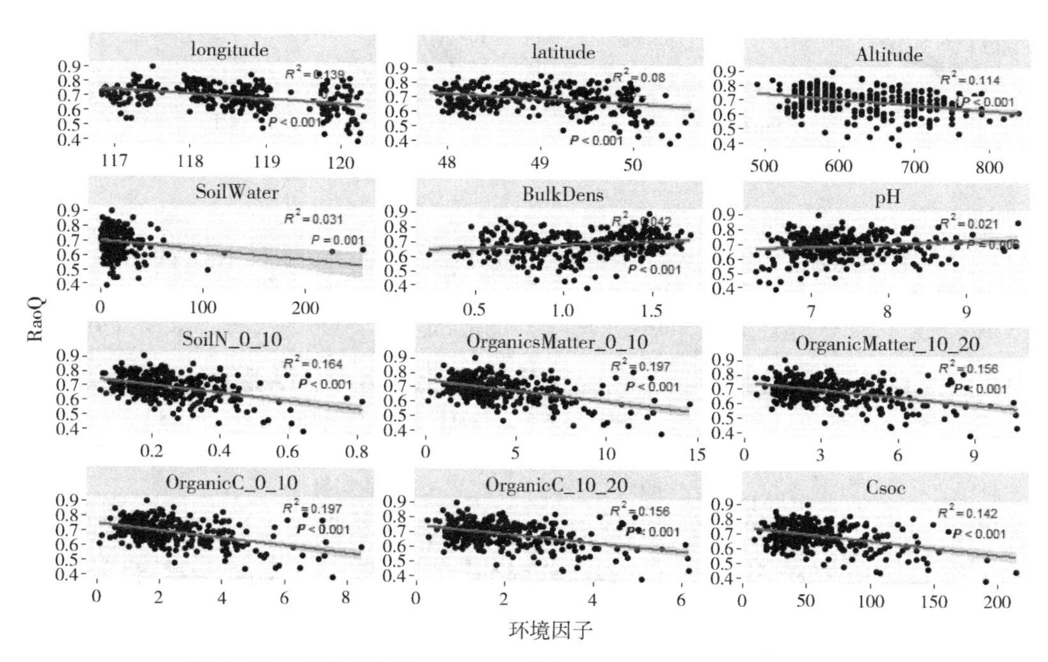

图 4-46　呼伦贝尔草原 RaoQ 指数与环境因子的线性回归关系

通过对呼伦贝尔草原 Fric 指数与环境因子的随机森林回归分析（图 4-47）发现，十折交叉验证结果显示，影响呼伦贝尔草原 Fric 指数的所有环境因子中选择前 8 个即可对呼伦贝尔草原 Fric 指数的解释率达到最佳，解释率最强的前 5 个环境因子依次为经度、SoilN_20-40，SoilP_0-20，SoilN_0-10 和容重，通过 Fric 指数与环境因子的线性回归拟合（图 4-48）可以发现，全部 8 个环境因子与 Fric 指数的线性回归拟合效果很好，均在 0.01 水平上显著相关。

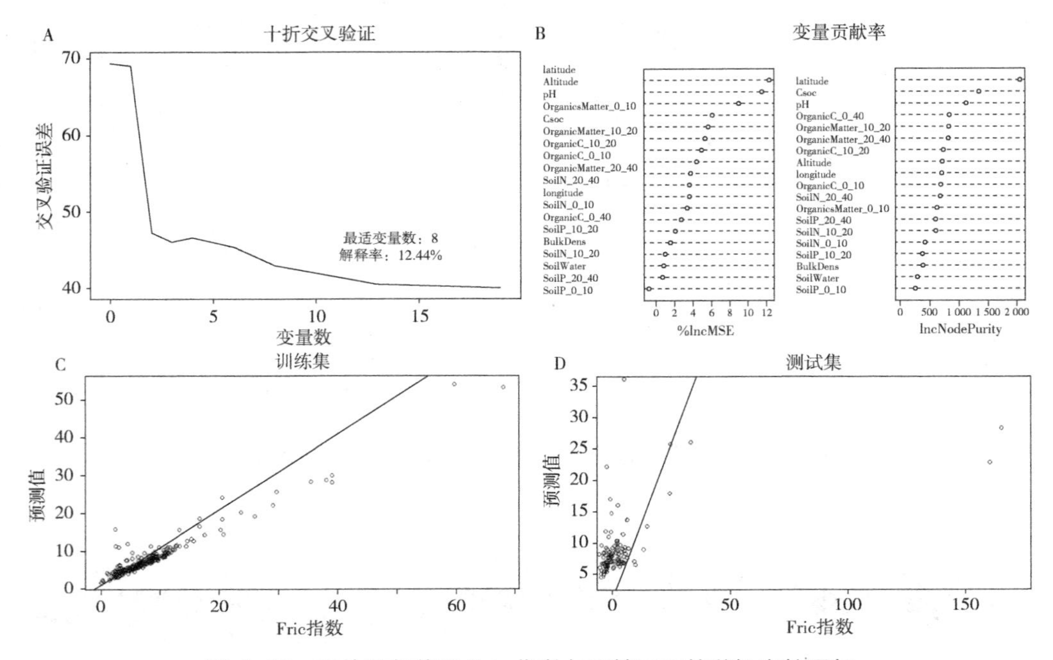

图 4-47　呼伦贝尔草原 Fric 指数与环境因子的随机森林回归

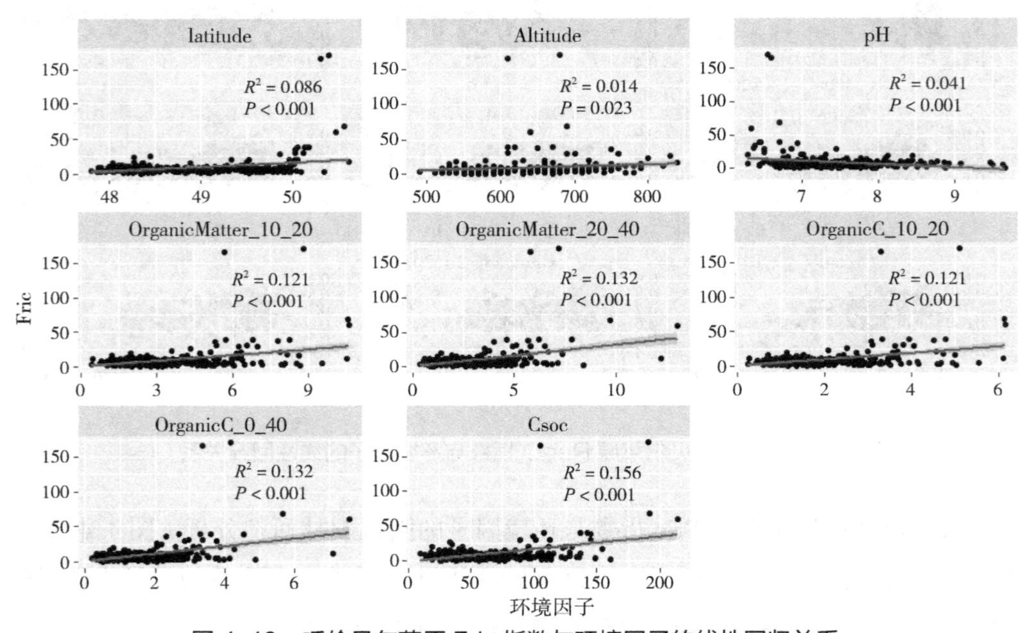

图 4-48　呼伦贝尔草原 Fric 指数与环境因子的线性回归关系

通过对呼伦贝尔草原 Feve 指数与环境因子的随机森林回归分析（图 4-49）发现，十折交叉验证结果显示，影响呼伦贝尔草原 Feve 指数的所有环境因子中选择前 12 个即可对呼伦贝尔草原 Feve 指数的解释率达到最佳，解释率最强的前 5 个环境因子依次为经度、SoilN_20-40，SoilP_0-20，SoilN_0-10 和容重，通过 Feve 指数与环境因子的线性回归拟合（图 4-50）可以发现，全部 12 个环境因子与 Feve 指数的线性回归拟合效果很好，均在 0.01 水平上显著相关。

通过对呼伦贝尔草原 Fdiv 指数与环境因子的随机森林回归分析（图 4-51）发现，十折交叉验证结果显示，影响呼伦贝尔草原 Fdiv 指数的所有环境因子中选择前 8 个即可对呼伦贝尔草原 Feve 指数的解释率达到最佳，解释率最强的前 5 个环境因子依次为经度、SoilN_20-40，SoilP_0-20，SoilN_0-10 和容重，通过 Fdiv 指数与环境因子的线性回归拟合（图 4-52）可以发现，全部 8 个环境因子与 Fdiv 指数的线性回归拟合效果很好，均在 0.01 水平上显著相关。

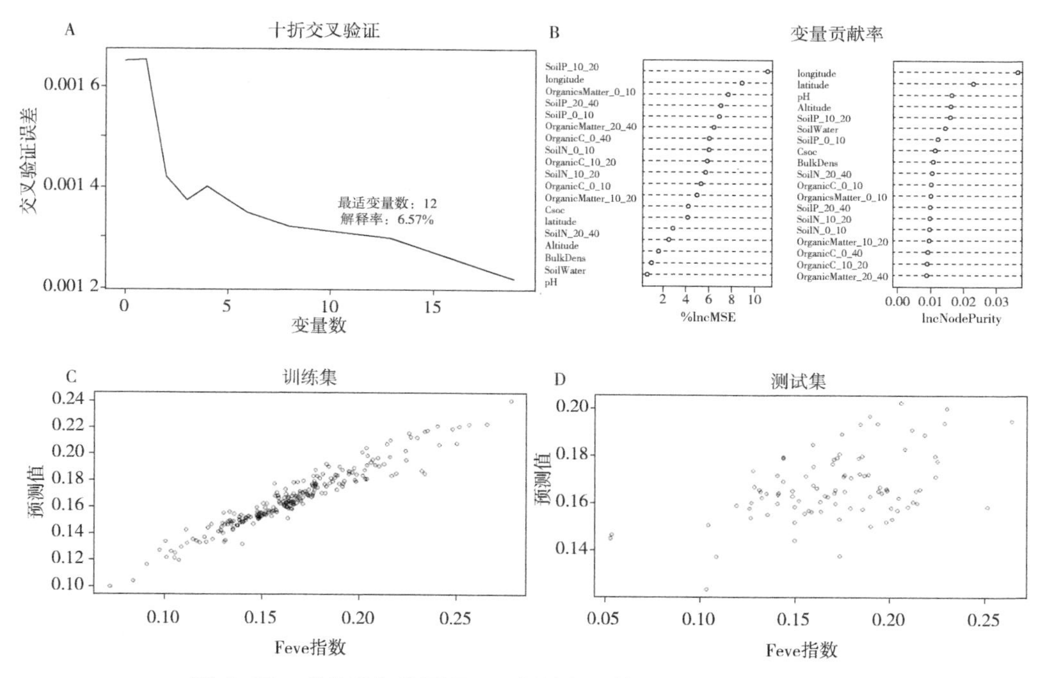

图 4-49 呼伦贝尔草原 Feve 指数与环境因子的随机森林回归

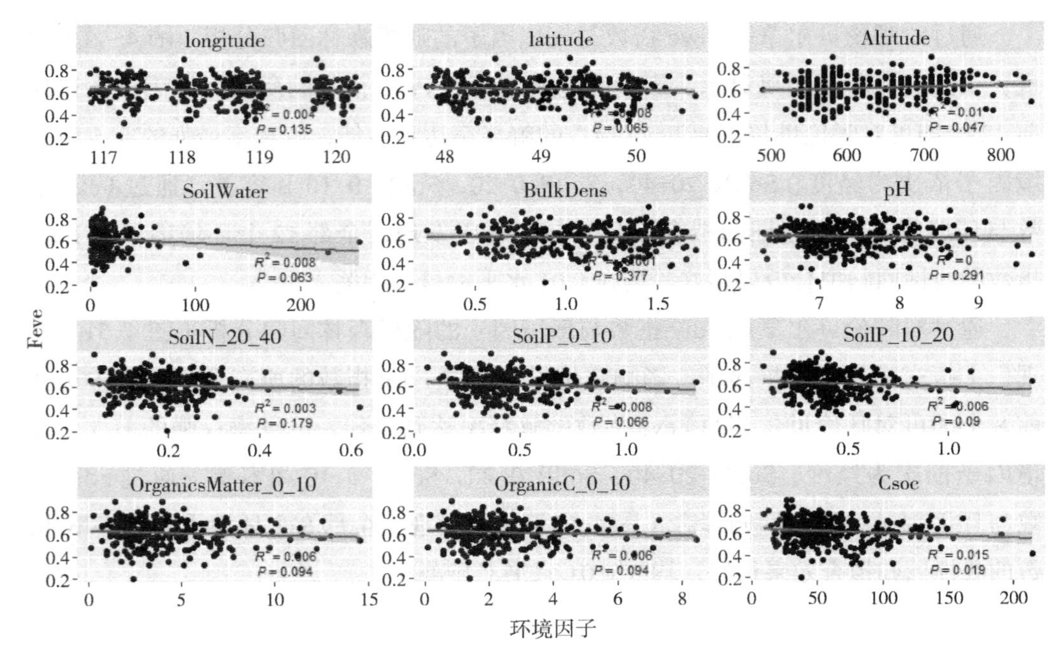

图 4-50　呼伦贝尔草原 Feve 指数与环境因子的线性回归关系

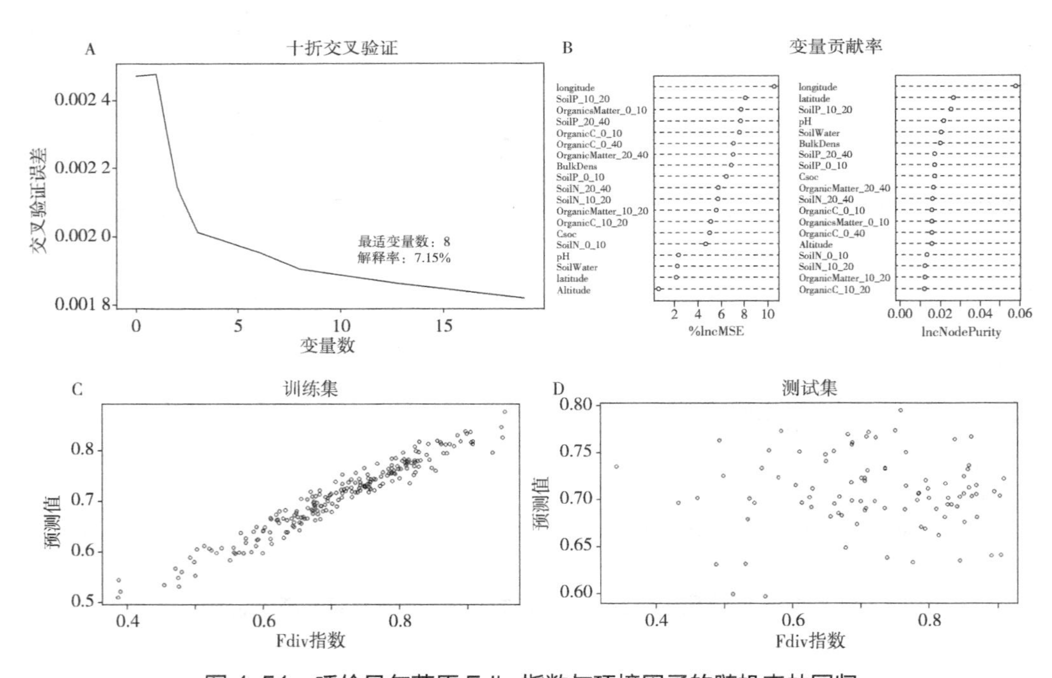

图 4-51　呼伦贝尔草原 Fdiv 指数与环境因子的随机森林回归

通过对呼伦贝尔草原 FDis 指数与环境因子的随机森林回归分析（图 4-53）发现，十折交叉验证结果显示，影响呼伦贝尔草原 FDis 指数的所有环境因子中选择前 12 个即可对呼伦贝尔草原 FDis 指数的解释率达到最佳，解释率最强的前 5 个环境因子依次为经度、SoilN_20-40，SoilP_0-20，SoilN_0-10 和容重，通过 FDis 指数与环境因子的线性回归拟合（图 4-54）可以发现，全部 12 个环境因子与 FDis 指数的线性回归拟合效果很好，均在 0.01 水平上显著相关。

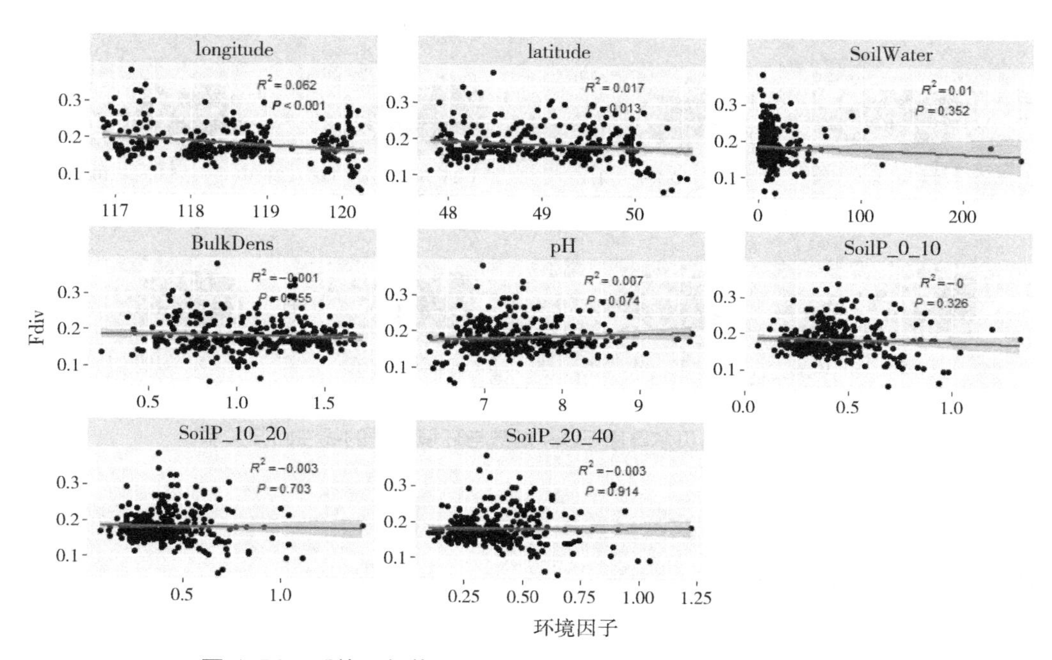

图 4-52 呼伦贝尔草原 Fdiv 指数与环境因子的线性回归关系

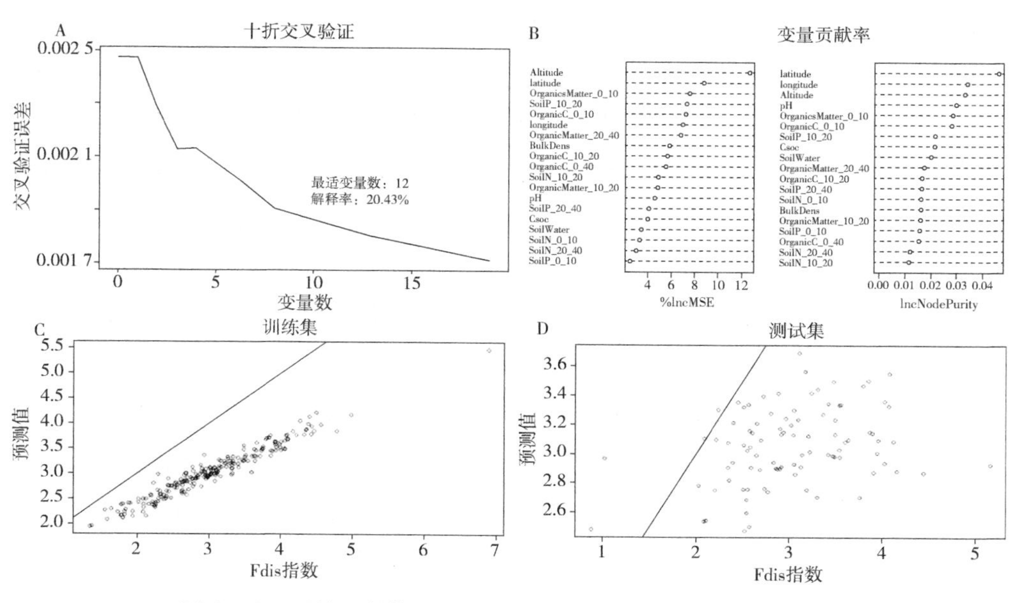

图 4-53 呼伦贝尔草原 FDis 指数与环境因子的随机森林回归

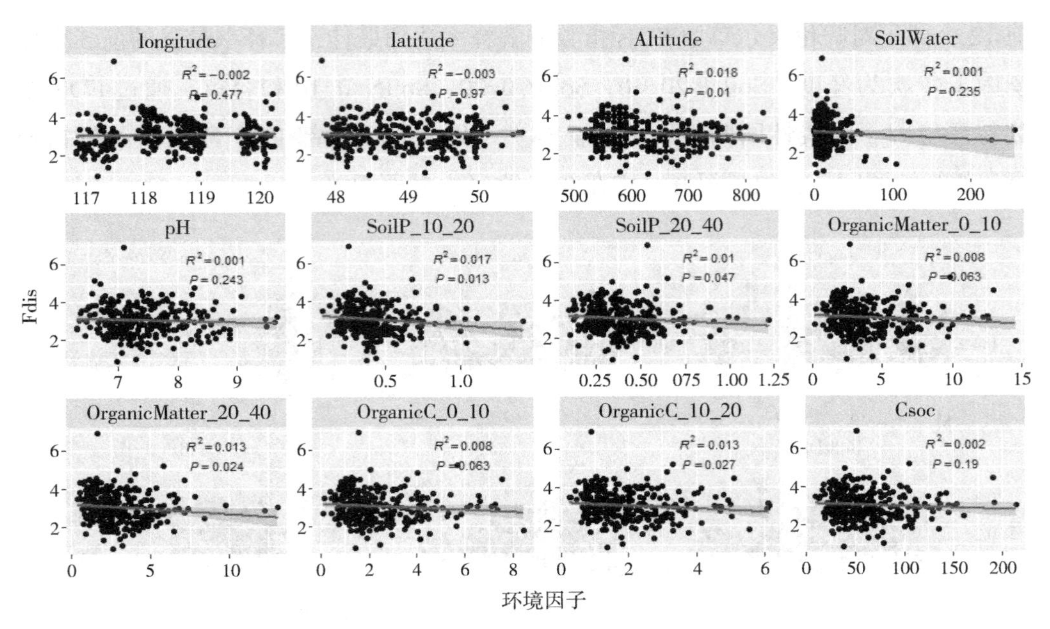

图 4-54　呼伦贝尔草原 FDis 指数与环境因子的线性回归关系

4.5　本章小结

呼伦贝尔草原不同草原区物种多样性以草甸草原最高，显著高于典型草原、显著高于荒漠草原；草甸草原物种多样性中，植被亚型整体以杂类草草甸草原显著高于其他类型，群系中以脚苔草、洽草、红柴胡等群系的 α 多样性指数显著高于其他群系，小叶锦鸡儿典型草原群系 β 多样性最高。典型草原中以丛生草类典型草原的 α 多样性最高，灌木 / 半灌木典型草原的 β 多样性最高，群系中以冷蒿和小叶锦鸡儿群系的 α 多样性最高，克氏针茅草原 β 多样性最高。荒漠草原区植被亚型中 α 多样性以丛生草类荒漠草原最高，杂类草荒漠草原最低，群系即为小针茅群系最高，多根葱群系最低，β 多样性则以丛生草类荒漠草原最高，灌木 / 半灌木荒漠草原最低，群系为小针茅草原最高、狭叶锦鸡儿群系最低。

呼伦贝尔不同草原区的系统发育多样性 MPD、MNTD、NRI 与 NTI 均以荒漠草原区最高、聚集性最强；草甸草原区系统发育多样性中以灌木 / 半灌木草甸草原系统发育多样性最高、聚集性最强，群系中以小叶锦鸡儿和脚苔草群系最高，贝加尔针茅和洽草群系最低、发散性最强；典型草原中以灌木 / 半灌木典型草原最高，群系以狭叶锦鸡儿典型草原群系最高，冷蒿、星毛委陵菜群系最低。荒漠草原中以

灌木 / 半灌木荒漠草原最高，群系以狭叶锦鸡儿荒漠草原群系最高、聚集性最强，小针茅群系的系统发育多样性最低。

呼伦贝尔不同草原区的功能多样性总体上表现为典型草原功能多样性最高，荒漠草原最低；草甸草原区功能多样性中，杂类草草甸草原功能多样性最高，群系以红柴胡草甸草原群系最高，贝加尔针茅群系和脚苔草草甸草原群系最低。典型草原中以丛生草类典型草原和灌木 / 半灌木典型草原最高，群系以小叶锦鸡儿和狭叶锦鸡儿群系最高。荒漠草原中以丛生草类荒漠草原最高，对应群系为小针茅群系最高，狭叶锦鸡儿群系最低。

影响呼伦贝尔草原物种多样性的环境因子主要有海拔、经度、纬度、土壤水含量、土壤容重、土壤 pH 以及土壤 N 含量等；影响系统发育多样性的环境因子主要有经度、纬度、海拔、土壤容重、土壤 N 含量、土壤 P 含量等；影响功能多样性的环境因子主要有经度、海拔、土壤容重、土壤有机碳含量、土壤有机质含量、土壤有机碳储量等。通过对比发现，影响物种多样性的环境因子主要为环境梯度变化、土壤物理性质及土壤 N 含量，影响系统发育多样性的环境因子除环境梯度变化和土壤物理性质外，土壤 P 含量的作用更强；而影响功能多样性的环境因子除环境梯度变化和物理性质外，更受土壤有机碳（包括有机碳储量、有机质含量）的影响。

5 呼伦贝尔草原生态系统功能分析

5.1 呼伦贝尔草原群落功能分析

5.1.1 呼伦贝尔草原不同草原区群落功能差异

在呼伦贝尔草原不同草原区的群落功能变化中，群落功能总体上均为草甸草原显著高于典型草原、显著高于荒漠草原（图 5-1），除地下生物量的典型草原与荒漠草原无显著性外，这说明呼伦贝尔草原从东至西随着距大兴安岭距离的增大，依次分布着草甸草原、典型草原和荒漠草原区，其水分条件直接关系着草原的群落功能，无论是群落盖度、群落高度还是群落的生物量均呈逐渐下降趋势，只不过典型草原与荒漠草原区的地下生物量变化不显著。

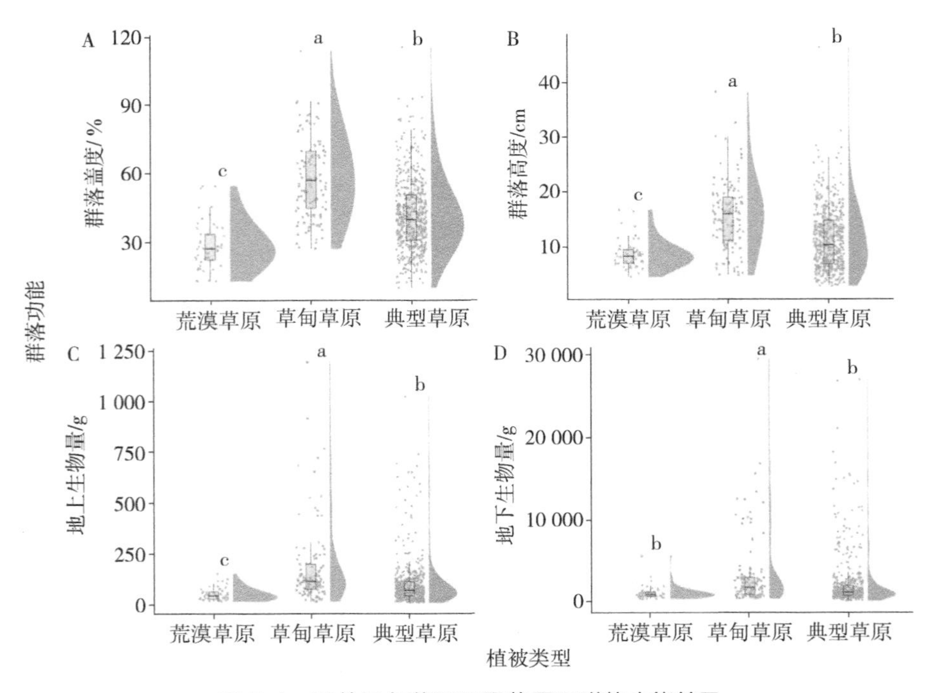

图 5-1 呼伦贝尔草原不同草原区群落功能差异

5.1.2 呼伦贝尔草原草甸草原区不同植被类型群落功能差异

在呼伦贝尔草甸草原不同植被亚型的群落功能变化中（图 5-2），群落功能总体上显示为灌木 / 半灌木草甸草原最高，其次为杂类草草甸草原，丛生草类草甸草原与根茎草类草甸草原整体显示出的群落功能要比其他植被亚型较低；其中地上生物量表现略有差别，杂类草草甸草原最高，显著高于根茎草类草甸草原和灌木 / 半灌木草甸草原，而与丛生草类草甸草原无显著差异。这说明呼伦贝尔草甸草原中，优于灌木 / 半灌木草甸草原与杂类草草甸草原分布区域更接近大兴安岭西麓的森林草原带，甚至部分样地处在森林 - 草原过渡区域，因此整体水分要优于根茎草类草甸草原和丛生草类草甸草原，其群落功能表现得也要更占优势。

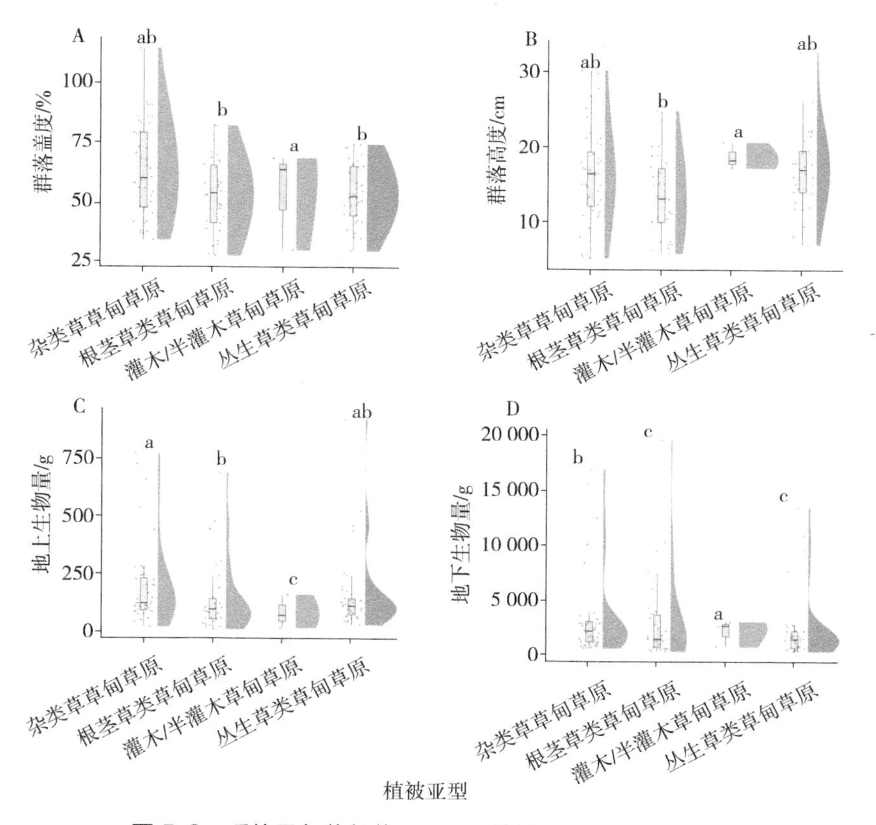

图 5-2 呼伦贝尔草甸草原区不同植被亚型群落功能差异

在呼伦贝尔草甸草原不同群系的群落功能变化中（图 5-3），不同群系的群落功能总体上并没有显示类似的规律，其中，红柴胡草甸草原的群落盖度显著高于羊茅草甸草原群落盖度，其他群系群落盖度介于两者之间，彼此之间没有显著差异；洽草草甸草原群落高度显著高于羊草草甸草原；对于地上生物量来说，洽草草甸草原最高，其次为脚苔草草甸草原，两者差别不大，其他群系地上生物量水平较低，但彼此之间差别不大；呼伦贝尔草甸草原不同群系的地下生物量水平彼此之间并没有明显差别。

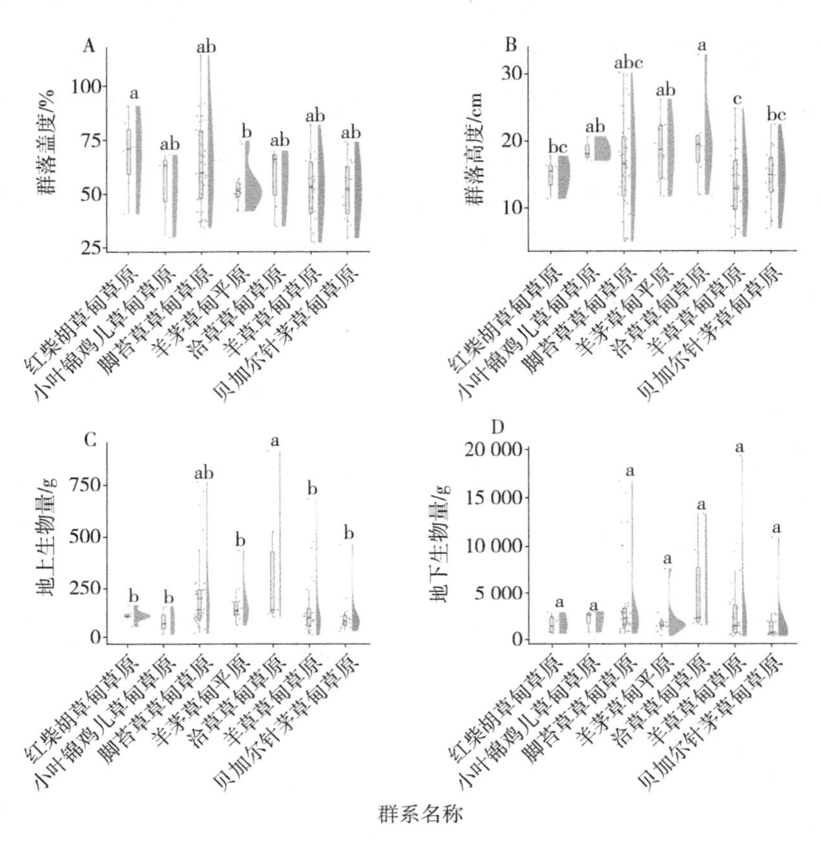

图 5-3　呼伦贝尔草甸草原区主要群系群落功能差异

5.1.3　呼伦贝尔草原典型草原区不同植被类型群落功能差异

在呼伦贝尔典型草原不同植被亚型的群落功能变化中（图 5-4），群落功能总体上显示为丛生草类典型草原最高，杂类草典型草原较低。其中群落盖度表现略有差别，根茎草类典型草原最高，其次为灌木 / 半灌木典型草原，杂类草和丛生草类典型草原差别不大，都比较低。这说明呼伦贝尔典型草原中，丛生草类典型草原相较于其他植被亚型水分条件更好，导致其群落功能的不同性状表现得更好，而杂类草典型草原的环境条件可能不足以支撑群落内物种的进一步发展，导致其群落功能表现欠佳。

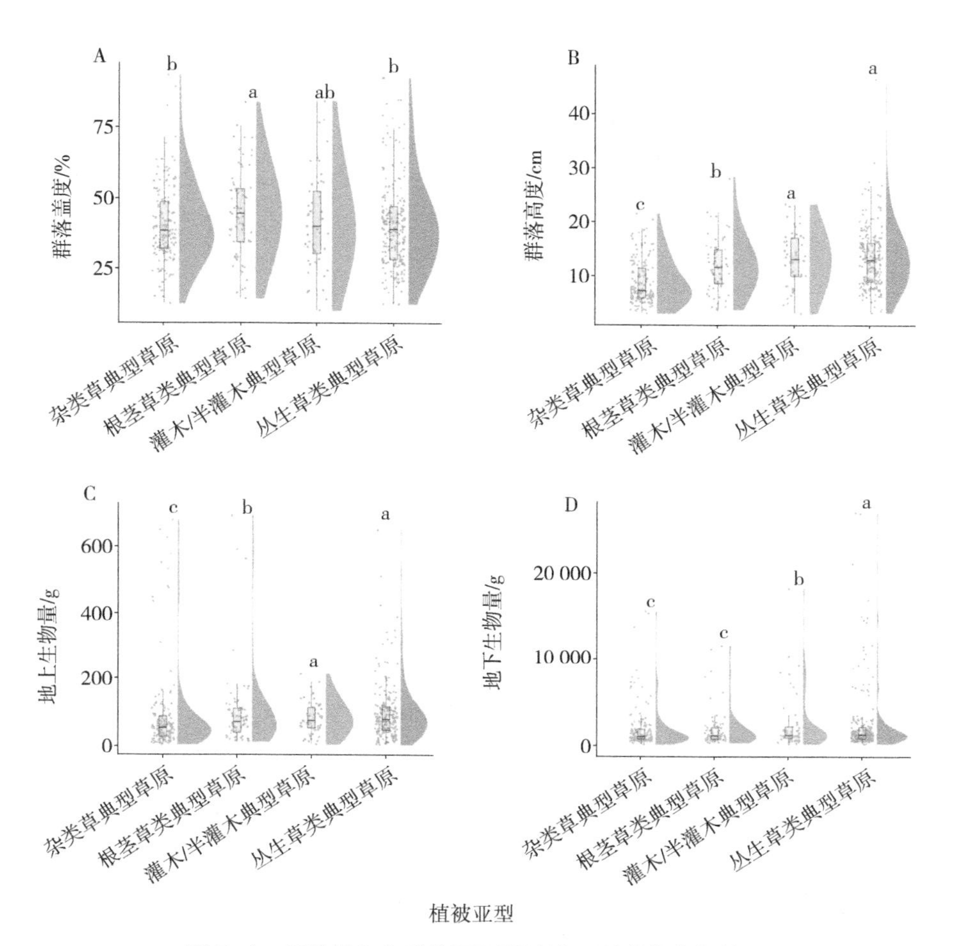

图 5-4 呼伦贝尔典型草原不同植被亚型群落功能差异

呼伦贝尔典型草原主要群系间的群落功能总体上显示出羊草典型草原的优势（图 5-5），但对于地上生物量来说，克氏针茅典型草原群系的表现最好。隐子草、冷蒿典型草原群系在群落盖度上与羊草典型草原群系没有差别，表现较好；克氏针茅典型草原群系则表现较差，其余群系差别不大。在群落高度方面，羊草典型草原群系最高，其次为小叶锦鸡儿、隐子草典型草原群系和冷蒿、大针茅、克氏针茅典型草原群系，较低的为冰草、脚苔草狭叶锦鸡儿典型草原群系，最低的为寸草苔、星毛委陵菜典型草原群系；冷蒿、隐子草、星毛委陵菜、克氏针茅典型草原群系在地上生物量方面与羊草典型草原群系没有差别，都比较高，狭叶锦鸡儿典型草原群系则最低。

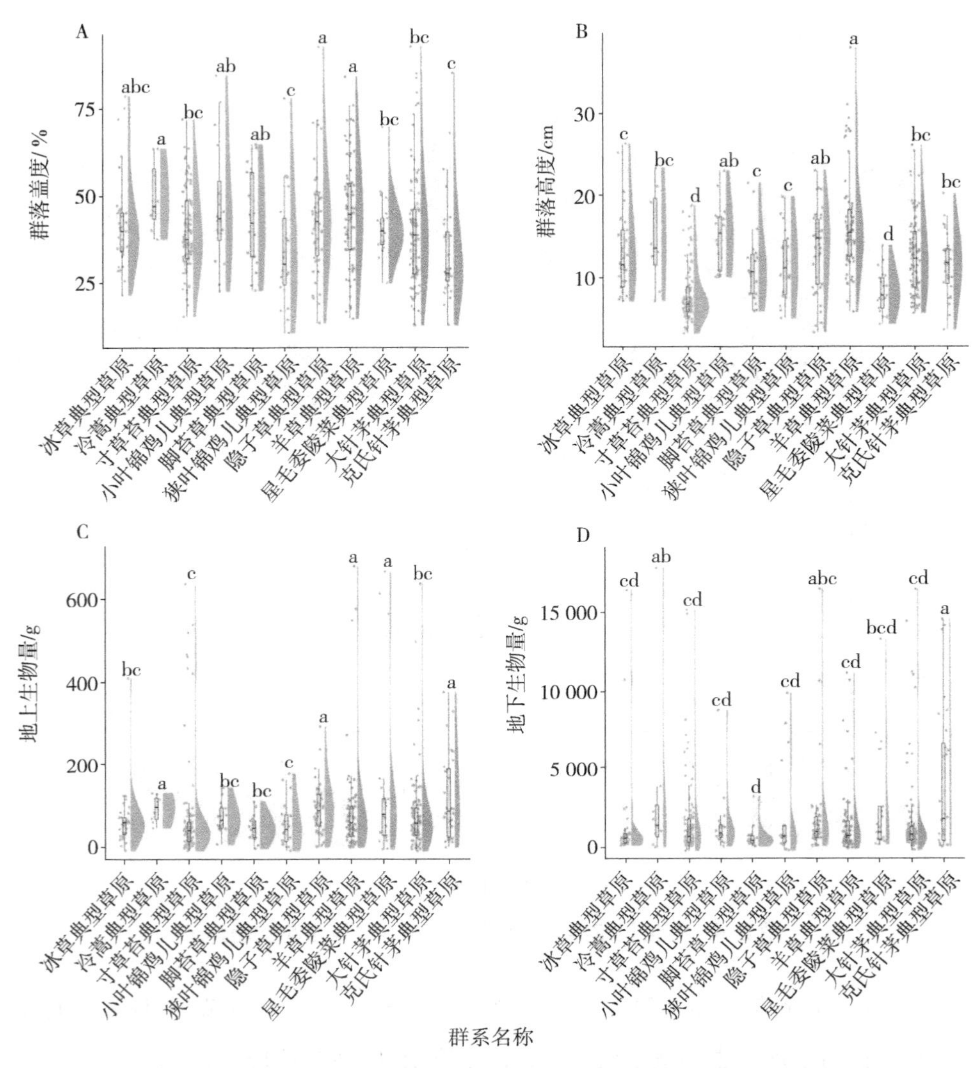

图 5-5　呼伦贝尔典型草原主要群系群落功能差异

5.1.4　呼伦贝尔草原荒漠草原区不同植被类型群落功能差异

在呼伦贝尔荒漠草原不同植被亚型和不同群系的群落功能差异是类似的（图 5-6、图 5-7），因此共同叙述。群落功能总体上并没有以哪种植被亚型或群系最为突出，对于不同的群落功能方面，不同植被亚型、不同群系的优势是不同的。在群落盖度方面，灌木 / 半灌木荒漠草原高于杂类草荒漠草原、高于丛生草类荒漠草原，对应到群系中即为狭叶锦鸡儿荒漠草原群系高于多根葱高于小针茅；在群落高度方面，灌木 / 半灌木荒漠草原高于丛生草类荒漠草原、高于杂类草荒漠草原，对应到群系中即为狭叶锦鸡儿荒漠草原群系高于小针茅高于多根葱；在地上生物量

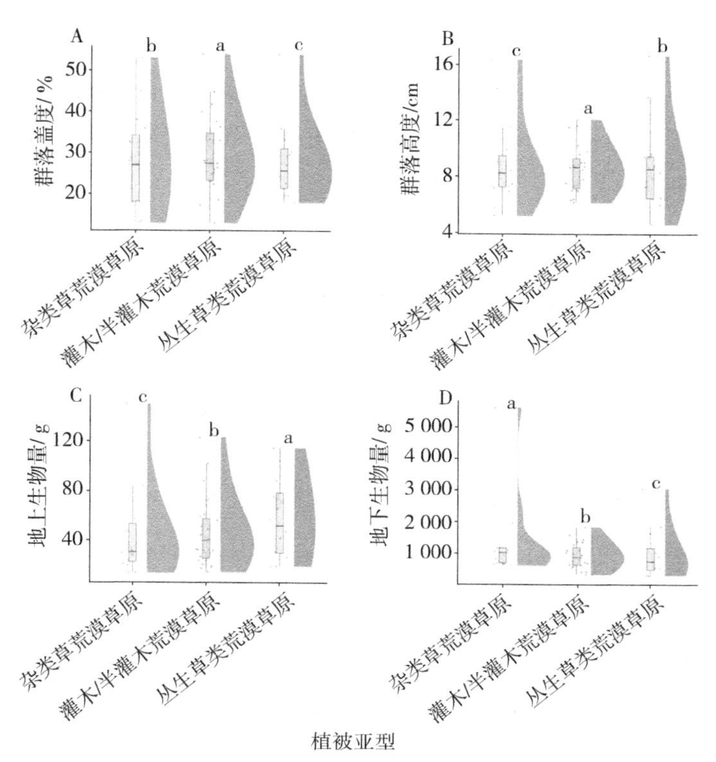

图 5-6 荒漠草原区不同植被亚型群落功能差异

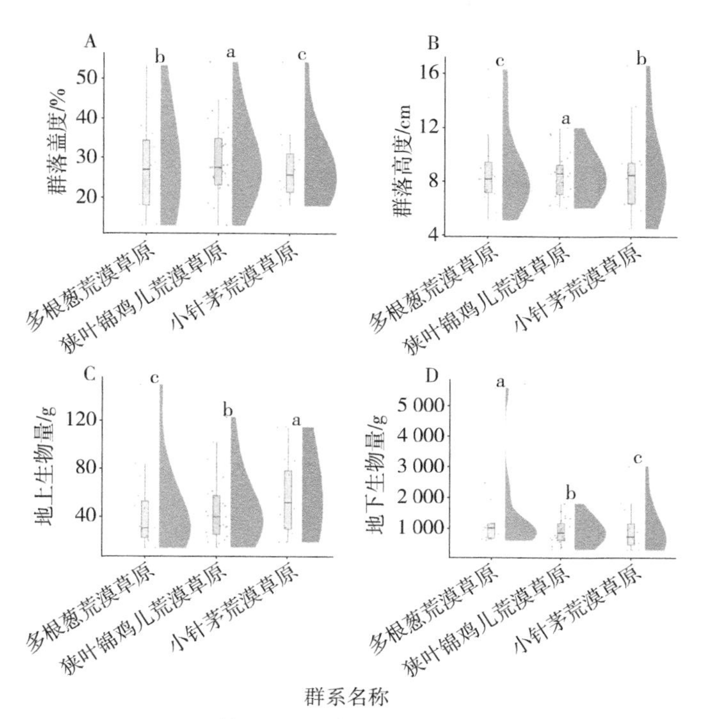

图 5-7 荒漠草原区不同群系群落功能差异

方面，丛生草类荒漠草原高于灌木/半灌木荒漠草原高于杂类草荒漠草原，在群系中表现为小针茅荒漠草原群系高于狭叶锦鸡儿高于多根葱；在地下生物量方面，杂类草荒漠草原高于灌木/半灌木荒漠草原高于丛生草类荒漠草原，在群系中表现为多根葱高于狭叶锦鸡儿高于小针茅荒漠草原。

5.2 呼伦贝尔草原植物功能分析

5.2.1 呼伦贝尔草原不同草原区植物功能性状差异

5.2.1.1 呼伦贝尔草原不同草原区叶片功能性状差异

呼伦贝尔不同草原区叶片基本功能性状的差异显示（图 5-8），草甸草原叶片的基本功能形状都比较好，但在叶厚性状中，草甸草原和典型草原表现差别不大，但都低于荒漠草原，可能是由于荒漠草原水分条件较差，使得叶片增厚用以储存更多的水分。在其他性状中，典型草原表现仅次于草甸草原，对于叶干重和叶鲜重两个性状，荒漠草原与典型草原没有差别，在叶宽性状中，荒漠草原比典型草原更低。但荒漠草原在叶长性状比典型草原更高。

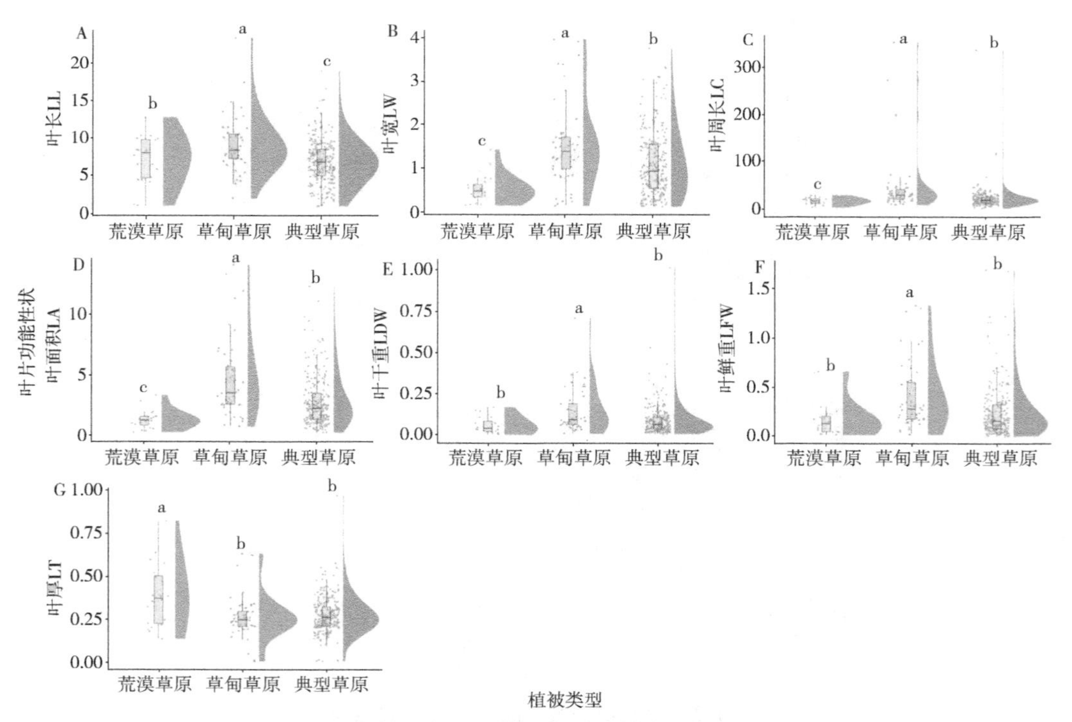

图 5-8 呼伦贝尔不同草原区叶片基本功能性状差异

呼伦贝尔不同植被型叶片功能指数的差异显示（图 5-9），荒漠草原与典型草原和草甸草原的叶含水量没有差别，但其比叶面积性状高于草甸草原、高于典型草原；草甸草原的叶干物质含量高于典型草原、高于荒漠草原；叶面积指数和分离指数各植被型表现类似，荒漠草原高于典型草原、高于草甸草原；草甸草原和典型草原叶形指数差别不大，都低于荒漠草原。

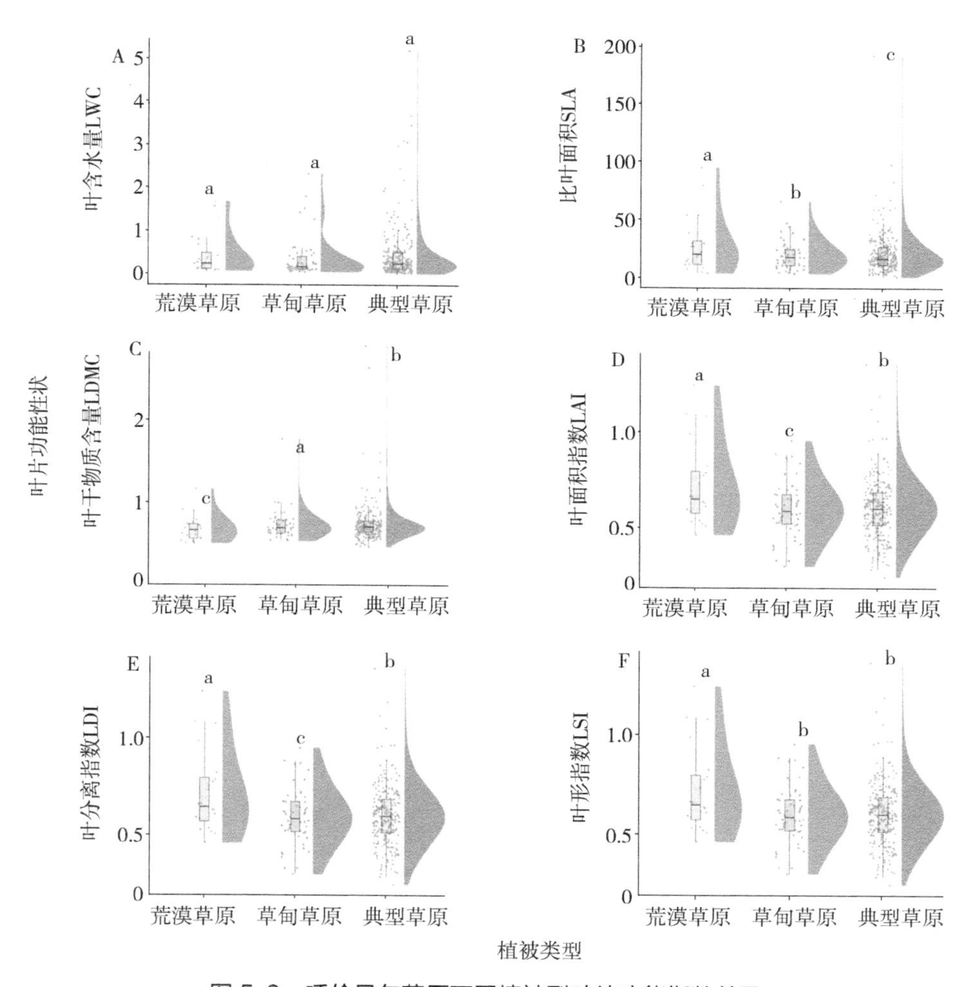

图 5-9　呼伦贝尔草原不同植被型叶片功能指数差异

5.2.1.2　呼伦贝尔草原不同草原区植物个体功能性状差异

呼伦贝尔草原不同植被型植物化学计量功能显示（图 5-10），草甸草原植物含碳量高于典型草原、高于荒漠草原，植物含氮量则相反，荒漠草原高于典型草原、高于草甸草原；植物含磷量草甸草原和典型草原没有差别，但都低于荒漠草原。植物根中含碳量和含磷量都属草甸草原最高，不同之处在于典型草原含碳量低于荒漠草原，而典型草原含磷量和荒漠草原差别不大，根含氮量，属荒漠草原最高，其次为典型草原，草甸草原最低。

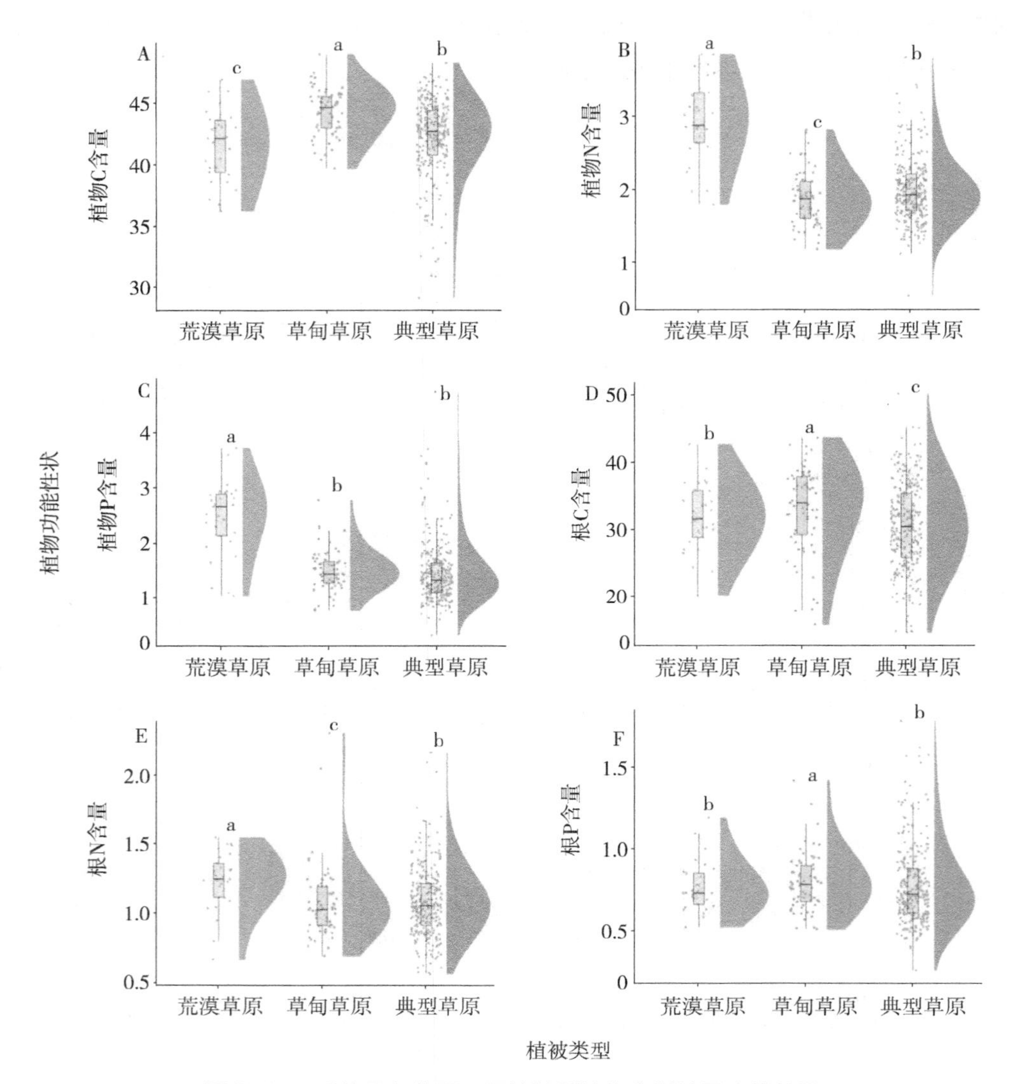

图 5-10　呼伦贝尔草原不同植被型植物化学计量功能差异

呼伦贝尔草原不同植被型植物个体功能性状显示（图 5-11），总体上草甸草原在各个植物功能性状都表现较好。不同植被型草原在叶片数和植株干物质含量两个性状上表现都没有差异，除此之外的性状，典型草原表现都要好于荒漠草原。

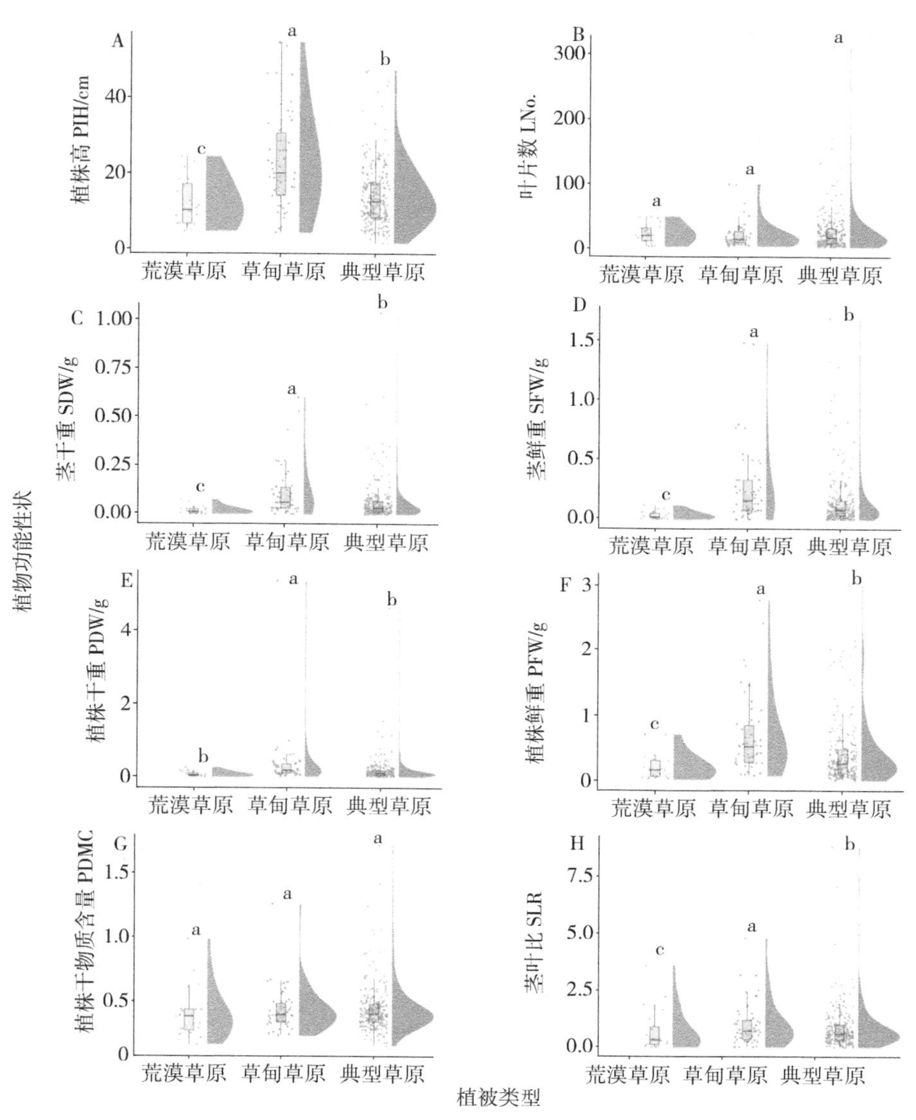

图 5-11 呼伦贝尔草原不同植被型植物个体功能性状差异

5.2.2 呼伦贝尔草原草甸草原区不同植被类型植物功能性状差异

5.2.2.1 呼伦贝尔草甸草原区不同植被类型叶片功能性状差异

在呼伦贝尔草甸草原不同植被亚型的叶片基本功能性状变化研究中（图 5-12），叶片基本功能性状总体上显示为杂类草草甸草原与丛生草类草甸草原显著高于根茎草类草甸草原；其中叶长、叶宽及叶鲜重表现为杂类草草甸草原与丛生草类草甸草原无显著差异，二者要显著高于根茎草类草甸草原；叶周长与叶面积变化趋势为杂类草草甸草原显著高于丛生草类草甸草原、显著高于根茎草类草甸草原；叶干重与叶厚则表现为丛生草类草甸草原最高，根茎草类草甸草原最低。这说明呼伦贝尔草甸草原中，根茎草类草甸草原的叶片基本性状普遍要低于其他植被亚型。

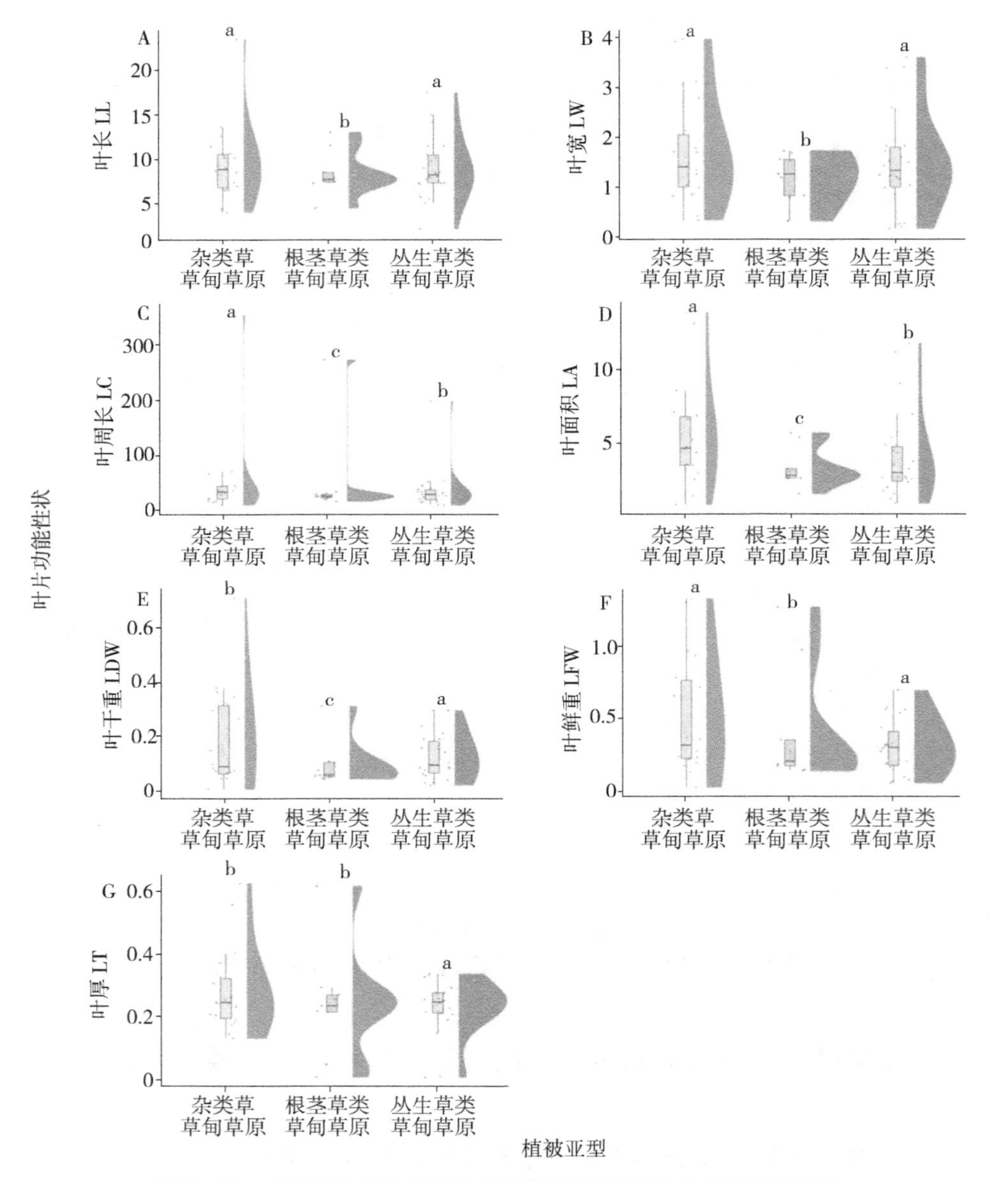

图 5-12　呼伦贝尔草甸草原主要植被亚型叶片基本功能性状差异

在呼伦贝尔草甸草原不同植被亚型的叶片功能指数变化研究中（图 5-13），叶片功能指数总体上显示为杂类草草甸草原与丛生草类草甸草原显著高于根茎草类草甸草原；其中叶含水量、比叶面积为根茎草类草甸草原最高，杂类草草甸草原与丛生草类草甸草原无显著差异；叶干物质含量为丛生草类草甸草原显著高于杂类草草甸草原、显著高于根茎草类草甸草原；叶面积指数为杂类草草甸草原显著高于丛生草类草甸草原、显著高于根茎草类草甸草原；叶分离指数为杂类草草甸草原与丛生草类草甸草原无显著差异，二者显著高于根茎草类草甸草原；而叶形指数表现为杂类草草甸草原显著高于另外两个植被亚型。整体表现为根茎草类草甸草原的叶片功能指数性状最低。

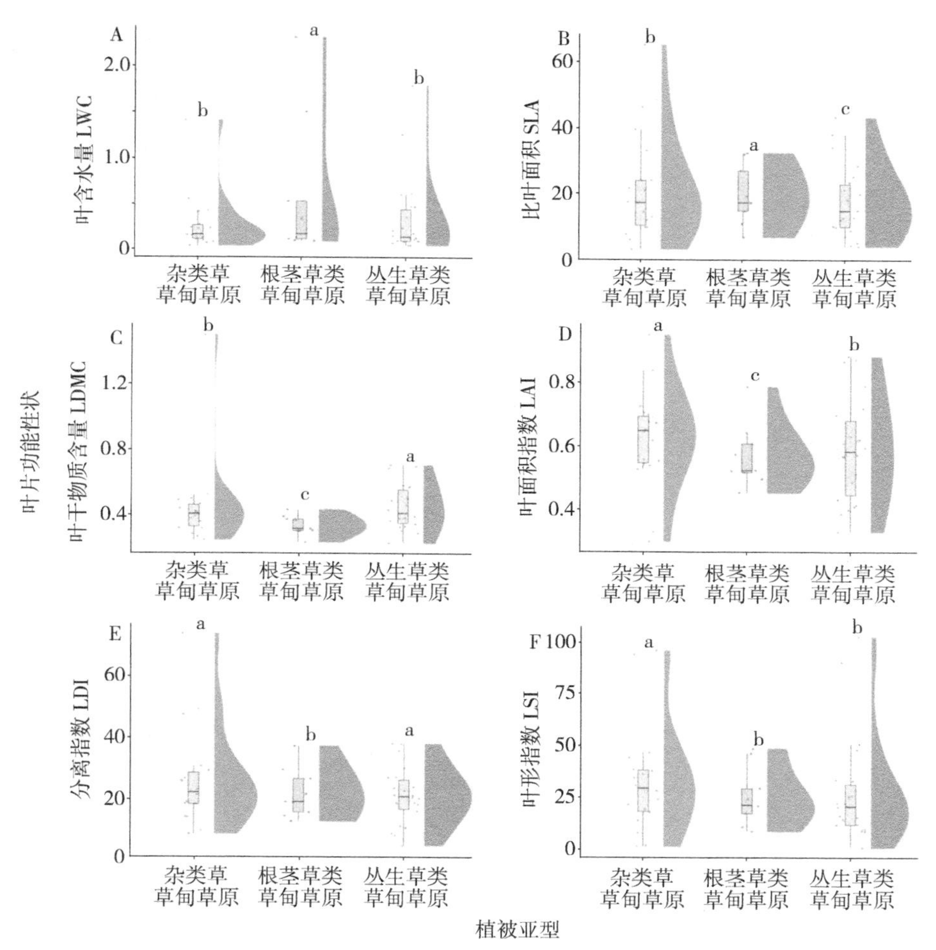

图 5-13 呼伦贝尔草甸草原主要植被亚型叶片功能指数差异

在呼伦贝尔草甸草原主要群系的叶片基本功能性状变化研究中（图 5-14），叶长表现为贝加尔针茅草甸草原群系最高，其次为脚苔草草甸草原群系，其他群系没有差别，都比较低；叶宽则以洽草草甸草原群系最高，羊茅与贝加尔针茅草甸草原群系最低；叶周长以脚苔草和贝加尔针茅草甸草原群系最高，洽草、羊草草甸草原群系最低；叶面积以脚苔草草甸草原最高，洽草草甸草原最低；叶干重以羊茅草甸草原群系最高，贝加尔针茅和羊草草甸草原群系最低；叶鲜重以脚苔草、羊茅群系草甸草原最高，贝加尔针茅群系最低；叶厚以洽草、羊草、羊茅三个草甸草原群系最高，贝加尔针茅草甸草原群系最低。

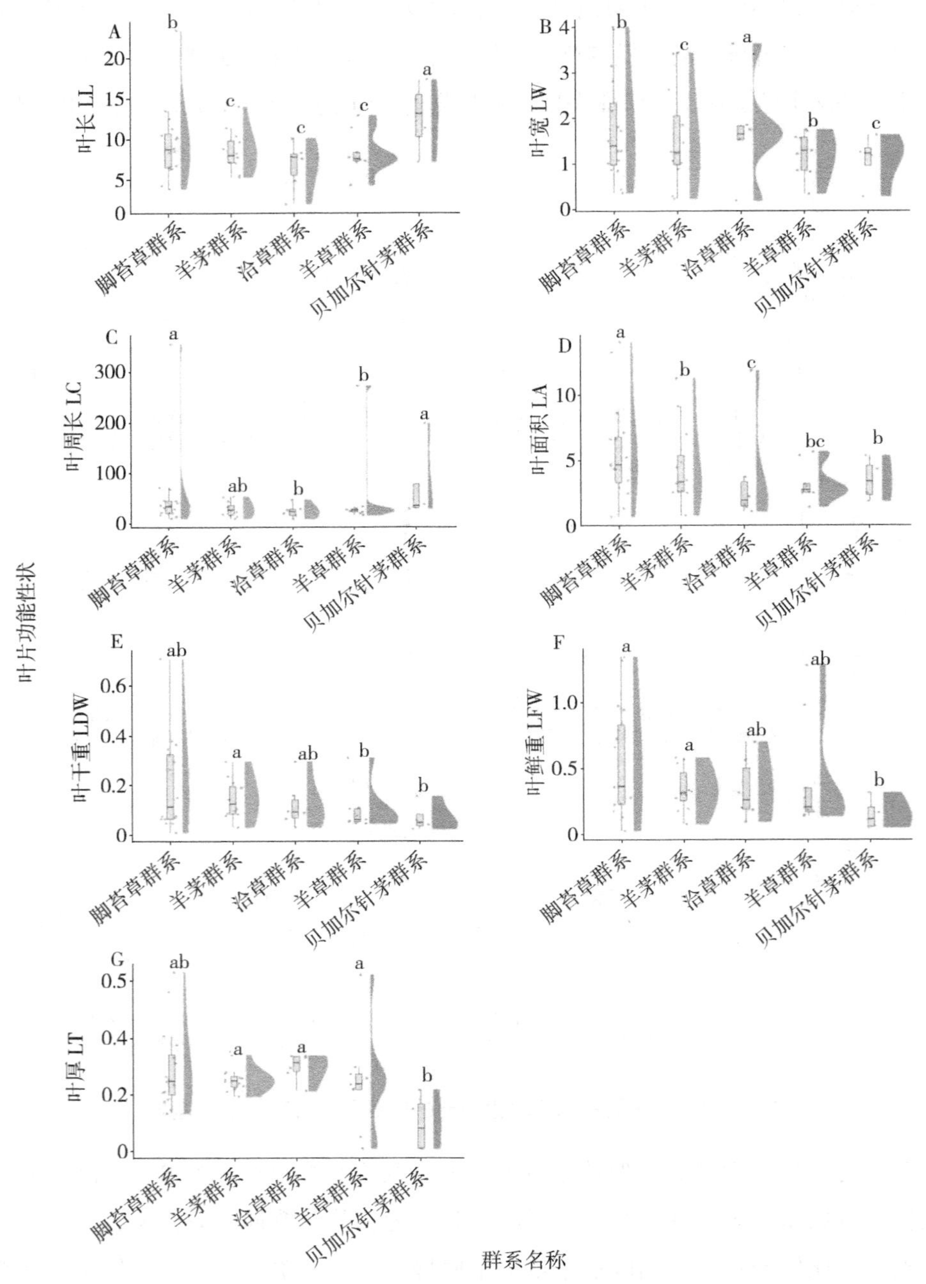

图 5-14　呼伦贝尔草甸草原主要群系叶片基本功能性状差异

在呼伦贝尔草甸草原主要群系的叶片功能指数变化研究中（图 5-15），整体除叶含水量外，其他叶片功能指数均表现为贝加尔针茅草甸草原群系最高，洽草草甸草原群系整体最低；叶含水量则表现为洽草草甸草原群系最高，贝加尔针茅草甸草原群系最低；比叶面积和叶面积指数均以洽草草甸草原群系最低；叶干物质含量以脚苔草、洽草和羊草三个草甸草原群系最低；分离指数和叶形指数以羊茅、洽草草甸草原群系最低。

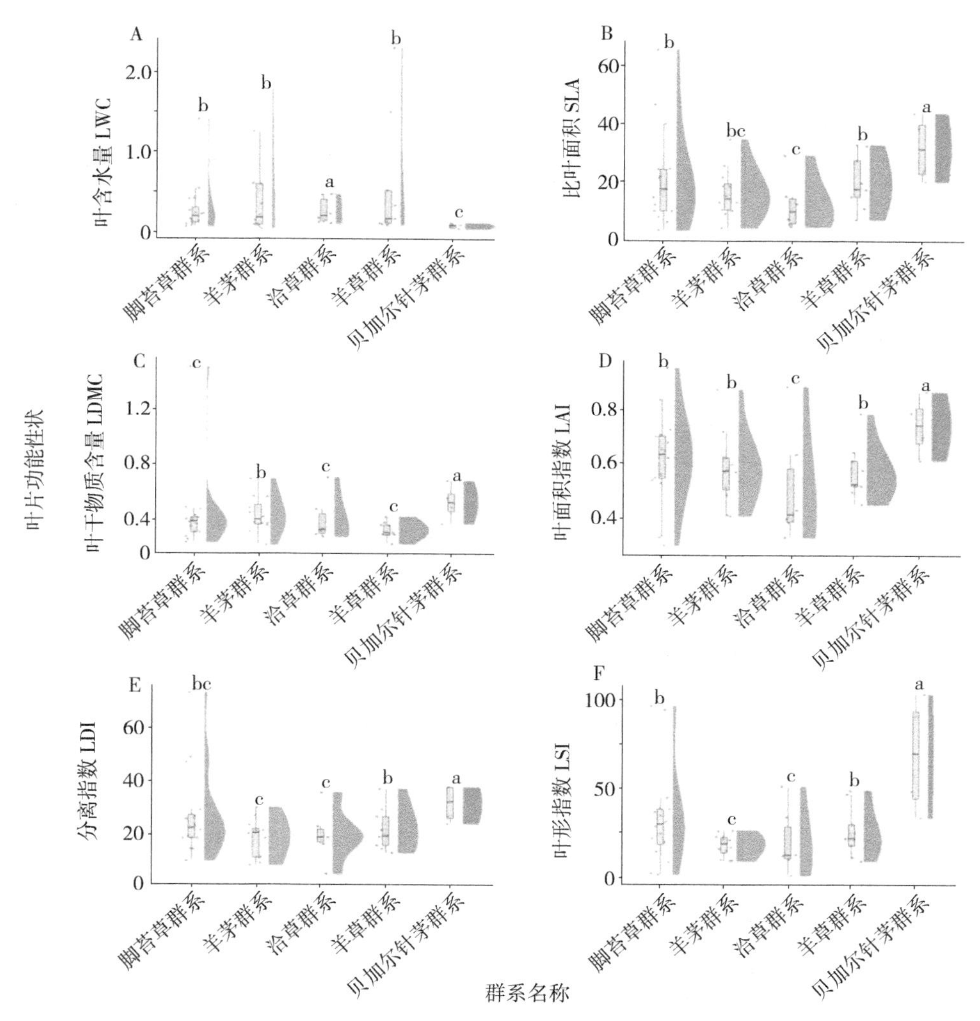

图 5-15 呼伦贝尔草甸草原主要群系叶片功能指数差异

5.2.2.2 呼伦贝尔草甸草原区不同植被类型植物个体功能差异

在呼伦贝尔草甸草原主要植被亚型植物功能性状变化研究中（图 5-16），在植株高、叶片数和植株干物质含量几个性状中，荒漠草原最高，草甸草原和典型草原叶片数没有差别，草甸草原和荒漠草原植株高差别不大，都比典型草原高。草甸草原茎干重、茎鲜重高于典型草原高于荒漠草原；典型草原的植株干重高于草甸草原、高于荒漠草原；草甸草原和典型草原的植株鲜重都较高，荒漠草原植株鲜重则比较低；草甸草原茎叶比最高，其次为典型草原，荒漠草原最低。

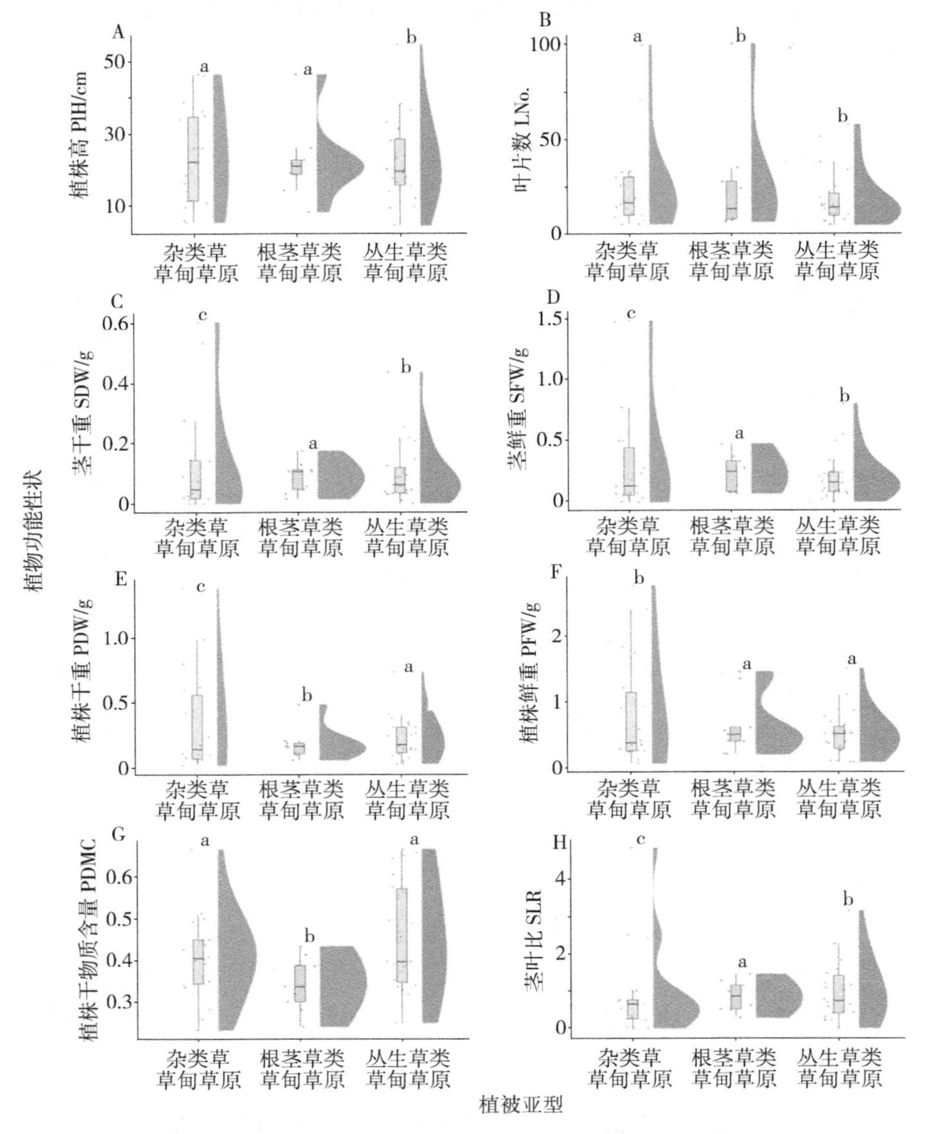

图 5-16　呼伦贝尔草甸草原主要植被亚型植物功能性状差异

在呼伦贝尔草甸草原主要群系植物个体功能性状变化研究中（图 5-17），除叶片数量和植株干物质含量以外，洽草草甸草原群系在总体上表现较好；贝加尔针茅除了植株干物质含量和茎叶比之外的性状都较低。贝加尔针茅草甸草原群系叶片数最高，洽草草甸草原群系最低，其他群系差别不大；同样的贝加尔针茅草甸草原群系的植株干物质含量最高，其次为脚苔草草甸草原群系和羊茅草甸草原群系，洽草和羊草草甸草原群系最低。

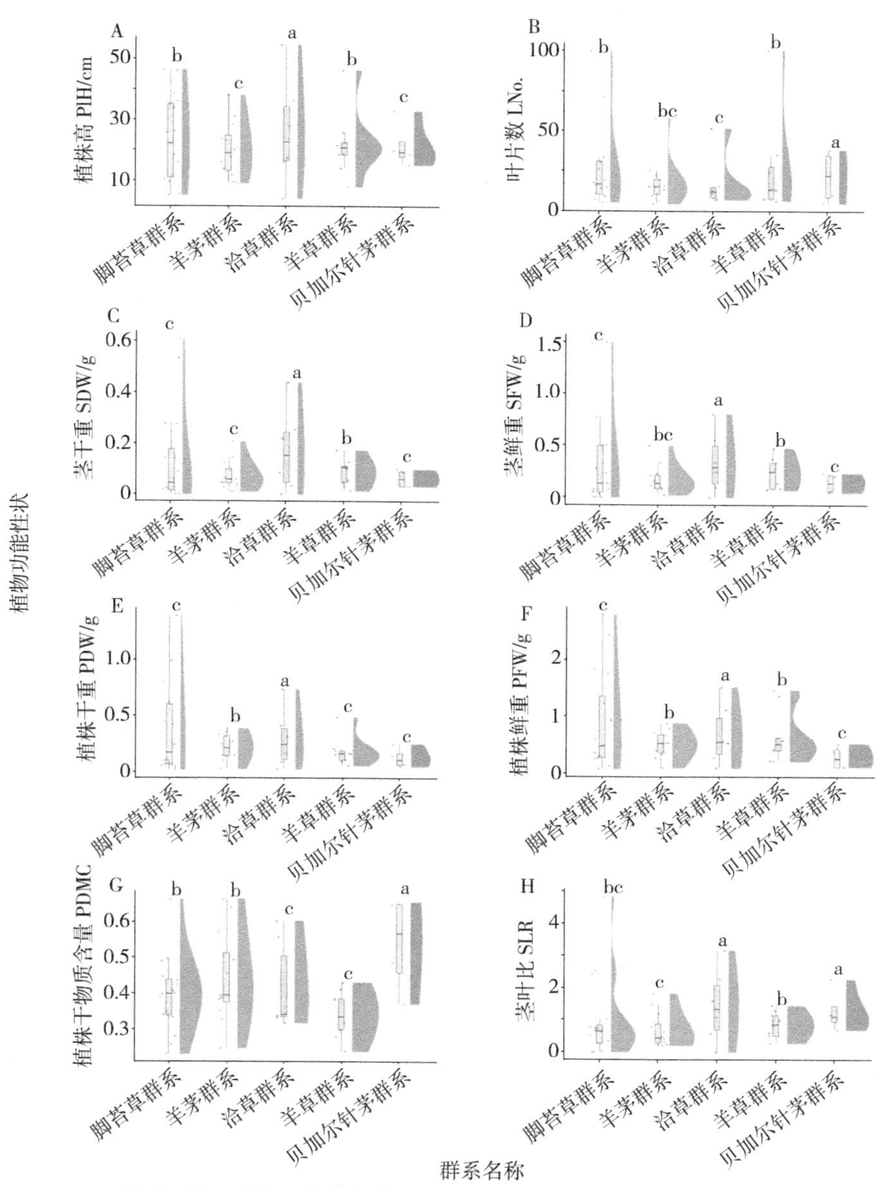

图 5-17 呼伦贝尔草甸草原主要群系植物个体功能性状差异

5.2.3 呼伦贝尔草原典型草原区不同植被类型植物功能性状差异

5.2.3.1 呼伦贝尔典型草原区不同植被类型叶片功能性状差异

在呼伦贝尔典型草原主要植被亚型叶片基本功能性状变化研究中（图 5-18），除叶鲜重外，丛生草类典型草原都较高；灌木 / 半灌木典型草原叶鲜重最高，其次为根茎草类典型草原和丛生草类典型草原，杂类草典型草原最低。杂类草典型草原在除叶宽以外的所有性状中都是最低的。

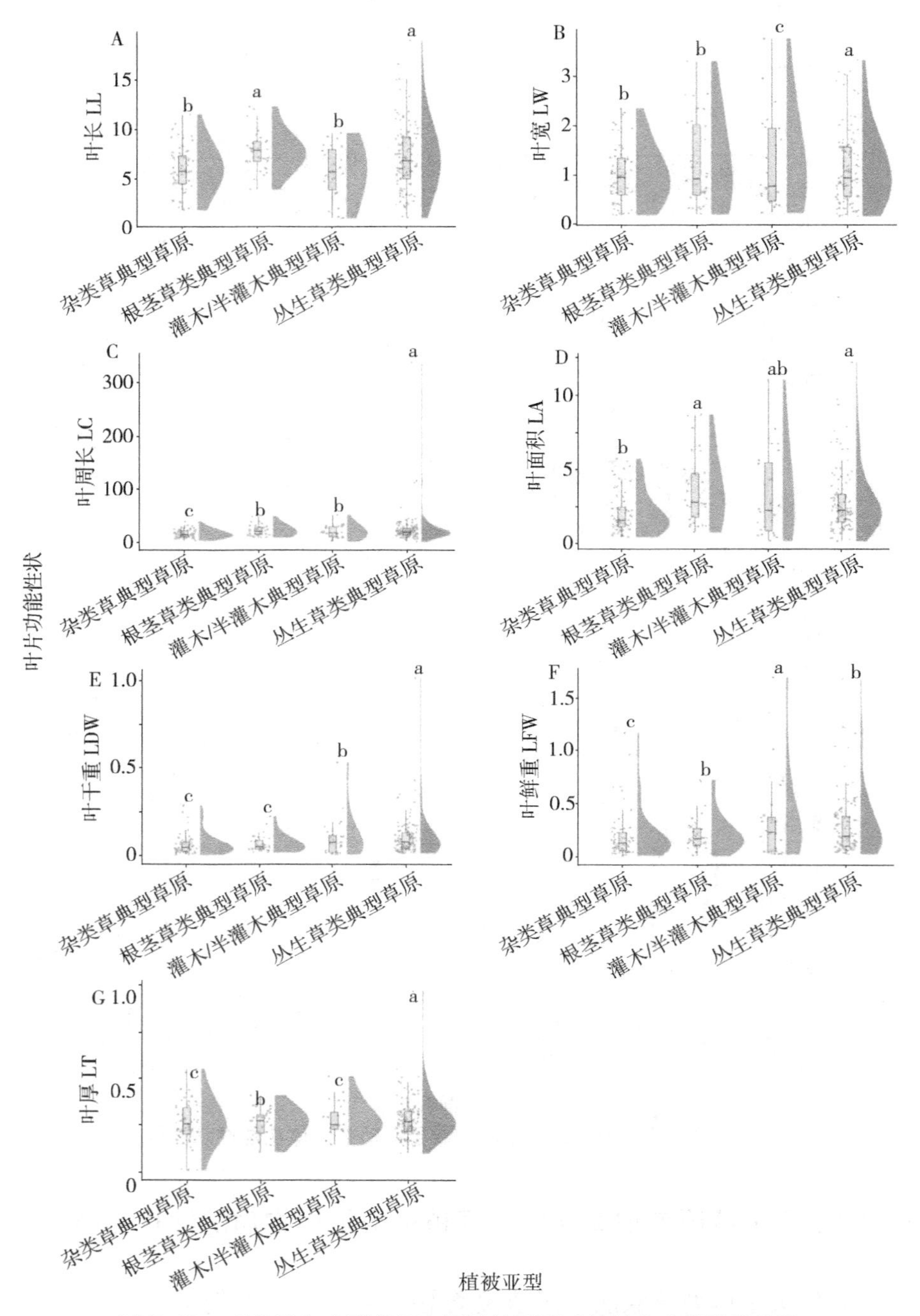

图 5-18　呼伦贝尔典型草原主要植被亚型叶片基本功能性状差异

在呼伦贝尔典型草原主要植被亚型叶片功能指数变化研究中（图 5-19），丛生草类典型草原的叶干物质含量、叶形指数、分离指数都是最高的，根茎草和灌木/半灌木典型草原的叶干物质含量和叶形指数都较低，灌木/半灌木典型草原的分离指数是最低的。根茎草典型草原的比叶面积和叶面积指数都是最高的，杂类草和根茎草典型草原的叶含水量差别不大，都比其他植被亚型要高。

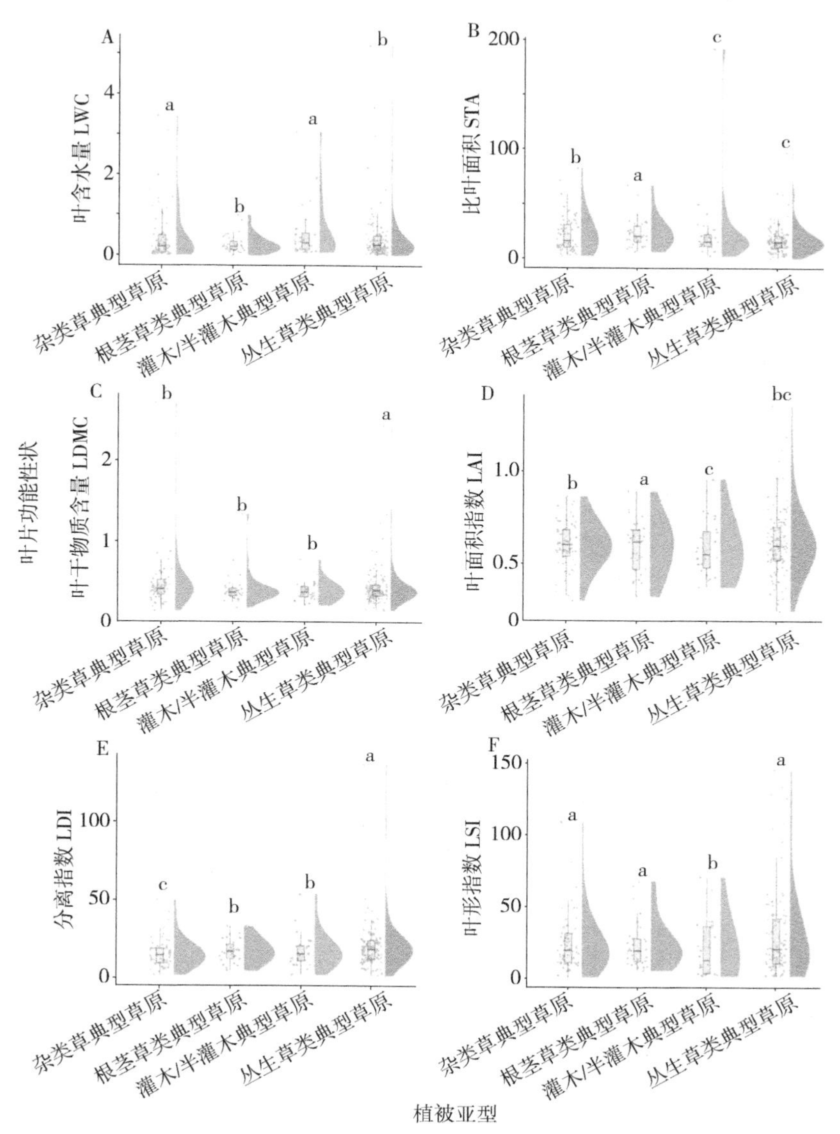

图 5-19　呼伦贝尔典型草原主要植被亚型叶片功能指数差异

在呼伦贝尔典型草原主要群系叶片基本功能性状变化研究中（图 5-20），不同的性状中不同群系之间的差异并没有显著的规律，狭叶锦鸡儿和隐子草的典型草原群系叶长最高，脚苔草和星毛委陵菜的典型草原群系叶长最低；小叶锦鸡儿典型草原群系叶宽、叶面积和叶周长最高，脚苔草典型草原群系最低；冰草典型草原群系的叶干重、叶鲜重和叶厚是最高的，脚苔草典型草原群系最低，脚苔草典型草原群系的叶干重和叶厚与冰草差别不大，都比较高，克氏针茅典型草原群系的叶厚也比较高。

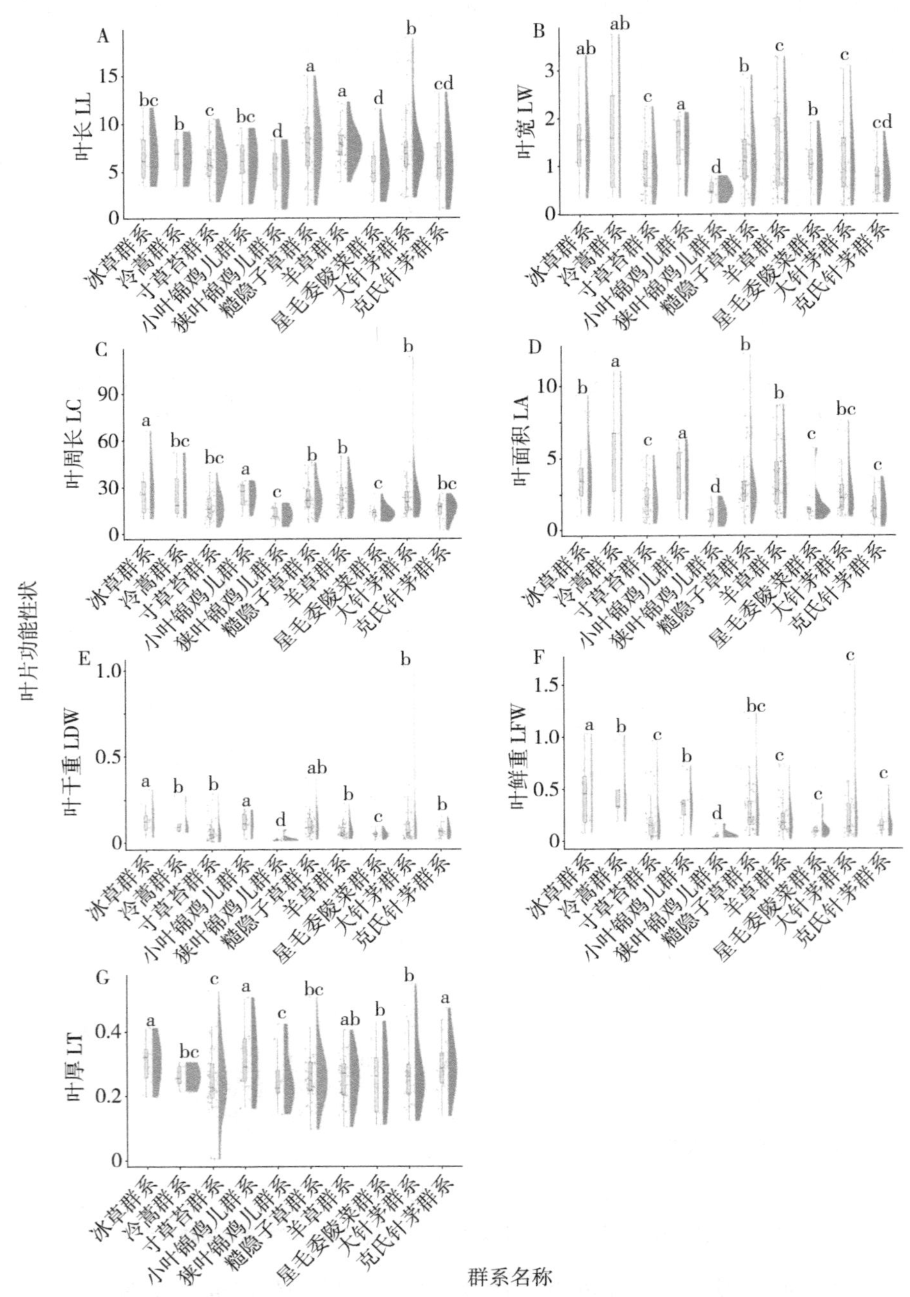

图 5-20　呼伦贝尔典型草原主要群系叶片基本功能性状差异

在呼伦贝尔典型草原主要群系叶片功能指数变化研究中（图 5-21），克氏针茅典型草原叶片含水量和叶面积指数最高，冷蒿典型草原的比叶面积最高，寸草苔的叶干物质含量最高，贝加尔针茅的分离指数最高，糙隐子草典型草原叶形指数最高。寸草苔、脚苔草、星毛委陵菜典型草原叶片含水量最低，星毛委陵菜典型草原的比叶面积和分离指数也是最低的，冷蒿典型草原的叶干物质含量、叶面积指数、分离指数和叶形指数是最低的。

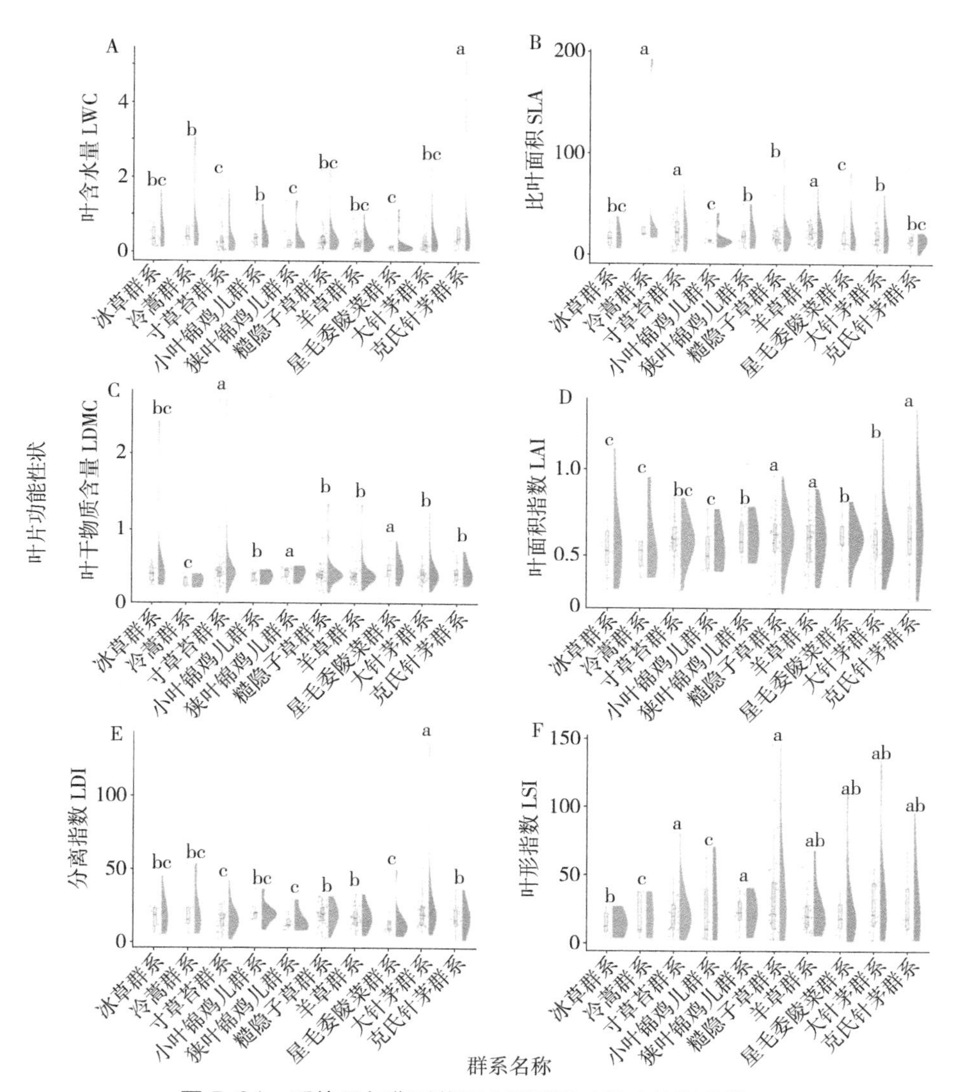

图 5-21　呼伦贝尔典型草原主要群系叶片功能指数差异

5.2.3.2　呼伦贝尔典型草原区不同植被类型植物个体功能差异

在呼伦贝尔典型草原主要植被亚型植物个体功能性状变化研究中（图 5-22），从生草类典型草原的叶片数、植株高、茎干重和茎鲜重都是最高的，根茎草典型草原叶片数与丛生草典型草原没有差别，高于灌木 / 半灌木典型草原、高于杂类草典型草原。灌木 / 半灌木典型草原和杂类草典型草原的植株高最低，次于根茎草典型草原。灌木 / 半灌木典型草原的茎干重和茎鲜重与丛生草类典型草原没有差别，杂类草和根茎草典型草原没有差别，都比较低；灌木 / 半灌木典型草原的植株干重和鲜重都是最高的，杂类草和根茎草典型草原没有差别，都比较低；丛生草典型草原的植株干物质含量和茎叶比都是最高的，灌木 / 半灌木和杂类草典型草原则比较低。

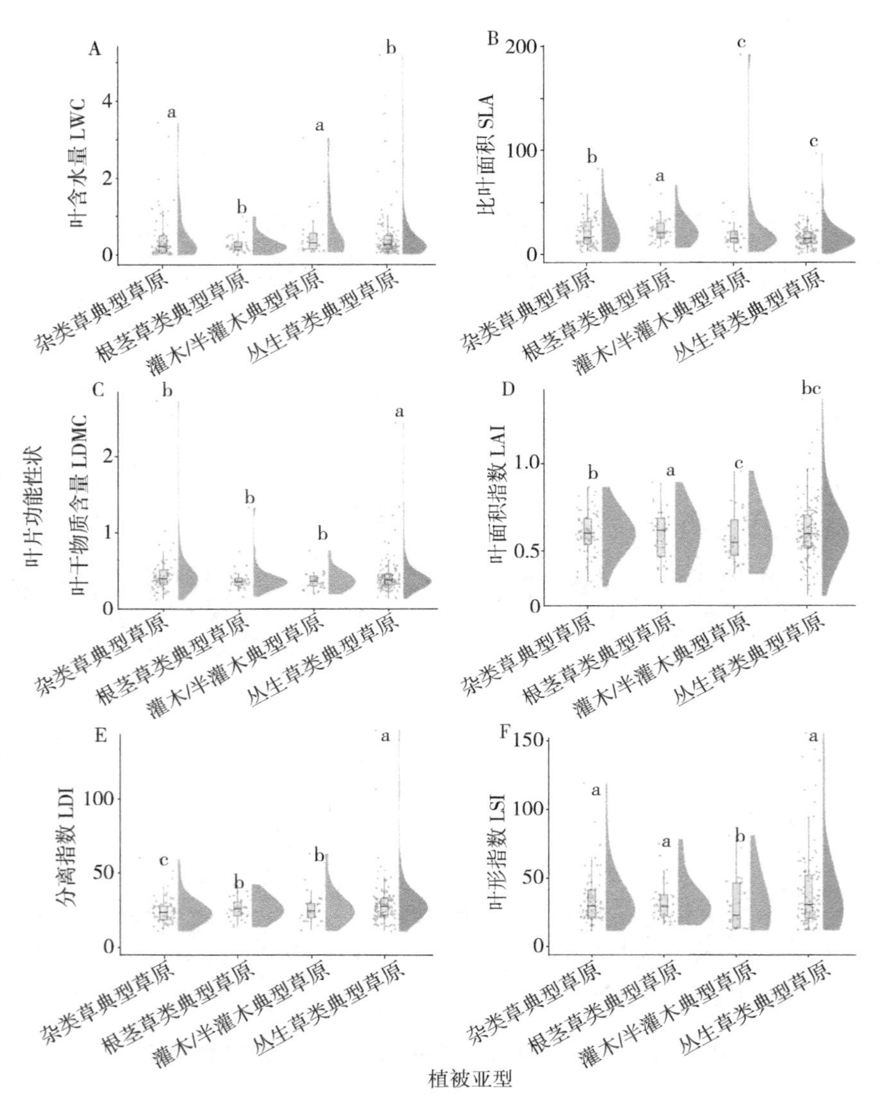

图 5-22　呼伦贝尔典型草原主要植被亚型植物个体功能性状差异

在呼伦贝尔典型草原主要群系植物个体功能性状变化研究中（图 5-23），糙隐子草典型草原总体上表现较好，冰草、冷蒿和糙隐子草典型草原群系植株高没有差别，都比较高，星毛委陵菜典型草原群系最低；糙隐子草典型草原的叶片数量要显

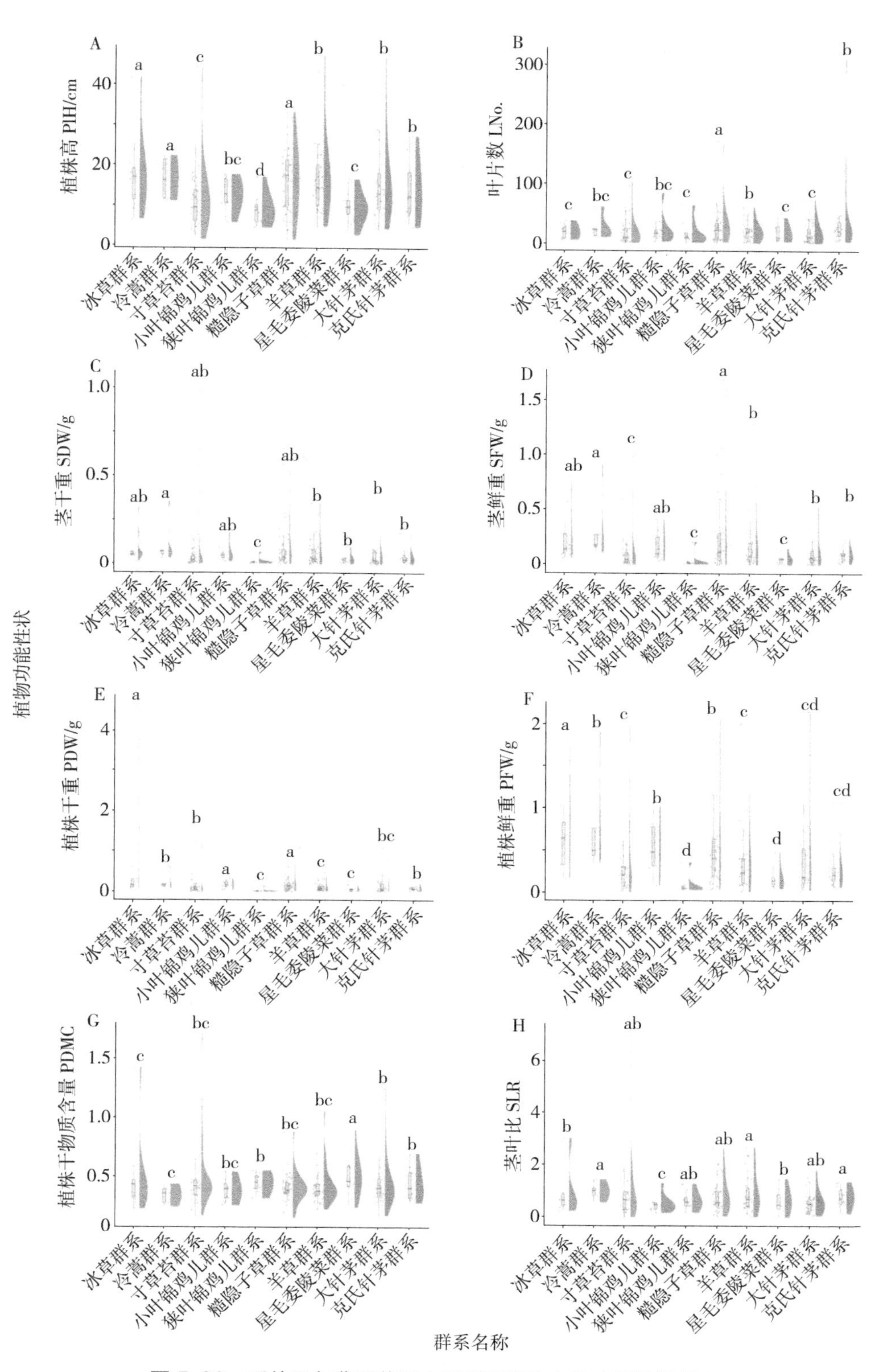

图 5-23 呼伦贝尔典型草原主要群系植物个体功能性状差异

著高于其他群系。冷蒿典型草原群系在茎干重和茎鲜重性状中表现最佳，脚苔草典型草原群系最低。冰草典型草原群系在植株干重和植株鲜重中都是最高的，脚苔草和星毛委陵菜典型草原群系最低，但星毛委陵菜典型草原群系的植株干物质含量要显著高于其他群系。对于茎叶比来说，冷蒿和羊草典型草原群系高于寸草苔、脚苔草、狭叶锦鸡儿和大针茅典型草原群系，其次是冰草和星毛委陵菜典型草原群系，小叶锦鸡儿典型草原群系最低。

5.2.4 呼伦贝尔荒漠草原区不同植被类型植物功能性状差异

5.2.4.1 呼伦贝尔荒漠草原区不同植被类型叶片功能性状差异

在呼伦贝尔荒漠草原不同植被亚型的叶片基本功能性状变化研究中（图 5-24），对于叶宽、叶长、叶周长、叶干重几个性状来说，杂类草荒漠草原都要高于灌木 / 半灌木荒漠草原、高于丛生草类荒漠草原。灌木 / 半灌木荒漠草原的叶面积高于丛生草类荒漠草原、高于杂类草荒漠草原。丛生草类荒漠草原的叶鲜重最高，灌木 /

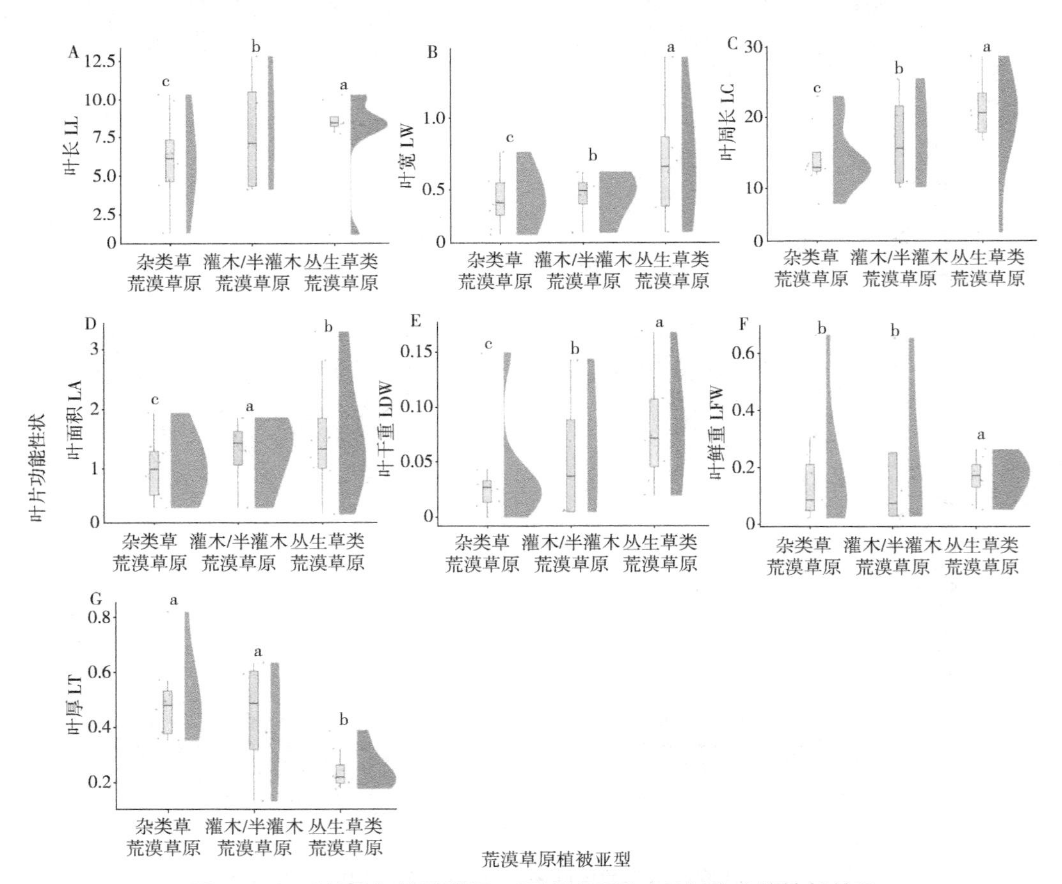

图 5-24 呼伦贝尔荒漠草原不同植被亚型叶片基本功能性状差异

半灌木和杂类草荒漠草原两者没有差别，都比较低。但灌木 / 半灌木和杂类草荒漠草原的叶厚没有差别，都比较高，丛生草类荒漠草原则比较低。

在呼伦贝尔荒漠草原不同植被亚型的叶片功能指数变化研究中（图 5-25），杂类草荒漠草原叶片含水量高于灌木 / 半灌木荒漠草原、高于丛生草类荒漠草原。灌木 / 半灌木荒漠草原的比叶面积和叶面积指数都高于杂类草荒漠草原、高于丛生草类荒漠草原。丛生草类荒漠草原的叶干物质含量和分离指数都是最高的，灌木 / 半灌木荒漠草原的叶形指数最高，杂类草荒漠草原的叶干物质含量、分离指数和叶形指数都是最低的。

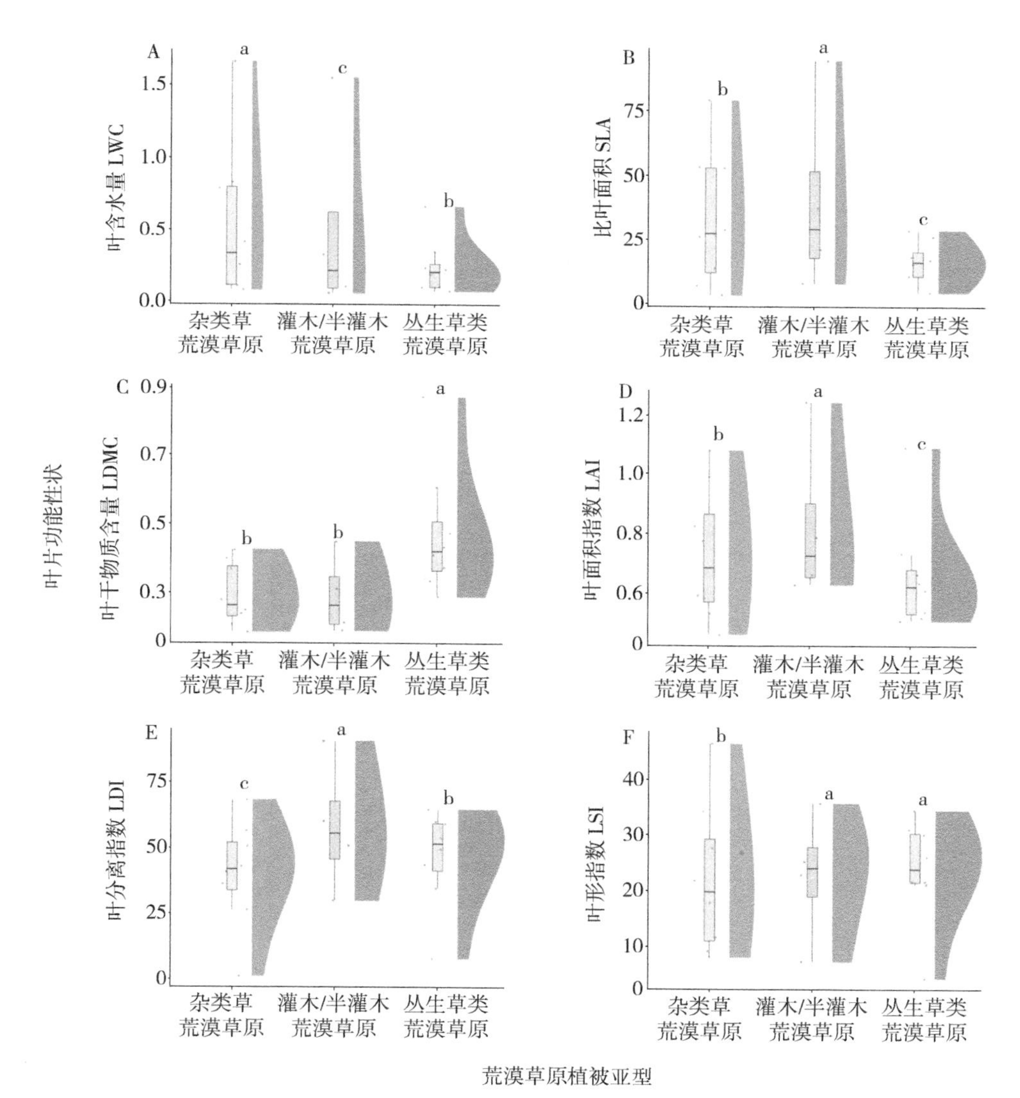

图 5-25 呼伦贝尔荒漠草原不同植被亚型叶片功能指数差异

在呼伦贝尔荒漠草原主要群系叶片基本功能性状变化研究中（图5-26），小针茅荒漠草原的叶长、叶宽、叶周长、叶面积、叶干重、叶鲜重都是最高的，但叶厚是最低的。多根葱荒漠草原的叶厚是最高的，但其他性状都比较低。狭叶锦鸡儿荒漠草原的叶长、叶宽、叶周长、叶干重都仅次于小针茅荒漠草原，比叶面积与小针茅荒漠草原没有差别，叶鲜重和多根葱荒漠草原一样都比较低，但叶厚较高。

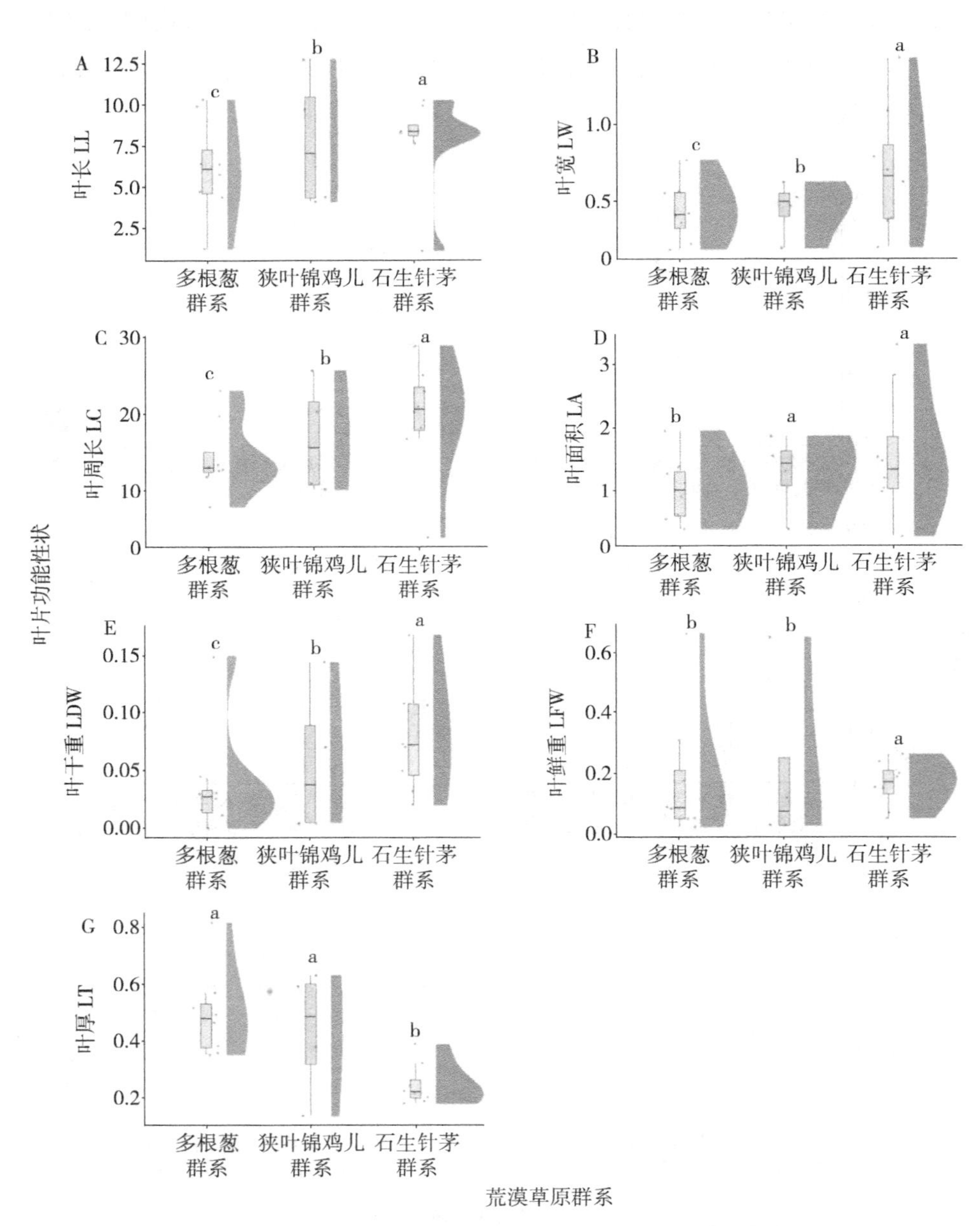

图5-26 呼伦贝尔荒漠草原主要群系叶片基本功能性状差异

在呼伦贝尔荒漠草原不同植被类型植物个体功能变化研究中（图 5-27），多根葱荒漠草原的叶片含水量和比叶面积是三者中最高的，小针茅荒漠草原则最低。小针茅荒漠草原的叶干物质含量最高，多根葱和狭叶锦鸡儿荒漠草原两者没有差别，都比较低。狭叶锦鸡儿荒漠草原的叶面积指数、分离指数和叶形指数都是最高的，多根葱荒漠草原的这三个性状都比较低，小针茅荒漠草原的叶面积指数最低，但分离指数与狭叶锦鸡儿荒漠草原一样高，叶形指数水平则处于其他两者之间。

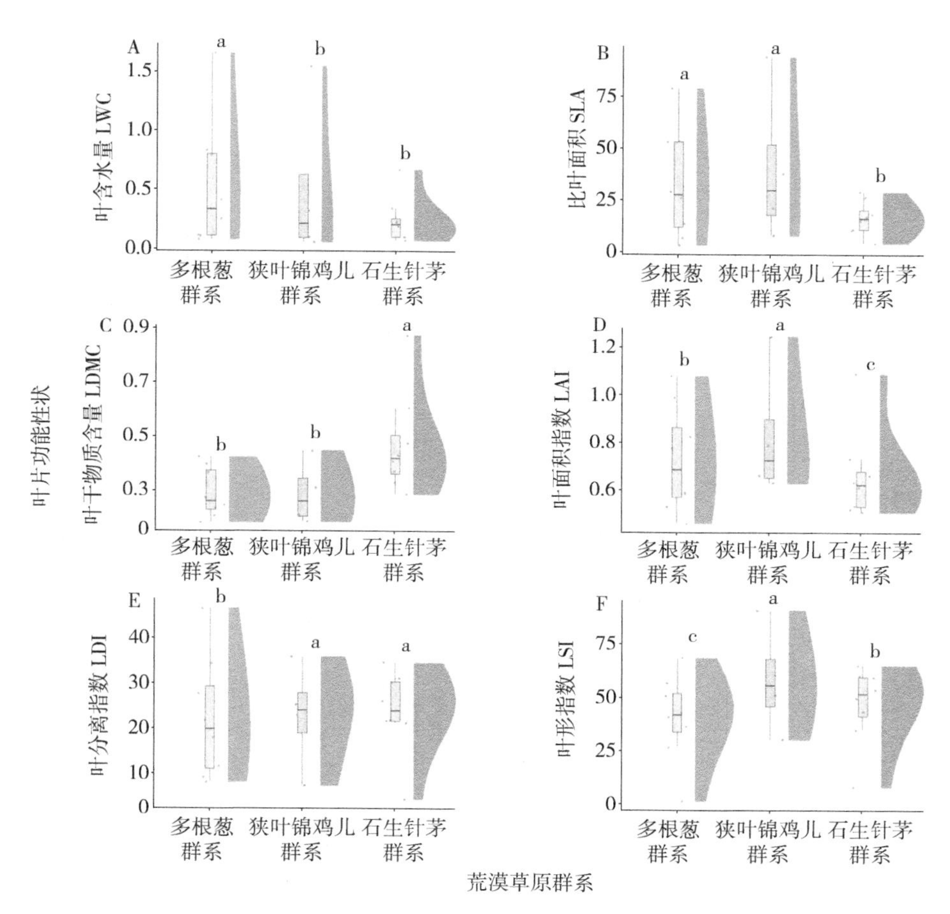

图 5-27 呼伦贝尔荒漠草原主要群系叶片功能指数差异

5.2.4.2 呼伦贝尔荒漠草原区不同植被类型植物个体功能差异

在呼伦贝尔荒漠草原主要植被亚型植物个体功能性状和主要群系植物个体功能性状变化研究中（图 5-28、图 5-29），在植株高、植株干重、植株鲜重、植株干物质含量和茎叶比这几个性状中，丛生草类荒漠草原高于灌木 / 半灌木荒漠草原、高于杂类草荒漠草原，对应到群系中，即为小针茅荒漠草原高于狭叶锦鸡儿荒漠草原、高于多根葱荒漠草原。丛生草类荒漠草原的叶片数最高，灌木/半灌木和杂类草荒漠草原没有差别，都比较低，即小针茅荒漠草原叶片数最高，狭叶锦鸡儿和多根葱荒漠草原叶片数没有差别，都比较低。灌木/半灌木荒漠草原的茎干重和茎鲜重高于丛生草类荒漠草原、高于杂类草荒漠草原，在群系中表现为狭叶锦鸡儿荒漠草原的茎干重和茎鲜重高于小针茅荒漠草原、高于多根葱荒漠草原。

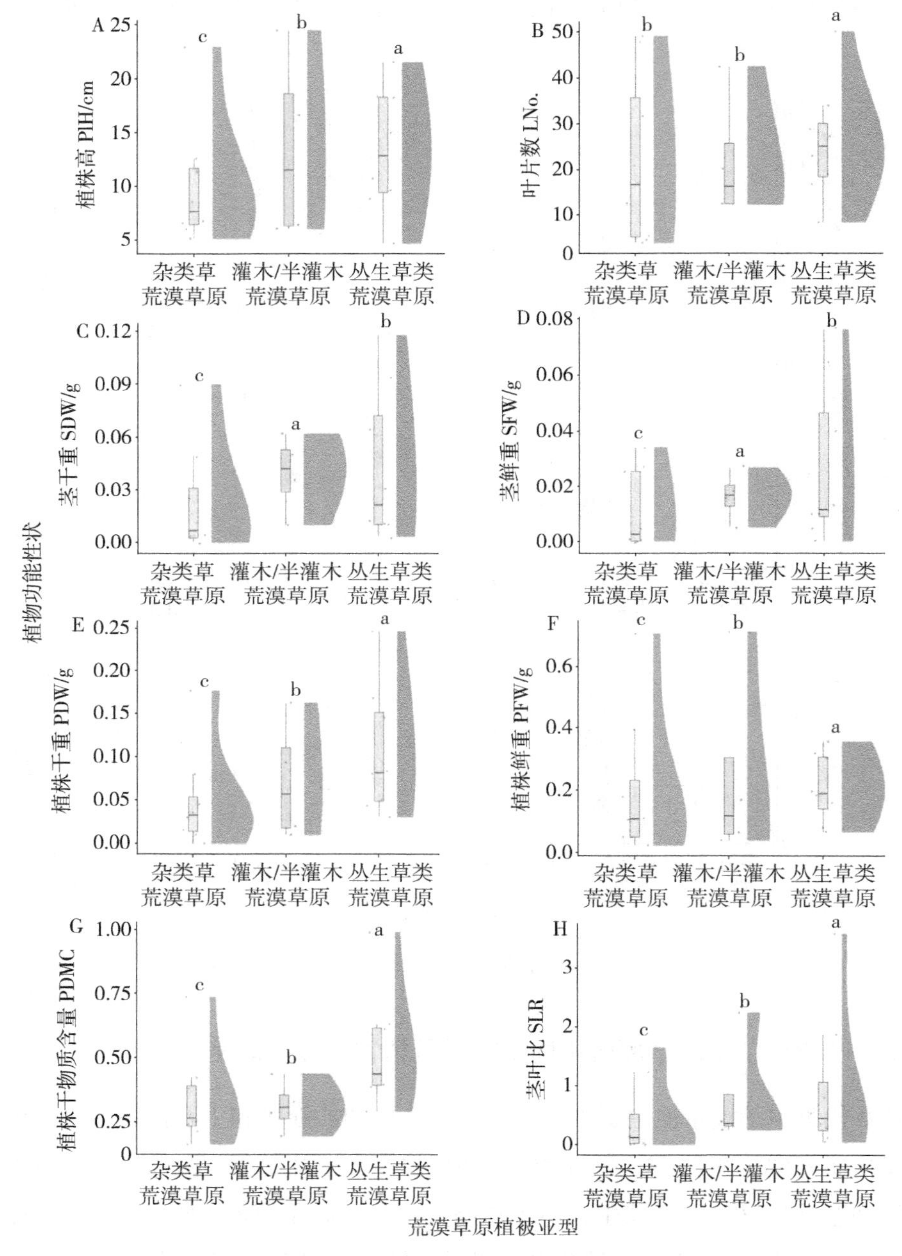

图 5-28　呼伦贝尔荒漠草原主要植被亚型植物个体功能性状差异

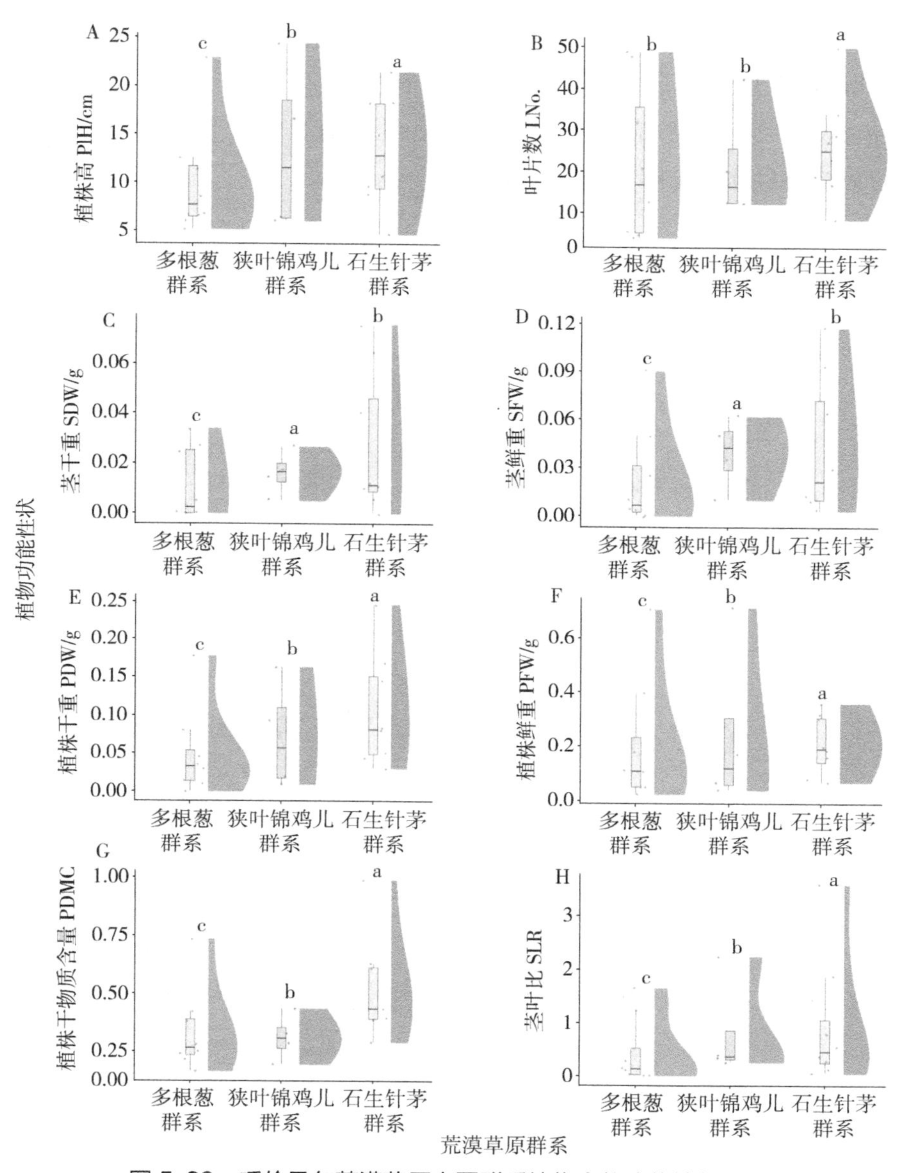

图 5-29 呼伦贝尔荒漠草原主要群系植物个体功能性状差异

5.3 呼伦贝尔草原土壤功能分析

5.3.1 呼伦贝尔草原不同草原区土壤功能性状差异

在呼伦贝尔草原不同草原区土壤功能性状变化研究中（图 5-30），荒漠草原的土壤 pH 高于草甸草原、高于典型草原。土壤含水量和土壤含氮量都显示出草甸草原高于典型草原、高于荒漠草原的特征。荒漠草原和典型草原的土壤容重没有差别，都比较高，草甸草原则比较低。荒漠草原和草甸草原的土壤含磷量都比较高，两者没有差别，典型草原最低。土壤有机质、土壤有机碳和土壤碳储量都显示出草甸草原最高，其他两者没有差别，都比较低。

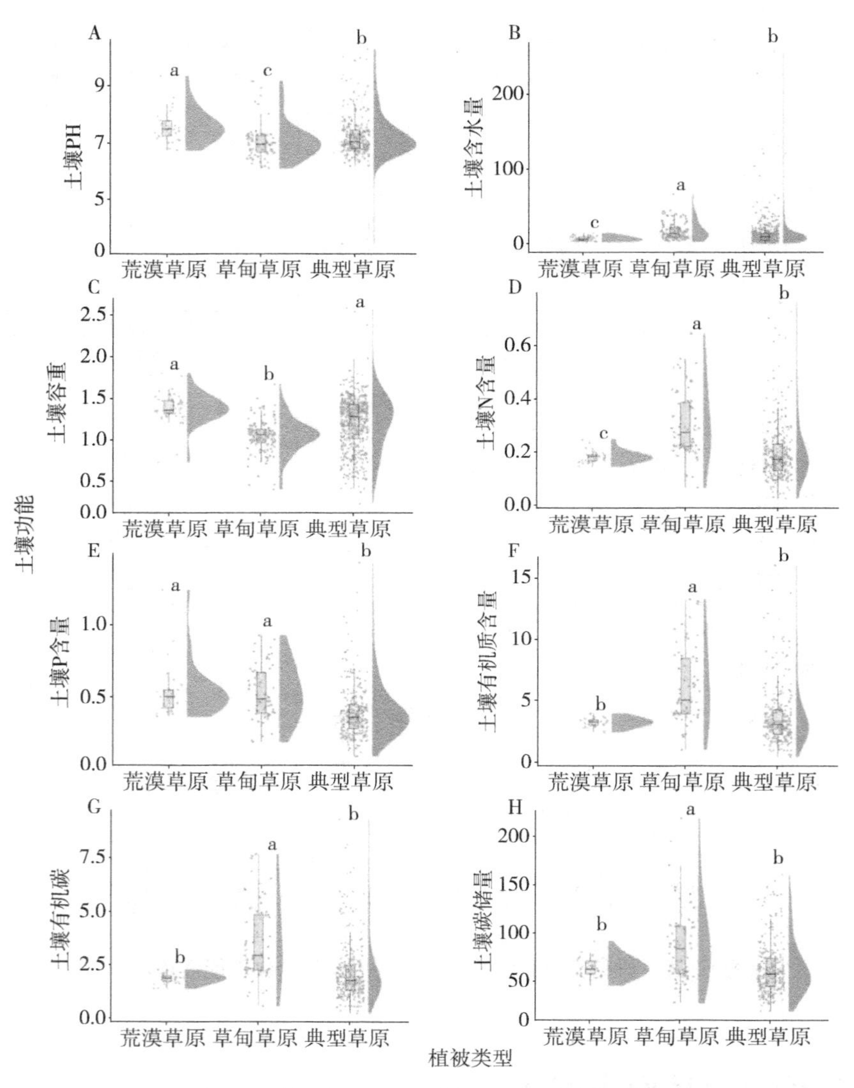

图 5-30 呼伦贝尔草原不同草原区土壤功能性状差异

5.3.2 呼伦贝尔草原草甸草原区不同草原区土壤功能性状差异

呼伦贝尔草原草甸草原区不同植被亚型土壤功能性状变化研究中（图 5-31），从生草类草甸草原的 pH 是最高的，灌木 / 半灌木和根茎草类草甸草原两者没有差别，都较低，但高于杂类草草甸草原；呼伦贝尔草原草甸草原区不同植被亚型的土壤含水量和土壤容重彼此间没有差别。杂类草草甸草原和根茎草草甸草原的土壤含氮量和土壤含磷量都比较高，没有差别，丛生草草甸草原的土壤含氮量也与两者没有差别，但其土壤含磷量和灌木 / 半灌木草甸草原一样都比较低。杂类草草甸草原的土壤有机质、土壤有机碳和土壤碳储量都是最高的，其次为根茎草草甸草原，灌木 / 半灌木和丛生草草甸草原没有差别，都是最低的。

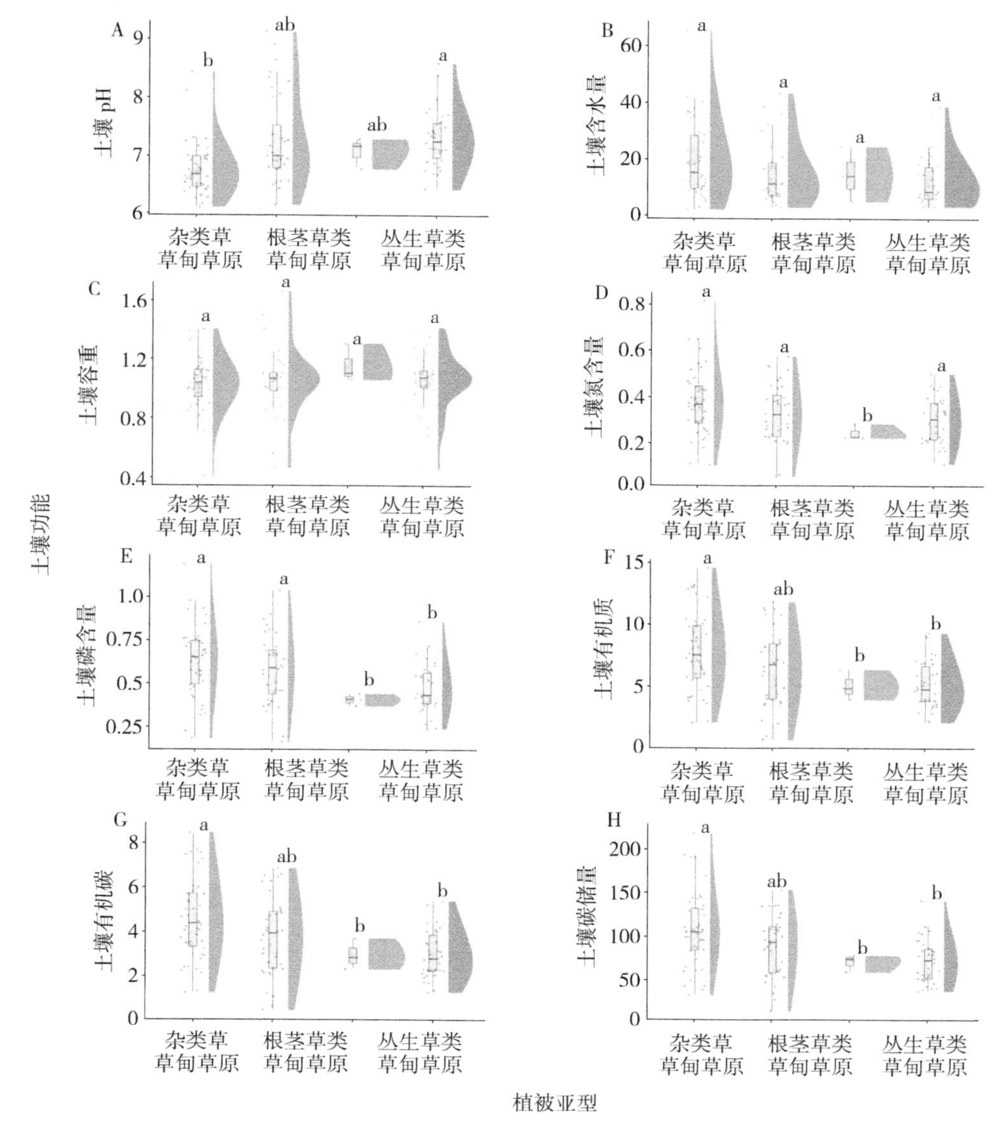

图 5-31 呼伦贝尔草原草甸草原区不同植被亚型土壤功能性状差异

在呼伦贝尔草原草甸草原区不同群系土壤功能性状变化研究中（图 5-32），洽

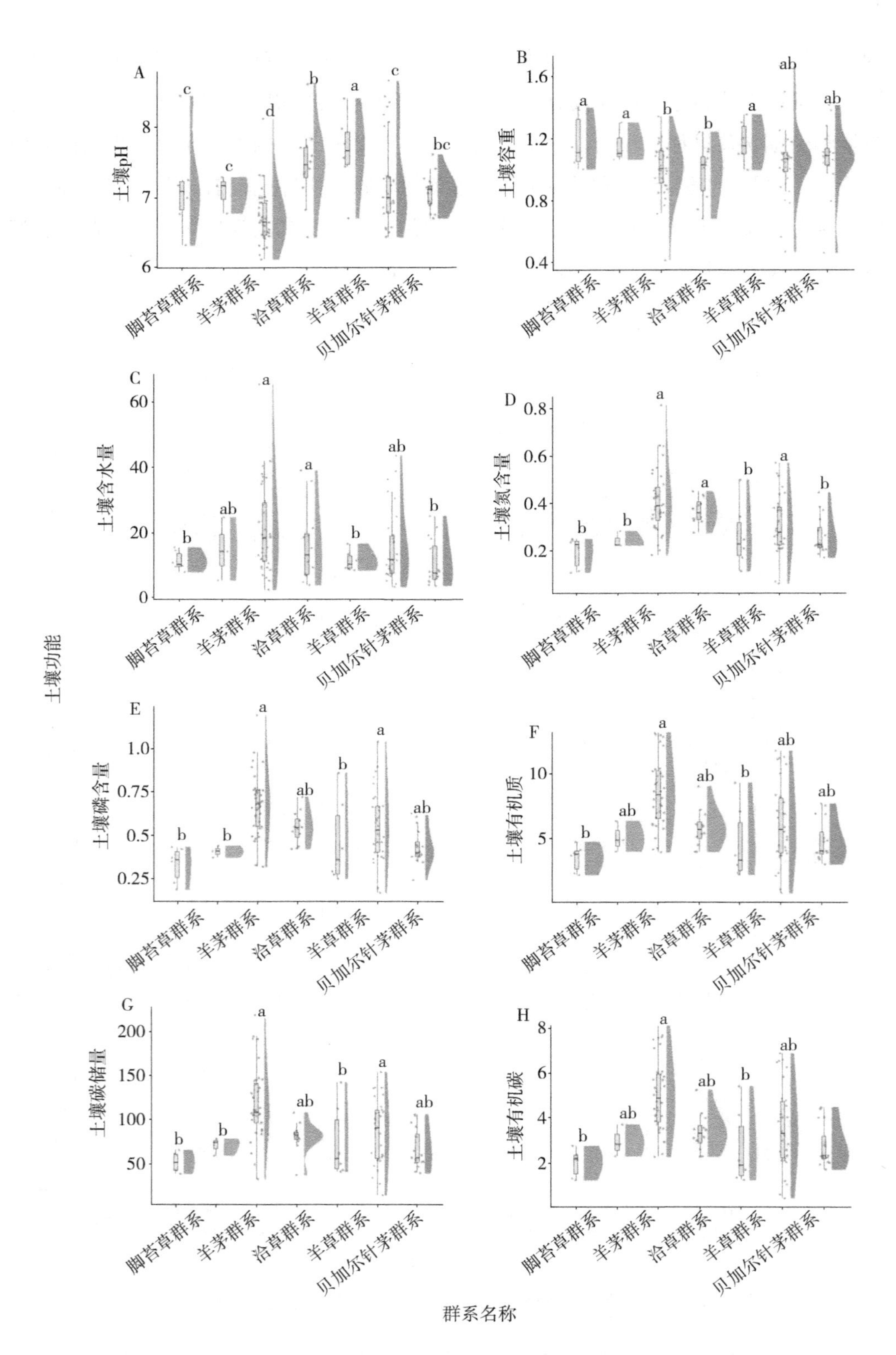

图 5-32　呼伦贝尔草原草甸草原区不同群系土壤功能性状差异

草草甸草原的 pH 和土壤容重都是最高的，但红柴胡和小叶锦鸡儿草甸草原的 pH 是最低的，土壤容重却与洽草草甸草原一样高。脚苔草草甸草原和羊茅草甸草原的土壤含水量和土壤含氮量都是最高的，但红柴胡、洽草和贝加尔针茅草甸草原都比较低。脚苔草和羊草草甸草原的土壤含磷量和土壤碳储量都是最高的，其次为羊茅和贝加尔针茅草甸草原，红柴胡、小叶锦鸡儿和洽草草甸草原最低。脚苔草草甸草原的土壤有机质和土壤有机碳最高，其次为小叶锦鸡儿、羊茅、羊草和贝加尔针茅草甸草原，红柴胡和洽草草甸草原最低。

5.3.3 呼伦贝尔草原典型草原区不同植被类型土壤功能性状差异

呼伦贝尔草原典型草原区不同植被亚型土壤功能性状变化研究中（图 5-33），灌木 / 半灌木典型草原的 pH 最高，其他三种植被亚型没有区别，都比较低。杂类草和丛生草典型草原的土壤容重没有差别，都要高于根茎草和灌木 / 半灌木典型草原。根茎草典型草原的土壤含水量高于杂类草和灌木 / 半灌木草甸草原、高于丛生草草甸草原。杂类草典型草原的土壤含磷量高于其他三种植被亚型，且其他三种植被亚型彼此没有差别。杂类草和根茎草典型草原的土壤含氮量、土壤有机质和土壤有机碳没有差别，都比较高，灌木 / 半灌木典型草原在这几个性状都表现为最低。在土壤碳储量性状中，杂类草典型草原最高，其他三种植被亚型没有差别，都比较低。

呼伦贝尔草原典型草原区不同群系土壤功能性状变化研究中（图 5-34），冷蒿、小叶锦鸡儿、狭叶锦鸡儿和克氏针茅典型草原的 pH 没有差别，都比较高，其次为糙隐子草、羊草和大针茅典型草原，再次为冰草、寸草苔、星毛委陵菜典型草原，最低的是脚苔草典型草原。冰草、冷蒿、脚苔草、糙隐子草、大针茅和克氏针茅典型草原的土壤容重最高，小叶锦鸡儿典型草原最低。糙隐子草、羊草、星毛委陵菜和大针茅典型草原的土壤含水量最高，克氏针茅典型草原最低。寸草苔和克氏针茅典型草原的土壤含氮量和土壤含磷量都是最高的，但冷蒿和小叶锦鸡儿典型草原则是最低的。呼伦贝尔草原区典型草原内各群系之间在土壤有机质性状中表现没有差别，但脚苔草和星毛委陵菜典型草原的土壤有机碳最高，冰草、冷蒿、小叶锦鸡儿、狭叶锦鸡儿和糙隐子草典型草原都比较低。对于土壤碳储量性状而言，寸草苔、脚苔草和克氏针茅典型草原群系表现最佳，其次为大针茅典型草原群系、冰草和冷蒿典型草原群系，其他群系最低。

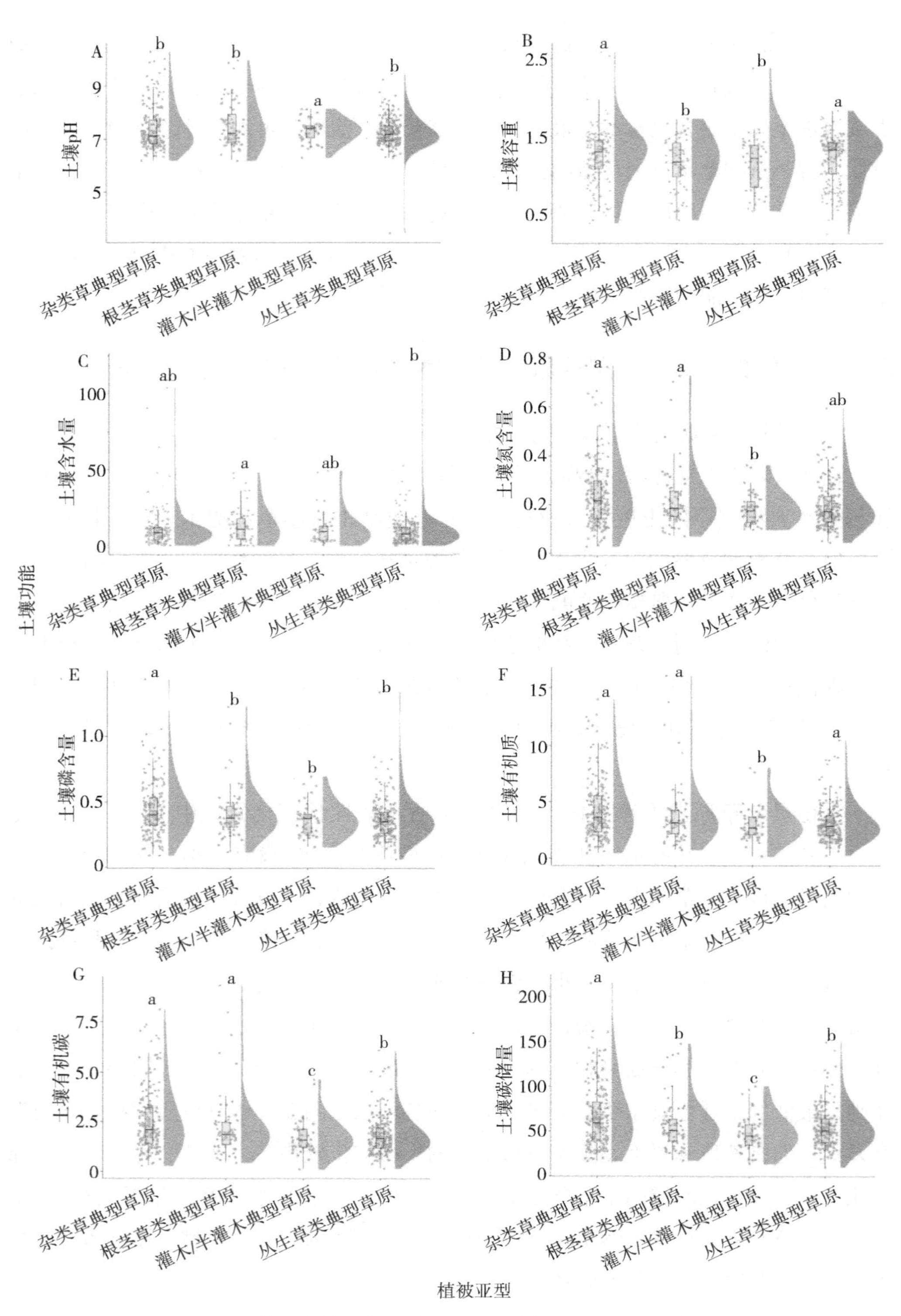

图 5-33　呼伦贝尔草原典型草原区不同植被亚型土壤功能性状差异

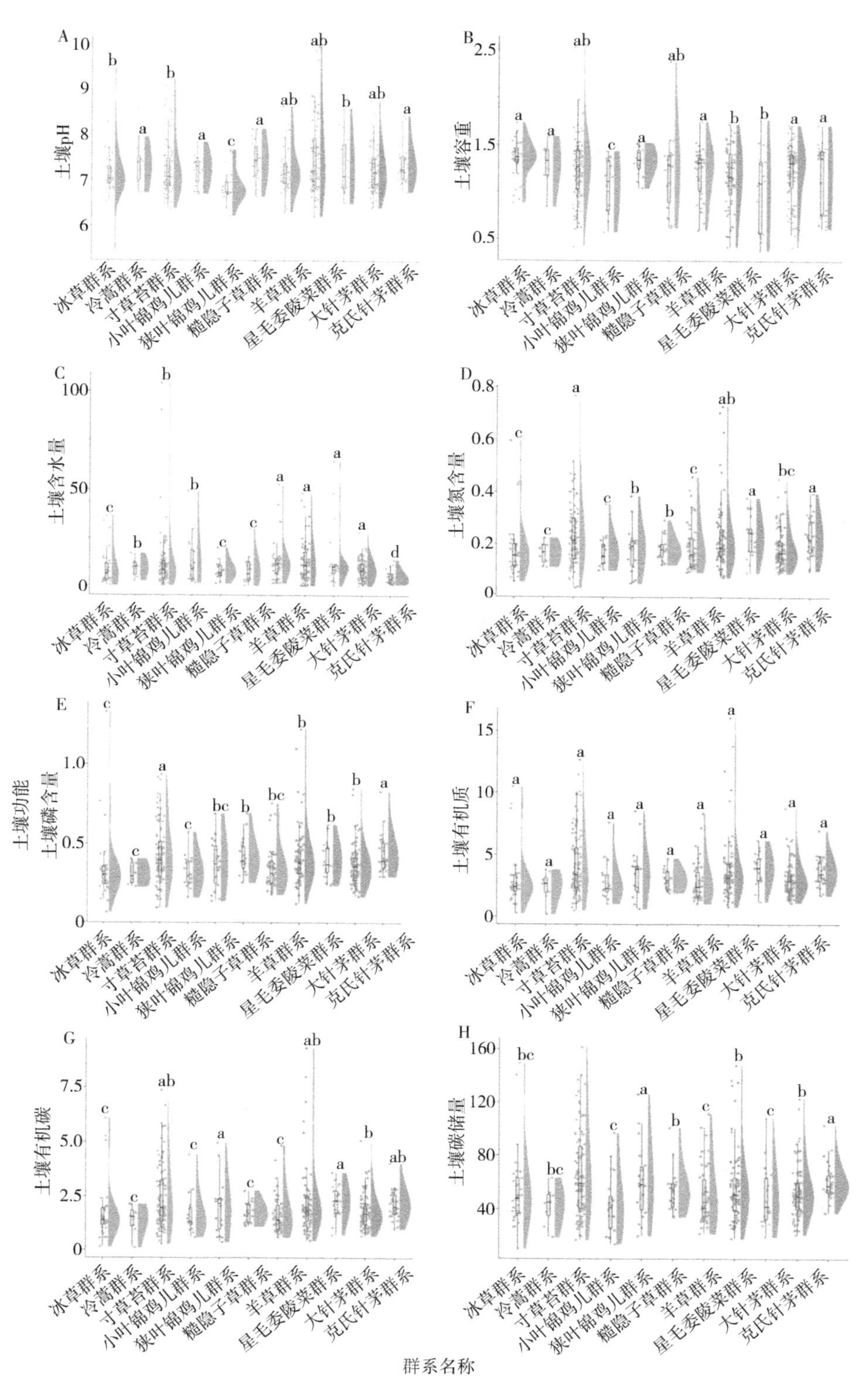

图 5-34 呼伦贝尔草原典型草原区不同群系土壤功能性状差异

5.3.4 呼伦贝尔荒漠草原区不同植被类型土壤功能性状差异

呼伦贝尔草原荒漠草原区不同植被亚型和不同群系土壤功能性状变化研究中（图 5-35、图 5-36），杂类草荒漠草原的 pH 高于灌木 / 半灌木荒漠草原、高于丛生

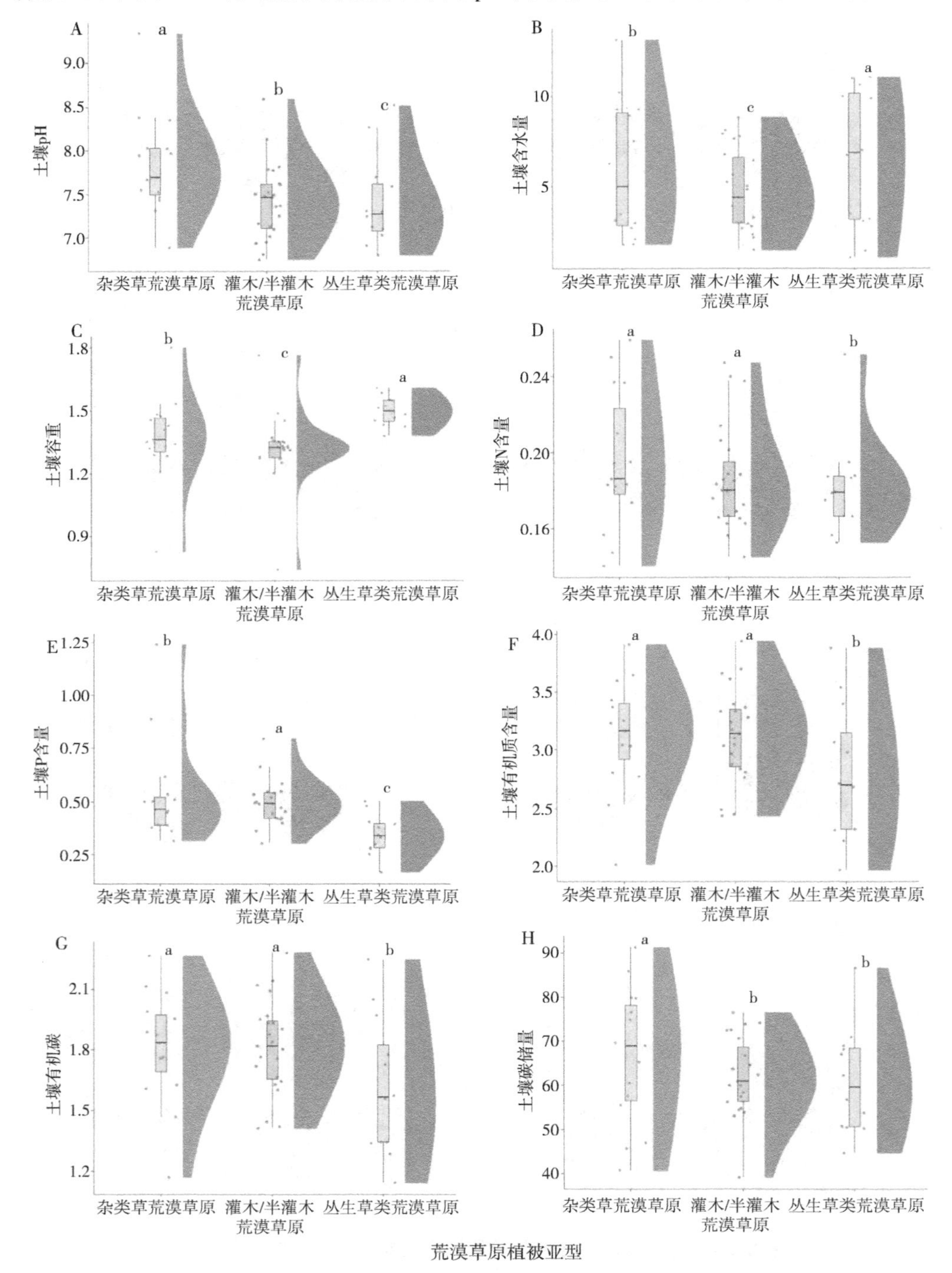

图 5-35 呼伦贝尔草原荒漠草原区不同植被亚型土壤功能性状差异

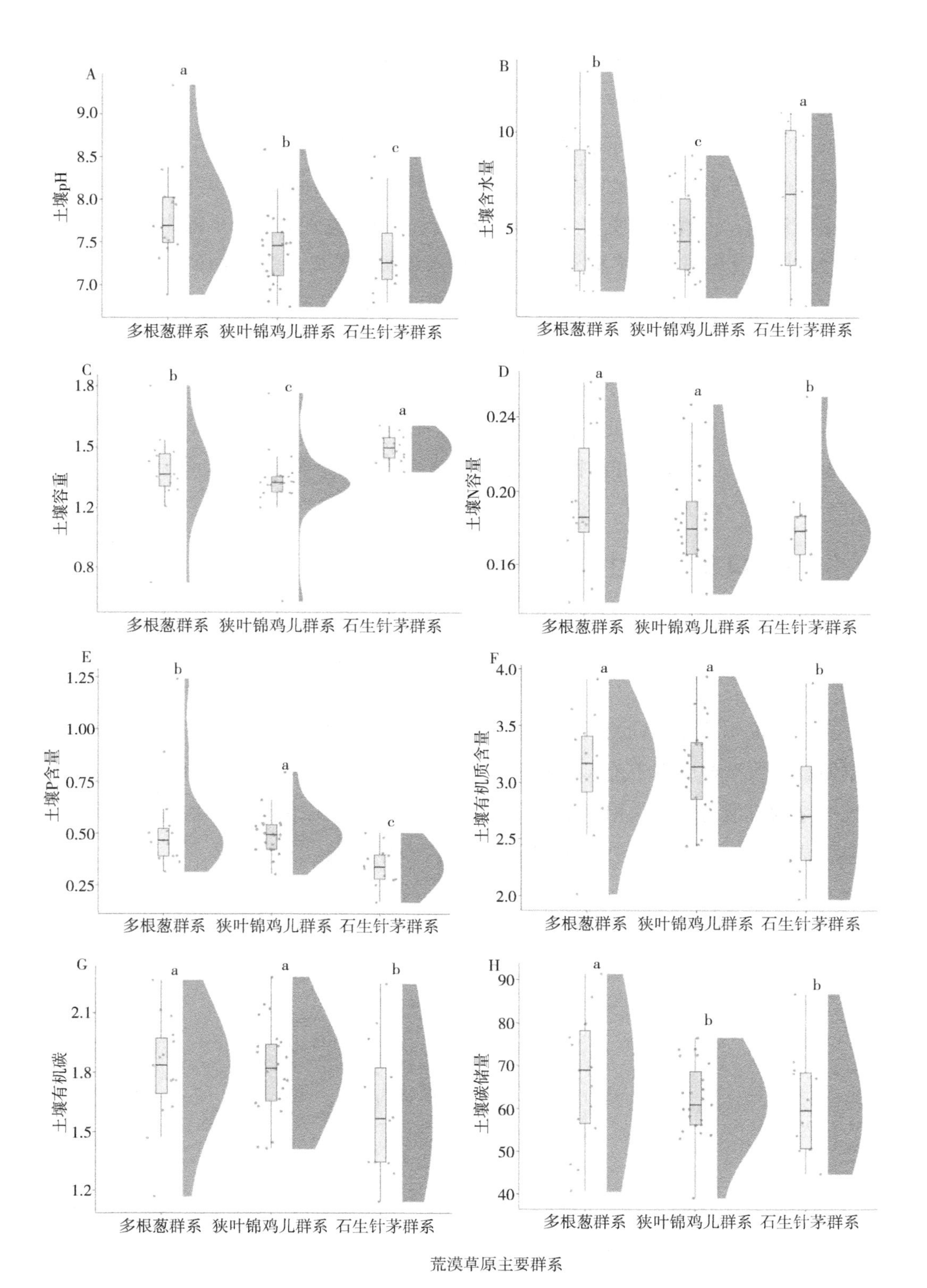

图 5-36 呼伦贝尔草原荒漠草原区不同群系土壤功能性状差异

草荒漠草原，对应到群系中即为多根葱荒漠草原群系高于狭叶锦鸡儿荒漠草原群系、高于小针茅荒漠草原群系。在土壤含水量和土壤容重性状中，丛生草荒漠草原高于杂类草荒漠草原、高于灌木 / 半灌木草原，也就是小针茅荒漠草原群系高于多根葱荒漠草原群系、高于狭叶锦鸡儿荒漠草原群系。杂类草和灌木 / 半灌木荒漠草原的土壤含氮量、土壤有机质和土壤有机碳都没有明显差别，且水平都比较高，丛生草荒漠草原则比较低，即多根葱荒漠草原群系和狭叶锦鸡儿荒漠草原群系没有差别，高于多根葱荒漠草原群系。土壤含磷量性状各植被亚型表现为灌木 / 半灌木荒漠草原高于杂类草荒漠草原、高于丛生草荒漠草原，群系中表现为狭叶锦鸡儿荒漠草原群系高于多根葱荒漠草原群系、高于小针茅荒漠草原群系。灌木 / 半灌木荒漠草原和丛生草荒漠草原在土壤碳储量性状表现没有差别，都高于杂类草荒漠草原，群系中表现为狭叶锦鸡儿荒漠草原群系和小针茅荒漠草原群系高于多根葱荒漠草原群系。

5.4 呼伦贝尔草原生态系统多功能分析

5.4.1 呼伦贝尔草原不同草原区生态系统多功能差异

在呼伦贝尔草原不同植被型生态系统多功能变化研究中（图 5-37），呈现出草甸草原高于典型草原高于荒漠草原的特征。草甸草原的物种组成最为丰富，其生态系统的结构也最为复杂，相对来说，典型草原和荒漠草原由于水分条件的限制，导致典型草原的生态系统多功能性较低，而荒漠草原最低。

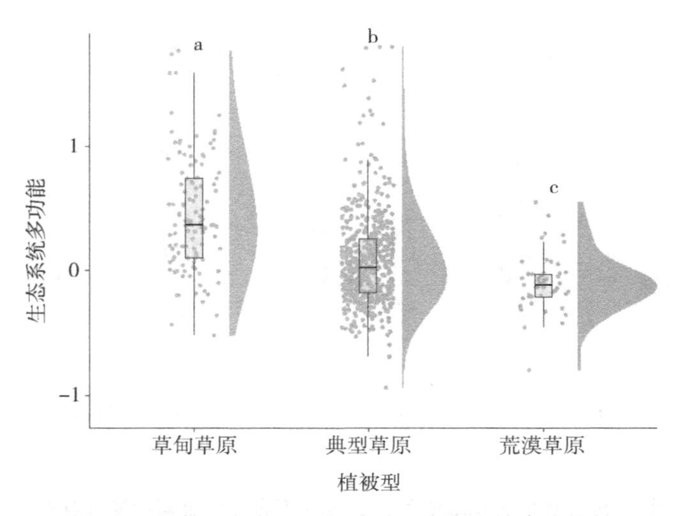

图 5-37 呼伦贝尔草原不同植被型生态系统多功能差异

5.4.2　呼伦贝尔草甸草原区不同植被类型生态系统多功能差异

在呼伦贝尔草原草甸草原区不同植被类型生态系统多功能变化研究中（图 5-38），对于不同的植被亚型来说，杂类草草甸草原的生态系统多功能性要高于根茎草草甸草原，其次为生态系统多功能性并无显著差异的灌木 / 半灌木草甸草原和丛生草草甸草原。呼伦贝尔草原草甸草原区不同群系生态系统多功能性的调查结果显示，脚苔草草甸草原群系的生态系统多功能性最高，其次为羊茅和羊草草甸草原群系，红柴胡和小叶锦鸡儿草甸草原群系稍低，洽草和贝加尔针茅草甸草原群系最低。

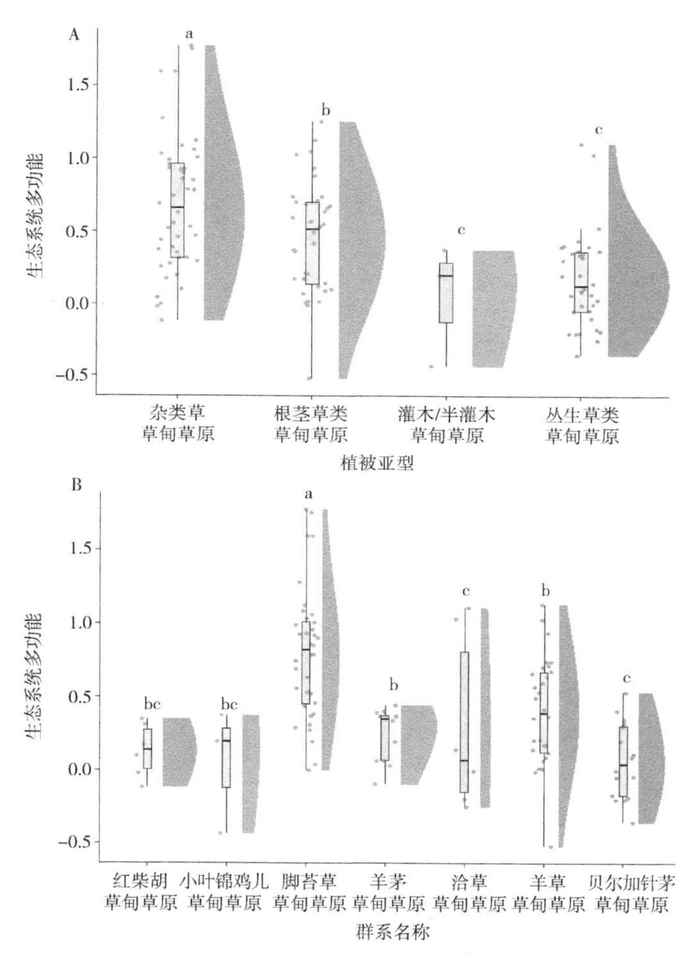

图 5-38　呼伦贝尔草原草甸草原区不同植被类型生态系统多功能差异

5.4.3　呼伦贝尔典型草原区不同植被类型生态系统多功能差异

在呼伦贝尔典型草原区不同植被类型生态系统变化研究中（图 5-39），杂类草典型草原的生态系统多功能性最高，其次为根茎草典型草原和灌木 / 半灌木典型草原，两者无显著差别，最低的是丛生草典型草原。在典型草原的不同群系中，克氏针茅典型草原群系的生态系统多功能性高于脚苔草典型草原群系，寸草苔、狭叶锦鸡儿、羊草、星毛委陵菜和大针茅典型草原群系稍低，冰草、冷蒿、小叶锦鸡儿和糙隐子草典型草原群系最低。

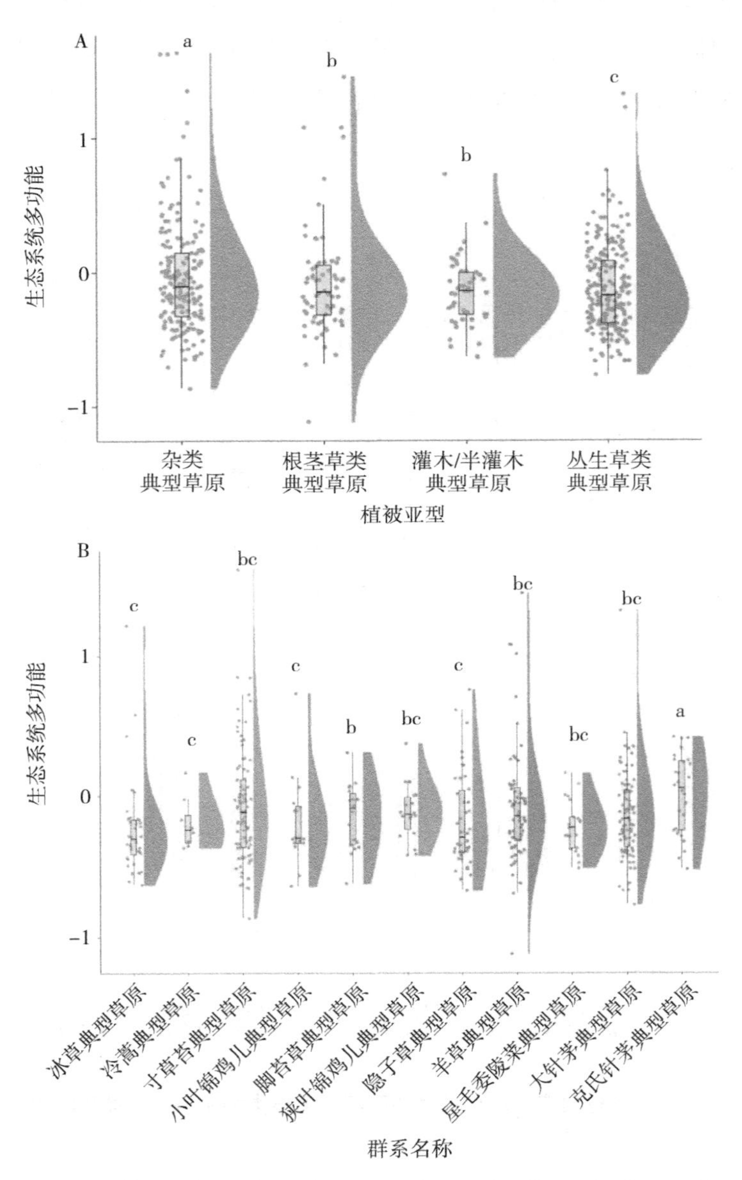

图 5-39　呼伦贝尔草原典型草原区不同植被类型生态系统多功能差异

5.4.4 呼伦贝尔荒漠草原区不同植被类型生态系统多功能差异

在呼伦贝尔荒漠草原区不同植被类型生态系统多功能变化研究中（图 5-40），不同植被亚型和不同植物群系呈现出相似的趋势，杂类草荒漠草原和灌木 / 半灌木荒漠草原的生态系统多功能性没有差别，都要显著高于丛生草荒漠草原，在群系中表现为多根葱荒漠草原群系和狭叶锦鸡儿荒漠草原群系的生态系统多功能性相同，都比较高，但小针茅荒漠草原群系则较低。

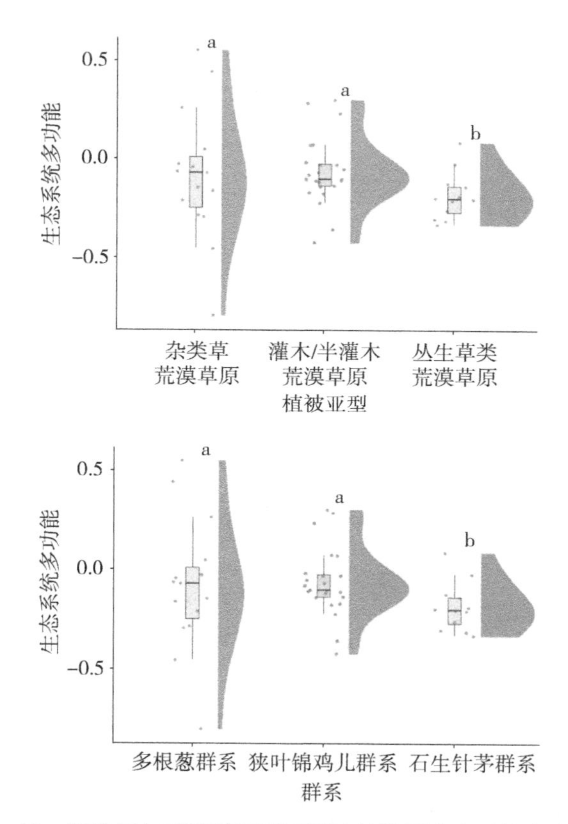

图 5-40 呼伦贝尔荒漠草原区不同植被类型生态系统多功能差异

5.5 呼伦贝尔草原生态系统功能与环境因子的关系

5.5.1 呼伦贝尔草原群落功能与环境因子的关系

由图 5-41 可知，对呼伦贝尔草原的群落功能与对应环境因子进行相关性分析可以发现，环境因子对群落盖度的影响是最显著的，与土壤容重和土壤 pH 呈显著负相关，与其余环境因子均呈显著正相关；其次为地上生物量，与土壤水无显著相关性，土壤容重和土壤 pH 呈显著负相关，与其余环境因子均呈显著正相关；地下生物量中，与土壤 pH 和土壤水无显著相关性，与土壤容重呈显著负相关，与其他环境因子均呈显著正相关；群落高度与土壤容重和土壤 pH 呈显著负相关，与经度、纬度、土壤有机质含量和土壤有机碳含量呈显著正相关，与其他环境因子无显著相关性。

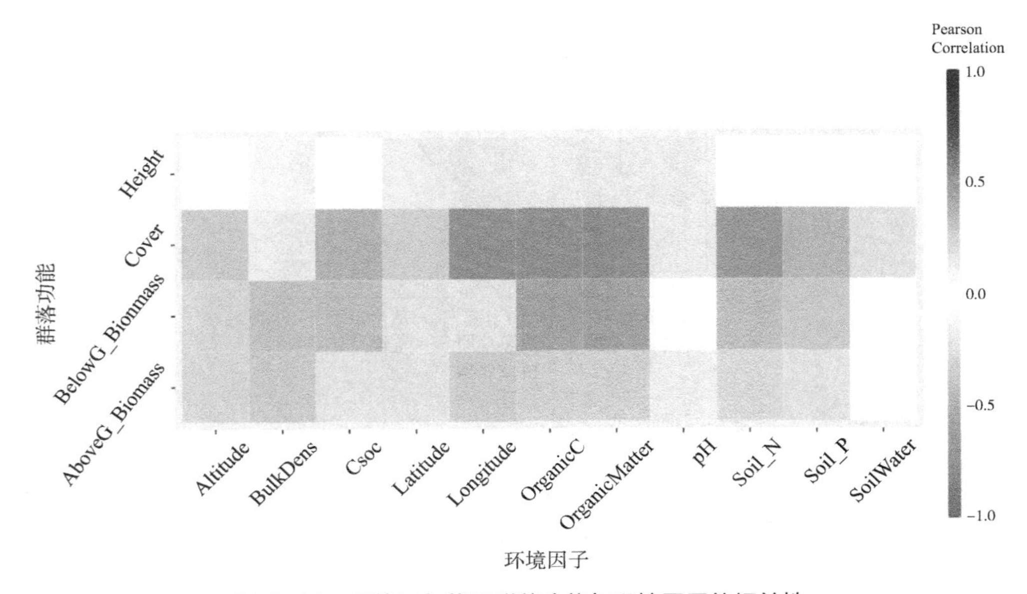

图 5-41　呼伦贝尔草原群落功能与环境因子的相关性

通过对 Pearson 相关性的分析，我们可以筛选出与群落功能呈极显著相关的各环境因子分别与群落功能进行线性回归分析，通过群落盖度与环境因子的线性回归分析（图 5-42）发现，除土壤 pH 外，其他环境因子与盖度的拟合曲线均在 0.01 水平上显著；从群落高度与环境因子的回归曲线（图 5-43）可以发现，除纬度外的其他三个环境因子与群落高度拟合曲线均在 0.01 水平上显著；从地上生物量与环境因子的回归曲线（图 5-44）可以发现，除纬度度外的其他 3 个环境因子与地上生物量拟合曲线均在 0.01 水平上显著；从地下生物量与环境因子的回归曲线（图 5-45）可以发现，除海拔外的其他五个环境因子与地下生物量拟合曲线均在 0.01 水平上显著。

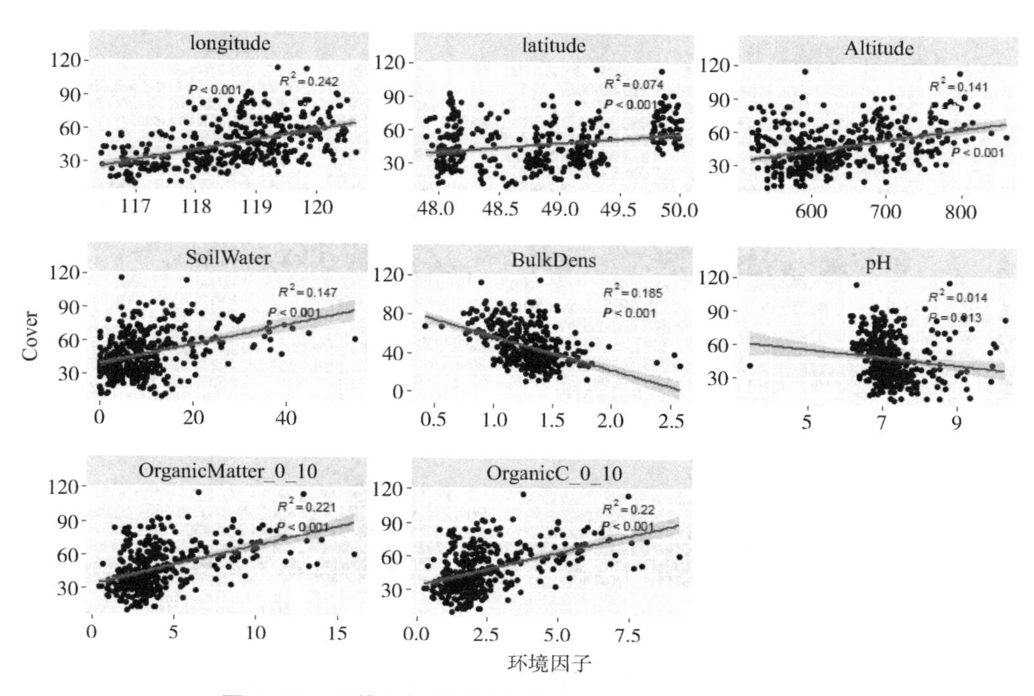

图 5-42 呼伦贝尔草原群落盖度与环境因子的回归曲线

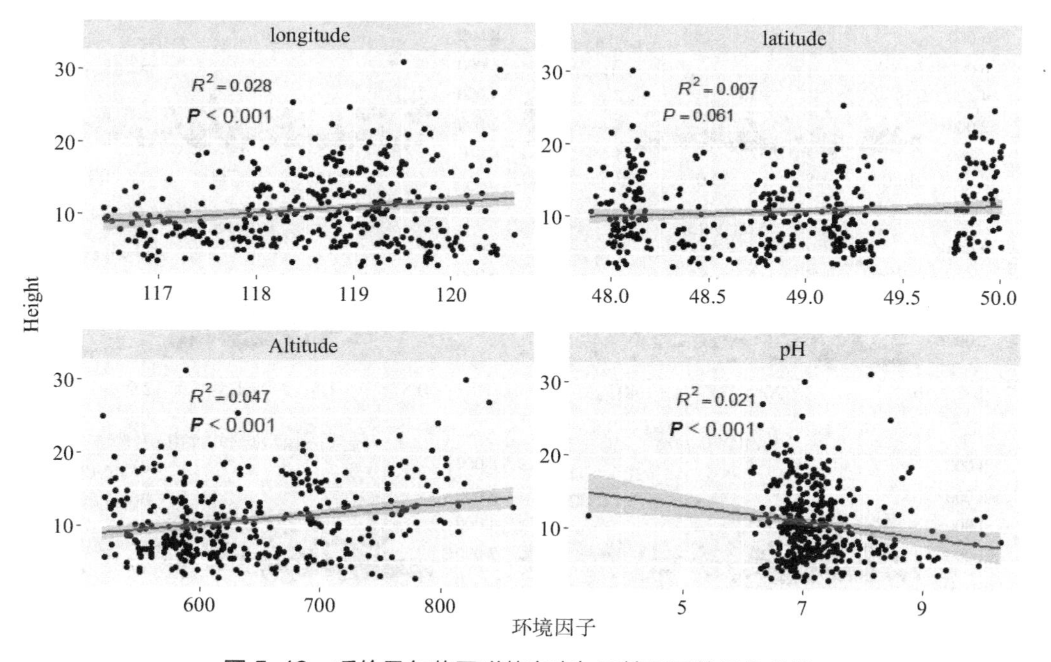

图 5-43 呼伦贝尔草原群落高度与环境因子的回归曲线

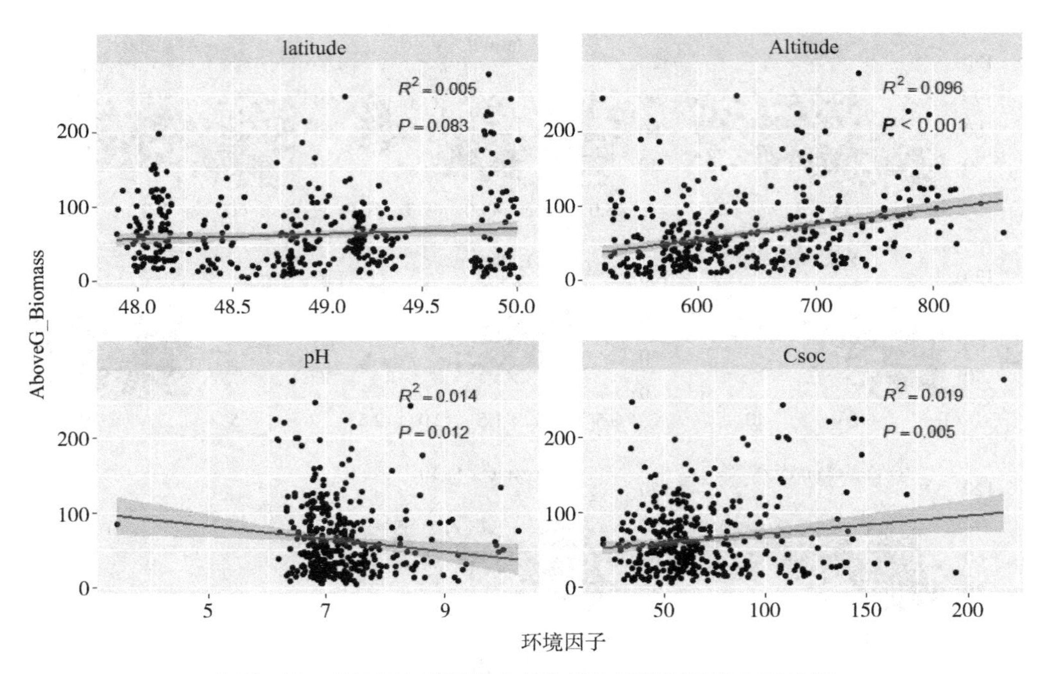

图 5-44　呼伦贝尔草原地上生物量与环境因子的回归曲线

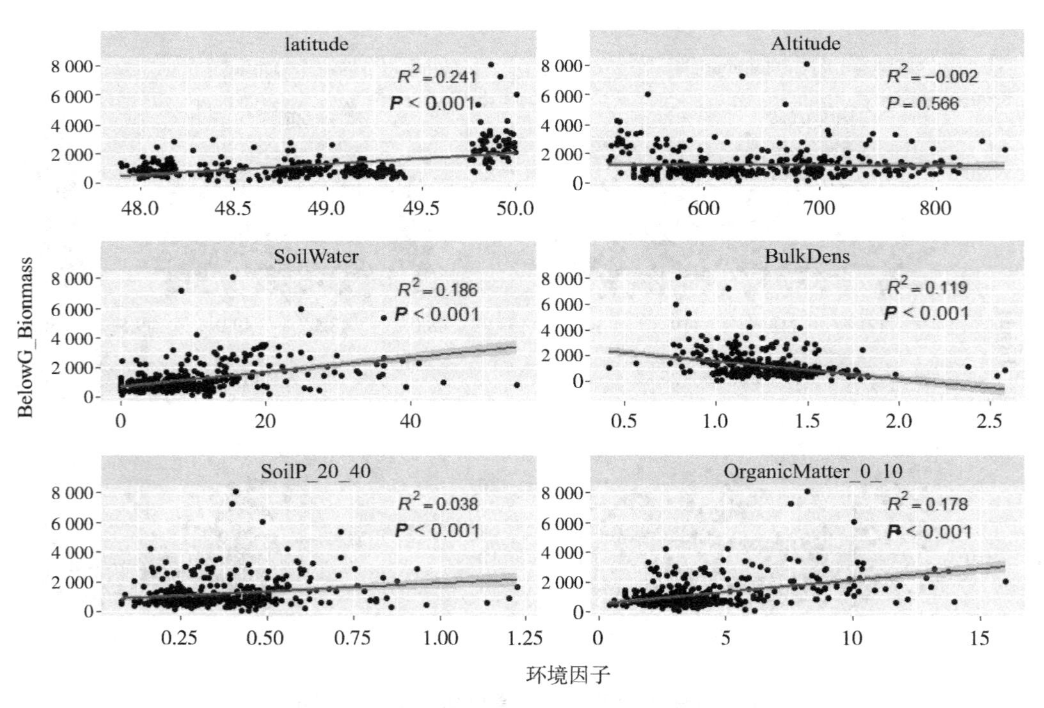

图 5-45　呼伦贝尔草原地下生物量与环境因子的回归曲线

5.5.2 呼伦贝尔草原植物功能与环境因子的关系

5.5.2.1 呼伦贝尔草原叶片功能性状与环境因子的关系

由图 5-46 可知，对呼伦贝尔草原叶片功能性状与对应环境因子进行相关性分析可以发现，经度对叶片功能性状的影响最为显著。经度与叶片含水量和叶厚呈负相关关系，与叶干重、叶宽、叶面积、叶鲜重、叶长和叶周长呈正相关；纬度与叶厚也呈负相关关系，但与叶片干物质含量、叶干重、叶宽和叶面积、叶周长呈正相关关系；海拔对叶片功能性状的影响较小，只与叶宽和叶面积呈正相关关系，与叶面积指数和叶形指数呈负相关。

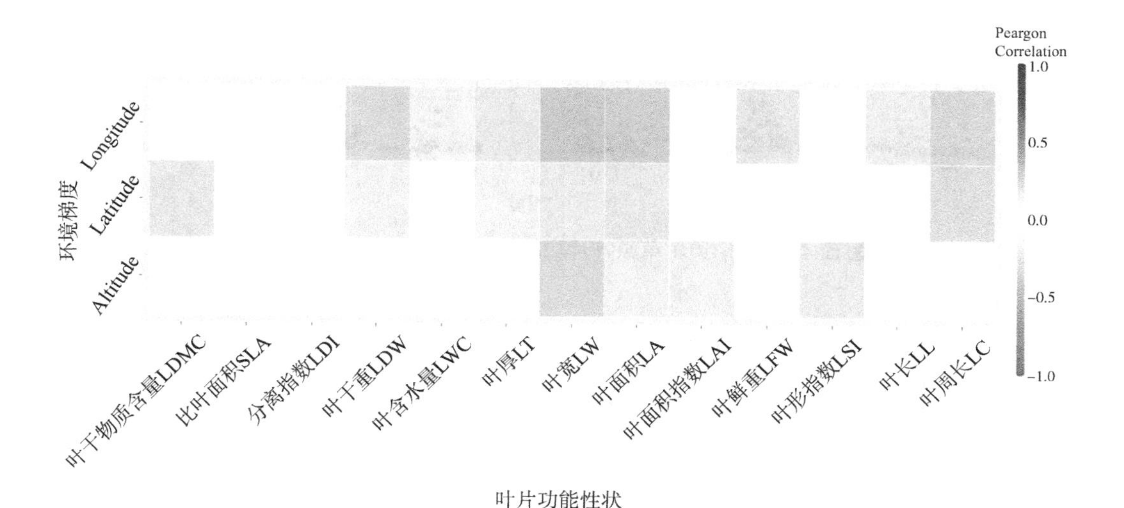

图 5-46　叶片功能性状与环境因子的相关性

我们分别对经度、纬度和海拔与叶片功能性状分别进行线性回归分析，通过经度与叶片功能性状的线性回归分析（图 5-47）可以发现，除叶面积、叶长、叶厚和叶片含水量外，其他叶片功能性状与经度的拟合曲线均在 0.01 水平上显著；从纬度与叶片功能性状的回归曲线（图 5-48）可以发现，纬度与叶干物质含量、叶周长和叶宽拟合曲线均在 0.01 水平上显著；从海拔与叶片功能性状的回归曲线（图 5-49）可以发现，除叶面积的其他三个叶片功能性状与海拔拟合曲线均在 0.01 水平上显著。

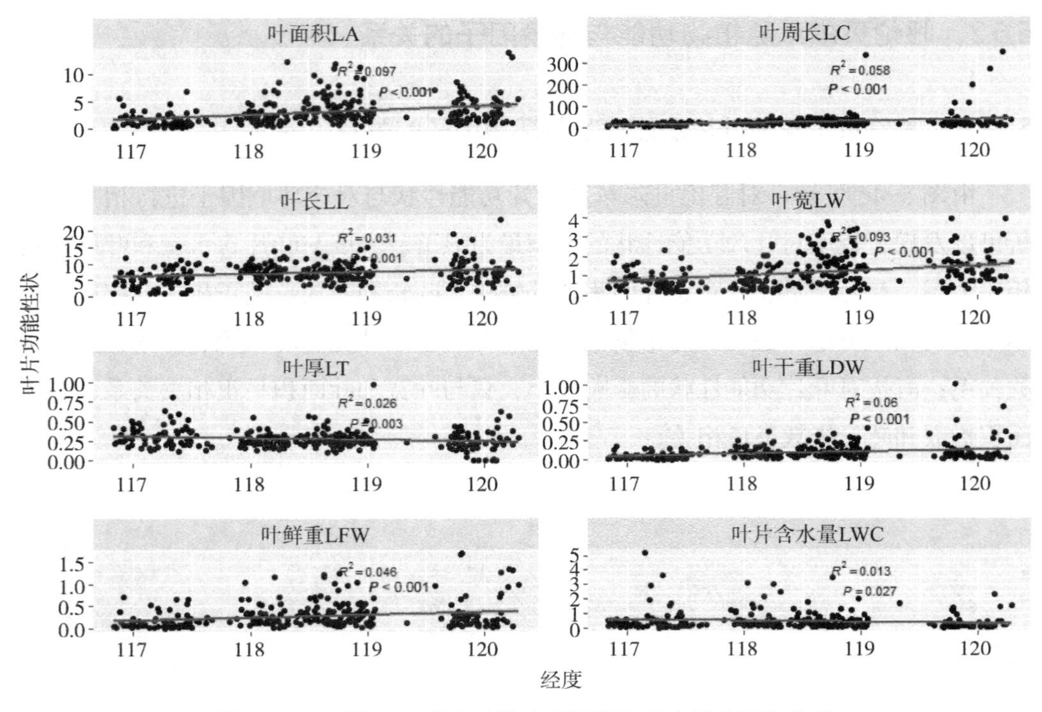

图 5-47　呼伦贝尔草原叶片功能性状随经度梯度回归曲线

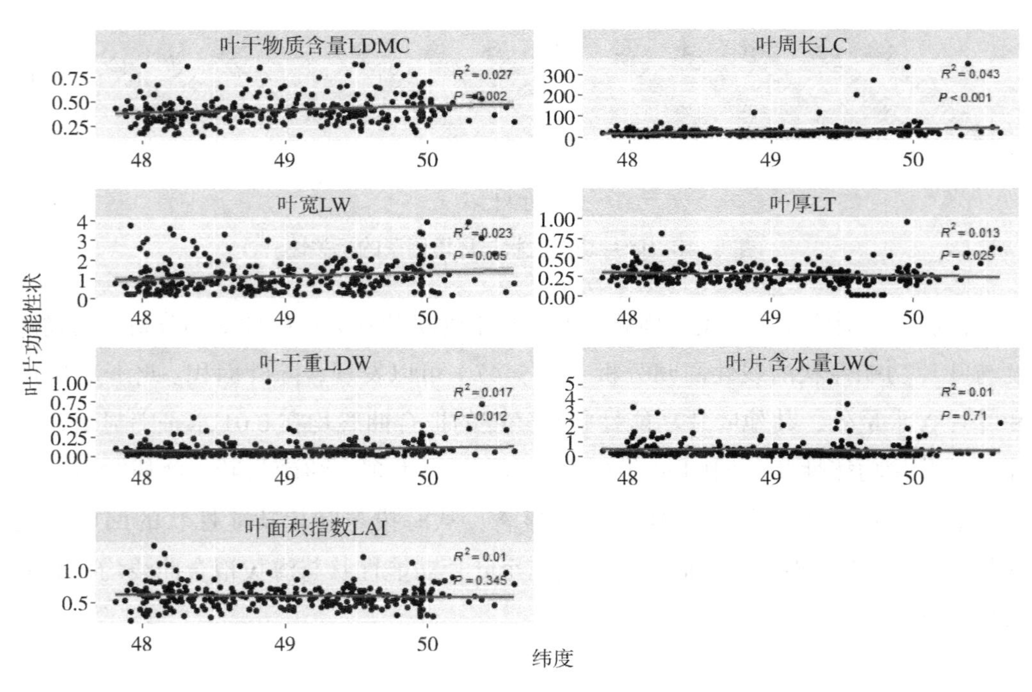

图 5-48　呼伦贝尔草原叶片功能性状随纬度梯度回归曲线

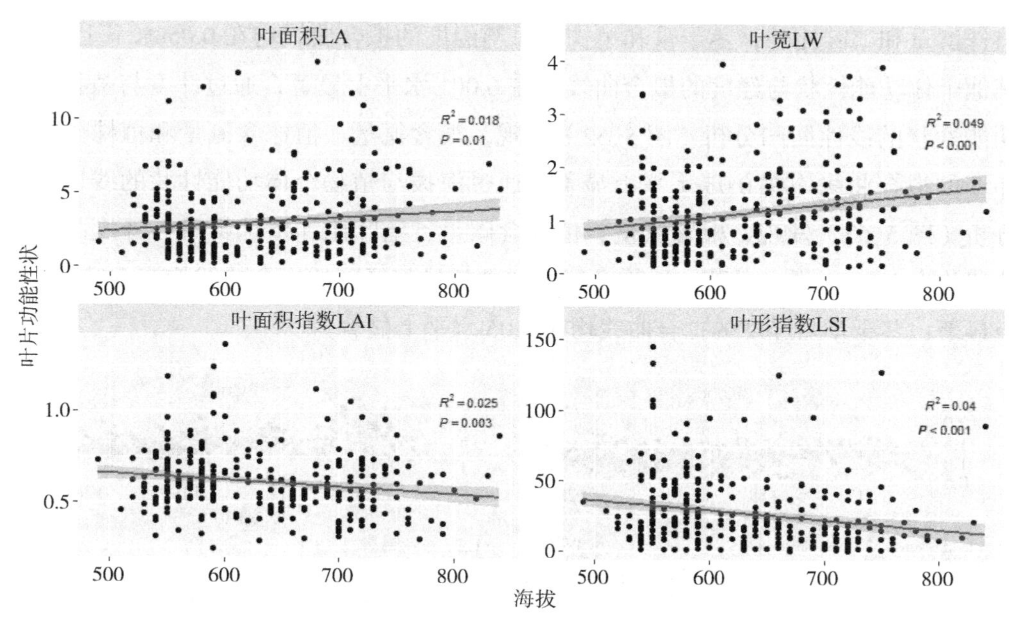

图 5-49 呼伦贝尔草原叶片功能性状随海拔梯度回归曲线

5.5.2.2 呼伦贝尔草原植物个体功能性状与环境因子的关系

由图 5-50 可知，对呼伦贝尔草原植物个体功能性状与对应环境因子进行相关性分析可以发现，经度对植物个体功能性状的影响较大，经度与植物含氮量、含磷量和根的含氮量呈负相关关系，与其他性状呈正相关关系；纬度与植物含氮量和根的含氮量呈负相关，与植株干物质含量和植物含碳量、根含碳量、根含磷量和植株干重都呈正相关关系；海拔也与植物含氮量、含磷量和根的含氮量呈负相关关系，但与植物含碳量、茎干重、茎叶比、植株干重和植株鲜重都呈正相关关系。

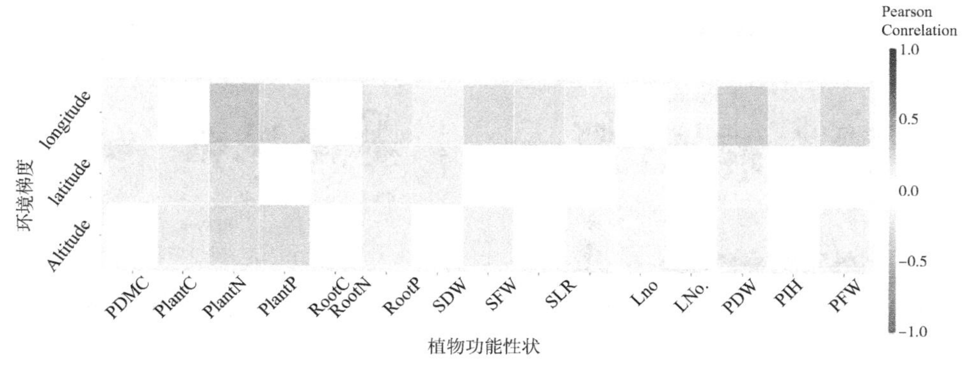

图 5-50 植物个体功能性状与环境因子的相关性

我们分别对经度、纬度和海拔与植物个体功能性状分别进行线性回归分析，通过经度与植物个体功能性状的线性回归分析（图 5-51）发现，除茎鲜重、茎干重、植株鲜重和茎叶比外，茎干重和植株鲜重与经度的拟合曲线均在 0.05 水平上显著，其他个体功能性状与经度的拟合曲线均在 0.001 水平上显著；通过纬度与植物个体功能性状的线性回归分析（图 5-52）发现，根含氮量、植株含氮量和植株干重与纬度的拟合曲线均在 0.05 水平上显著；通过海拔与植物个体功能性状的线性回归分析（图 5-53）发现，根含氮量、植物含碳量、茎叶比和植株鲜重与经度的拟合曲线均在 0.01 水平上显著，植物含氮量和含磷量与经度的拟合曲线均在 0.001 水平上显著，茎干重与经度的拟合曲线均在 0.05 水平上显著。

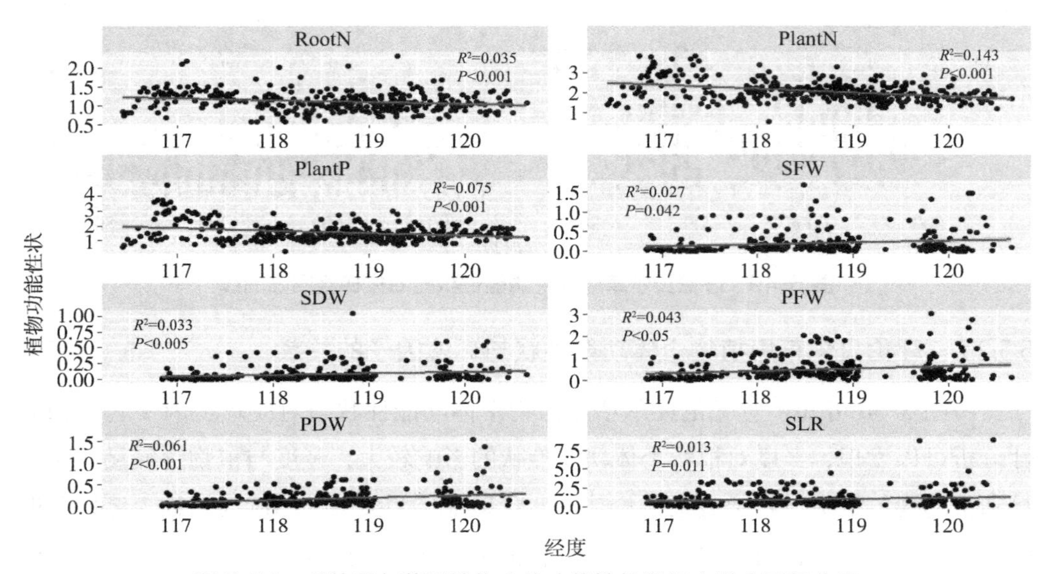

图 5-51　呼伦贝尔草原植物个体功能性状随经度梯度回归曲线

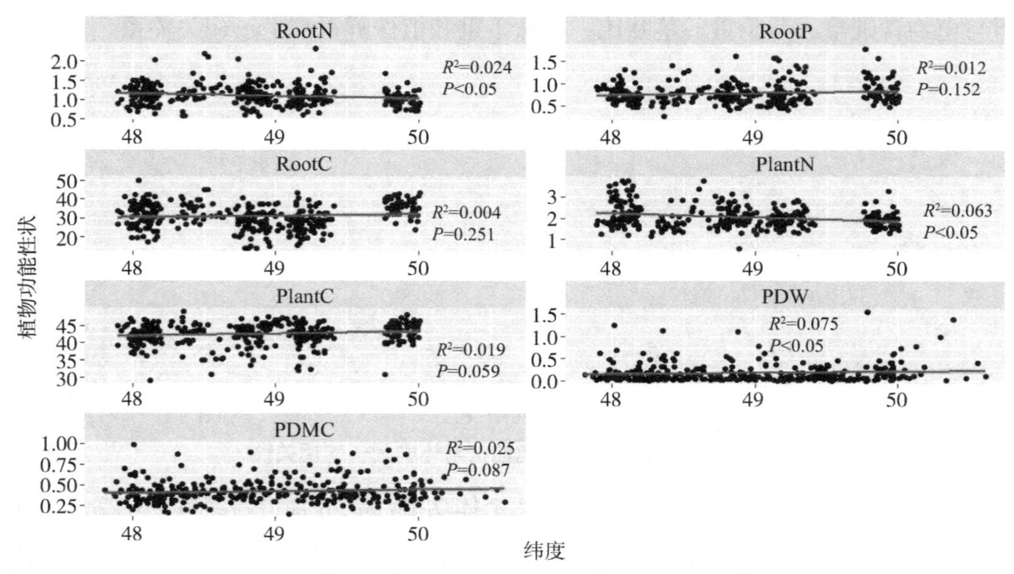

图 5-52　呼伦贝尔草原植物个体功能性状随纬度梯度回归曲线

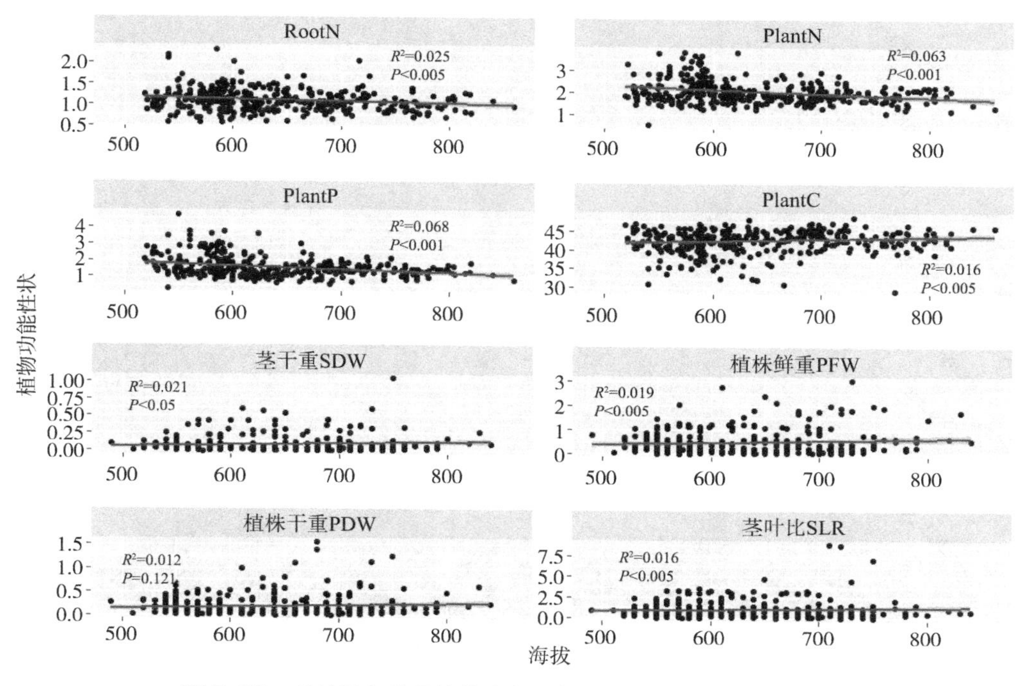

图 5-53 呼伦贝尔草原植物个体功能性状随海拔梯度回归曲线

5.5.3 呼伦贝尔草原植物功能与土壤功能的关系

5.5.3.1 呼伦贝尔草原叶片功能性状与土壤功能的关系

由图 5-54 可知，对呼伦贝尔草原整体的叶片功能性状与土壤功能进行相关性分析可以发现，土壤有机碳对叶片功能性状的影响是最显著的，土壤含磷量对叶片功能性状的影响相对较小。土壤含水量与分离指数、叶宽、叶面积、叶周长呈正相关，与叶厚和叶片含水量呈负相关。土壤含磷量与比叶面积、叶面积指数和叶周长呈正相关，与叶形指数呈负相关，土壤含氮量、pH、土壤有机质和土壤有机碳也都与叶形指数呈负相关。土壤含氮量与叶干物质含量、叶宽、叶面积和叶周长呈正相关，pH 与叶厚和叶片含水量呈正相关，土壤有机质与叶宽、叶面积、叶长和叶周长呈正相关关系；土壤有机碳与叶干重、叶宽、叶面积、叶长和叶周长呈正相关，与叶厚呈负相关；土壤碳储量与比叶面积、叶面积、叶面积指数、叶长和叶周长呈正相关；土壤容重与比叶面积、叶面积指数、叶形指数和叶长呈正相关，与叶干物质含量和叶宽呈负相关。

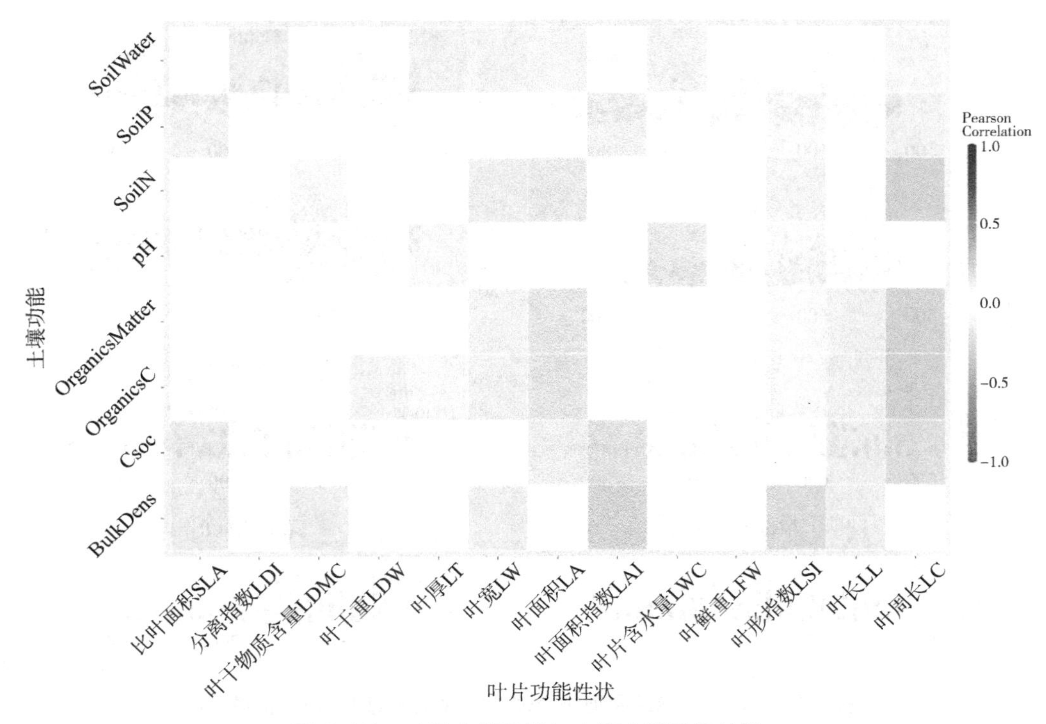

图 5-54　叶片功能性状与土壤功能的相关性

通过对 Pearson 相关性的分析，我们可以筛选出与土壤功能呈极显著相关的各叶片功能性状分别与土壤功能进行线性回归分析，通过土壤 pH 与叶片功能性状的线性回归分析（图 5-55）可以发现，没有与土壤 pH 显著相关的叶片功能性状；从土壤含水量与叶片功能性状的回归曲线（图 5-56）可以发现，叶厚与土壤含水量的拟合曲线在 0.05 水平上显著；从土壤含氮量与叶片功能性状的回归曲线（图 5-57）可以发现，叶面积和叶周长与土壤含氮量拟合曲线均在 0.01 水平上显著；从土壤含磷量与叶片功能性状的回归曲线（图 5-58）可以发现，没有与土壤含磷量显著相关的叶片功能性状；从土壤有机碳与叶片功能性状的回归曲线（图 5-59）可以发现，叶面积和叶周长与土壤有机碳拟合曲线均在 0.01 水平上显著；从土壤有机质与叶片功能性状的回归曲线（图 5-60）可以发现，叶面积和叶周长与土壤有机质拟合曲线均在 0.01 水平上显著；从土壤碳储量与叶片功能性状的回归曲线（图 5-61）可以发现，叶面积指数和叶周长与土壤碳储量拟合曲线均在 0.01 水平上显著。

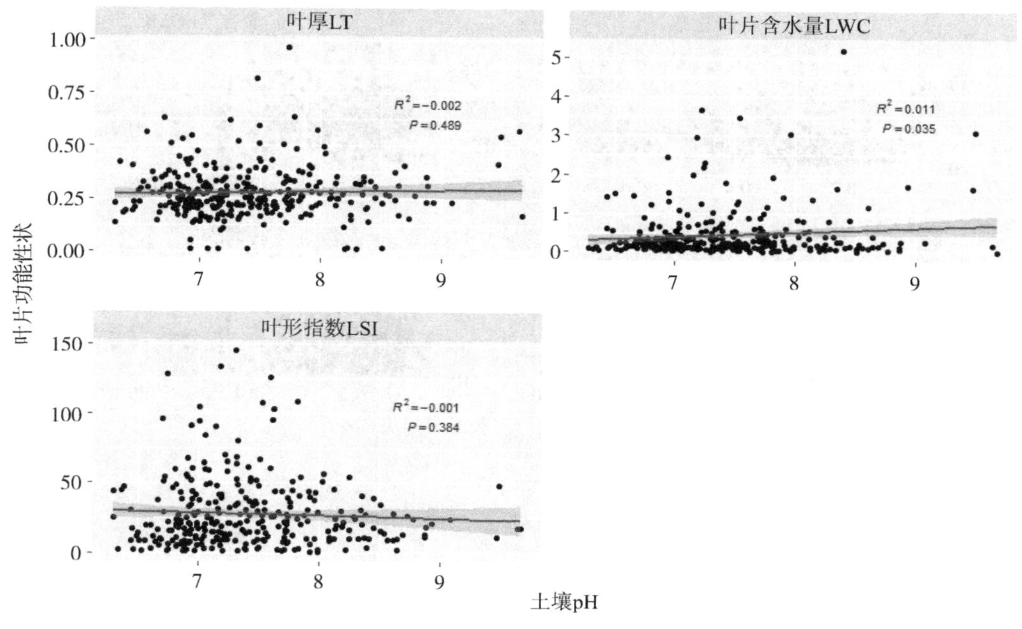

图 5-55 叶片功能性状与土壤 pH 回归曲线

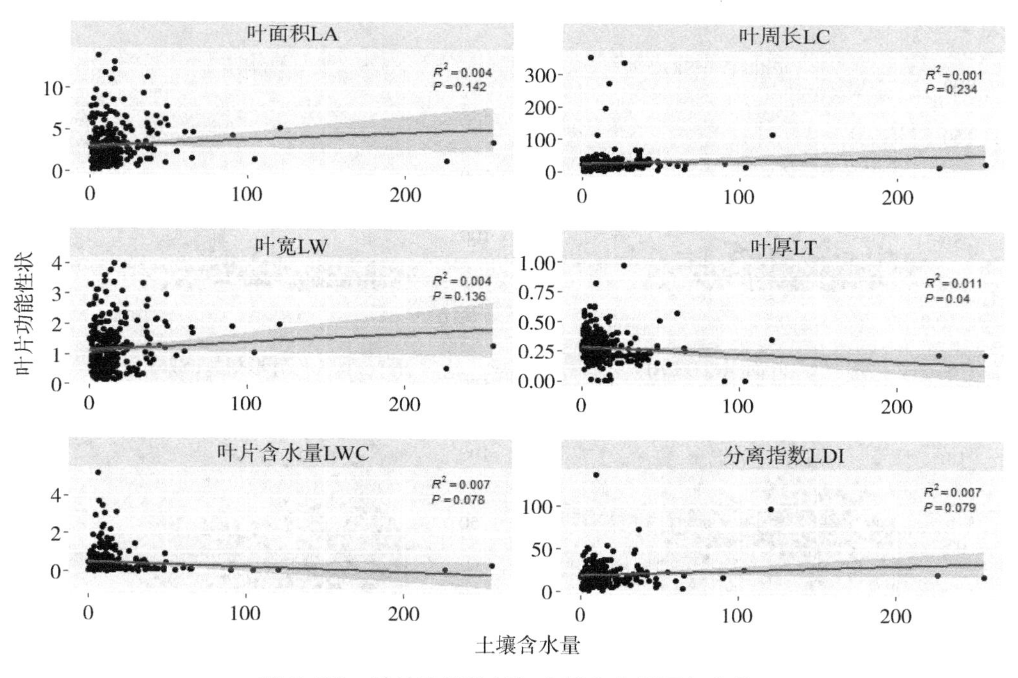

图 5-56 叶片功能性状与土壤含水量回归曲线

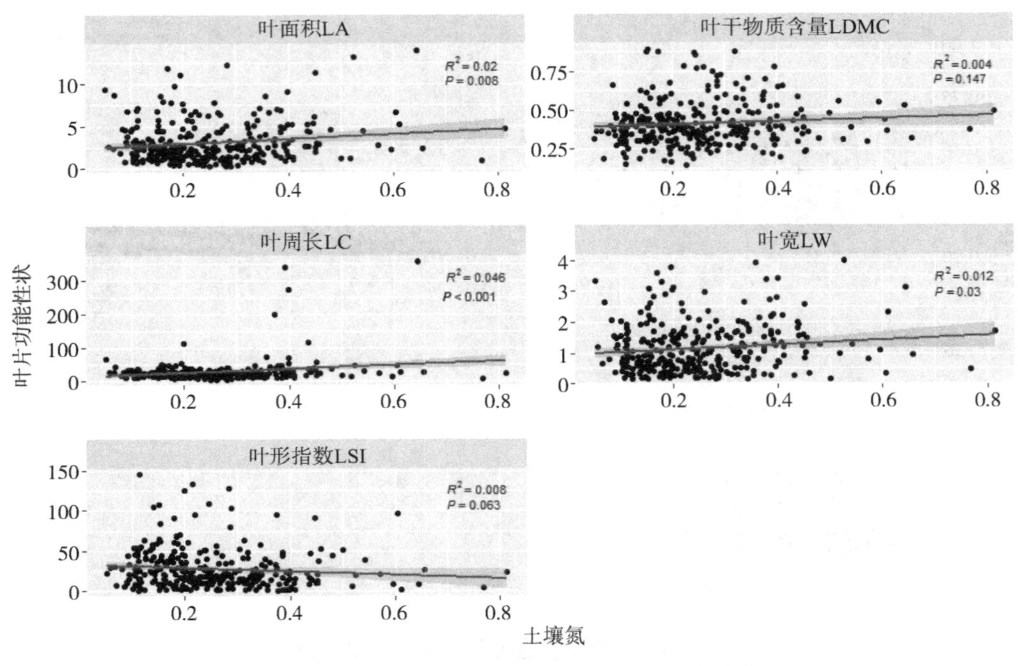

图 5-57　叶片功能性状与土壤含氮量回归曲线

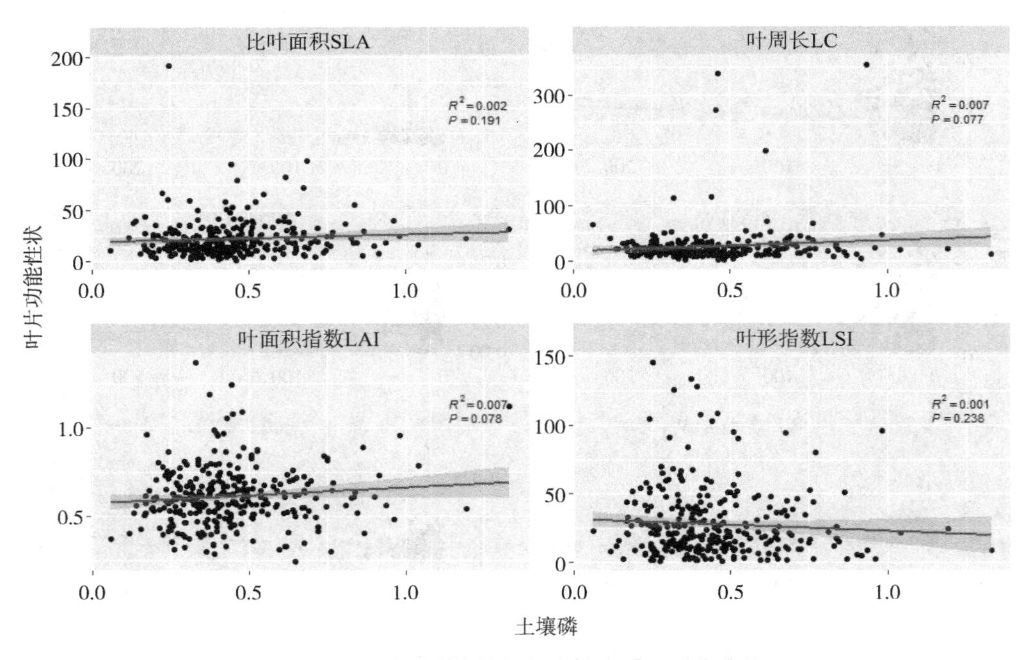

图 5-58　叶片功能性状与土壤含磷量回归曲线

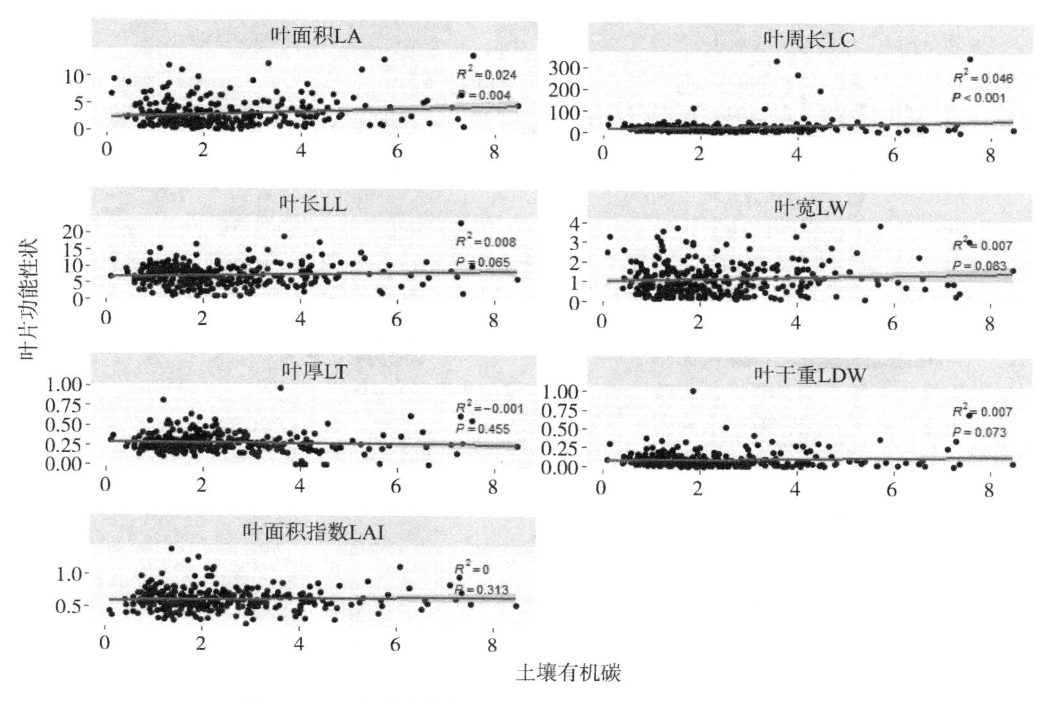

图 5-59　叶片功能性状与土壤有机质碳含量回归曲线

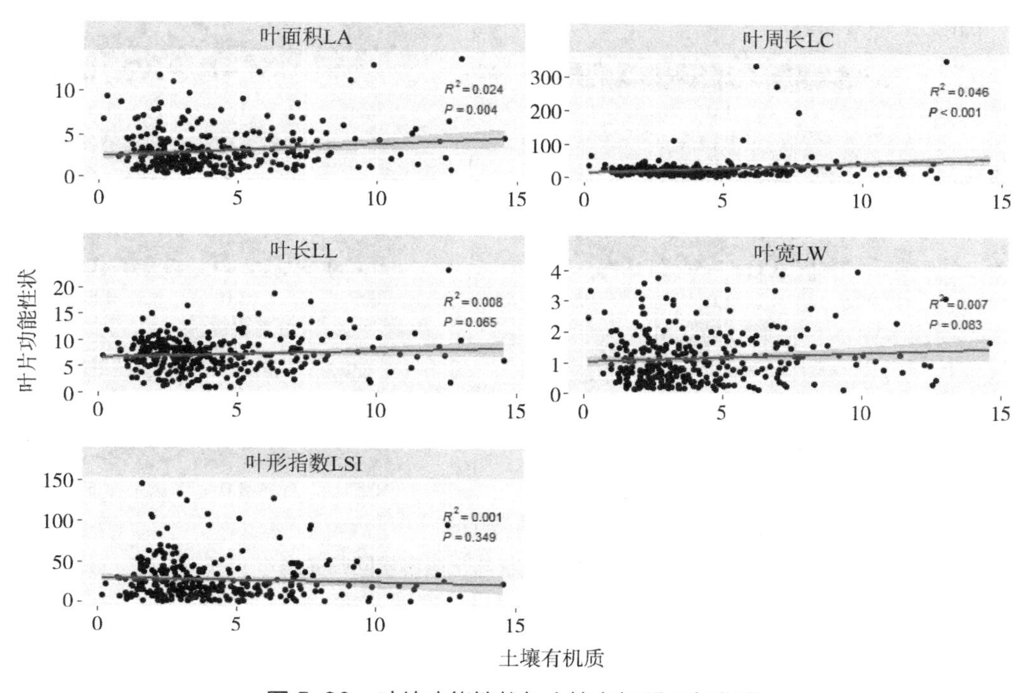

图 5-60　叶片功能性状与土壤有机质回归曲线

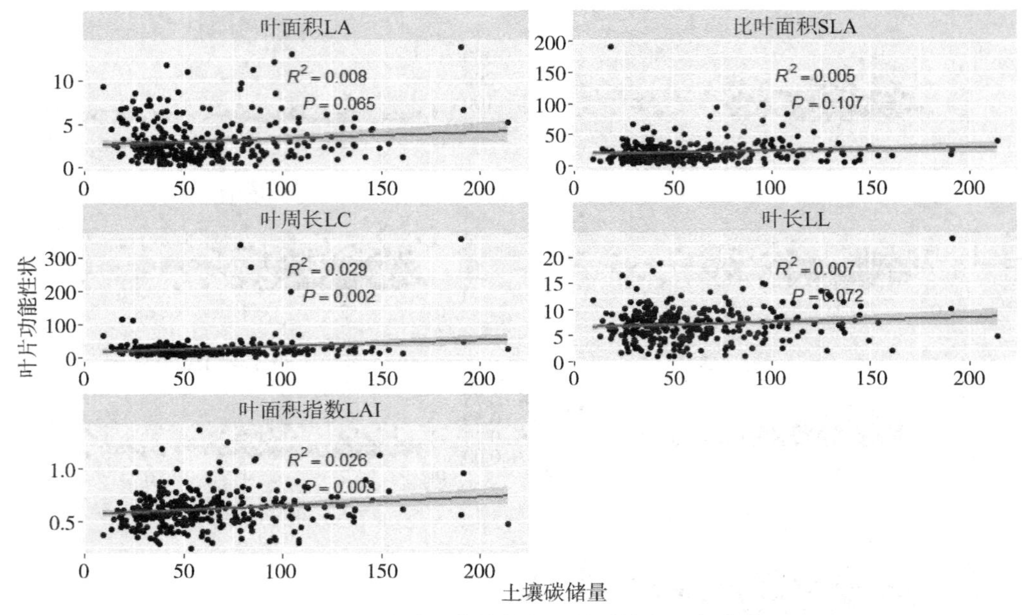

图 5-61　叶片功能性状与土壤碳储存回归曲线

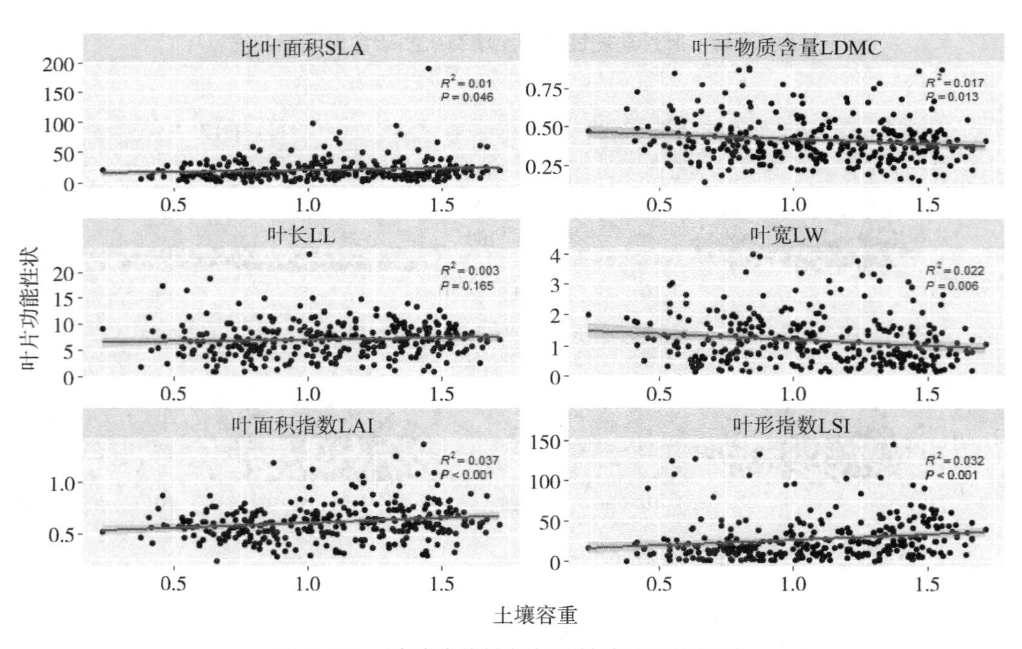

图 5-62　叶片功能性状与土壤容重回归曲线

5.5.3.2　呼伦贝尔草原植物个体功能性状与土壤功能的关系

由图 5-63 可知，对呼伦贝尔草原整体的植物个体功能性状与土壤功能进行相关性分析可以发现，土壤有机质对植物功能性状的影响是最显著的，pH 的影响则比较小。土壤含水量与植物含磷量、根含碳量、根含磷量和植株干重呈正相关，与植物含氮量、根含氮量和叶片数量呈负相关；土壤含磷量与植物含碳量、植物含磷量、植物含氮量、根含碳量、根含磷量和茎叶比都呈正相关；土壤含氮量与植物含氮量呈负相关，与植株干物质含量、植物含碳量、植物含磷量、根含碳量、根含磷量和植株干重呈正相关；pH 与植物含磷量、植物含氮量、根含氮量、根含磷量呈正相关；除茎鲜重和叶片数量之外，土壤有机质和植物含氮量、根含氮量呈负相关，与其他性状呈正相关；除植株干物质含量、茎鲜重和叶片数量之外，土壤有机碳和植物含氮量、根含氮量呈负相关；除植株干物质含量、植物含氮量、根含氮量、茎鲜重、叶片数量和植株鲜重之外，土壤碳储量与其他性状均呈正相关关系；土壤容重与植株干物质含量、植物含碳量、根含碳量和根含磷量呈负相关，与植物含氮量、根含氮量、茎叶比和植株高呈正相关。

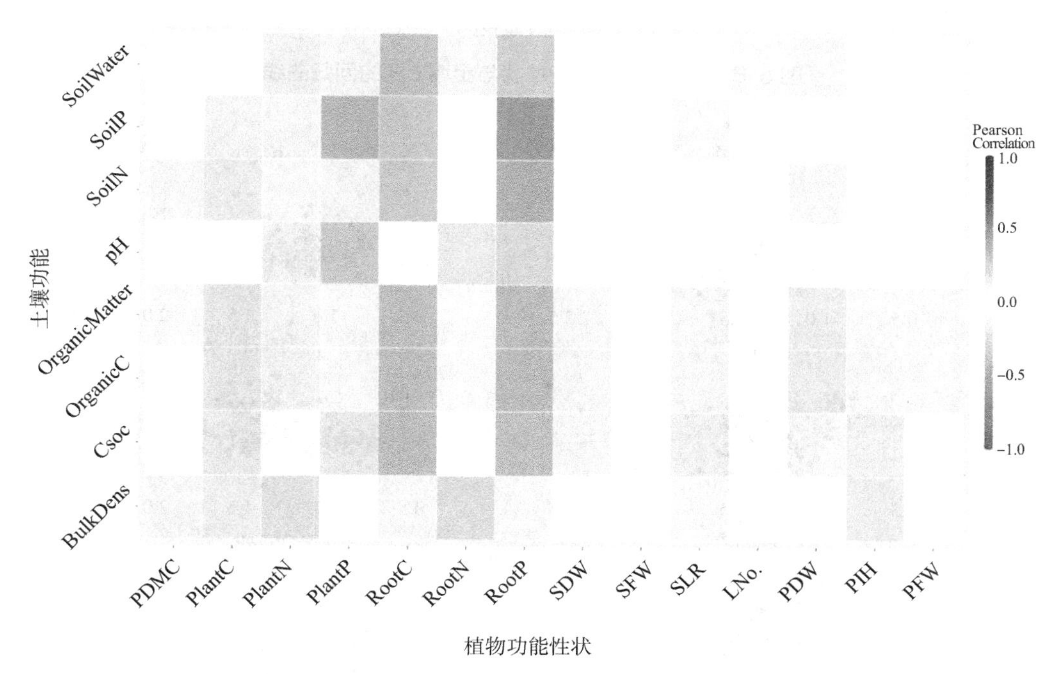

图 5-63　植物个体功能性状与土壤功能的相关性

通过对 Pearson 相关性的分析，我们可以筛选出与土壤功能呈极显著相关的各植物个体功能性状分别与土壤功能进行线性回归分析，通过土壤 pH 与植物个体功能性状的线性回归分析（图 5-64）可以发现，除植物含氮量外，土壤 pH 与其他三个性状的拟合曲线均在 0.01 水平上显著；从土壤容重与植物个体功能性状的回归曲线（图 5-65）可以发现，根含氮量、植物含氮量和植物含碳量与土壤容重拟合曲

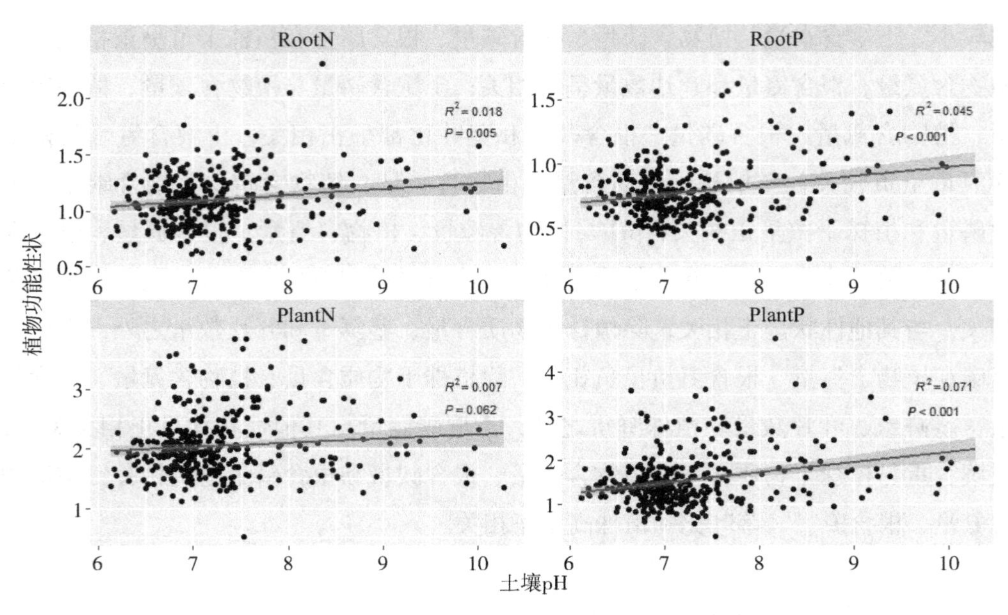

图 5-64　植物个体功能性状与土壤 pH 的回归曲线

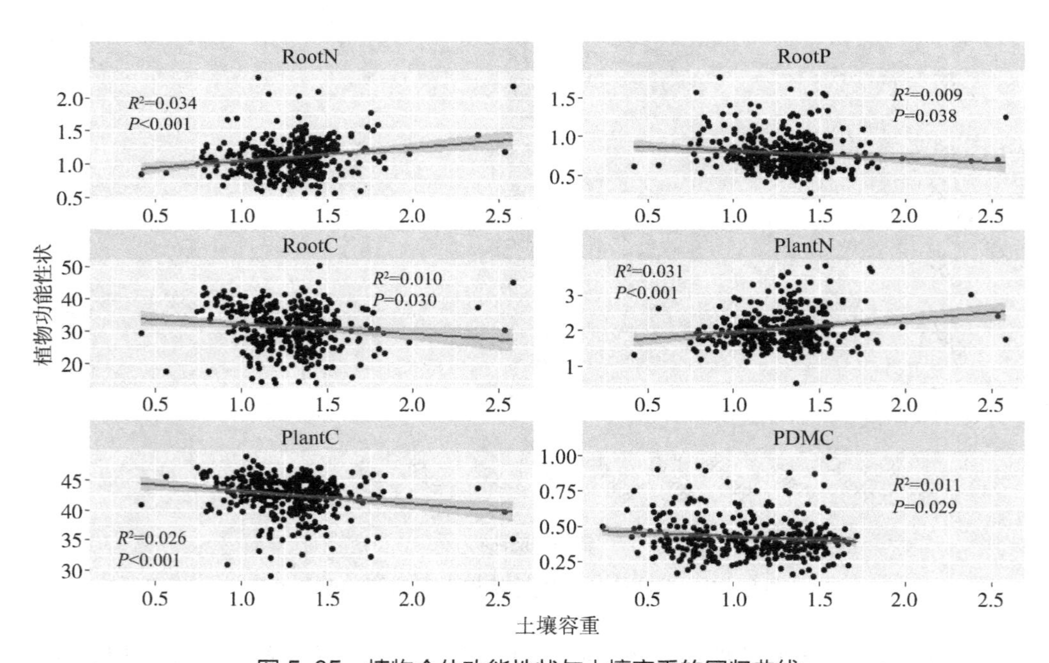

图 5-65　植物个体功能性状与土壤容重的回归曲线

线均在 0.001 水平上显著；从土壤含水量与植物个体功能性状的回归曲线（图 5-66）可以发现，根含氮量和茎干重与土壤含水量拟合曲线均在 0.01 水平上显著；从土壤含磷量与植物个体功能性状的回归曲线（图 5-67）可以发现，除植物含磷量外，其他性状与土壤含磷量拟合曲线均在 0.01 水平上显著；从土壤有机碳和土壤有机质与植物个体功能性状的回归曲线（图 5-68、图 5-69）可以发现，根含磷量、根含碳量与土壤有机碳和土壤有机质拟合曲线均在 0.001 水平上显著，与植物含氮量、植物含碳量拟合曲线均在 0.01 水平上显著；从土壤碳储量与植物个体功能性状的回归曲线（图 5-70）可以发现，根含磷量、根含碳量与土壤碳储量拟合曲线均在 0.001 水平上显著，与植物含磷量、植物含碳量拟合曲线均在 0.01 水平上显著。

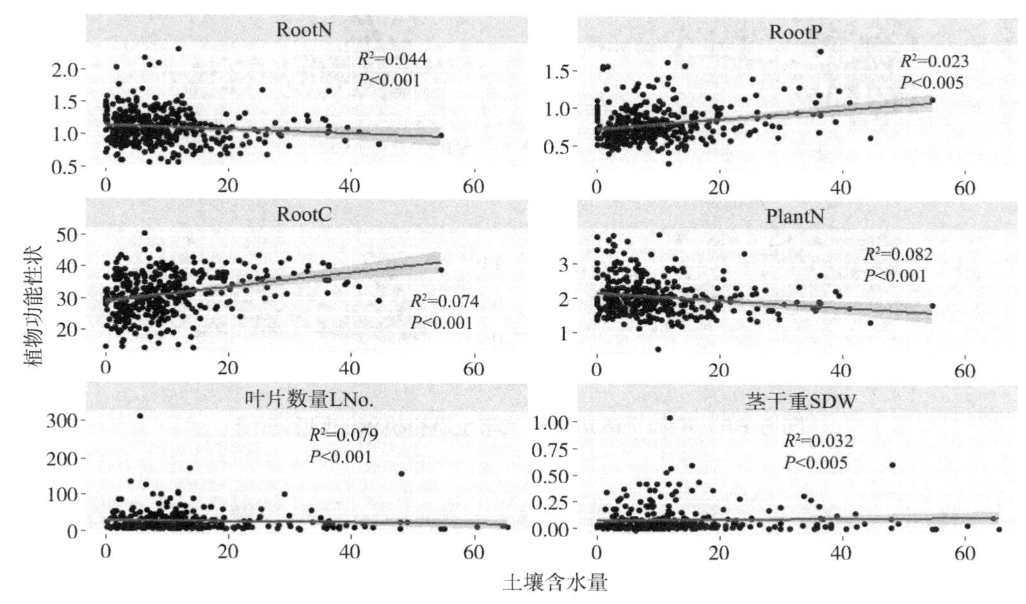

图 5-66　植物个体功能性状与土壤含水量的回归曲线

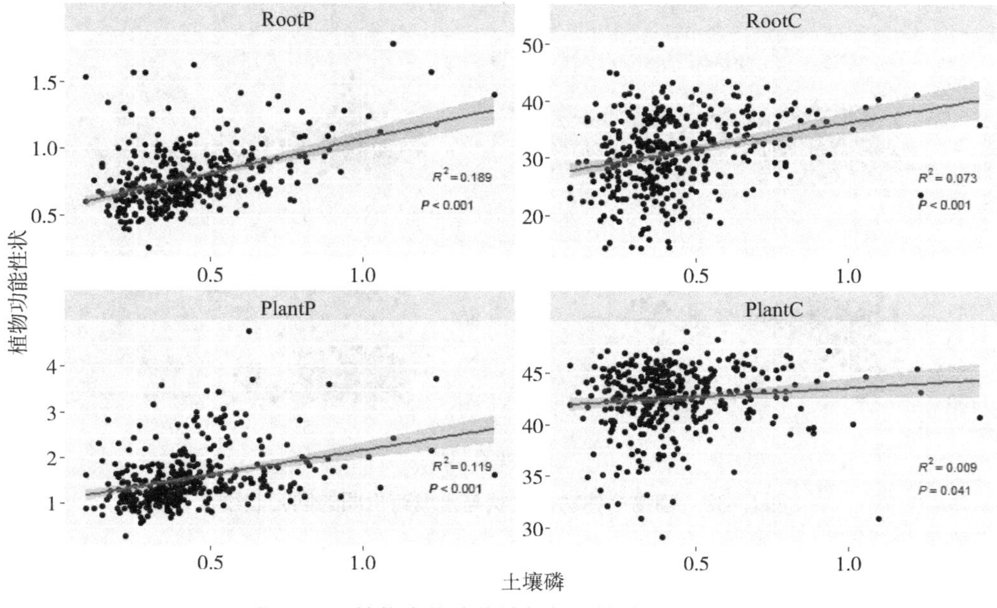

图 5-67　植物个体功能性状与土壤磷的回归曲线

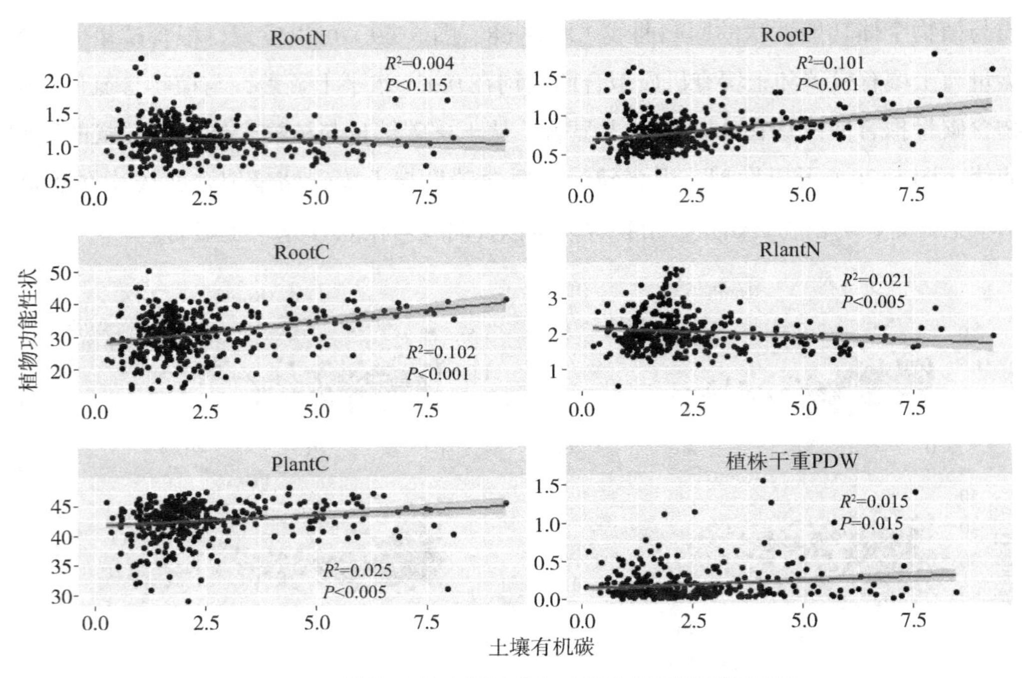

图 5-68 植物个体功能性状与土壤有机碳的回归曲线

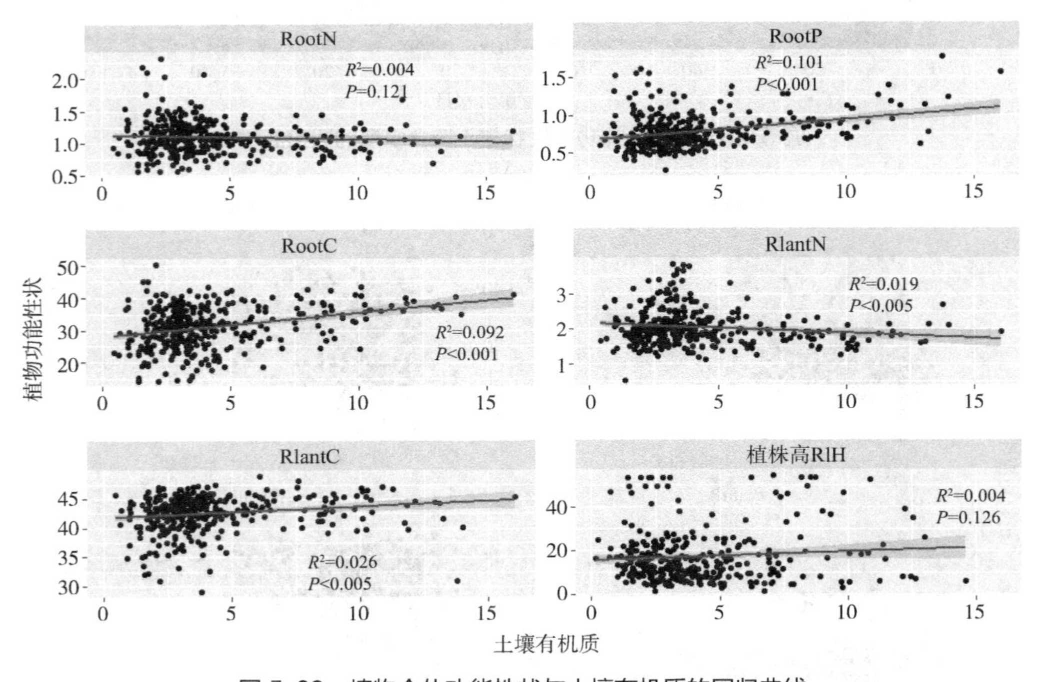

图 5-69 植物个体功能性状与土壤有机质的回归曲线

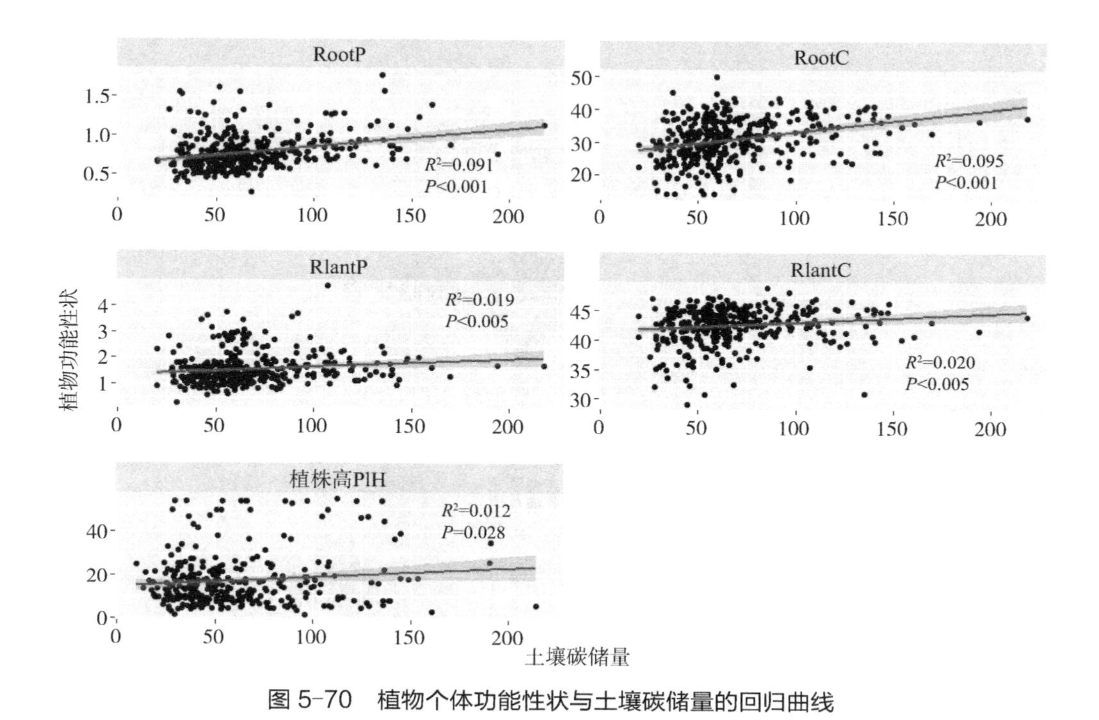

图 5-70 植物个体功能性状与土壤碳储量的回归曲线

5.6 呼伦贝尔草原生物多样性与生态系统多功能的关系

5.6.1 呼伦贝尔不同草原区的生物多样性及生态系统功能变异性分析

通过对呼伦贝尔草原不同草原区的生物多样性变异性（图 5-71）分析可以发现，物种多样性中，5 个多样性指数里 Richness 整体变异性最大，而 Richness 对应的三个草原区中荒漠草原变异性又是最大的，其次为典型草原的 β 多样性指数的变异性较高；系统发育多样性中，NRI 指数的变异性最强，其中，典型草原变异最大，其次为荒漠草原的 NTI 指数变异性最大；功能多样性的变异规律可以发现，典型草原的 Fric 指数变异明显大于其他草原区，而草甸草原的 RaoQ 指数是最大的。

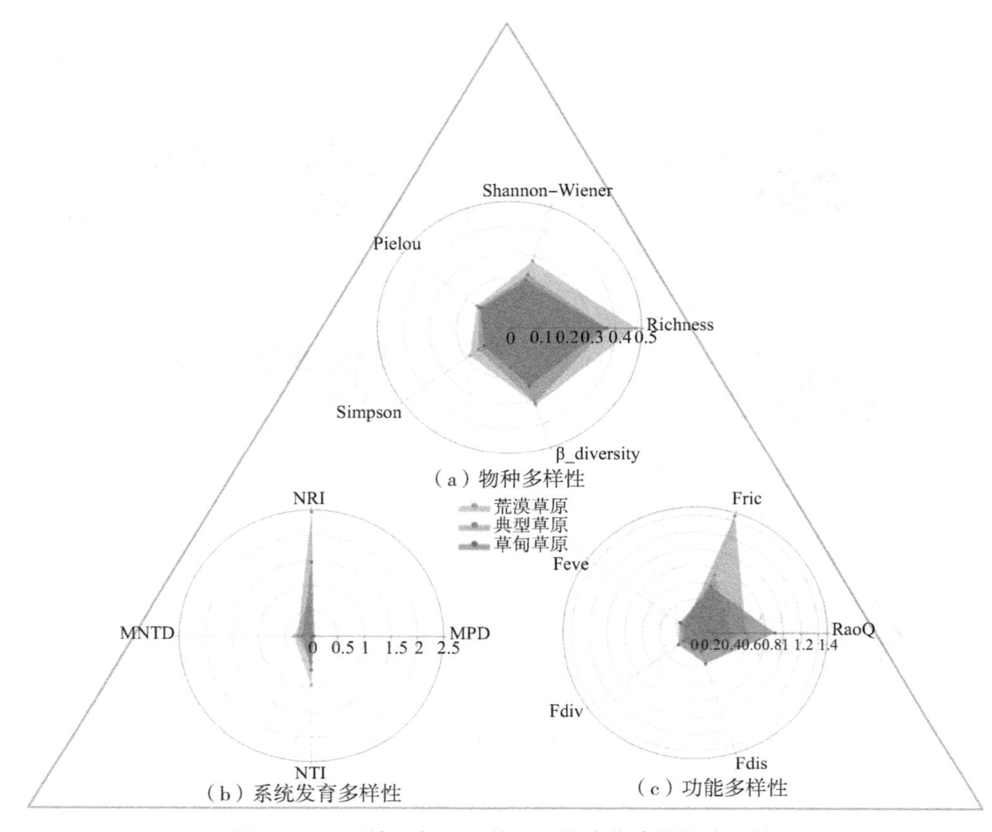

图 5-71　呼伦贝尔不同草原区的生物多样性变异性

通过对呼伦贝尔草原不同草原区的生态系统功能变异性（图 5-72）分析可以发现，群落功能中，地下生物量和地上生物量整体变异性最大，而对应的典型草原地下生物量和地上生物量变异性又是最大的，其次为荒漠草原的地下生物量和地上生物量的变异性较高；功能多样性中，整体以典型草原变异性最强，高于荒漠草原高于草甸草原，土壤功能中以典型草原的土壤水的变异性最强，土壤 pH 为变异最小的土壤功能；植物个体功能性状里以茎干重、茎鲜重和茎叶比的变异性最强，植物碳含量变异最小，三个草原区中整体以典型草原变异性最强，草甸草原的茎叶比变异性要高于典型草原；植物叶片性状里叶含水量、叶周长、叶形指数和叶干重变异最大，叶面积指数与叶干物质含量变异最小。其中，叶周长为典型草原变异最大，叶形指数、叶含水量及叶干重均为荒漠草原变异最大。生态系统多功能的变异分析可以发现（图 5-73），典型草原变异最大，荒漠草原居中，草甸草原变异最小。

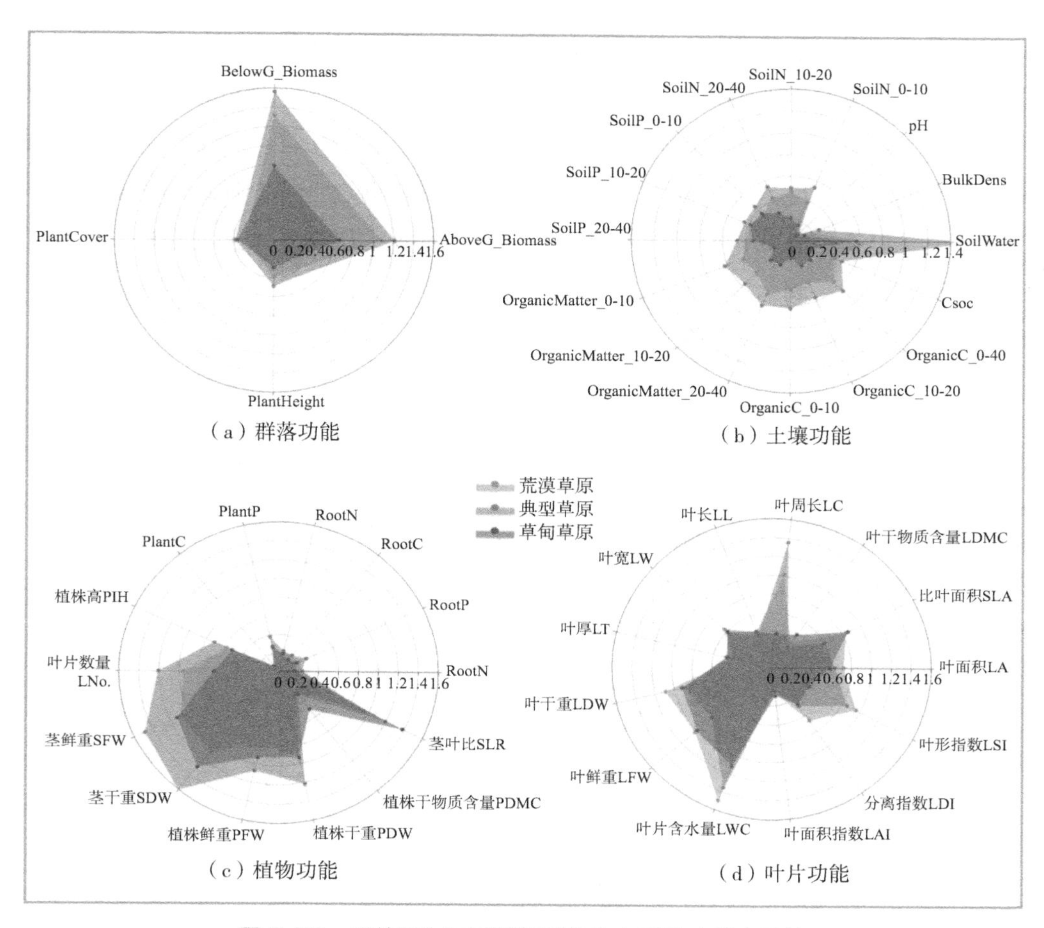

图 5-72 呼伦贝尔不同草原区的生态系统功能变异性

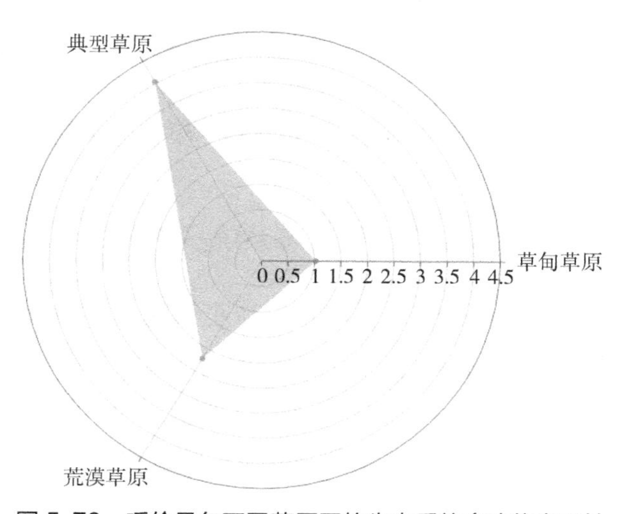

图 5-73 呼伦贝尔不同草原区的生态系统多功能变异性

生态系统多功能随环境梯度的变化趋势是十分明显的（图 5-74），均在 0.01 水平上显著，随着经度的增加，即方向上越向东，距离大兴安岭越近，样地的生态系统多功能性越高；随着纬度的逐渐增加，方向越向北，由于大兴安岭的分布为弧形，实际上随着纬度增加，与大兴安岭的距离也是逐渐增近的，样地的生态系统多功能性也是显著上升的；而随着海拔的增加可以发现，生态系统多功能的变化是呈波状起伏变化的，因为整个呼伦贝尔草原地貌处于波状高平原上，我们发现在海拔 700 m 上下生态系统多功能性是最高的。

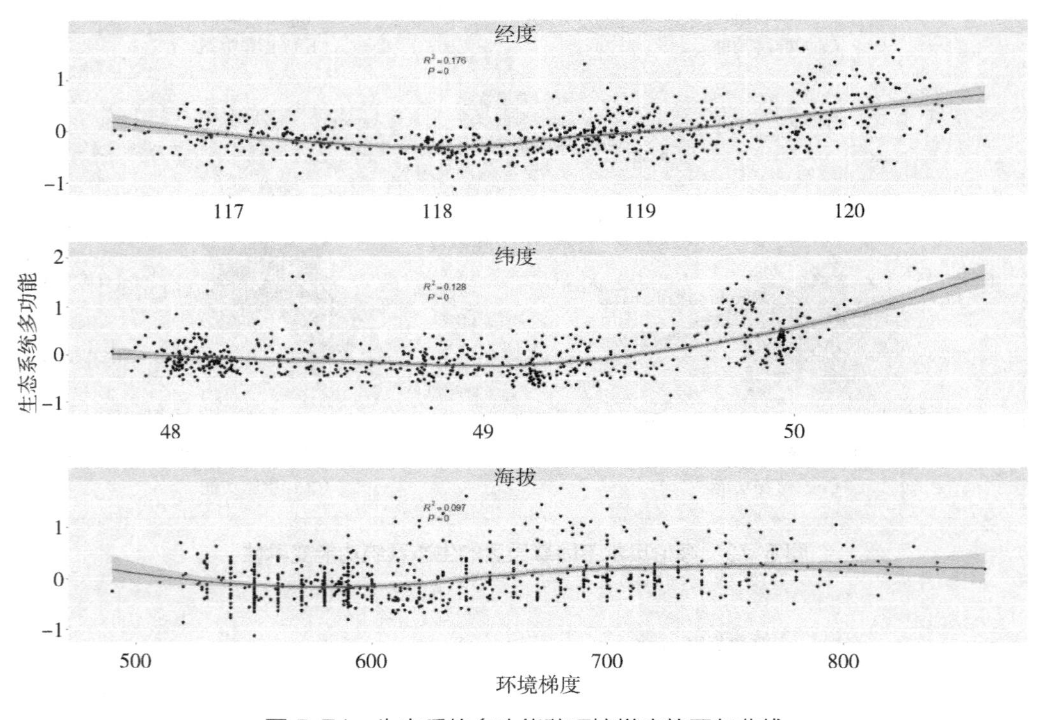

图 5-74　生态系统多功能随环境梯度的回归曲线

5.6.2　呼伦贝尔草原物种多样性与生态系统多功能关系

通过对 Pearson 相关性的分析，我们可以筛选出与生态系统多功能呈极显著相关的物种多样性指数分别与生态系统多功能进行线性回归分析，通过不同物种多样性指数与生态系统多功能的线性回归分析发现（图 5-75），物种丰富度、Shannon-Wiener 指数、Pielou 指数、Simpson 指数和 β 多样性指数与生态系统多功能的拟合曲线都在 0.001 水平上显著。

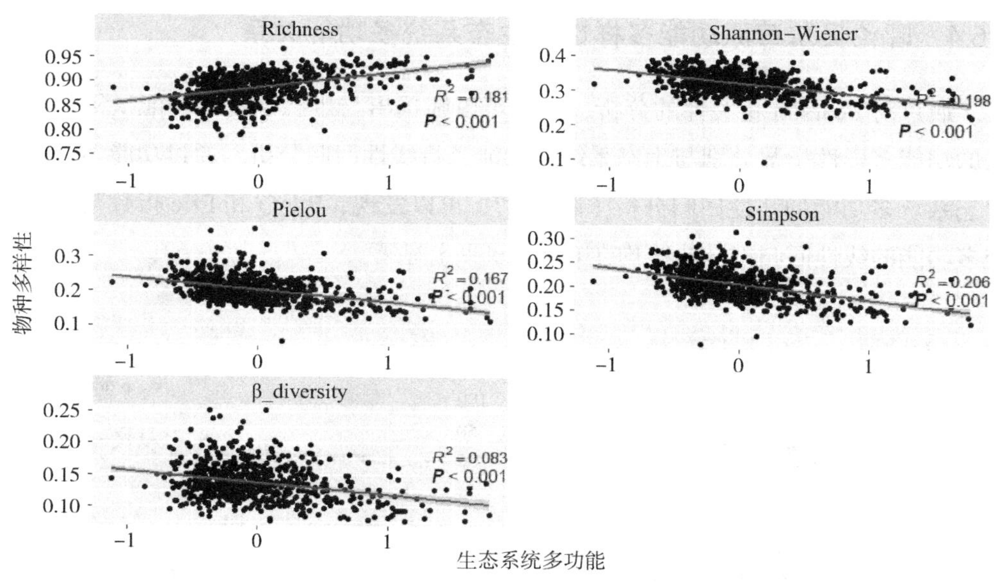

图 5-75 呼伦贝尔草原物种多样性与生态系统多功能线性回归关系

5.6.3 呼伦贝尔草原系统发育多样性与生态系统多功能关系

通过对 Pearson 相关性的分析，我们可以筛选出与生态系统多功能呈极显著相关的系统发育多样性分别与生态系统多功能进行线性回归分析，通过系统发育性与生态系统多功能的线性回归分析发现（图 5-76），NRI 和 NTI 指数与生态系统多功能的回归曲线均在 0.001 水平上显著。

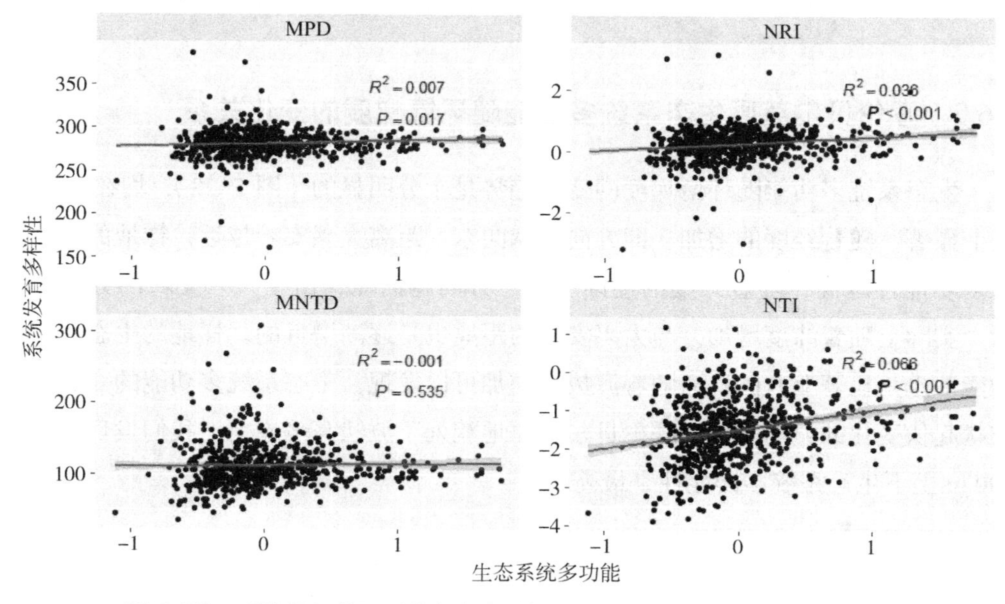

图 5-76 呼伦贝尔草原系统发育多样性与生态系统多功能线性回归关系

5.6.4 呼伦贝尔草原功能多样性与生态系统多功能关系

通过对 Pearson 相关性的分析，我们可以筛选出与生态系统多功能呈极显著相关的功能多样性指数分别与生态系统多功能进行线性回归分析，通过功能多样性与生态系统多功能的线性回归分析（图 5-77）可以发现，RaoQ 和 Fric 指数与生态系统多功能的线性回归拟合曲线均在 0.001 水平上显著。

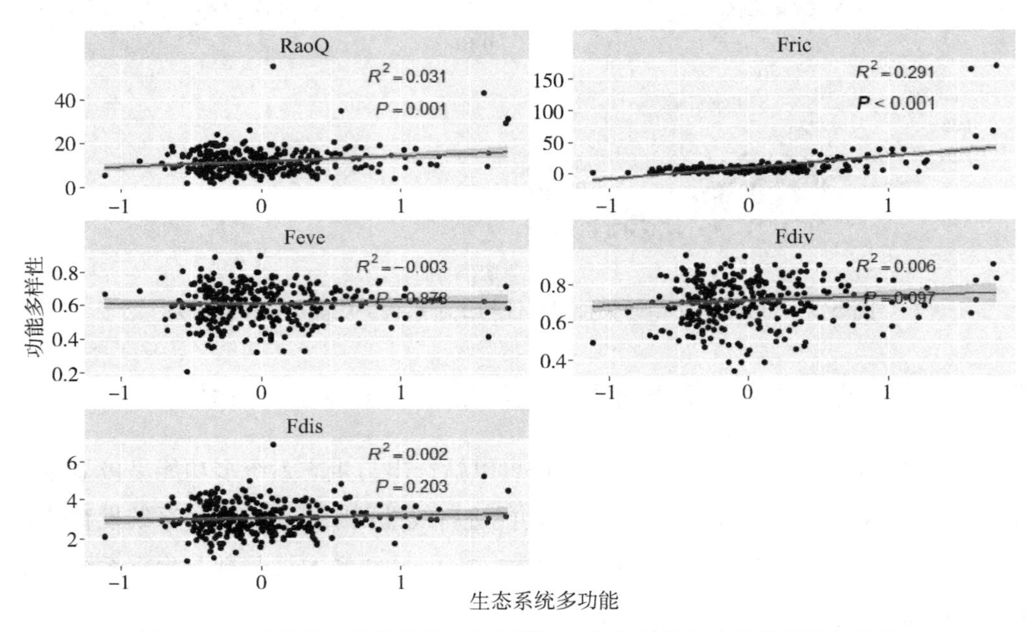

图 5-77 呼伦贝尔草原系统功能多样性与生态系统多功能线性回归关系

5.6.5 呼伦贝尔草原生态系统多功能随环境梯度的变化关系

生态系统多功能随环境梯度的变化趋势是十分明显的（图 5-78），均在 0.01 水平上显著，随着经度的增加，即方向上越向东，距离大兴安岭越近，样地的生态系统多功能性越高；随着纬度的逐渐增加，方向越向北，由于大兴安岭的分布为弧形，实际上随着纬度增加，与大兴安岭的距离也是逐渐增近的，样地的生态系统多功能性也是显著上升的；而随着海拔的增加可以发现，生态系统多功能的变化是呈波状起伏变化的，因为整个呼伦贝尔草原地貌处于波状高平原上，我们发现在海拔 700 m 上下生态系统多功能性是最高的。

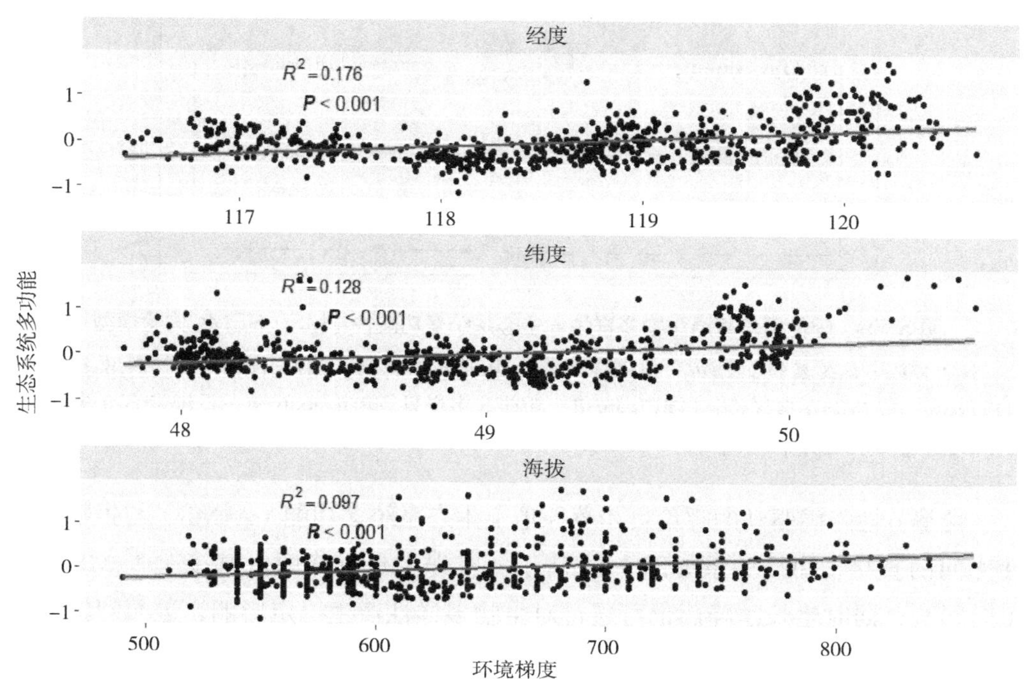

图 5-78 生态系统多功能随环境梯度的回归曲线

5.6.6 呼伦贝尔草原生物多样性与生态系统多功能直接 - 间接关系

通过以上呼伦贝尔草原生物多样性、生态系统功能的变化特征，并结合呼伦贝尔草原植被分布规律，我们发现，呼伦贝尔草原生物多样性与生态系统功能之间的关系主要由距离大兴安岭的距离远近所主导的降水量的变化所驱动，在我们的数据分析中表现为经度梯度上的变化趋势，所以我们通过引入呼伦贝尔草原地区的生长季降雨作为影响呼伦贝尔草原生物多样性 - 生态系统功能关系的驱动因子进行结构方程模型构建，先验模型如图 5-79 所示。我们认为生长季降雨首先可以直接影响生态系统多功能，也可以通过物种多样性和功能多样性（含 α 和 β 两个水平）间接影响生态系统多功能，根据现有研究结果，我们假设生长季降雨也可能通过系统发育多样性间接影响生态系统多功能，但是这个影响强度是不确定的，也可能存在但不显著，所以我们用虚线表示。

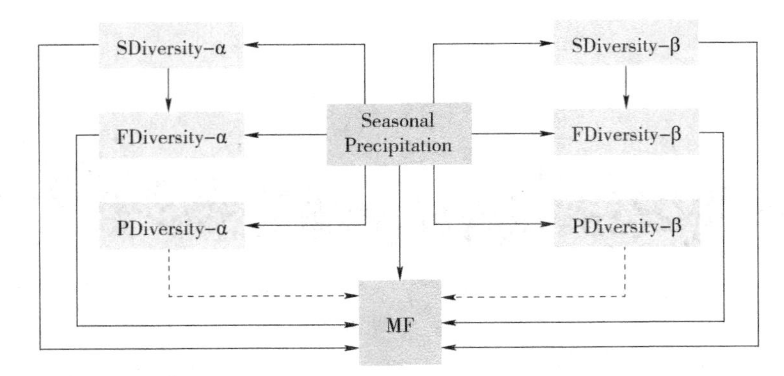

图 5-79　呼伦贝尔草原生物多样性 - 生态系统多功能性（MF）SEMs 先验模型

注：MF—生态系统多功能；SDiversity-α—物种 α 多样性；SDiversity-β—物种 β 多样性；FDiversity-α—功能 α 多样性；FDiversity-β—功能 β 多样性；PDiversity-α—系统发育 α 多样性；PDiversity-β—系统发育 β 多样性。

受季节性降雨驱动的呼伦贝尔草原地上生态系统多功能（A-MF）与生物多样性之间的直接 - 间接关系如图 5-80 所示。首先生长季降雨可直接对 A-MF 产生正向影响；同时生长季降雨也可通过对生物多样性产生一定影响，进而间接影响 A-MF，其中影响最为显著的当属季节性降雨通过对 SDiversity-α 的正向影响间接影响 Fdiversity-α 进而间接正向影响 A-MF，也可以直接通过对 FDiversity-α 的正向影响而间接正向影响 A-MF，这是生长季降雨影响 A-MF 的最主要路径（路径系数 0.438）；其他路径包括通过对 SDiversity-β 的负向影响而间接影响 A-MF 的正向作用，或通过对 FDiversity-β 的正向影响间接影响对 A-MF 产生负向影响；而 PDiversity-α 和 PDiversity-β 在生长季降雨对 A-MF 的作用并不显著。

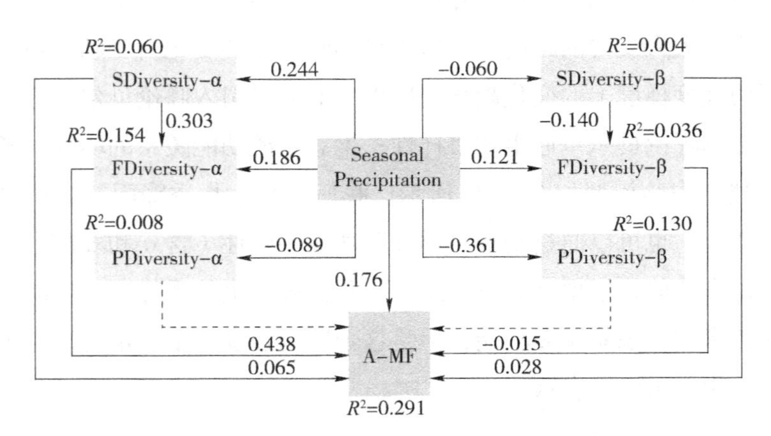

图 5-80　呼伦贝尔草原生物多样性 - 生态系统地上多功能性（A-MF）SEMs

注：图例同图 5-79。

受季节性降雨驱动的呼伦贝尔草原地下生态系统多功能（B-MF）与生物多样性之间的直接－间接关系如图 5-81 所示。首先生长季降雨可直接对 B-MF 产生正向影响；同时生长季降雨也可通过对生物多样性产生一定影响，进而间接影响 B-MF，其中影响最为显著的当属季节性降雨通过对 SDiversity-α 的正向影响间接影响 FDiversity-α 进而间接正向影响 A-MF，也可以直接通过对 FDiversity-α 的正向影响而间接正向影响 A-MF（路径系数 0.354），这是生长季降雨影响 A-MF 的最主要路径；另外，不同于 A-MF，季节性降雨通过对 FDiversity-β 的正向影响，进而间接对 B-MF 产生显著的负向影响作用（路径系数 -0.204），该作用同样可以由季节性降水通过 SDiversity 间接影响 FDiversity 进而间接影响 B-MF；与 A-MF 相似，PDiversity-α 和 PDiversity-β 在生长季降雨对 B-MF 的作用也并不显著。

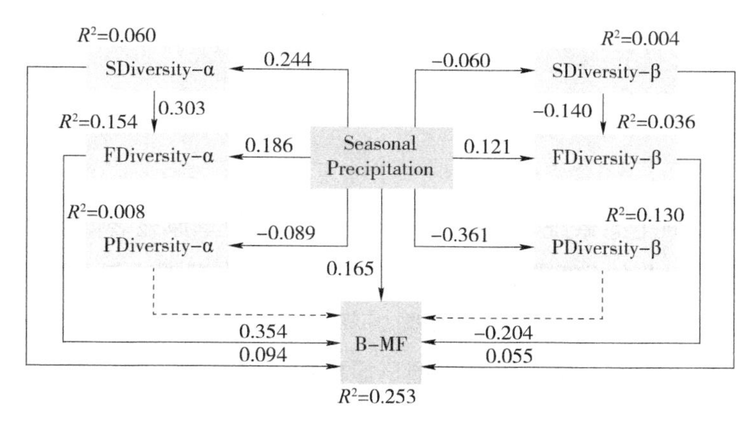

图 5-81 呼伦贝尔草原生物多样性－生态系统地下多功能性（B-MF）SEMs

注：图例同图 5-79。

受季节性降雨驱动的呼伦贝尔草原总的生态系统多功能（MF）与生物多样性之间的直接－间接关系如图 5-82 所示。首先生长季降雨可直接对 B-MF 产生显著正向影响（路径系数 0.211）；同时生长季降雨也可通过对生物多样性产生一定影响，进而间接影响 MF，其中影响最为显著的仍然是生长季降雨通过对 FDiversity-α 的正向影响而间接正向影响 A-MF（路径系数 0.421），这是生长季降雨影响 MF 的最主要路径；另外，不同于 A-MF 和 B-MF，生长季降雨通过影响 SDiversity-α 间接对 MF 的正向影响也很重要（路径系数 0.313）；同时，季节性降雨通过对 PDiversity-β 的负向影响（路径系数 -0.361），进而间接对 MF 产生显著的正向影响作用（路径系数 0.376）；而 PDiversity-α 在生长季降雨对 MF 的作用也同样并不显著。

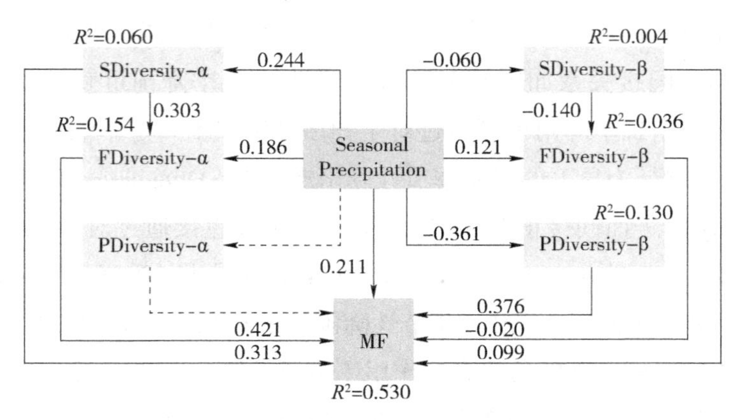

图 5-82　呼伦贝尔草原生物多样性－生态系统多功能性（MF）SEMs

注：图例同图 5-79。

5.7　本章小结

呼伦贝尔草原生态系统功能上，整体均显示草甸草原显著高于典型草原、显著高于荒漠草原。草甸草原群落功能中整体以灌木 / 半灌木草甸草原最强，显著高于其他类型，群系中以洽草群系和红柴胡草甸草原群系最高；典型草原中以丛生草类典型草原最高，群系中以羊草典型草原群系最高；荒漠草原中整体以灌木 / 半灌木荒漠草原最高，群系以狭叶锦鸡儿群系最高。叶片功能上，草甸草原中丛生禾草类和杂类草的整体最高，根茎草类最低，群系中以贝加尔针茅群系和脚苔草草甸草原群系最高，植株个体性状上以杂类草草甸草原最高，群系以洽草草甸草原群系最高；典型草原中，叶片功能性状整体以丛生草类最高，群系中以克氏针茅典型草原群系和洽草典型草原群系最高，植株个体性状上，植株高、叶片数、茎干重、茎鲜重等以丛生草类典型草原最高，群系中以克氏针茅和大针茅典型草原群系为最高；荒漠草原中，叶片性状整体为丛生草类高于灌木 / 半灌木类、高于杂类草荒漠草原，对应群系为小针茅群系高于狭叶锦鸡儿群系、高于多根葱群系；植株个体性状表现为除茎干重、茎鲜重外的其余性状为灌木 / 半灌木荒漠草原最高。土壤功能性状里，总体表现为草甸草原显著高于典型草原、显著高于荒漠草原；草甸草原土壤功能性状中，以杂类草草甸草原的土壤功能整体最高，群系中，洽草草甸草原群系的土壤 pH 和土壤容重最高，其余土壤功能以脚苔草为最高；典型草原中，灌木 / 半灌木草原的土壤 pH 最高，其余土壤功能以杂类草典型草原和根茎草类典型草原最高，群系中以克氏针茅、大针茅、冷蒿和星毛委陵菜群系最高；荒漠草原中，土壤 pH、土壤 N 含量、土壤 C 含量、土壤有机碳储量以杂类草荒漠草原最高，对应群系为多根葱群系，土壤容重、土壤含水量以丛生草类荒漠草原最高，对应群系为小针茅群系。呼伦贝尔草原生态系统多功能上，整体表现为草甸草原高于典型草原、高于荒漠草原；草甸草原生态系统多功能中，以杂类草草甸草原最高，群系以脚苔草草甸草原群系最高；典型草原中，以杂类草典型草原最高，而群系中为克氏针茅典型草原群系最高；荒漠草原中，以杂类草和灌木 / 半灌木荒漠草原最高，对应群系为多根葱群系和狭叶锦鸡儿群系。

通过对呼伦贝尔草原生物多样性、生态系统功能的变化特征，并结合呼伦贝尔草原植被分布规律，我们发现，呼伦贝尔草原生物多样性与生态系统功能之间的关系主要由距离大兴安岭的距离远近所主导的降水量变化所驱动，在我们的数据分析中表现为经度梯度上的变化趋势，所以我们通过引入呼伦贝尔草原地区的生长季降雨作为影响呼伦贝尔草原生物多样性 - 生态系统功能关系的驱动因子进行结构方程模型（SEM）构建，通过 SEM 分析发现，无论是对地上生态系统多功能、地下生态系统多功能，还是对总的生态系统多功能，生长季降雨均主要通过影响 FDiversity-α 指数而间接影响生态系统多功能的作用是最强的，显著高于通过对其他多样性指数的影响而间接影响生态系统多功能，这充分说明在呼伦贝尔草原功能多样性对生态系统多功能的关联性明显高于物种多样性和系统发育多样性。生长季降雨成为驱动呼伦贝尔草原生物多样性 - 生态系统多功能关系的主要影响因子。

6　不同利用方式对呼伦贝尔草原生物多样性 - 生态系统功能的影响

6.1　单一利用方式对呼伦贝尔草原生物多样性 - 生态系统功能的影响

6.1.1　单一利用方式下呼伦贝尔草原生物多样性 - 生态系统功能的差异

我们通过对研究区内单独放牧和单独刈割的两种单一利用方式下的样地物种多样性进行统计分析，结果表明（表 6-1），所有物种多样性指数均呈放牧样地低于刈割样地，其中 Richness、Shannon-Wiener 指数、Simpson 指数及 Dissimilarity 物种相异性指数均在 0.01 水平上呈放牧样地显著低于刈割样地。通过对两种单一利用方式下的植物功能（表 6-2）和土壤功能的统计分析表明，放牧样地的地上生物量、地下生物量、群落盖度和根 C 含量均显著低于刈割样地（$P<0.01$），而植物 N 含量与根 N 含量是显著高于刈割样地的；土壤物理性质结果显示，放牧样地的土壤水含量、土壤粉粒含量（0～10 cm、10～20 cm、20～40 cm）均呈现显著低于刈割样地（$P<0.01$），而土壤容重、土壤黏粒（0～10 cm、10～20 cm、20～40 cm）则呈现放牧样地显著高于刈割样地（$P<0.01$）；土壤化学性质结果表明，除土壤 pH 外，其余的土壤碳、氮、磷、有机质含量及土壤有机碳储量均呈现放牧样地显著低于刈割样地（$P<0.01$）。

表 6-1　放牧和刈割单一利用方式下呼伦贝尔草原物种多样性的差异

物种多样性	放牧		刈割		趋势	*P*-value
	Mean	SE	Mean	SE		
均匀度	0.72	0.006	0.80	0.039	G<M	0.017
丰富度	13.01	0.36	18.76	0.67	G<M	<0.001
Shannon-Wiener 指数	1.76	0.025	2.07	0.041	G<M	<0.001
Pielou 指数	0.72	0.006	0.80	0.039	G<M	0.017
Simpson 指数	0.74	0.007	0.80	0.008	G<M	<0.001
Dissimilarity 相异性	0.05	0.002	0.07	0.003	G<M	<0.001

注：不同上标字母表示同一微生境在一定生境水平上存在显著差异（$P<0.05$）。

表 6-2 放牧和刈割单一利用方式下呼伦贝尔草原植物功能的差异

植物功能	放牧		刈割		趋势	*P*-value
	Mean	SE	Mean	SE		
地上生物量 / (g/m^2)	50.5	2.6	90.0	5.0	G<M	<0.001
地下生物量 / (g/m^2)	1001.1	72.7	1 575.4	113.8	G<M	<0.001
群落盖度 /%	40.6	0.983	65.2	1.331	G<M	<0.001
群落盖度 /CV%	13.9	0.781	13.1	1.035	G=M	0.54
植物碳含量 /%	42.6	0.225	43.0	0.267	G=M	0.22
植物氮含量 /%	2.11	0.039	1.90	0.033	G>M	<0.001
植物磷含量 / (g/kg)	1.54	0.046	1.50	0.036	G=M	0.56
根碳含量 /%	30.7	0.465	32.3	0.560	G<M	0.021
根氮含量 /%	1.13	0.020	1.06	0.017	G>M	0.007
根磷含量 / (g/kg)	0.79	0.018	0.79	0.018	G=M	0.94

注：不同上标字母表示同一微生境在一定生境水平上存在显著差异（$P<0.05$）。

我们将代表群落生产力的群落盖度与代表物种多样性的 Richness 单独进行频率条形图分析发现（图 6-1），刈割样地群落盖度集中分布在 60%～100%，而放牧样地则集中分布在 30%～70%；刈割样地的 Richness 较均匀的分布在 10%～40%，而放牧样地则集中分布在 5%～15%。由此可见，放牧样地的群落生产力和物种多样性均明显低于刈割样地，且刈割样地的群落盖度和物种丰富度均比放牧样地分布更加均匀。

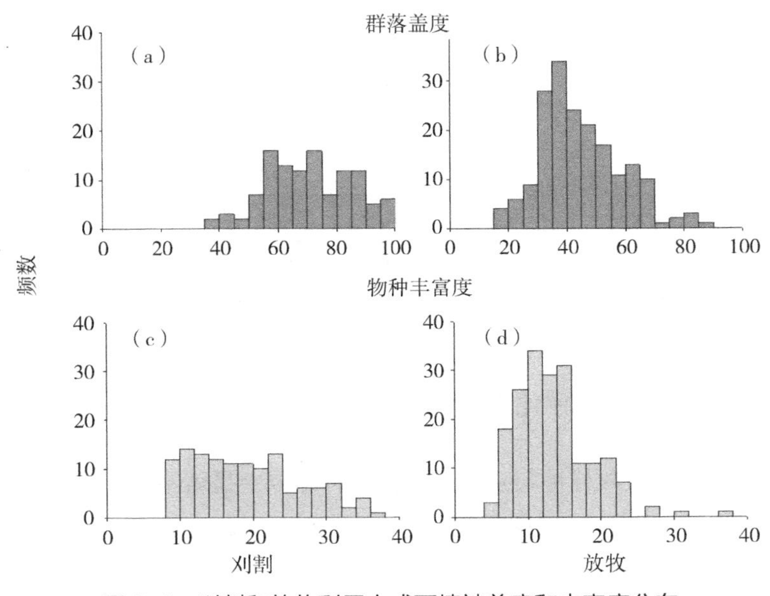

图 6-1 刈割和放牧利用方式下植被盖度和丰富度分布

表 6-3　放牧和刈割单一利用方式下呼伦贝尔草原土壤功能的差异

土壤功能	放牧		刈割		趋势	*P*-value
	Mean	SE	Mean	SE		
土壤物理性质						
Soil moisture（%）	7.87	0.505	13.0	0.925	G<M	<0.001
Bulk density（$mg\ m^{-3}$）	1.33	0.018	1.18	0.021	G>M	<0.001
Clay 0～10 cm（%）	59.0	0.98	53.6	1.1	G>M	<0.001
Silt 0～10 cm（%）	33.9	0.55	38.8	0.78	G<M	<0.001
Sand 0～10 cm（%）	7.1	0.70	7.6	0.65	G=M	0.59
Clay 10～20 cm（%）	55.8	0.94	51.7	1.10	G>M	0.006
Silt 10～20 cm（%）	36.5	0.62	40.9	0.79	G<M	<0.001
Sand 10～20 cm（%）	7.7	0.70	7.4	0.47	G=M	0.71
Clay 20～40 cm（%）	56.8	0.89	51.9	1.25	G>M	0.001
Silt 20～40 cm（%）	36.8	0.52	40.0	0.75	G<M	<0.001
Sand 20～40 cm（%）	6.4	0.61	8.1	0.95	G=M	0.11
土壤化学性质						
Soil pH	7.32	0.051	7.11	0.065	G>M	0.011
Organic C 0～10 cm（%）	2.14	0.093	3.06	0.162	G<M	<0.001
Organic C 10～20 cm（%）	1.57	0.057	2.20	0.110	G<M	<0.001
Organic C 20～40 cm（%）	1.24	0.052	1.84	0.116	G<M	<0.001
C stocks 0～40 cm（$t\ ha^{-1}$）	62.4	1.77	77.7	3.26	G<M	<0.001
Soil N 0～10 cm（%）	0.20	0.007	0.27	0.013	G<M	<0.001
Soil N 10～20 cm（%）	0.15	0.004	0.20	0.011	G<M	<0.001
Soil N 20～40 cm（%）	0.12	0.004	0.16	0.008	G<M	<0.001
Soil P 0～10 cm（$g\ kg^{-1}$）	0.41	0.014	0.48	0.019	G<M	0.002
Soil P 10～20 cm（$g\ kg^{-1}$）	0.37	0.012	0.43	0.018	G<M	0.002
Soil P 20～40 cm（$g\ kg^{-1}$）	0.34	0.012	0.39	0.018	G<M	0.013

注：不同上标字母表示同一微生境在一定生境水平上存在显著差异（$P<0.05$）。

6.1.2　单一利用方式下呼伦贝尔草原群落物种组成差异

由图 6-2 可知，放牧样地与刈割样地的物种组成上显著不同［Pseudo $F_{1,311}$=10.7，*P*（perm）= 0.001］。指示种分析显示，包括藜 *Chenopodium album*（Indicator Value［IV］= 51.4%，*P*=0.021），狗尾草 *Setaria viridis*（IV=34.7%，*P*=0.023）和多根葱

Allium polyrhizum（IV=33.9%，*P*=0.004）在内的3个物种，是放牧样地的指示种；而刈割样地中，有显著性的指示种达47个之多，重要的有羊草 *Leymus chinensis*（IV=79.8%，*P*=0.001）、朝天委陵菜 *Potentilla supina*（IV=67.8%，*P*=0.001）、麻花头 *Serratula centauroides*（IV=64.9%，*P*=0.001）和脚苔草 *Carex pediformis*（IV=62.1%，*P*=0.001），其余指示种见表6-4。

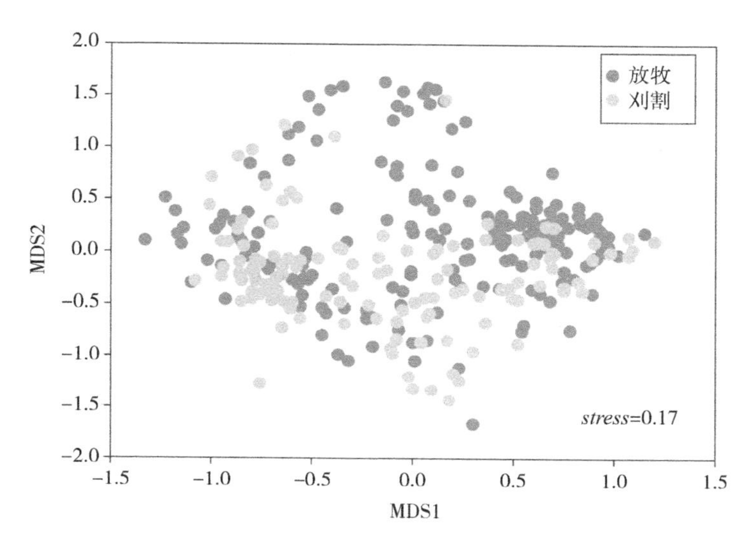

图6-2 基于物种组成的放牧－刈割样地多维尺度 MDS

表6-4 放牧或刈割指示种显著性分析结果（IV%= 百分比指标值）.（$P<0.05$）

物种	放牧	刈割	IV%	*P*-value
放牧指示种				
Chenopodium album	0.59	0.45	0.51	0.021
Setaria viridis	0.77	0.16	0.35	0.023
Allium polyrhizum	0.86	0.13	0.34	0.004
刈割指示种				
Leymus chinensis	0.73	0.87	0.80	0.001
Potentilla supina	0.87	0.53	0.68	0.001
Serratula centauroides	0.78	0.54	0.65	0.001
Carex pediformis	0.80	0.48	0.62	0.001
Bupleurum scorzonerifolium	0.88	0.40	0.59	0.001
Poa pratensis	0.75	0.45	0.58	0.001
Artemisia scoparia	0.62	0.54	0.58	0.002
Thalictrum petaloideum	0.95	0.33	0.56	0.001

续表

物种	放牧	刈割	IV%	*P*-value
Artemisia frigida	0.68	0.44	0.55	0.037
Koeleria cristata	0.71	0.41	0.54	0.005
Cymbaria dahurica	0.85	0.31	0.52	0.001
Allium bidentatum	0.75	0.32	0.49	0.018
Galium verum	0.87	0.27	0.48	0.001
Heteropappus altaicus	0.76	0.30	0.48	0.001
Chenopodium aristatum	0.70	0.31	0.47	0.003
Dontostemon micranthus	0.76	0.26	0.45	0.001
Achnatherum sibiricum	0.76	0.25	0.44	0.001
Saposhnikovia divaricata	0.75	0.24	0.42	0.001
Iris dichotoma	0.86	0.18	0.40	0.001
Pulsatilla turczaninovii	0.90	0.17	0.39	0.001
Artemisia tanacetifolia	0.85	0.17	0.38	0.005
Iris lactea	0.69	0.17	0.35	0.007
Vicia amoena	1.00	0.12	0.34	0.001
Sanguisorba officinalis	0.96	0.12	0.34	0.001
Potentilla bifurca	0.73	0.14	0.32	0.006
Achillea asiatica	0.81	0.13	0.32	0.003
Veronica incana	0.97	0.10	0.32	0.001
Astragalus melilotoides	0.77	0.12	0.30	0.025
Euphorbia esula	0.87	0.10	0.30	0.012
Geranium pratense	0.93	0.09	0.30	0.001
Potentilla tanacetifolia	0.69	0.13	0.30	0.037
Vicia cracca	0.96	0.09	0.29	0.001
Artemisia sieversiana	0.88	0.09	0.29	0.029
Artemisia lavandulaefolia	0.72	0.09	0.26	0.034
Hemerocallis fulva	1.00	0.06	0.25	0.002
Artemisia annua	0.89	0.07	0.25	0.005
Astragalus adsurgens	0.85	0.07	0.25	0.011
Dracocephalum moldavica	0.95	0.06	0.25	0.003
Dianthus chinensis	0.92	0.06	0.24	0.015
Orostachys fimbriatus	0.96	0.06	0.23	0.009

续表

物种	放牧	刈割	IV%	*P*-value
Anemone dichotoma	1.00	0.05	0.22	0.008
Trifolium lupinaster	0.98	0.05	0.22	0.004
Glaux maritima	0.92	0.05	0.21	0.008
Lilium pumilum	1.00	0.04	0.20	0.013
Phlomis tuberosa	0.98	0.04	0.20	0.024
Halerpestes ruthenica	1.00	0.03	0.18	0.025
Lilium dauricum	1.00	0.03	0.18	0.025

6.1.3　单一利用方式对呼伦贝尔草原生物多样性 – 生态系统功能关系的影响

SEMs 的标准化的总效应（直接和间接影响的总和）表明（表 6–5），放牧对所有植物功能群物种丰富度均呈现负影响，特别是多年生丛生禾草，根茎禾草与一年生草本植物。年均温对除灌木之外的各功能群均呈现负影响，尤其是根茎禾草植物和多年生丛生禾草，土壤容重与土壤有机 C 的影响通常是负面的。

表 6–5　不同植物功能类群丰富度的直接和间接影响标准化总效应（STE）

丰富度	年均温	放牧	土壤容重	群落盖度	土壤有机碳
丛生草类	−0.04	−0.13	−0.01	0.09	−0.52
根茎草类	−0.59	−0.29	−0.23	0.15	0.04
多年生杂类草	−0.47	−0.36	−0.29	0.32	−0.05
灌木	0.23	−0.05	−0.40	−0.12	−0.06
一年生草本	−0.10	−0.31	0.08	0.09	−0.30
所有植物	−0.42	−0.40	−0.23	0.37	−0.17

结构方程模型表明（图 6–3 和图 6–4），放牧对各植物功能类群的物种丰富度没有直接影响，但有较强的间接影响，放牧减少了群落盖度对所有功能群物种丰富度的积极影响，同时对功能群也有混合效应，有机碳的增加会减少多年生丛生禾草、根茎禾草和灌木的丰富度。随着年平均气温的升高，灌木丰富度增加，而根茎禾草丰富度下降。

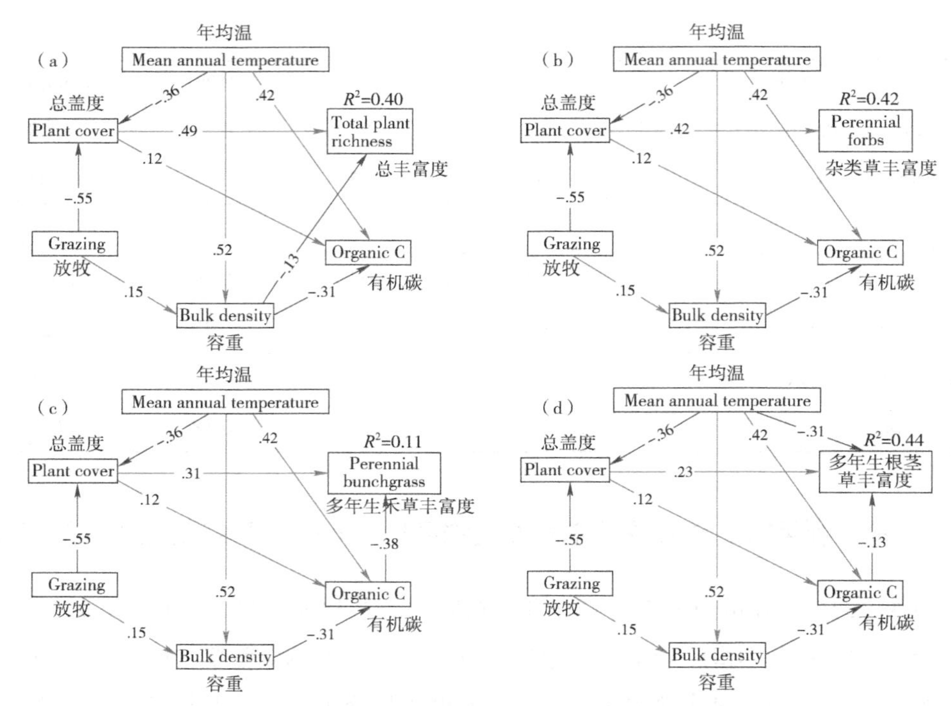

图 6-3　四种功能群丰富度与生态系统功能的结构方程模型

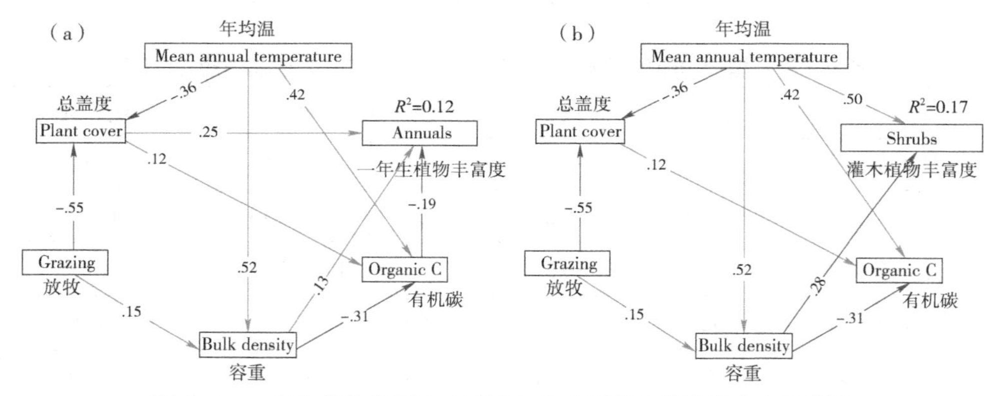

图 6-4　一年生植物和灌木丰富度与生态系统功能的结构方程模型

6.2　复合利用方式对呼伦贝尔草原生物多样性 - 生态系统功能的影响

6.2.1　不同利用方式对呼伦贝尔草原生物多样性的影响

通过对放牧、刈割、放牧 + 刈割 3 种利用方式的物种多样性分析可以发现，利用方式对物种多样性具有显著影响，其中物种丰富度、均匀度和物种相异性指数均呈现刈割 + 放牧样地显著低于另外两种单一利用方式。

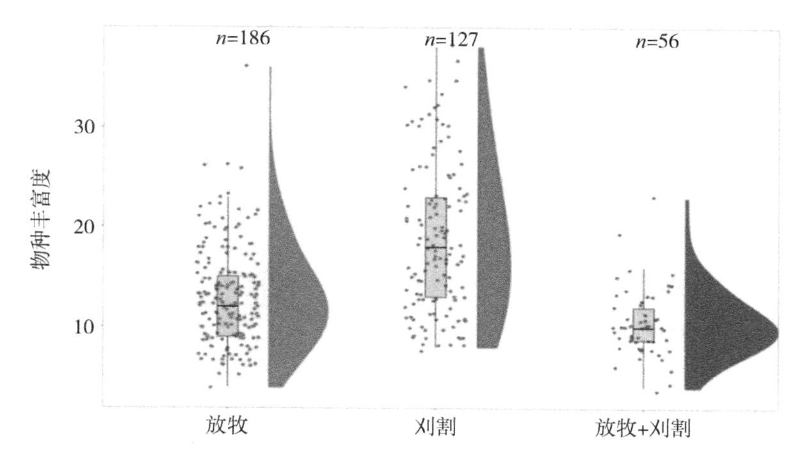

图 6-5 放牧、刈割、放牧 + 刈割利用类型下物种丰富度

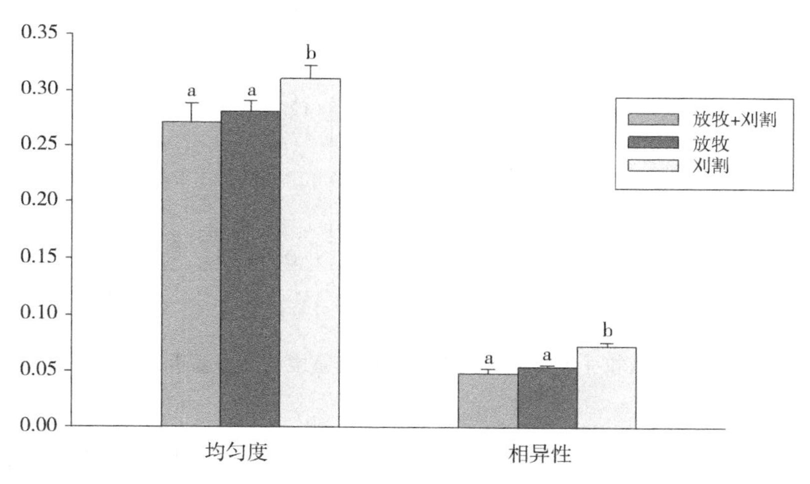

图 6-6 放牧、刈割和放牧 + 刈割均匀度和相异性

注：放牧、刈割和放牧 + 刈割作用下的单因素方差分析结果显示，不同处理组合间存在显著差异（$P<0.05$）。

6.2.2 不同利用方式呼伦贝尔草原生物多样性 - 生态系统功能关系

由图 6-7 可知，在单独刈割或单独放牧方式下，植物丰富度与地上生物量和土壤碳均呈显著正相关，非线性模型较好地描述了刈割地和放牧地丰富度与土壤碳的关系，以及刈割地丰富度与生物量的关系。然而，在同时进行刈割和放牧的地区

（Mow+graze），这些关系就会消失。例如，在刈割样地，增加植物丰富度与增加土壤碳（图 6-7a；R^2=0.07）和地上生物量（图 6-7b；R^2=0.05）均显著相关，在放牧点也有类似的趋势（土壤碳，R^2=0.08，图 6-7c；生物量 R^2=0.28，图 6-7d）。然而，当同时进行刈割和放牧时，这些关系就不再显著（图 6-7e、图 6-7f）。

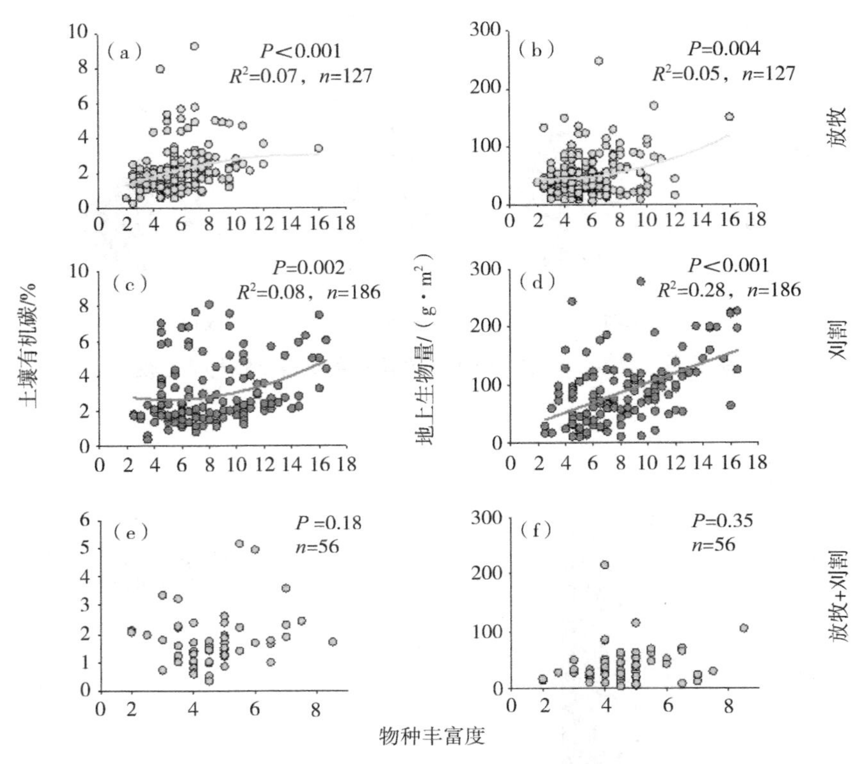

图 6-7　放牧、刈割和放牧＋刈割利用方式下物种丰富度与土壤有机碳、地上生物量的关系

6.2.3　不同利用方式对呼伦贝尔草原生物多样性－生态系统功能关系的直接－间接影响

通过分别构建草原利用方式与生态系统功能之间的结构方程模型，我们进一步分析不同利用方式对生物多样性与生态系统功能之间关系的影响，SEMs 的先验模型如图 6-8 所示。我们的结构方程模型进一步表明在同时进行放牧和刈割的样地，物种丰富度和生态系统功能之间的关系消失（图 6-9）。然而，当分别进行放牧或刈割时，我们仍然发现物种丰富度和生态系统功能之间存在正相关关系。由图 6-9 可知，物种丰富度对植物生物量有较强的正向影响，但放牧对植物丰富度的正向影响减弱。结果表明，物种丰富度仅在放牧条件下对土壤碳的影响较弱。考虑到相关

研究报道的群落盖度与生物量之间的强烈关系（Röttgermann et al.，2000），我们模拟群落盖度对土壤碳和生物量的影响时发现，与物种丰富度的结果不同，不管处理方式如何，对生物量的强烈积极影响都被保留了（图 6–10）。当我们在模型中考虑了不同地点的空间差异，即经纬度的差异，但结果依然如此。

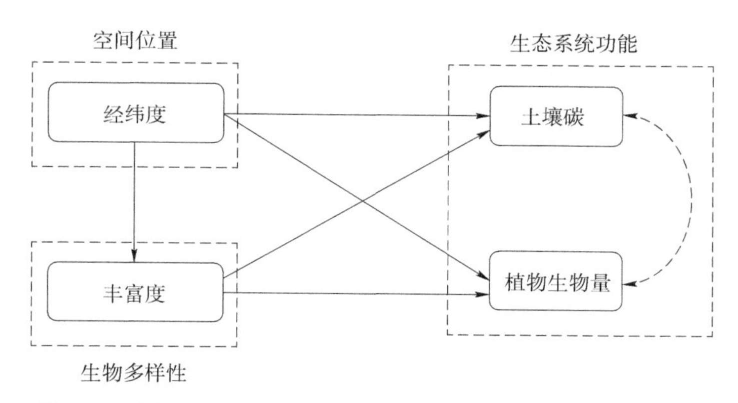

图 6–8　空间、生物多样性和功能属性之间预期关系的先验模型

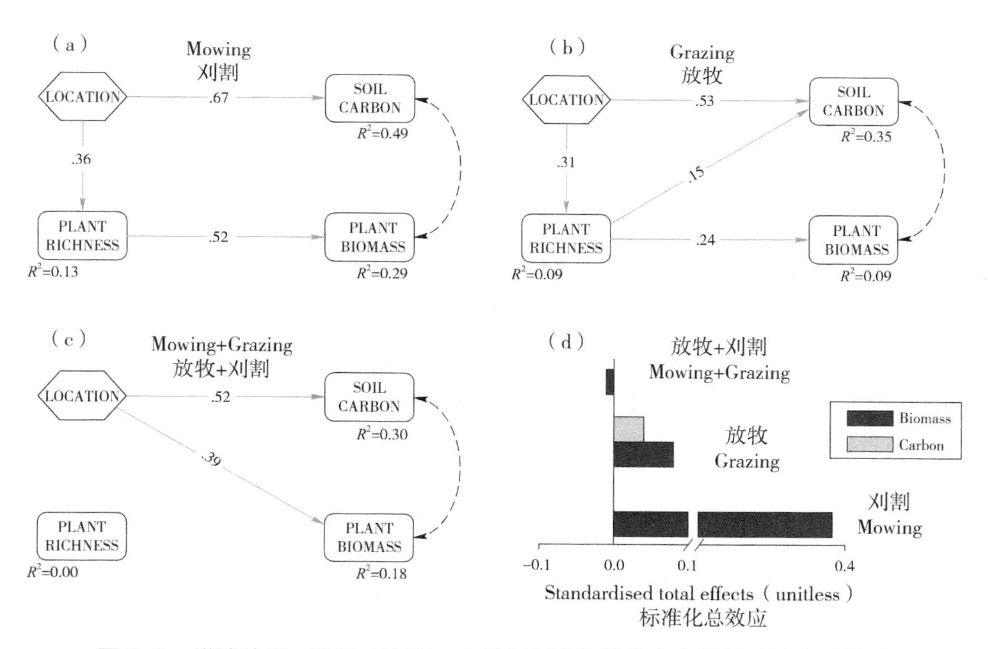

图 6–9　描述位置、物种丰富度、土壤有机碳和植物生物量的结构方程模型

注：（a）刈割；（b）放牧；（c）放牧 + 刈割；（d）3 种利用类型标准化总效应对生物量和土壤碳的影响。

Mowing：χ^2 =3.15，df=4；p=0.53；RMSEA：p=0.67；GFI=0.992，NFI=0.984. Grazing：χ^2=1.12，df=4；p=0.99；RMSEA：p=0.99；GFI=1.00，NFI=1.00. Mowing plus Grazing：χ^2=1.70，df=1；p=0.19；RMSEA：p=0.22；GFI=0.998，NFI=0.968.

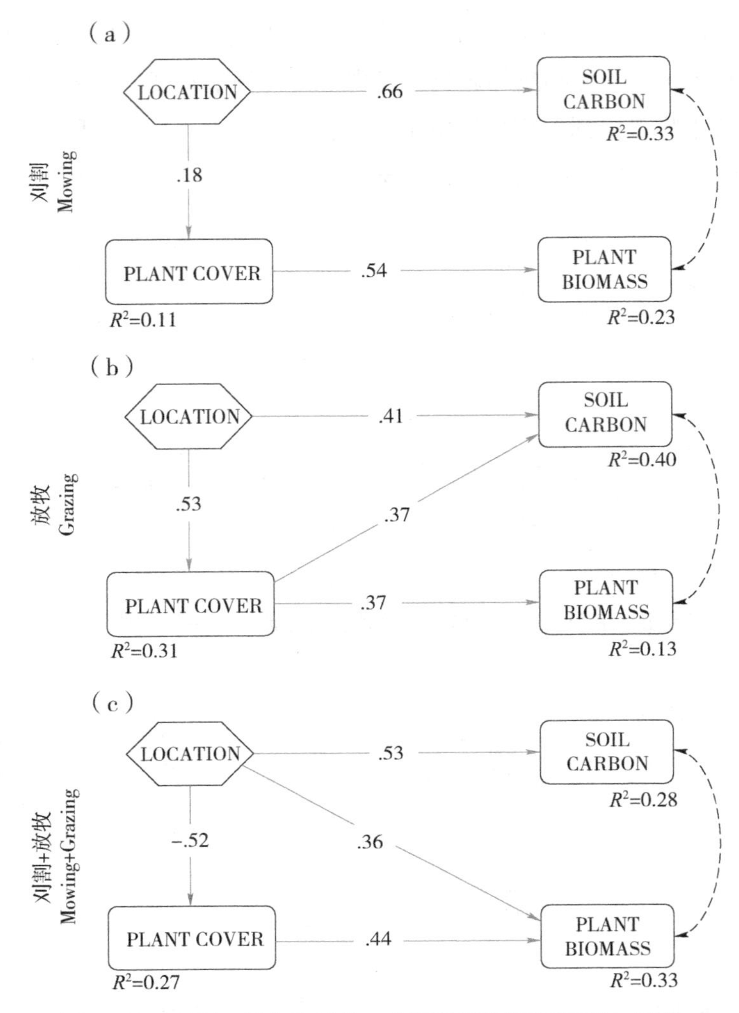

图 6-10　刈割、放牧和放牧 + 刈割利用类型下位置、盖度、土壤有机碳和植物生物量的结构方程模型

注：只显示显著的路径。

6.3　复合利用方式对呼伦贝尔草原生态系统多功能的影响

6.3.1　呼伦贝尔草原不同利用方式之间生态系统功能的差异性

通过对呼伦贝尔草原不同利用方式生态系统功能之间的差异进行分析，结果表明，与刈割相比，放牧使 15 个地上功能中有 9 个显著下降，只有 1 个显著增

加（植物 N）。当放牧与刈割相结合时，放牧下降幅度超过一半，甚至继续下降（图 6-11、表 6-6）；对于地下功能，放牧后土壤 C、N、P 在三个土层当中，甚至 20～40 cm 也呈下降趋势（图 6-12、表 6-6），放牧导致土壤 C 和土壤养分下降，但根系 C、N 和 P 却没有变化。

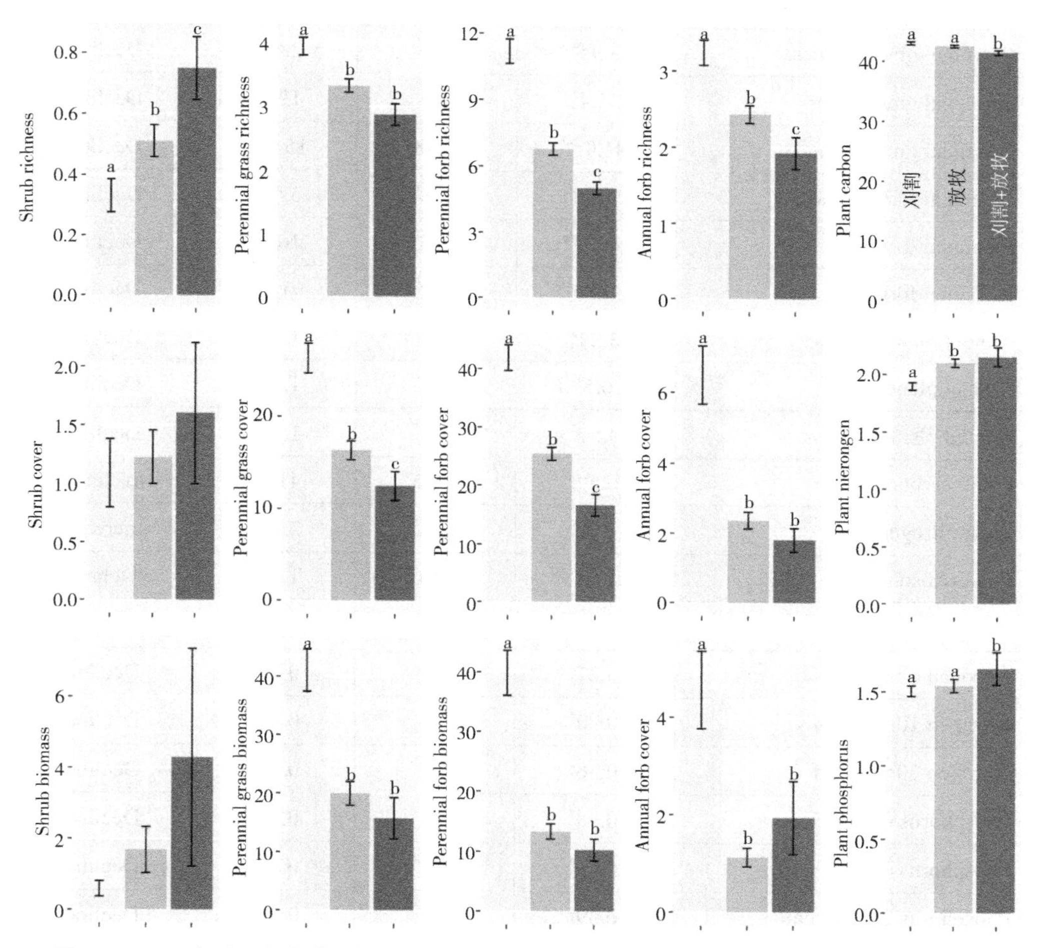

图 6-11　3 种利用方式（刈割、放牧和刈割 + 放牧）下地上植物属性的平均值（± SE）

注：对于某一特定属性，不同的上标表示不同土地用途之间存在显著差异。灌丛盖度和灌丛生物量差异不显著。

表 6-6　呼伦贝尔草原不同利用方式生态系统功能之间的差异

生态系统功能	刈割	放牧	刈割＋放牧	放牧影响
		地上功能		
Shrub richness	0.33^{a}	0.51^{b}	0.75^{c}	Decline
Shrub cover	1.1^{a}	1.2^{a}	1.6^{a}	No change
Shrub biomass	0.59^{a}	1.69^{a}	4.30^{a}	No change
Perennial grass richness	3.94^{a}	3.32^{b}	2.88^{b}	Decline
Perennial grass cover	26.4^{a}	16.4^{b}	12.5^{c}	Decline
Perennial grass biomass	41.08^{a}	19.98^{b}	15.75^{b}	Decline
Perennial forb richness	11.18^{a}	6.78^{b}	5.02^{c}	Decline
Perennial forb cover	42.0^{a}	25.5^{b}	16.6^{c}	Decline
Perennial forb biomass	39.85^{a}	13.32^{b}	10.22^{b}	Decline
Annual plant richness	3.24^{a}	2.44^{b}	1.93^{c}	Decline
Annual plant cover	6.5^{a}	2.4^{b}	1.81^{b}	Decline
Annual plant biomass	4.57^{a}	1.13^{b}	1.94^{b}	Decline
Plant carbon	42.98^{a}	42.55^{a}	41.5^{b}	No change
Plant nitrogen	1.90^{a}	2.11^{b}	2.16^{b}	Increase
Plant phosphorus	1.50^{a}	1.54^{a}	1.66^{b}	No change
		地下功能		
Nitrogen 0～10 cm	0.27^{a}	0.20^{b}	0.17^{b}	Decline
Nitrogen 10～20 cm	0.20^{a}	0.15^{b}	0.15^{b}	Decline
Nitrogen 20～40 cm	0.16^{a}	0.12^{b}	0.14^{b}	Decline
Phosphorus 0～10 cm	0.48^{a}	0.41^{b}	0.37^{c}	Decline
Phosphorus 10～20 cm	0.43^{a}	0.37^{b}	0.35^{b}	Decline
Phosphorus 20～40 cm	0.39^{a}	0.34^{b}	0.34^{b}	Decline
Carbon 0～10 cm	3.06^{a}	2.14^{b}	1.76^{c}	Decline
Carbon 10～20 cm	2.20^{a}	1.57^{b}	1.50^{b}	Decline
Carbon 20～40 cm	1.84^{a}	1.24^{b}	1.28^{b}	Decline
Root carbon	32.35^{a}	30.66^{a}	28.95^{a}	No change
Root nitrogen	1.06^{a}	1.13^{a}	1.08^{b}	No change
Root phosphorus	0.79^{a}	0.79^{ab}	0.69^{b}	No change

注：不同上标字母表示同一微生境在一定生境水平上存在显著差异（$P<0.05$）。

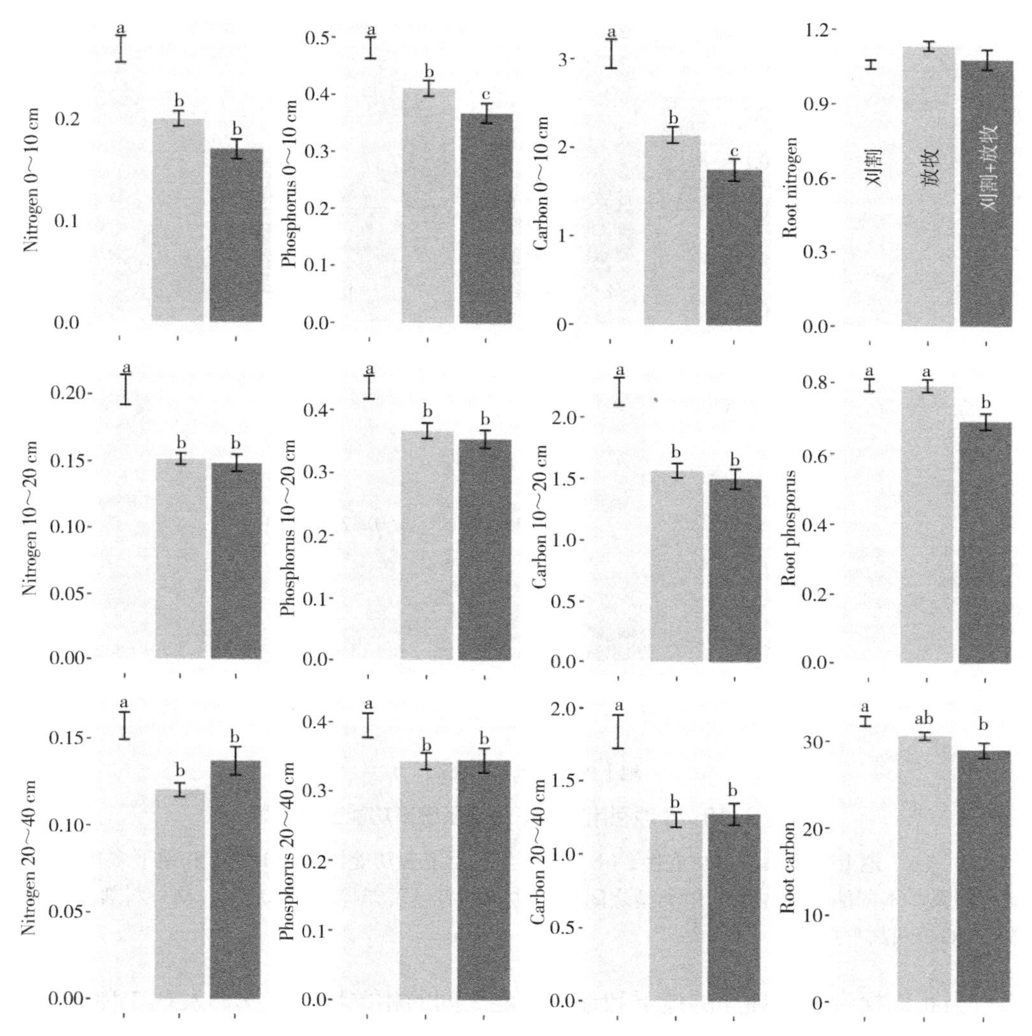

图 6-12　3 种利用方式（刈割、放牧和刈割 + 放牧）下地下植物属性的平均值（± SE）

注：对于某一特定属性，不同的上标表示不同土地用途之间存在显著差异，3 种利用方式间根系氮含量差异不显著。

6.3.2　呼伦贝尔草原地上 - 地下生态系统功能之间的关系

在仅刈割的样地，地上和地下属性的多功能性比放牧的样地更强，无论是单独放牧样地还是刈割与放牧同时进行的样地（图 6-13a、图 6-13b）。除营养循环和酸化作用外，其他各组功能也得到了类似的结果（土壤 pH；图 6-15）。我们还发现了地上和地下多功能之间的关联性，刈割样地与放牧样地和放牧 + 刈割样地分布比较明显的分离（$r = 0.27$，$P < 0.001$；图 6-13 c）。

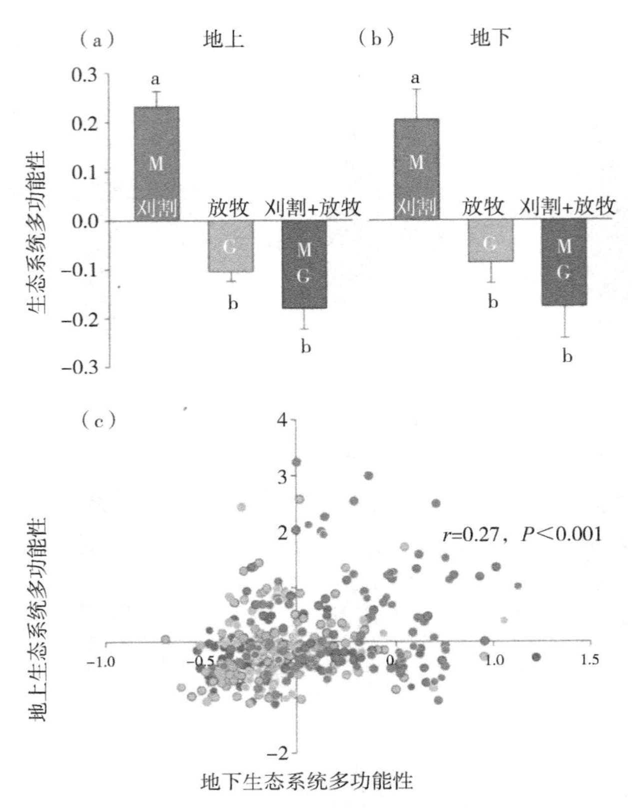

图 6-13　3 种利用方式下生态系统多功能变化差异

注：（a）地上生态系统多功能性；（b）地下生态系统多功能性；（c）地上和地下多功能性之间的关系。不同的字母表示利用类型之间的多功能性有显著差异（$P<0.05$）。M—刈割；G—放牧；MG—刈割 + 放牧。

当我们探索多个独立的地下和地上功能之间的相关性时，我们发现 3 种利用方式之间有很强的差异和相似之处。与单一的利用模式（只刈割或只放牧；图 6-14）相比，密集的利用模式（放牧与刈割结合）使得地下和地上功能之间的相互关系更加解耦。例如，在刈割下有 39 个显著相关性，而在同时进行刈割和放牧时，这一相关性下降到 23 个（图 6-14）。刈割下多年生牧草丰富度、盖度和生物量与所有地下属性均呈普遍正相关，但在放牧条件下，这些相关性显著下降，在刈割和放牧条件下几乎消失。相反，在放牧条件下，植物 C、N 和 P 与土壤 P 均不相关，但在放牧和 / 或刈割条件下，二者的相关性高度正相关。在所有利用类型中，一年生植物和灌木之间几乎没有相关性。放牧下多年生牧草丰富度、覆盖度和生物量与根系氮呈一定的负相关关系，其他利用方式与根系氮无显著负相关关系。灌丛土壤 P 与灌丛丰富度之间的相关性较小，但仅在刈割加放牧的情况下，土壤磷与灌丛丰富度呈正相关（图 6-15）。

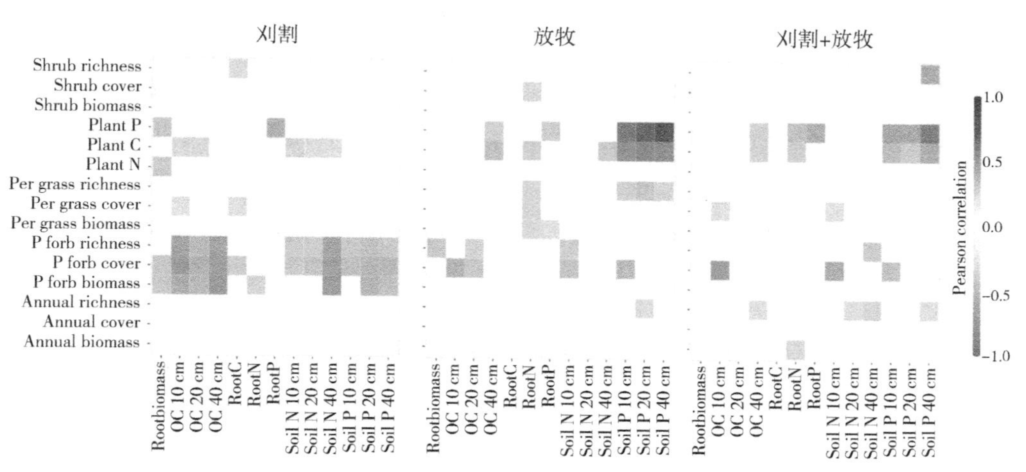

图 6-14 刈割、放牧和刈割 + 放牧土地地上、地下多功能性的相关性

注：只显示显著相关项。

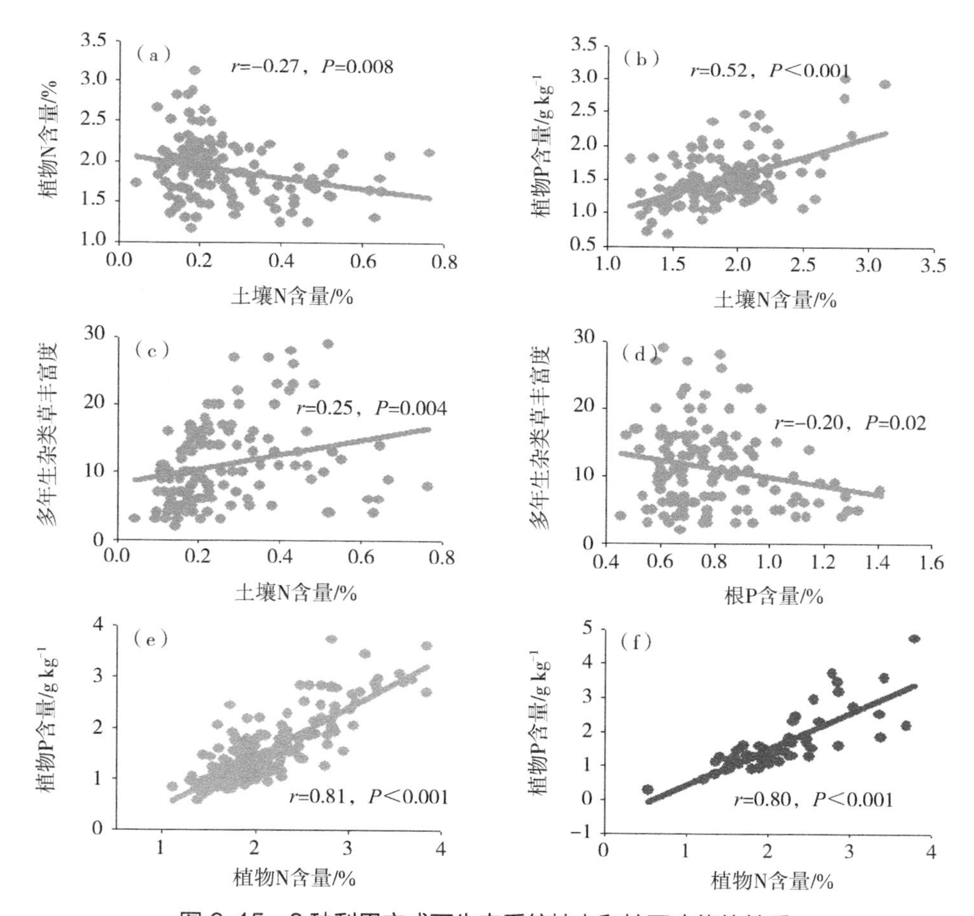

图 6-15 3 种利用方式下生态系统地上和地下功能的关系

注：（a～d）刈割；（e）放牧；（f）刈割 + 放牧。

我们发现，在所有利用强度中，地上和地下属性之间几乎没有一致的强或弱相关性（图 6-15）。相反，不同属性之间的相关性往往会随着利用强度的变化而变化，这些变化有时与放牧有关，有时与割草有关。刈割利用下，多年生杂类草丰富度随土壤氮的增加而增加，随根系磷的增加而下降；土壤氮含量随植物磷的增加而增加，随植物氮的增加而下降。放牧和放牧 + 刈割条件下植物氮与磷的关系均为强正相关。

表 6-7　不同属性和不同功能之间的对应关系

生态系统服务	生态系统功能	属性
供给作用	植物生产力	AGBiom
		BGBiom
		PlantCover_Mean
生物多样性	植物多样性	Alpha_div
		Pielou
		Evenness
		Simpson
		Beta_Div
		Gamma_Div
		CoverCV
		Shannon-Wiener
支持作用	水资源	SoilWater
	养分循环	N_0_10
		N_10_20
		N_20_40
		P_0_10
		P_10_20
		P_20_40
	氮吸收	RootN
		RootP
		RootC
		PlantN
		PlantP
		PlantC

续表

生态系统服务	生态系统功能	属性
调节作用	碳储存	OM_0_10
		OM_10_20
		OM_20_40
		OC_0_10
		OC_10_20
		OC_20_40
土壤性能		BulkDens
		pH

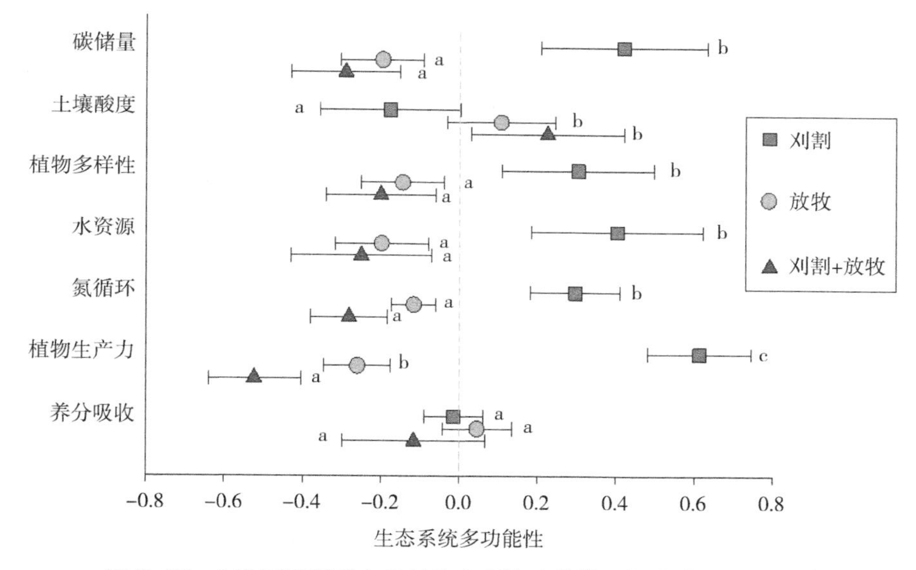

图 6–16　3 种利用类型中 7 种生态系统功能的平均值（±95% CI）

注：图内不同字母表示 $P<0.05$ 显著差异。

6.3.3　呼伦贝尔草原不同利用方式对生态系统多功能的直接–间接作用

通过对利用方式赋值法与土壤因子和样地位置建立的综合模型（图 6–17），图中（a）为利用方式、植物、土壤和位置对地上和地下多功能的直接和间接影响的结构方程模型。叠加在箭头上的标准化路径系数类似于偏相关系数，表示关系的效应大小。同时给出了各模块中解释方差的比例（R^2）。黑体的 $\chi^2=1.34$，$df=2$，$P=0.511$，GFI=1.00，RMSEA=0.001，Bollen–Stine=0.90，为了清晰起见，这里的路径是灰色的。由图 6–17 可知，利用方式通过正向影响土壤容重，间接对地下生态系统多功能产生正向影响，而利用方式通过对植物盖度和植物的丰富度产生负向影响，间接地对地上生态系统多功能和地下生态系统多功能产生正向影响，而样地的地理位置对生态系统多功能既有直接影响，又有间接影响，其间接影响主要是分别对利用方式（负向）、植物盖度（正向）、植物物种丰富度（正向）、土壤容重（负向）、土壤水分含量（正向）和土壤 pH（负向）产生影响，而间接对地上、地下生态系统多功能性产生影响。

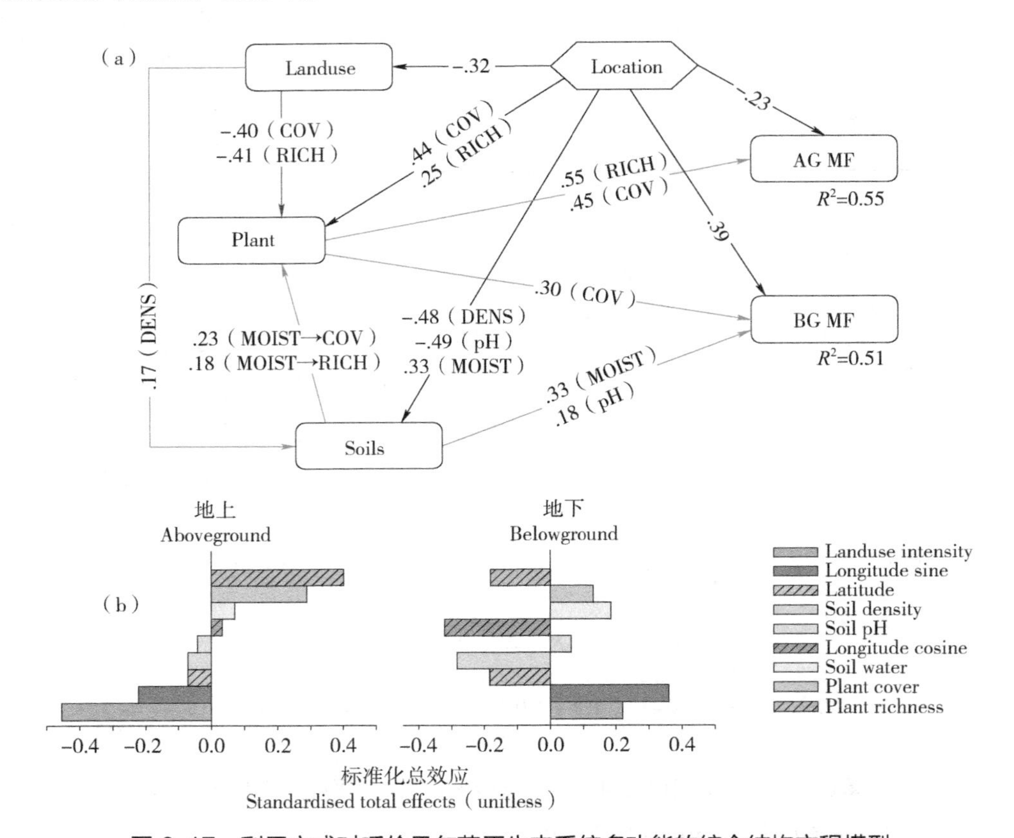

图 6-17　利用方式对呼伦贝尔草原生态系统多功能的综合结构方程模型

注：（a）利用方式、植物、土壤和位置对地上和地下多功能的直接和间接影响的结构方程模型。土壤包括土壤含水量（MOIST）、土壤容重（DENS）和土壤 pH（pH），植物包括植物覆盖度（COV）和丰富度（RICH），位置包括经度和纬度的正弦和余弦；（b）利用、植物、土壤和位置对地上和地下多种功能的标准化总效应（STE：直接和间接效应之和）。

我们分别对放牧、刈割、刈割 + 放牧样地的气候、土壤因子和地上、地下生态系统多功能建立结构方程建模，进一步的证据表明，在单独刈割或单独放牧的样地环境变量与生态系统多功能之间存在直接和间接的混合效应关系，但是当刈割与放牧同时存在时，这种关系就会消失（图 6-18）。我们发现在单独刈割或放牧方式下，增加土壤水分会对地下的多功能性有显著正向影响作用，增加土壤容重对地下的多功能性会有显著负向作用，当刈割与放牧同时存在时，这种关系变得不再显著。此外，我们还发现，单独刈割或单独放牧样地，生长季温度通过减少土壤水分的正向作用而对地下多功能性产生间接的负面影响；生长季降水通过减少了土壤容重的负向作用对地下多功能产生间接的负向作用。标准化的总效应（图 6-19）表明，刈割与放牧同时存在时，对地上生态系统多功能和地下生态系统多功能的整体效应主要受土壤容重和土壤水分的驱动；对于单独的利用方式，即单独刈割或单独放牧，生态系统多功能将受到气候和土壤属性的多重影响。

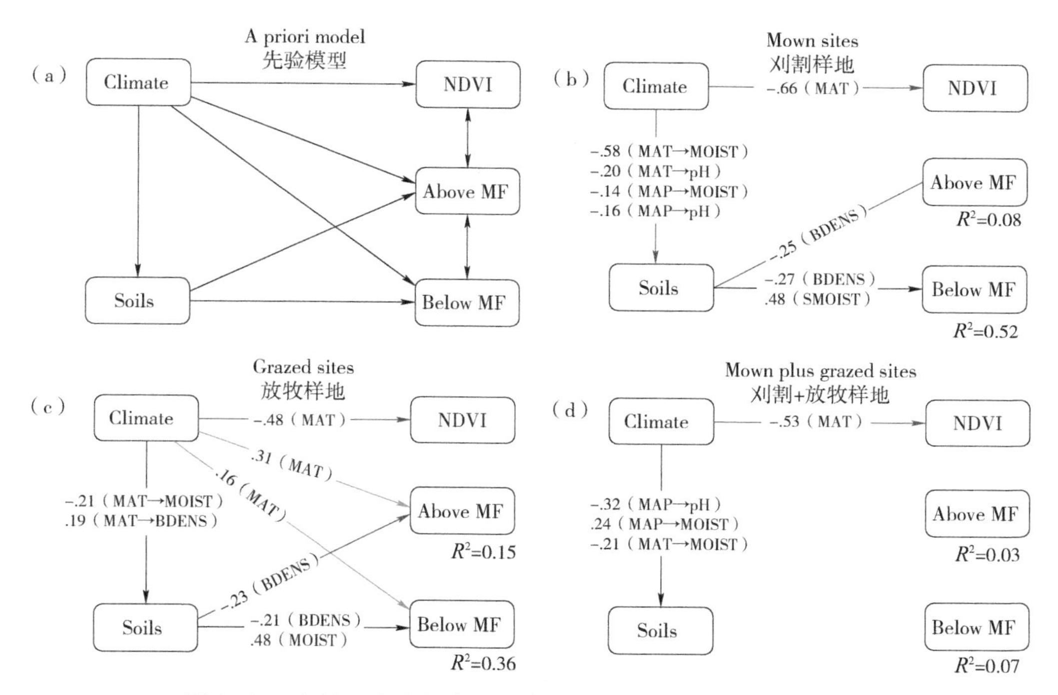

图 6-18　气候、生产力（NDVI）和土壤地上和地下多功能性的直接和间接影响的结构方程模型

注：（a）先验模型，（b）刈割，（c）放牧，（d）刈割 + 放牧利用方式；气候包括季节性降水（PSEA）和季节性温度（TSEA）。土壤包括土壤含水量（湿润度）、土壤容重（密度）和土壤 pH（pH）。归一化植被指数。叠加在箭头上的标准化路径系数类似于偏相关系数，表示关系的效应大小。给出了各模块中解释方差的比例（R^2）。

Mow：χ^2=2.8，df=1，P=0.092，GFI=1.00，RMSEA=0.001，Bollen-Stine=0.90；Graze：χ^2=1.32，df=1，P=0.25，GFI=0.99，RMSEA=0.007，Bollen-Stine=0.92；Mow+Graze：χ^2=0.027，df=1，P=0.87，GFI=1.00，RMSEA=0.004，Bollen-Stine=0.89.

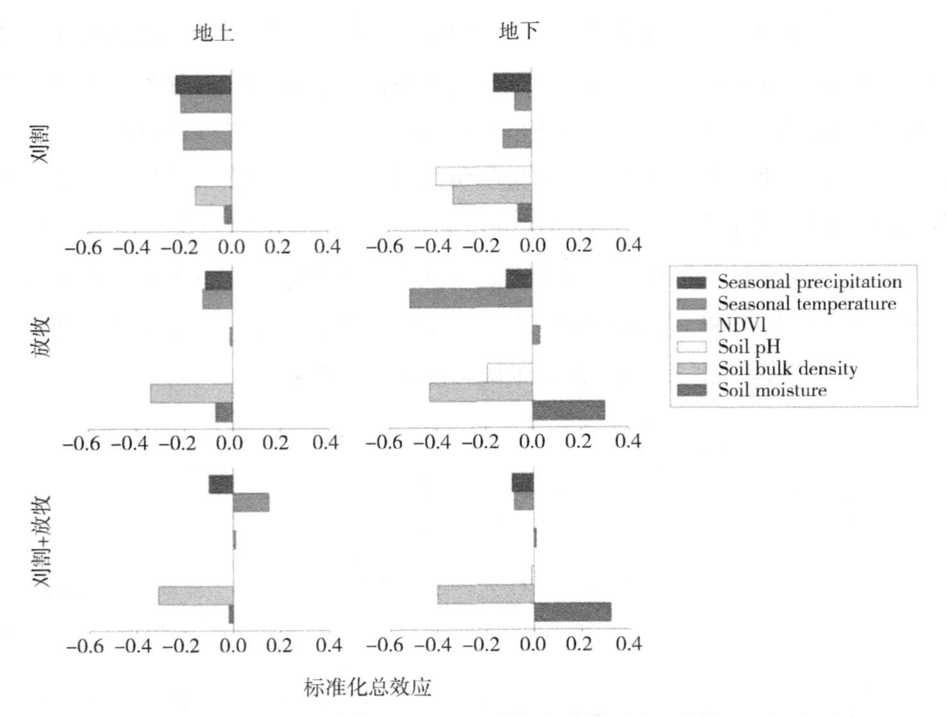

图 6-19　基于气候、生产力和土壤功能结构方程模型的标准化总效应对 3 种利用方式的地上和地下多功能的影响

6.4　本章小结

牲畜过度放牧通过直接改变草原植物组成或影响土壤功能来影响草原生态系统。由单一利用方式对呼伦贝尔草原的影响结果表明，与连续放牧相比，刈割可增加凋落物和植被盖度、物种丰富度和多样性、高品质牧草的贡献和更适宜的土壤理化环境；相反，放牧可能降低植物丰富度、生产力、土壤功能和指示物种，增强对大多数植物功能类群的负面影响。放牧可促使土壤理化性质的恶化，加剧呼伦贝尔草原植物群落状况，而这些土壤特性的变化是由植物群落结构和功能的变化引起的，放牧会引发土壤和植物条件改善之间的负反馈效应。

由复合利用方式对呼伦贝尔草原 BEF 影响的结果可知，刈割与放牧两种利用方式的结合会消除生物多样性与生态系统功能之间的耦合关系。特别是，放牧和刈割结合可能会降低物种丰富度，改变物种丰富度对碳汇和草原生产力的正向作用。在单一的刈割利用方式下，地上和地下功能之间存在很强的相关性，而在刈割与放牧相结合的复合利用方式下，会导致生物和非生物功能关系的解耦。与连续放牧或刈割加放牧利用相比，单独刈割可以保留一定的凋落物和部分地表植被，增加物种丰富度和多样性，减少对地表的物理干扰，使土壤表层功能更强。研究结果表明，复合利用方式不仅会影响植物地上部分的多样性和生产力，而且会对植物地下功能产生负向影响，还可能对植物多样性和生产力产生负反馈效应。

本书为进一步了解利用方式对草原生态系统功能的影响提供了基础。考虑到刈割和放牧对生活在草原生态系统中的人们的经济影响，我们建议在呼伦贝尔草原，使用单一利用方式，特别是采用单独刈割或轻度放牧的方式，可能会保持生物多样性对生态系统功能的积极影响，同时保持牲畜生产力，建议去除现有的刈割与放牧同时存在的复合利用方式。

7 呼伦贝尔草原退化演替及状态转换模型分析

7.1 呼伦贝尔草原退化演替过程分析

7.1.1 呼伦贝尔草甸草原区退化演替过程分析

呼伦贝尔草甸草原区退化演替过程如图 7-1 所示，贝加尔针茅草原与羊草草甸草原为草甸草原区核心群系，其他植被类型均围绕这两个群系展开。贝加尔针茅草原多发育在黑钙土和暗栗钙土之上，其核心群落是贝加尔针茅群系的典型群丛组贝加尔针茅—羊草群丛组，该群丛组中居中心位置的是贝加尔针茅 + 羊草群丛，其上方示意逐步寒化的过程，即向贝加尔针茅 + 羊草 + 线叶菊群丛过渡，经进一步寒化则演变成贝加尔针茅—线叶菊群丛组，再经进一步演变就过渡到线叶菊草甸草原；而贝加尔针茅—羊草—线叶菊群丛向右为砾质寒生化方向，可到贝加尔针茅—羊茅群落，继续砾质化则到贝加尔针茅—羊茅—线叶菊群落，再经砾质寒生演替，则过渡到羊茅草甸草原群落。贝加尔针茅—羊草群丛的下方，示意中生和湿生系列发展，逐渐向羊草草原过渡。贝加尔针茅—羊草典型群丛组的右侧，示意生境的湿度逐渐增大，具有向中生化系列发展的趋势，首先发展到贝加尔针茅—羊草—脚苔草群落，继续中生化到贝加尔针茅—脚苔草群落和贝加尔针茅—其他杂类草群落，贝加尔针茅—脚苔草群落进一步中生化演替则过渡到脚苔草草甸草原群系，而另一个类型则进一步由中生化过渡到杂类草草甸草原群系。典型群落左侧为旱生化演替方向，由贝加尔针茅—羊草群落旱生化可到小叶锦鸡儿—贝加尔针茅群落和贝加尔针茅—大针茅群落，这两类群落继续旱生化则演替到小叶锦鸡儿典型草原群落和大针茅典型草原群落。

图 7-1 的下半部为羊草草甸草原群系的演替关系，由贝加尔针茅—羊草的典型群落湿生化发展，则演替到羊草—贝加尔针茅群落，该群落类型为羊草草甸草原群系的典型群落，其继续湿生化则到羊草—拂子茅群落和羊草—羽茅群落；而由羊

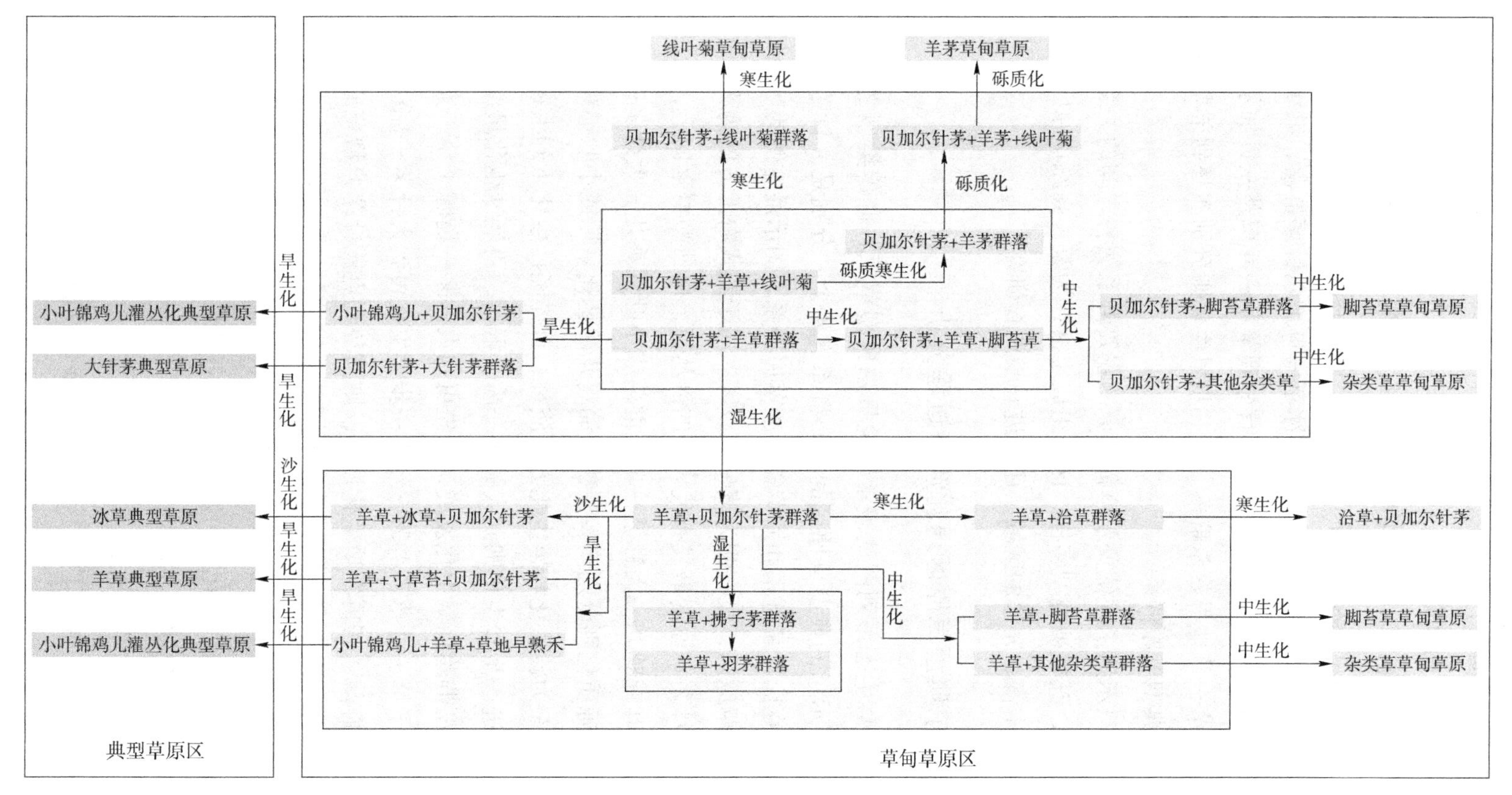

图 7-1 呼伦贝尔草甸草原群落演替序列

草—贝加尔针茅群落向右，向寒生化方向演替，则到羊草—洽草群落，继续寒生化发展，则到了洽草草甸草原群系。而由羊草—贝加尔针茅群落向中生化方向发展，则可演替到羊草—脚苔草草甸草原和羊草—其他杂类草草甸草原，继续中生化则分别演替到脚苔草草甸草原和杂类草草甸草原。典型群落左侧为沙生化和旱生化演替方向，经沙生化发展，首先演替到羊草—冰草—贝加尔针茅群落，继续沙化则可到冰草典型草原群落；经旱生化方向发展，首先到羊草—寸草苔—贝加尔针茅群落和小叶锦鸡儿—羊草—草地早熟禾群落，进一步旱生化则分别演替到羊草典型草原群系和小叶锦鸡儿典型草原群系。

显然，图中只示意了呼伦贝尔草甸草原的主要群系演替之间的关系，而在呼伦贝尔草甸草原区，其植被类型多样，区系组成丰富，为蒙古高原草原区生物多样性和群落结构最为丰富、完整的区域，还需进一步调查研究。

7.1.2 呼伦贝尔典型草原区退化演替过程分析

我们通过群落生态系列图式表示呼伦贝尔典型草原各群落类型之间的演变关系（图 7-2），所示意的典型草原区的核心群系有 4 个，分别是大针茅群系、羊草典型草原群系、克氏针茅群系和寸草苔典型草原群系，图示最左侧为呼伦贝尔非地带性分布的荒漠草原区，最右侧为草甸草原区。居于图式右上方的为大针茅 - 糙隐子草群落，为大针茅草原的最具有代表性的群丛组，由典型群落向上，为沙砾质化方向，演替到狭叶锦鸡儿—大针茅—羊草群落或小叶锦鸡儿—大针茅—羊草 / 隐子草群落，继续沙砾质化则分别演替到狭叶锦鸡儿灌丛化草原或小叶锦鸡儿灌丛化草原。典型群落向左为沙生化和旱生化方向演替，首先经沙生化可到大针茅 - 糙隐子草—冰草群落，进一步沙生化则到大针茅—冰草群落，再经沙生化最终可到冰草典型草原群系；典型群落经旱生化发展，首先可到大针茅—糙隐子草—克氏针茅群落或大针茅—糙隐子草—寸草苔群落，经进一步旱生化可到大针茅—克氏针茅群落或大针茅—寸草苔群落，若再经旱生化发展，则演替到克氏针茅典型草原群系或寸草苔典型草原群系。在典型群落向右，经中生化方向到大针茅—贝加尔针茅群落，若向寒生化方向发展，则演替到大针茅—羊茅群落和大针茅—洽草群落；若由大针茅—贝加尔针茅继续向中生化方向发展，则演替到贝加尔针茅草甸草原群系。在典型群落的下方为湿生化演替方向，首先可到大针茅—糙隐子草—羊草群落，再经低湿化则可到大针茅—羊草群丛组，该群丛组内首先由大针茅—羊草—糙隐子草经低湿化到大针茅—羊草—洽草群落，若继续低湿化发展，便演替到羊草典型草原群

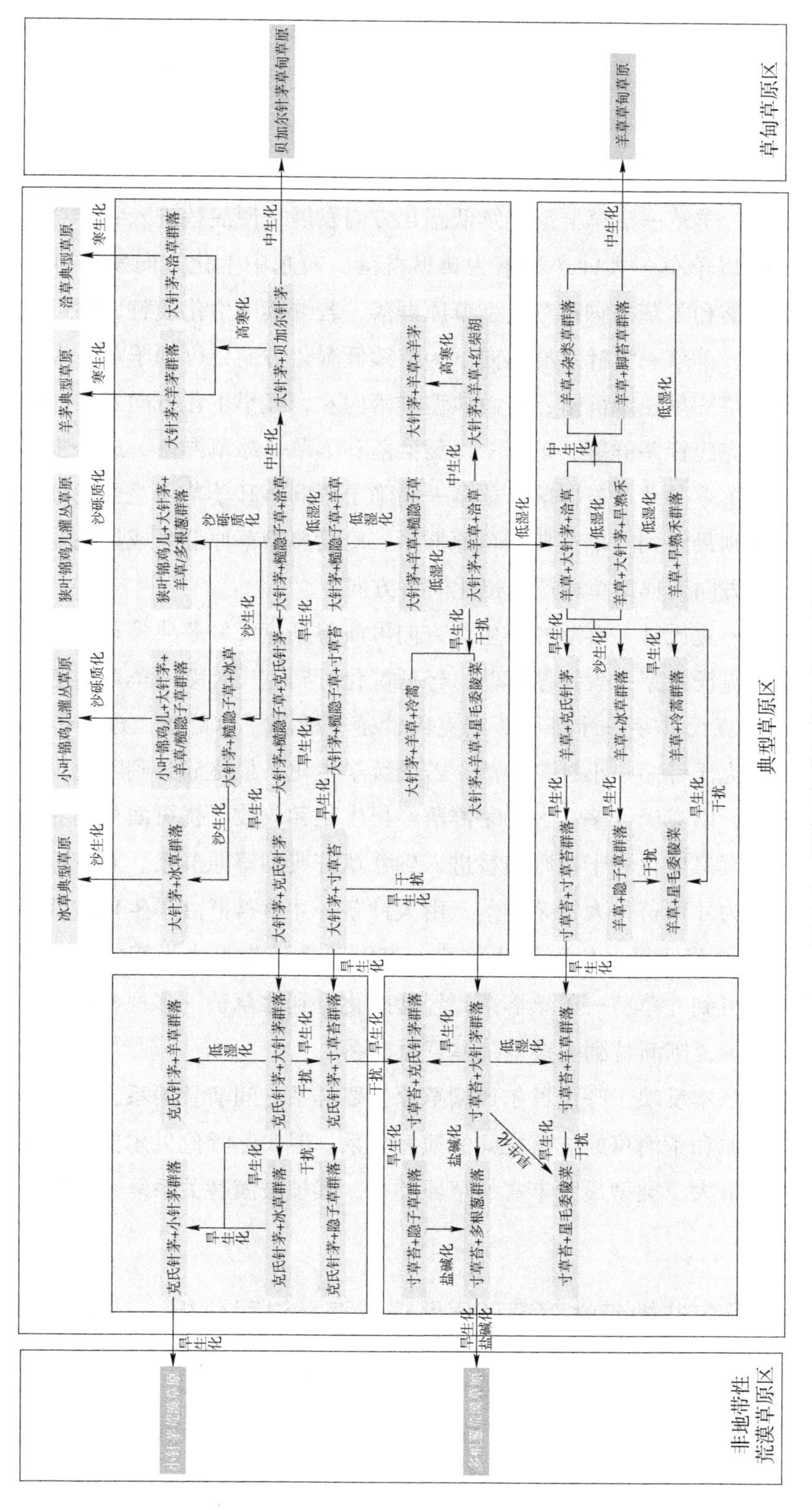

图 7-2 呼伦贝尔典型草原群落演替序列

系；由大针茅—羊草—洽草向左，为旱生化方向发展，则可分别演替到大针茅—羊草—冷蒿群落和大针茅—羊草星毛委陵菜群落。由大针茅—羊草—洽草向右朝中生化方向则到大针茅—羊草—红柴胡群落，若继续向寒生化方向则可到大针茅—羊草—羊茅群落。

经大针茅—羊草—洽草群落继续低湿化方向发展，便演替进入到羊草典型草原群系，该群系以羊草—大针茅群落为典型群落，向东中生化方向发展可分别到羊草—杂类草群落和羊草—脚苔草典型草原群落，若继续中生化演替，则进入到羊草草甸草原群系。羊草—大针茅群落向下为继续低湿化方向，可到羊草—大针茅—早熟禾群落和羊草—早熟禾群落；若由典型群落向左，经旱生化方向发展，则可分别演替到羊草—克氏针茅群落、羊草—冷蒿群落和羊草—冰草群落，进一步旱生化方向发展则可到羊草—寸草苔群落、羊草—糙隐子草群落和羊草星毛委陵菜群落，再经继续旱生化则最终到寸草苔典型草原群系、冷蒿典型草原群系或星毛委陵菜典型草原群系，该方向为典型草原严重退化演替方向。

由大针茅—克氏针茅群落经旱生化方向可演替到克氏针茅典型草原群系，该群系典型群落为克氏针茅—大针茅群落，经低湿化可到克氏针茅—羊草群落；经旱生化和沙化可到克氏针茅—冰草群落或克氏针茅—糙隐子草群落，进一步旱生化发展，则演替到克氏针茅—小针茅群落，若继续旱生化，最终演替到呼伦贝尔小针茅荒漠草原群系；由克氏针茅—大针茅群落经旱生化和放牧干扰可演替到克氏针茅寸草苔群落，继续旱生化和干扰则演替进入到寸草苔典型草原群系。寸草苔典型草原群系典型群落为寸草苔—大针茅群落，由大针茅—寸草苔群落旱生化演替而来，寸草苔—大针茅群落经旱生化可到寸草苔—克氏针茅群落或寸草苔—星毛委陵菜群落；经低湿化可到寸草苔—羊草群落；经盐碱化可到寸草苔—多根葱群落，经旱生化和盐碱化发展，则演替到多根葱荒漠草原群系。

上述图式基本反映了呼伦贝尔典型草原主要群系之间演替关系，以及典型草原群落与草甸草原和荒漠草原群落之间的演替关系。但实际呼伦贝尔典型草原为呼伦贝尔地区面积最大、类型最为丰富的草原类型，其植被演替关系复杂多样，仍需继续深入研究。

7.1.3 呼伦贝尔非地带性荒漠草原区退化演替过程分析

呼伦贝尔非地带性荒漠草原区退化演替过程如图 7-3 所示，小针茅荒漠草原群系、多根葱荒漠草原群系和狭叶锦鸡儿荒漠草原群系为该草原区核心群系。以小

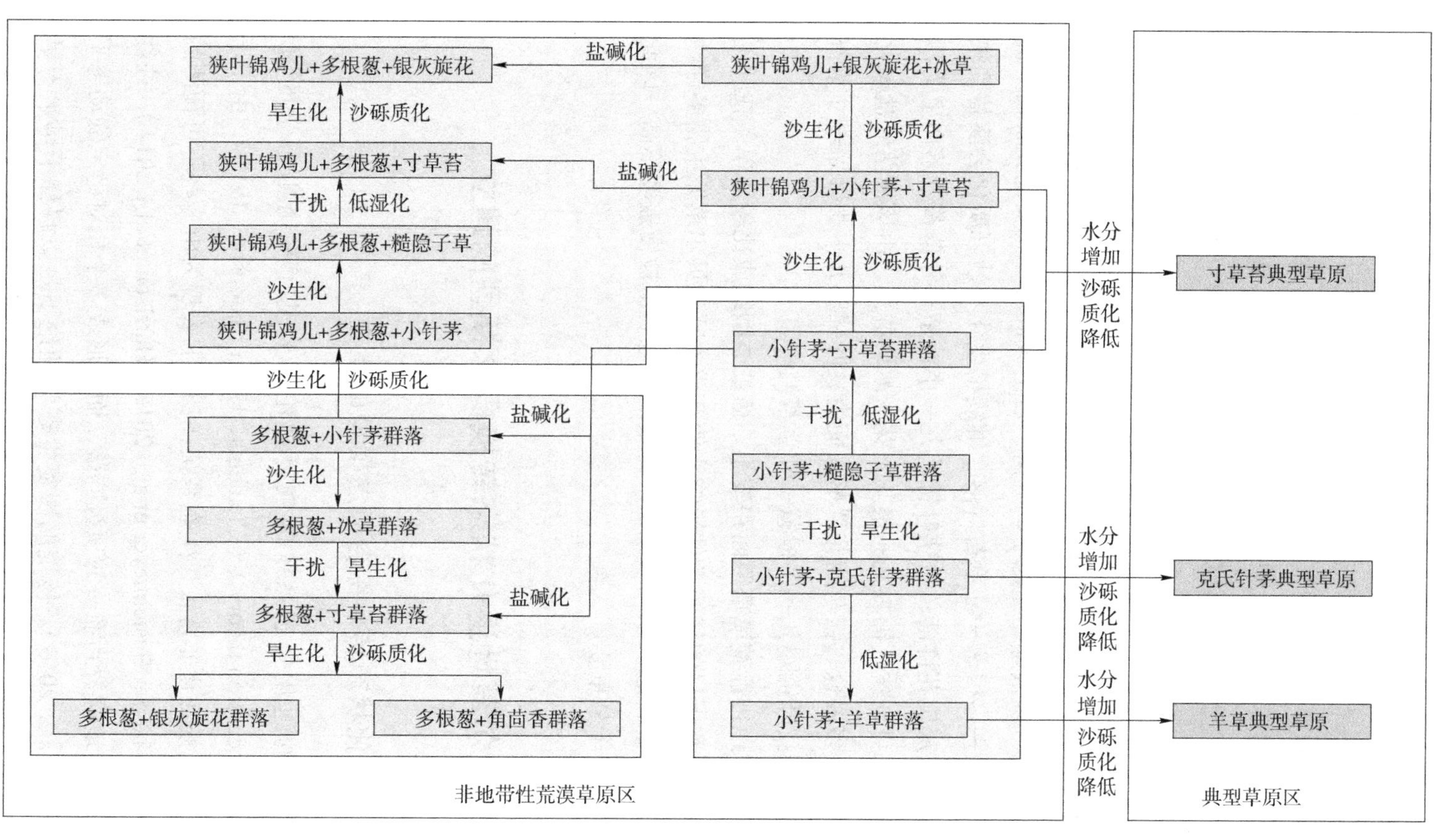

图 7-3 呼伦贝尔荒漠草原群落演替序列

针茅草原作为荒漠草原区的顶级演替类型，其典型群落为小针茅—克氏针茅群落，向下为低湿化方向为小针茅—羊草群落；向上为旱生化可到小针茅—糙隐子草群落，若再经低湿化和放牧干扰，可到小针茅—寸草苔群落，经沙砾质化和沙生化发展，可演替到狭叶锦鸡儿—小针茅—寸草苔群落，即进入到狭叶锦鸡儿荒漠草原群系。由小针茅—寸草苔群落盐碱化方向发展，可到多根葱—小针茅群落，即多根葱荒漠草原群系的典型群落，由该群落沙生化可到多根葱—冰草群落，继续旱生化会演替为多根葱—寸草苔群落，由该群落经旱生化和沙砾质化可分别演替到多根葱—银灰旋花群落和多根葱—角茴香群落；由多根葱—小针茅群落向上经沙生化和沙砾质化，可进入到狭叶锦鸡儿群系的狭叶锦鸡儿—多根葱—小针茅群落，继续沙生化可到狭叶锦鸡儿—多根葱—糙隐子草群落，若由该群落经低湿化和放牧干扰，可发展到狭叶锦鸡儿—多根葱—寸草苔群落，继续旱生化和沙砾质化会演替到狭叶锦鸡儿—多根葱—银灰旋花群落；由狭叶锦鸡儿—小针茅—寸草苔群落向上为沙砾质化和沙生化方向，可到狭叶锦鸡儿—银灰旋花—冰草群落，由该群落经盐碱化可发展到狭叶锦鸡儿—多根葱—银灰旋花群落；而由狭叶锦鸡儿—小针茅—寸草苔群落直接经盐碱化可到狭叶锦鸡儿—多根葱—寸草苔群落。

呼伦贝尔非地带性荒漠草原面积较小，植被类型组成比较简单，在呼伦贝尔西南部主要受地形和干旱的气候条件影响，使其成为呼伦贝尔草原生物多样性和群落组成均为最低水平状态，该区草原生产力很低，地表植被覆盖度不高，因此对该区的草原保护显得十分重要。

7.2 呼伦贝尔草地退化状态转换概念模型的建立

7.2.1 草地退化状态转换综合概念模型的建立

早期传统的退化生态系统的恢复理论主要基于平衡生态学的演替理论（Clementsian succession theory）（Clements，1916；Sampson，1917），由于干旱、半干旱区草原的气候变化非常大，生态系统在功能上表现为由一些不可预测的随机因素控制的非平衡状态（Bestelmeyer et al.，2015；Harrison et al.，2014），往往不是按固有的顺序定向地演替到唯一的顶级群落，而是形成多个相对稳定的动态平衡“状态”（Colloff et al.，2016），传统的恢复生态学理论不足以解释干旱半干旱区退化生态系统的恢复机制，因此，Westoby 等（1989a；1989b）提出了一种新的草原植被动态模型，即状态与转换模型（state-and-transition models，STMs），该模型又被形象地称为“杯－球”模型［cups（or troughs）and balls model］（图 7-4），其中“杯”代表生态系统稳定区域，“球”代表生态系统所处的状态，而两个“杯”相交的顶点则代表两种状态间的阈值（Pulsford et al.，2014）。如果将温带草原生态系统退化划分为 4 种状态的话，那么其退化过程如图 7-4（自左向右）所示，4 种状态分别对应稳定区域 D1～D8，当外界干扰发生时，生态系统状态将偏离“杯底”的相对稳定位置，“球”在“杯”中的一系列可能位置分别代表生态系统结构的不同变异程度；而在外界干扰消失后，“球”将在稳定域作用下会回到“杯底”，即生态系统在自然条件下恢复到原有的相对稳定状态。“球”偏离的相对位置体现着外部干扰的类型与强度，干扰强度越大，球离杯底的位置越远，所受稳定域的作用越小。当外界干扰未超过阈值时，生态系统将一直处于非平衡稳定状态下（C 区域），当外界干扰超过阈值时，生态系统状态便会发生跳跃，通过转换通道（a，b，c）进入到下一稳定区域内，转换通道一般在自然灾害、管理措施或者两者同时作用下发生（Charlène et al.，2019）。如图 7-4 所示，在外界干扰（气候或放牧压力）不断加剧的情况下，“球”会自左向右不断运动，标志着草原生态系统从未退化向轻度－中度－重度退化状态转换，此时生态系统的熵增加，整个系统无序状态加剧（Addison et al.，2012）。

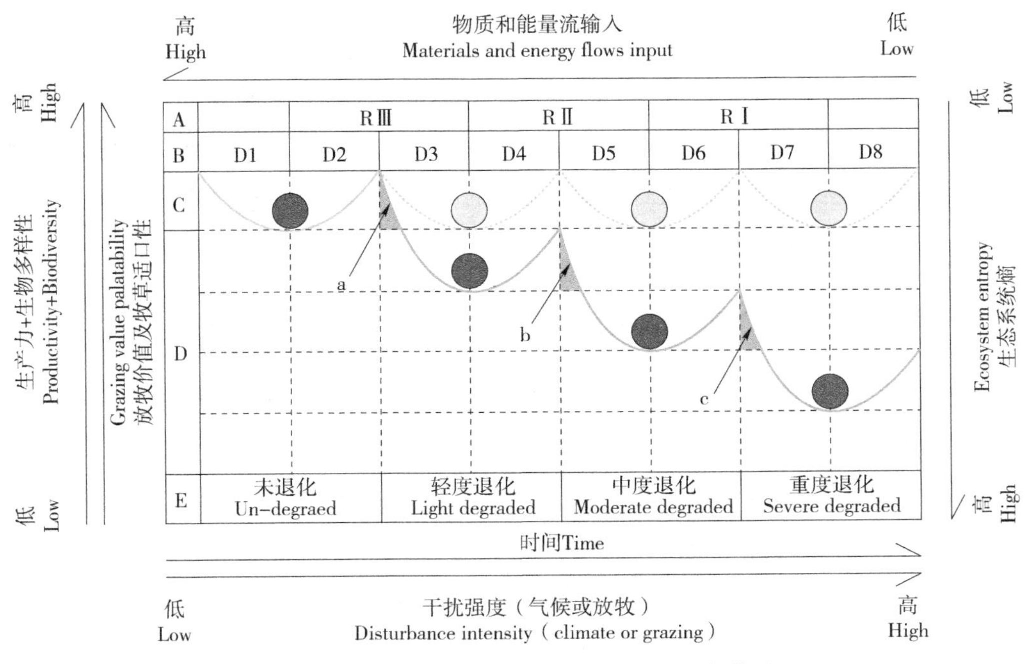

图 7-4　草地退化演替过程的状态转换概念模型

草原生态系统退化过程的反方向即为草原生态系统恢复和重建过程（图 7-4 中上部自右向左），大量研究表明该模型可以用来指导草原管理者制定科学有效的草原恢复策略（Bestelmeyer，2006；Czembor & Vesk，2009；Hobbs et al.，2009；Bullock et al.，2011）。此时“球”如果要从一个较低的状态向一个较高的状态转换，就需要外界的物质和能量流的输入，以确保“球”越过两者间的阈值，回到较高的状态，伴随着生态系统的生产力和生物多样性的提高，以及放牧价值和牧草适口性的提升（Zhang et al.，2011；Cai et al.，2015）。显然不同退化程度的草原生态系统要想从较低状态恢复到较高状态，需要移除外部的负向干扰或增大人为的正向干扰。如图 7-4 所示，R Ⅲ阶段为轻度退化草原经恢复通道 a 向未退化草原恢复阶段，此时的草原在减轻或移除外部扰动（放牧）的情况下，依靠其自身可以自我恢复，恢复通道 a 所需的措施就是制定合理的放牧制度，通过合理的放牧强度、适当放牧 / 休牧与适当围封相结合的策略即可完成恢复；R Ⅱ阶段为中度退化草原经恢复通道 b 向轻度退化草原恢复阶段，此时的草原退化不仅是群落组成上的变化，土壤理化性质也发生了退化，因此恢复通道 b 需要在控制放牧压力的同时还需添加 N、P 肥保证土壤养分及物理性质，进而促进地上植被的恢复；R Ⅰ阶段为重度退化草原经恢复通道 c 向中度退化草原恢复阶段，此时草原退化严重，原本连续的群落已经退化成斑块状，土壤中的植物种子库已经枯竭，植被自我恢复能力丧失，所以恢复通道 c 不仅需要控制放牧与施肥，还需要在土壤中增加种子源，即补播原群落的本地种。总之，草原生态系统退化，使其物质与能量流程及收支平衡失调，打破了系统自我调控的相对稳态，下降到低一级能量效率的系统状态，这是草原退化的生态学实质，退化草原的恢复应该针对不同退化阶段进行相应的恢复措施，才能科学、有效地达到退化草原恢复和重建的目的（Hobbs & Suding，2009；Tongway & Ludwig，2011；Bainbridge，2012）。

7.2.2 呼伦贝尔草甸草原退化演替状态转换概念模型的建立

通过以上对呼伦贝尔三个草原区的退化演替过程分析以及我们所建立的草地退化演替过程的状态转换概念模型，我们针对呼伦贝尔三个草原区分别建立不同退化演替阶段的状态转换概念模型，草甸草原区的状态转换概念模型如图 7-5 所示。首先由顶级演替阶段到轻度退化演替阶段的状态转换过程，我们选择贝加尔针茅群系和羊草草甸草原群系作为草甸草原区的顶级演替群落，其中贝加尔针茅群系的主要群落类型有贝加尔针茅 - 羊草 - 脚苔草群落、贝加尔针茅 - 脚苔草 - 羊草群落、贝加尔针茅 - 脚苔草 - 地榆群落以及贝加尔针茅 - 脚苔草 - 羊茅群落等，当该演替类型受到外界的强烈干扰，比如自然灾害或者过度放牧等原因，其通过转换通道 1a 会进入轻度退化演替阶段的脚苔草群系的脚苔草 - 贝加尔针茅 - 羊草、脚苔草 - 贝加尔针茅 - 寸草苔等群落类型，如果经过一定的恢复措施和一定时间，这个过程也可能会通过恢复通道 1b 恢复到原来的状态，但是这个恢复过程必须是要经过一定的外力辅助条件和相当长的一段时间才可能完成，比如长时间的围封禁牧等；而顶

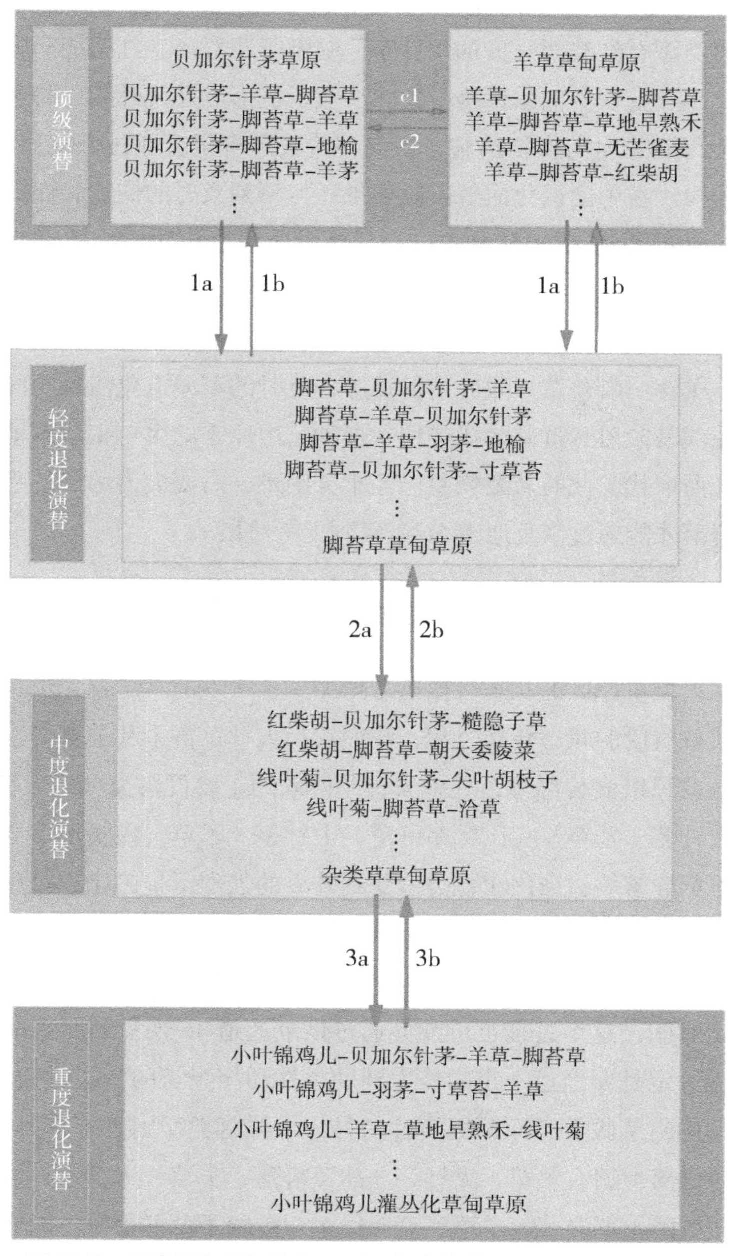

图 7-5 呼伦贝尔草甸草原不同退化演替阶段状态转换概念模型

级演替的另一个群落类型则是羊草草甸草原群系，该群系的主要群落类型有羊草－贝加尔针茅－脚苔草群落、羊草－脚苔草－草地早熟禾群落、羊草－脚苔草－无芒雀麦群落、羊草－脚苔草－红柴胡群落等，同样经过一定的外界干扰，会导致该顶级演替阶段通过转换通道 1a 退化到以脚苔草为优势的轻度退化演替阶段。在轻度退化演替阶段，如果草原没有得到应有的恢复措施，那么该草原群落还会进一步通过转换通道 2a 退化到中度退化演替阶段的杂类草草甸草原群系当中，该演替阶段的主要群落类型有红柴胡－贝加尔针茅－糙隐子草群落、红柴胡－脚苔草－朝天委陵菜群落、线叶菊－贝加尔针茅－尖叶胡枝子群落以及线叶菊－脚苔草－洽草群落，此时若能得到及时的恢复措施，该演替阶段还有机会通过恢复通道 2b 回到轻度退化演替阶段。在中度退化演替阶段如果还得不到及时的恢复和保护，那么该草原将继续通过转换通道 3a 退化到重度退化演替阶段，该阶段草原群落类型以小叶锦鸡儿为优势建群的小叶锦鸡儿灌丛化草甸草原群系，该群系主要类型有小叶锦鸡儿－贝加尔针茅－羊草－脚苔草群落、小叶锦鸡儿－羽茅－寸草苔－羊草群落以及小叶锦鸡儿－羊草－脚苔草－线叶菊群落等，此时的草原退化演替阶段已属草甸草原的重度退化演替阶段，群落的优势层建群种已由原来的多年生草本植物被灌木植物小叶锦鸡儿所取代，此时若要恢复已经十分困难，需要大力的恢复手段和很长时间的恢复，群落才能通过恢复通道 3b 恢复到上一阶段。

7.2.3　呼伦贝尔典型草原退化演替状态转换概念模型的建立

呼伦贝尔典型草原区的状态转换概念模型如图 7-6 所示。首先由顶级演替阶段到轻度退化演替阶段的状态转换过程，我们选择大针茅群系和羊草典型草原群系作为典型草原区的顶级演替群落，其中大针茅群系的主要群落类型有大针茅－羊草－冰草群落、大针茅－羊草－克氏针茅群落、大针茅－羊草－糙隐子草群落以及大针茅－冰草－羊草群落等，当该演替类型受到外界的强烈干扰，比如自然灾害或者过度放牧等原因，其通过转换通道 4a 会进入轻度退化演替阶段的克氏针茅群系的克氏针茅－糙隐子草－羊草、克氏针茅－羊草－冷蒿等群落类型，如果经过一定的恢复措施和一定时间，这个过程也可能会通过恢复通道 4b 恢复到原来的状态，但是这个恢复过程一定是要经过一定的外力辅助条件和相当长的一段时间才可能完成，比如长时间的围封禁牧等；而顶级演替的另一个群落类型则是羊草典型草原群系，该群系的主要群落类型有羊草－大针茅－冰草群落、羊草－大针茅－洽草群落、羊草－大针茅－糙隐子草群落、羊草－克氏针茅－糙隐子草群落等，同样经过一定的外界干扰，会导致该顶级演替阶段通过转换通道 4a 退化到以冰草为优势的轻度退化演替阶段，该阶段主要群落类型有冰草 - 大针茅 - 寸草苔群落，冰草 - 糙隐子

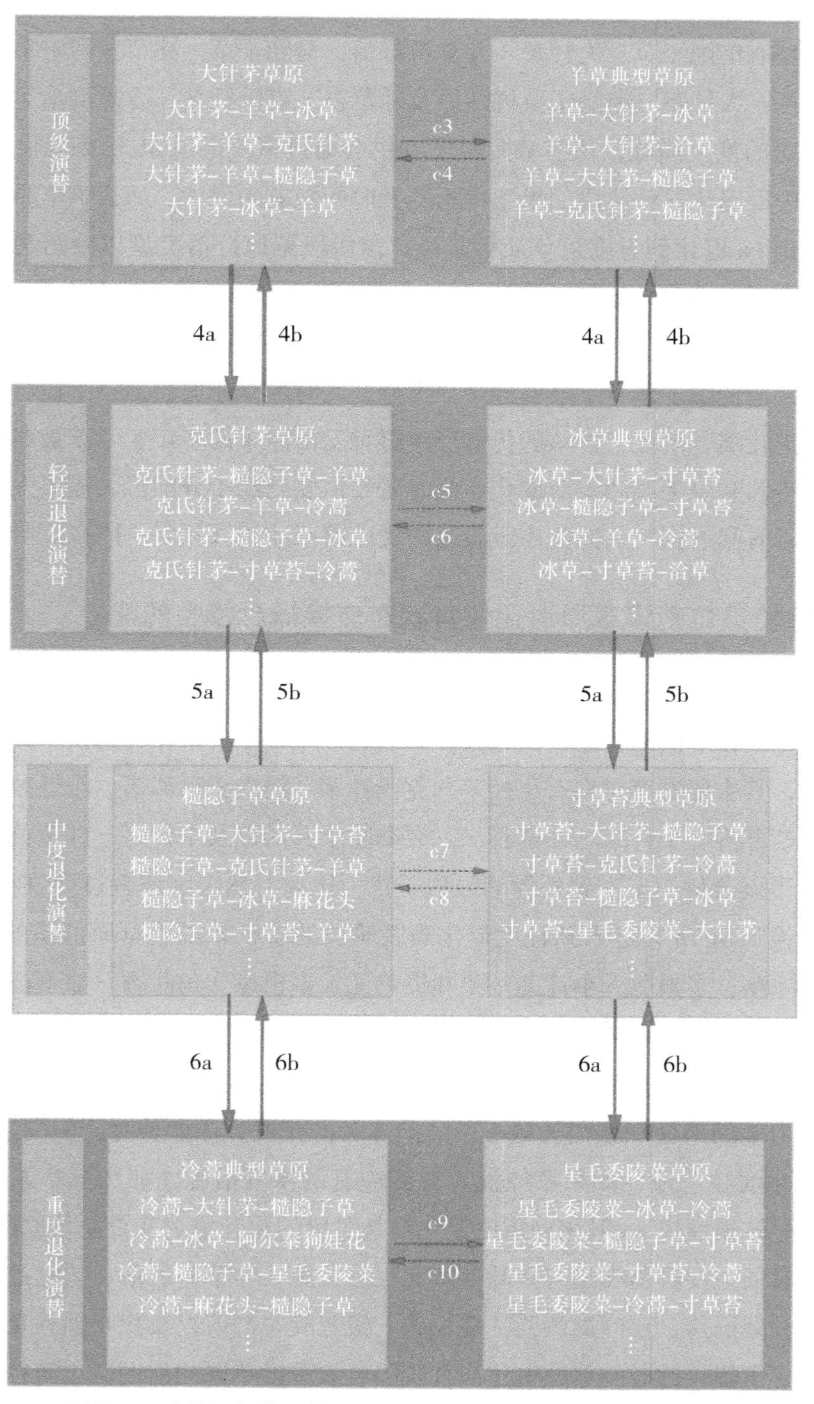

图 7-6 呼伦贝尔典型草原不同退化演替阶段状态转换概念模型

草－寸草苔群落和冰草－羊草－冷蒿群落等。在轻度退化演替阶段，如果草原没有得到应有的恢复措施，那么该草原群落还会进一步通过转换通道 5a 退化到中度退化演替阶段的糙隐子草典型草原群系和寸草苔典型草原群系当中，该演替阶段的主要群落类型有糙隐子草－大针茅－寸草苔群落、糙隐子草－冰草－阿尔泰狗娃花群落、寸草苔－大针茅－糙隐子草群落以及寸草苔－克氏针茅－冷蒿群落等，此时若能得到及时的恢复措施，该演替阶段还有机会通过恢复通道 5b 回到轻度退化演替阶段。在中度退化演替阶段如果还得不到及时的恢复和保护，那么该草原将继续通过转换通道 6a 退化到重度退化演替阶段，该阶段草原群落类型以冷蒿和星毛委陵菜为优势建群的典型草原严重退化类型，该阶段的主要群落类型有冷蒿－大针茅－糙隐子草群落，冷蒿－冰草－阿尔泰狗娃花群落，星毛委陵菜－冰草－冷蒿群落，星毛委陵菜－糙隐子草－寸草苔群落等类型，此时的草原退化演替阶段已属典型草原的重度退化演替阶段，群落的优势层建群种已由原来的多年生禾草被典型草原退化指示种冷蒿和星毛委陵菜所取代，此时若要恢复已经十分困难，需要大力的恢复手段加很长时间的恢复，群落才能通过恢复通道 6b 恢复到上一阶段。

7.2.4 呼伦贝尔荒漠草原退化演替状态转换概念模型的建立

呼伦贝尔荒漠草原区的状态转换概念模型如图 7-7 所示。首先由顶级演替阶段到轻度退化演替阶段的状态转换过程，我们选择小针茅群系作为荒漠草原区的顶级演替群落，其主要群落类型有小针茅－克氏针茅－糙隐子草群落、小针茅－糙隐子草－寸草苔群落、小针茅－寸草苔－二裂委陵菜群落以及小针茅－寸草苔－多根葱群落等，当该演替类型受到外界的强烈干扰，比如自然灾害或者过度放牧等原因，其通过转换通道 7a 会进入到轻度退化演替阶段的多根葱荒漠草原群系的多根葱－小针茅－冰草、多根葱－小针茅－狭叶锦鸡儿、多根葱－角茴香－寸草苔群落以及多根葱－冰草－寸草苔群落等类型，如果经过一定的恢复措施和一定时间，这个过程也可能会通过恢复通道 7b 恢复到原来的状态，但是这个恢复过程一定是要经过一定的外力辅助条件和相当长的一段时间才可能完成，比如长时间的围封禁牧等；在轻度退化演替阶段，如果草原没有得到应有的恢复措施，那么该草原群落还会进一步通过转换通道 8a 退化到重度退化演替阶段的狭叶锦鸡儿荒漠草原群系当中，该演替阶段的主要群落类型有狭叶锦鸡儿－多根葱－寸草苔群落、狭叶锦鸡儿－多根葱－小针茅群落、狭叶锦鸡儿－多根葱－银灰旋花群落以及狭叶锦鸡儿－银灰旋花－冰草群落等，此时的草原退化演替阶段已属荒漠草原的重度退化演替阶段，群落的优势层建群种已由原来的多年生草本植物被灌木植物狭叶锦鸡儿所取代，此时若要恢复已经十分困难，需要大力的恢复手段加很长时间的恢复，群落才能通过恢复通道 8b 恢复到上一阶段。

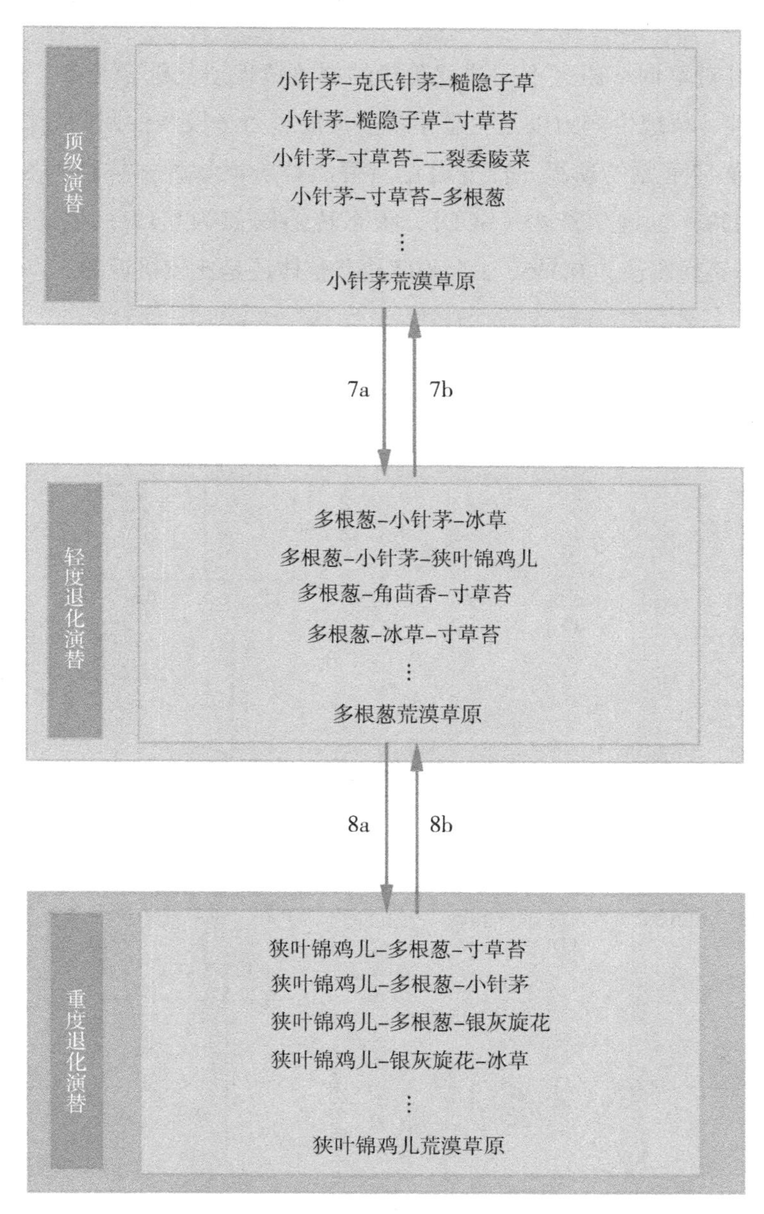

图 7-7 呼伦贝尔荒漠草原不同退化演替阶段状态转换概念模型

7.3 呼伦贝尔草原退化演替过程状态转换阈值计算

7.3.1 呼伦贝尔草甸草原区退化演替过程状态转换阈值计算

本书通过对草甸草原区不同演替阶段的群落草地退化综合指数（SCDI）分别对物种多样性、草地生产力以及生态系统多功能进行分段线性回归分析（图 7-8），可以发现，草甸草原的顶级－轻度退化演替演替阶段物种多样性的SCDI状态转换阈值为0.433，草地生产力（SCDI）状态转换阈值为0.331，生态系统多功能（SCDI）状态转换阈值为0.335，3个阈值相差整体还是比较接近的。

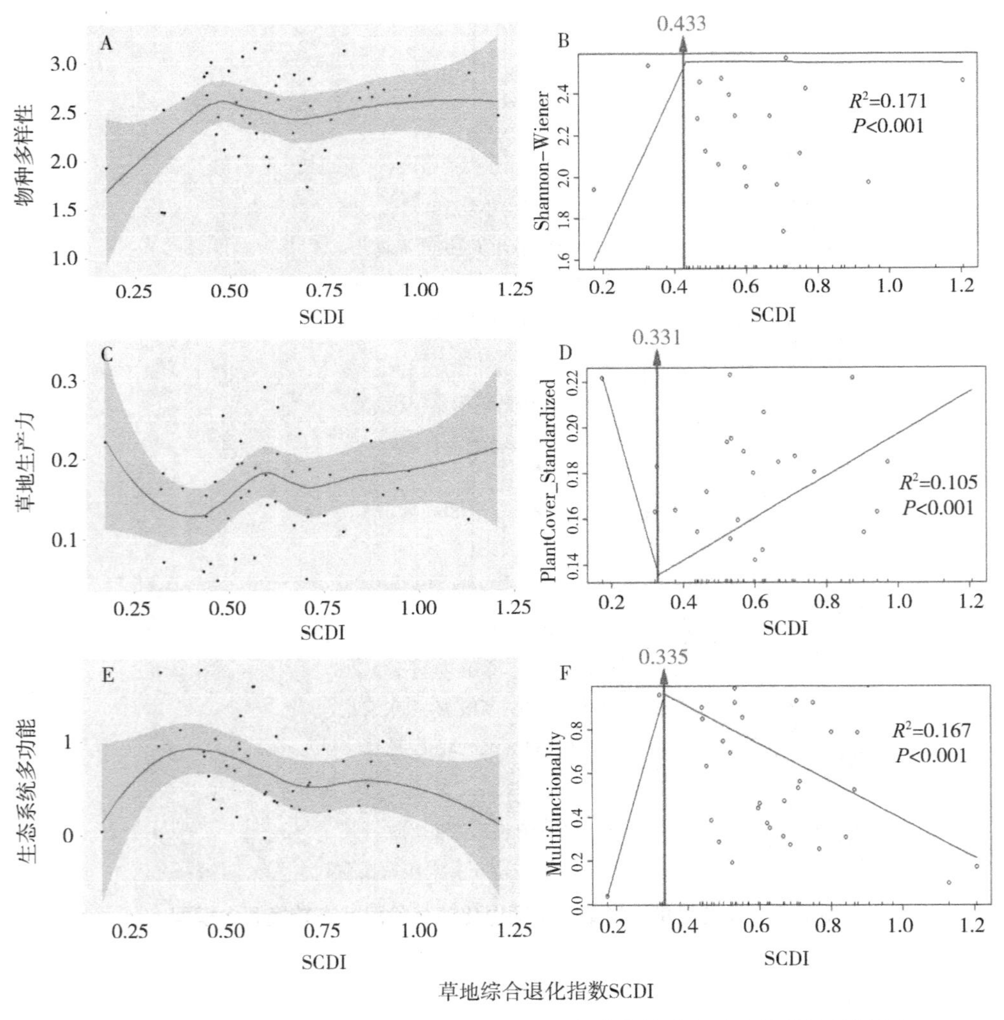

图 7-8　呼伦贝尔草甸草原顶级－轻度退化演替演替阶段状态转换模型结果

本书通过对草甸草原区不同演替阶段的群落草地退化综合指数（SCDI）分别对物种多样性、草地生产力以及生态系统多功能进行分段线性回归分析（图 7-9），可以发现，草甸草原的轻度－中度退化演替演替阶段物种多样性的 SCDI 状态转换阈值为 0.419，草地生产力 SCDI 状态转换阈值为 0.412，生态系统多功能 SCDI 状态转换阈值为 0.781，生态系统多功能的 SCDI 阈值与其他两个相差较大一些。

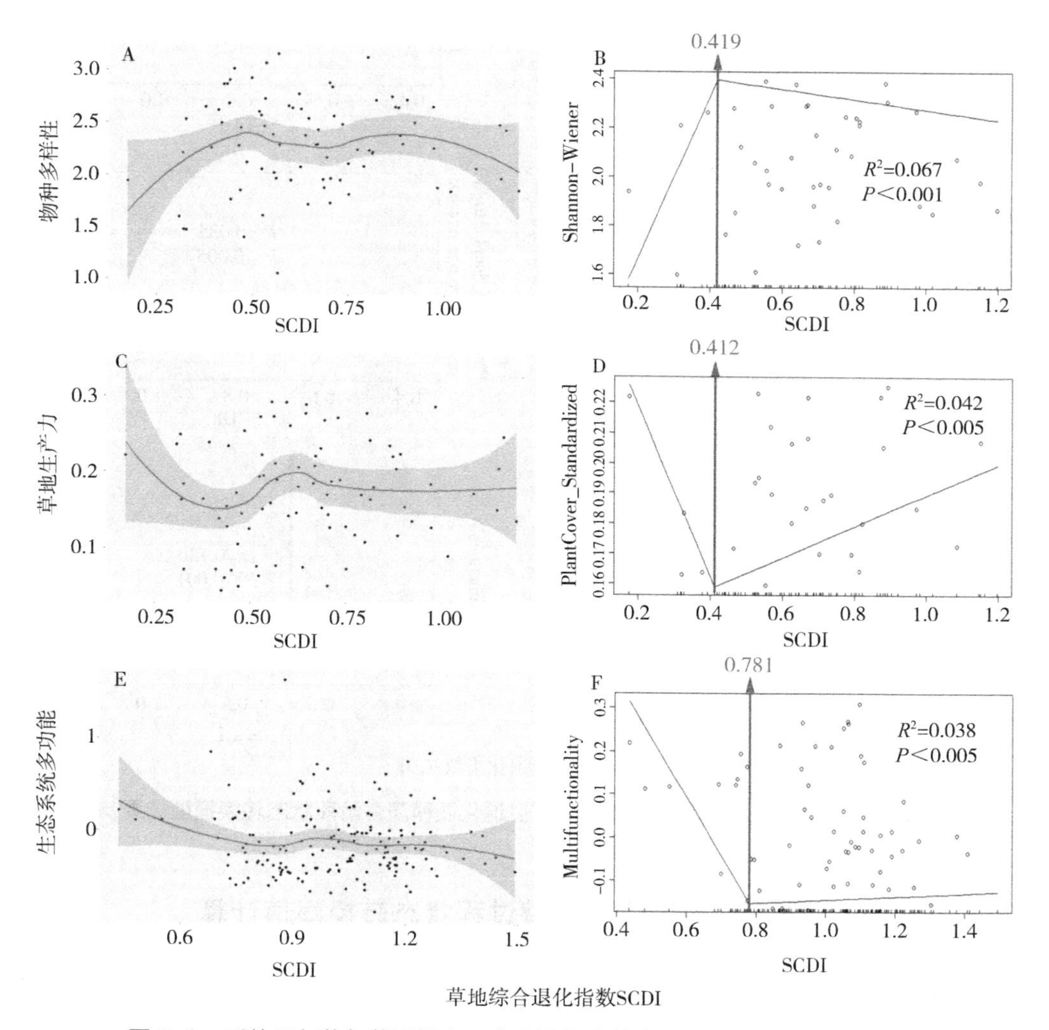

图 7-9　呼伦贝尔草甸草原轻度－中度退化演替演替阶段状态转换模型结果

本书通过对草甸草原区不同演替阶段的群落草地退化综合指数（SCDI）分别对物种多样性、草地生产力以及生态系统多功能进行分段线性回归分析（图 7-10），可以发现，草甸草原的中度－重度退化演替演替阶段物种多样性的 SCDI 状态转换阈值为 0.633，草地生产力 SCDI 状态转换阈值为 1.125，生态系统多功能 SCDI 状

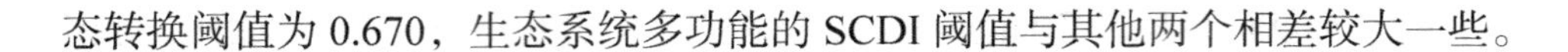

态转换阈值为 0.670，生态系统多功能的 SCDI 阈值与其他两个相差较大一些。

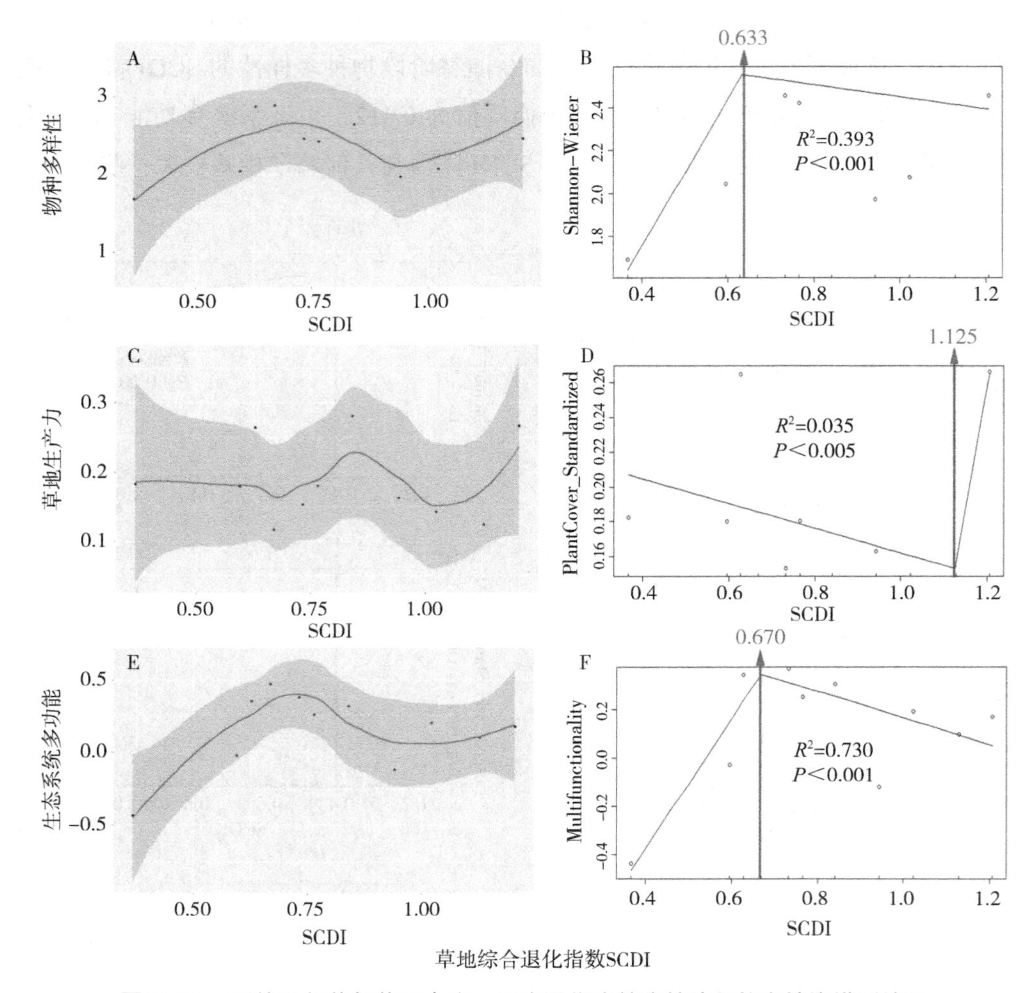

图 7-10　呼伦贝尔草甸草原中度 - 重度退化演替演替阶段状态转换模型结果

7.3.2　呼伦贝尔典型草原区退化演替过程状态转换阈值计算

本书通过对典型草原区不同演替阶段的群落草地退化综合指数（SCDI）分别对物种多样性、草地生产力以及生态系统多功能进行分段线性回归分析（图 7-11），可以发现，典型草原的顶级 - 轻度退化演替演替阶段物种多样性的 SCDI 状态转换阈值为 0.709，草地生产力 SCDI 状态转换阈值为 0.499，生态系统多功能 SCDI 状态转换阈值为 0.521，生态系统多功能的 SCDI 阈值与其他两个相差较大一些。

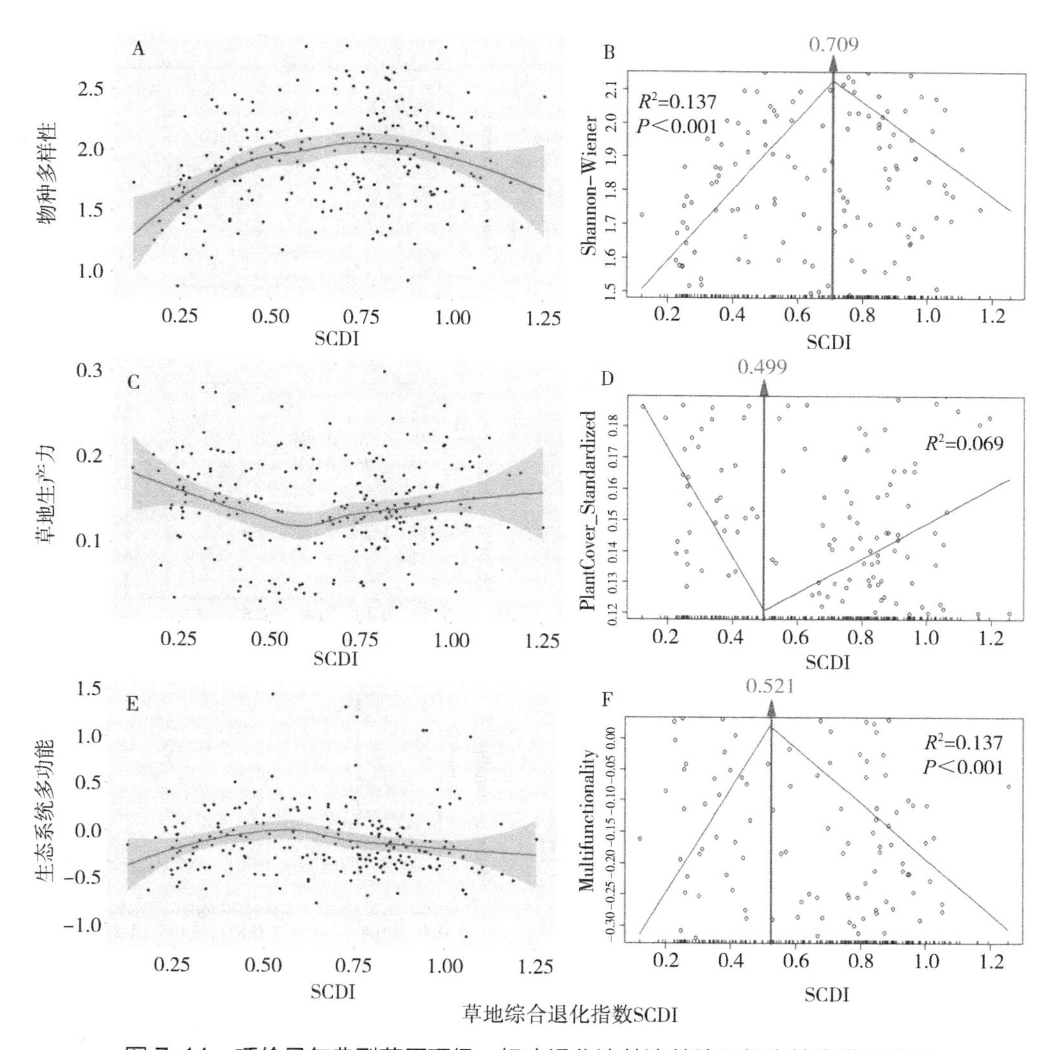

图 7-11 呼伦贝尔典型草原顶级－轻度退化演替演替阶段状态转换模型结果

本书通过对典型草原区不同演替阶段的群落草地退化综合指数（SCDI）分别对物种多样性、草地生产力以及生态系统多功能进行分段线性回归分析（图 7-12），可以发现，典型草原的轻度－中度退化演替演替阶段物种多样性的 SCDI 状态转换阈值为 0.720，草地生产力 SCDI 状态转换阈值为 1.221，生态系统多功能 SCDI 状态转换阈值为 0.448，生态系统多功能的 SCDI 阈值与其他两个相差较大一些。

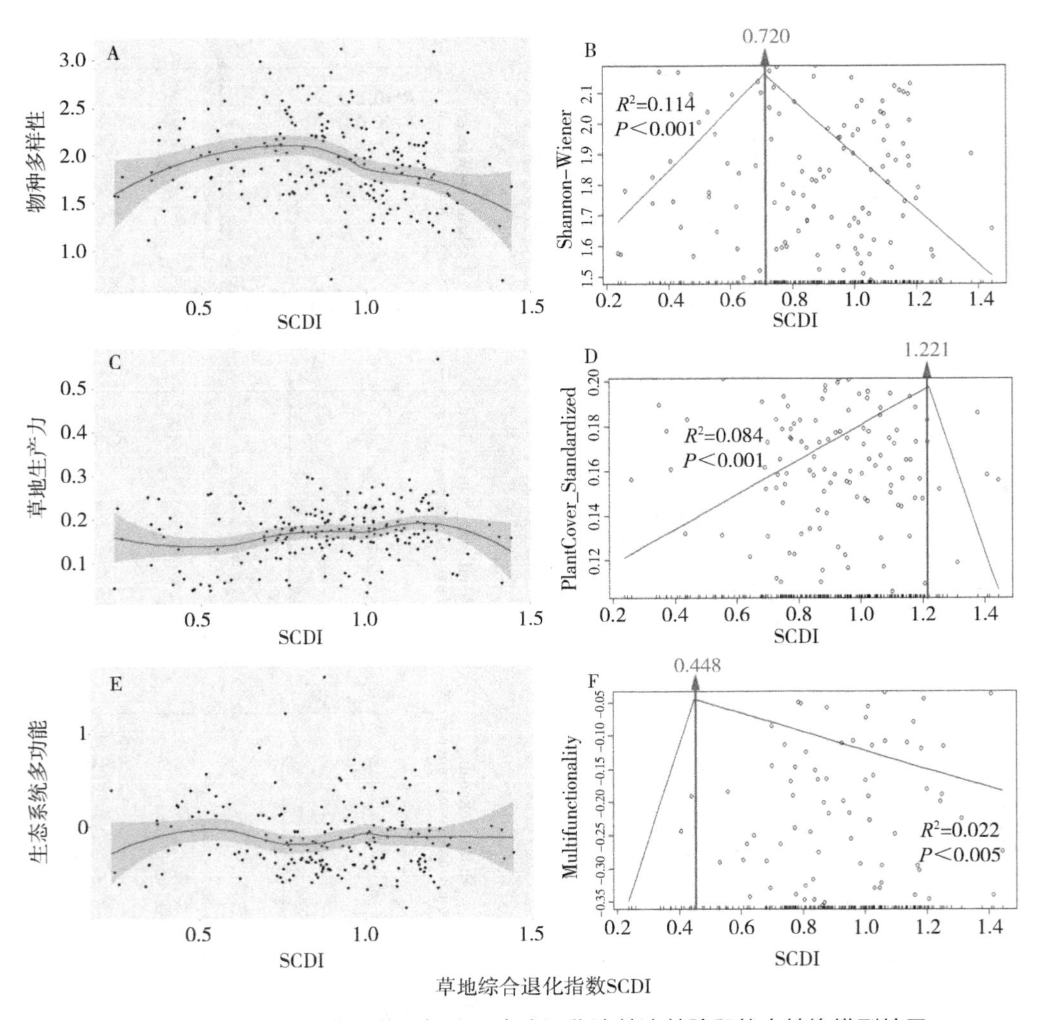

图 7-12　呼伦贝尔典型草原轻度－中度退化演替演替阶段状态转换模型结果

本书通过对典型草原区不同演替阶段的群落草地退化综合指数（SCDI）分别对物种多样性、草地生产力以及生态系统多功能进行分段线性回归分析（图 7-13），可以发现，典型草原的中度－重度退化演替演替阶段物种多样性的 SCDI 状态转换阈值为 1.320，草地生产力 SCDI 状态转换阈值为 1.230，生态系统多功能 SCDI 状态转换阈值为 0.781，生态系统多功能的 SCDI 阈值与其他两个相差较大一些。

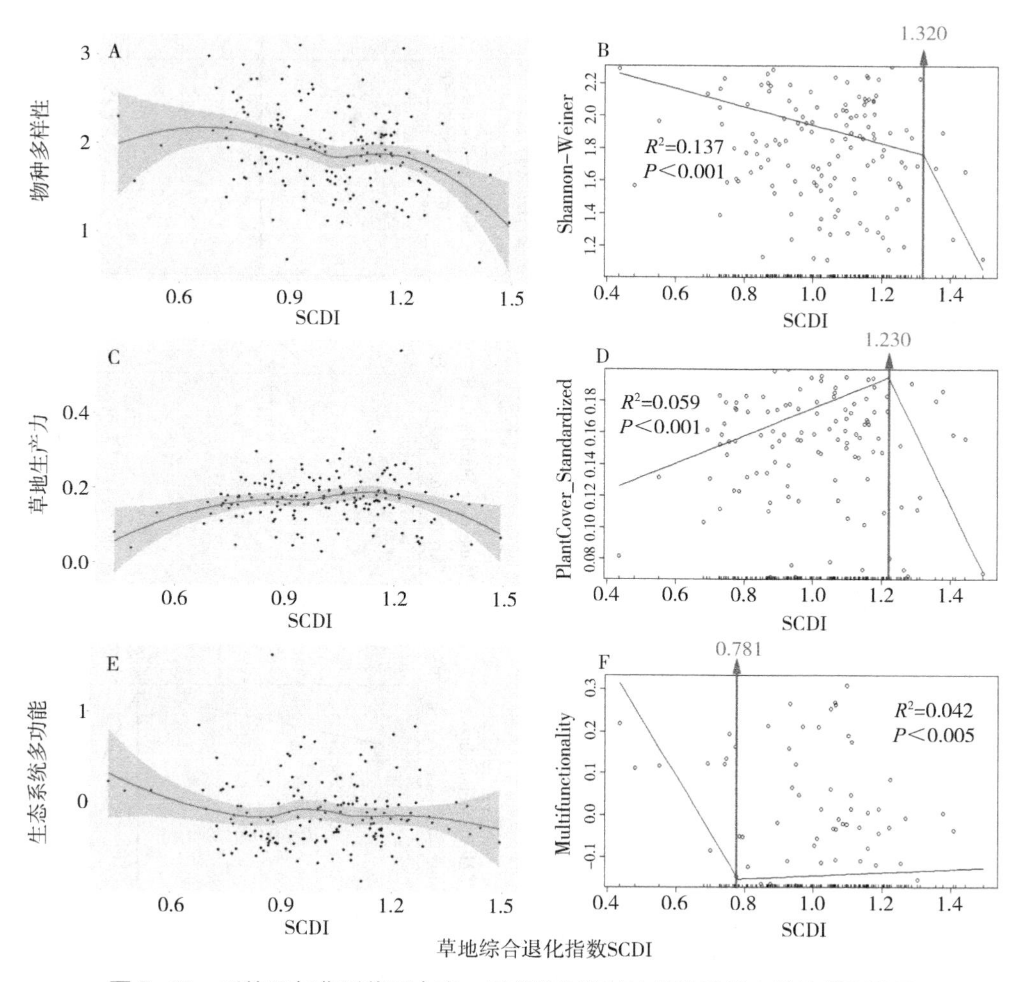

图 7-13 呼伦贝尔典型草原中度 - 重度退化演替演替阶段状态转换模型结果

7.3.3 呼伦贝尔荒漠草原区退化演替过程状态转换阈值计算

本书通过对荒漠草原区不同演替阶段的群落草地退化综合指数（SCDI）分别对物种多样性、草地生产力以及生态系统多功能进行分段线性回归分析（图 7-14），可以发现，荒漠草原的顶级 - 轻度退化演替演替阶段物种多样性的 SCDI 状态转换阈值为 0.970，草地生产力 SCDI 状态转换阈值为 0.898，生态系统多功能 SCDI 状态转换阈值为 1.375，生态系统多功能的 SCDI 阈值与其他两个相差较大一些。

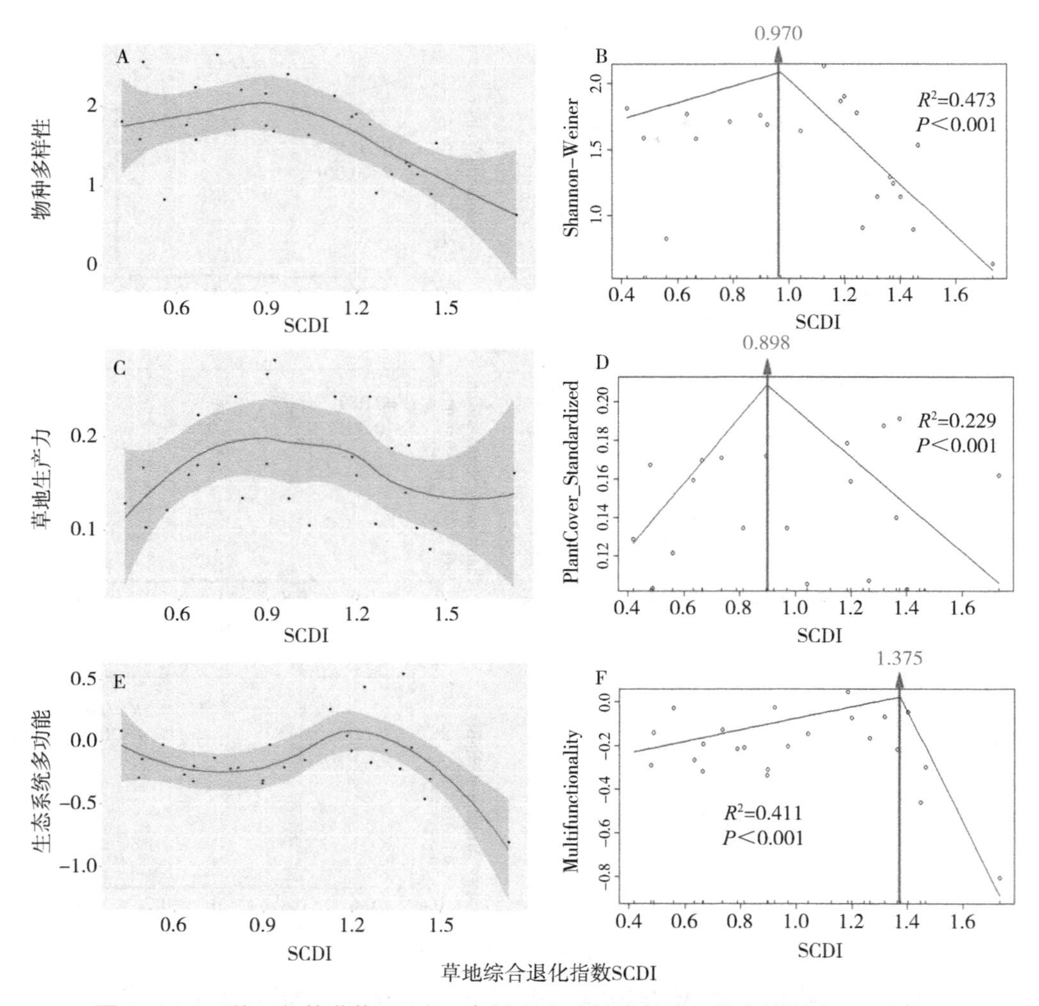

图 7-14　呼伦贝尔荒漠草原顶级 - 轻度退化演替演替阶段状态转换模型阈值结果

本书通过对荒漠草原区不同演替阶段的群落草地退化综合指数（SCDI）分别对物种多样性、草地生产力以及生态系统多功能进行分段线性回归分析（图 7-15），可以发现，荒漠草原的轻度 - 重度退化演替演替阶段物种多样性的 SCDI 状态转换阈值为 1.126，草地生产力 SCDI 状态转换阈值为 1.149，生态系统多功能 SCDI 状态转换阈值为 1.329，生态系统多功能的 SCDI 阈值与其他两个相差较大一些。

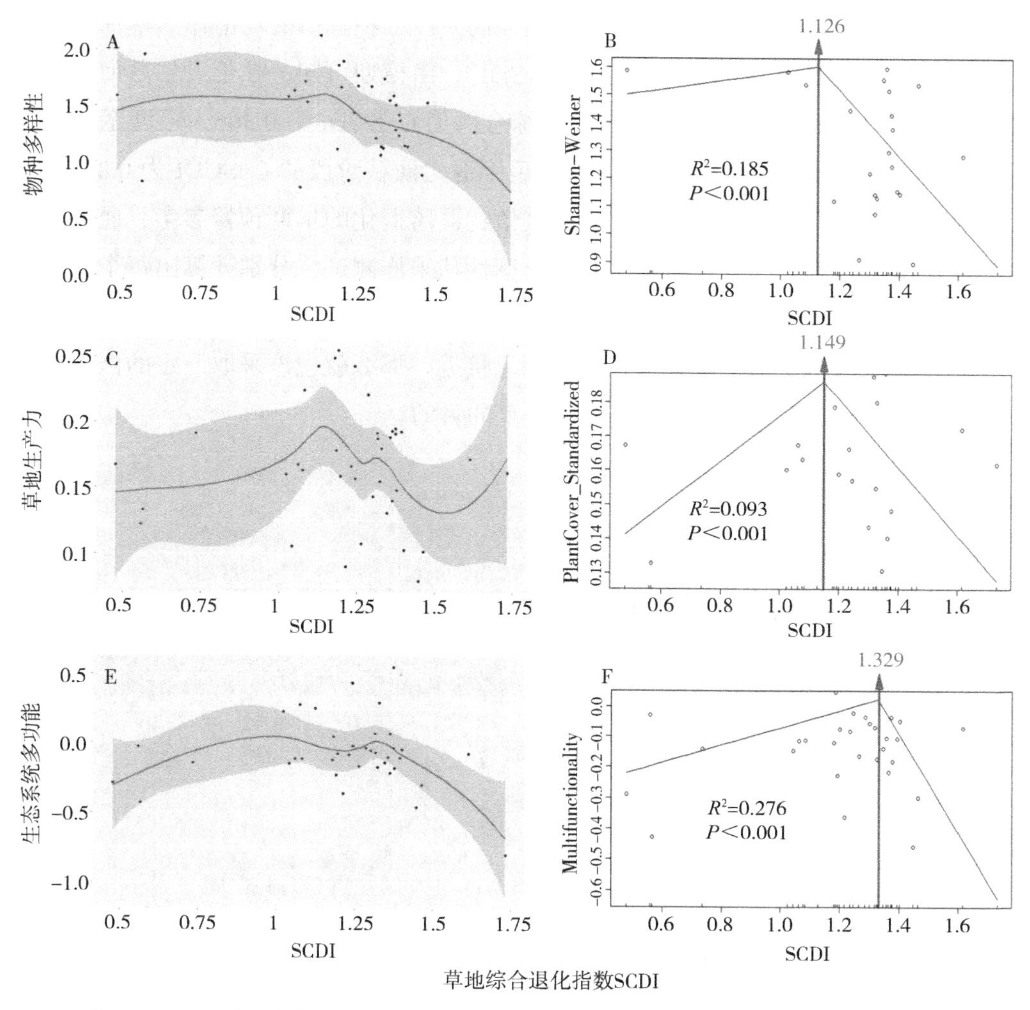

图 7-15 呼伦贝尔荒漠草原轻度 - 重度退化演替演替阶段状态转换模型阈值结果

7.4 呼伦贝尔草原退化演替过程状态转换模型构建

7.4.1 呼伦贝尔草甸草原区退化演替过程状态转换模型构建

通过以上对呼伦贝尔草原不同退化演替阶段状态转换阈值的计算，我们分别建立了草甸草原区、典型草原区和荒漠草原区的不同状态转换模型。呼伦贝尔草甸草原退化演替状态转换模型如图 7-16 所示，我们在模型中分别将各转换阶段的生物多样性 SCDI 状态转换阈值（B-SCDI）、草地生产力 SCDI 阈值（P-SCDI）及生态系统多功能 SCDI 阈值（MF-SCDI）列出，同时以三种阈值的均值作为草甸草原区草地退化演替状态转换的综合阈值（C-SCDI），由模型可知，呼伦贝尔草甸草原顶级演替至轻度退化演替阶段的状态转换综合阈值 C-SCDI 为 0.366，轻度至中度退化演替阶段的 C-SCDI 为 0.537，中度至重度退化演替阶段的 C-SCDI 为 0.809。该模型结果同时可作为呼伦贝尔草甸草原区植物群落退化的早期预警参考，通过对不同草原群落进行群落调查、植物性状、土壤性状采样测试，分别计算出每个样地的 SCDI，通过对比我们的模型结果，即可判断出该草原群落处于哪种退化演替阶段及是否接近状态转换阈值的预警状态，如果接近，那么就应该采取一定的恢复或保护措施，以达到保护草原或退化草原的恢复的目的。

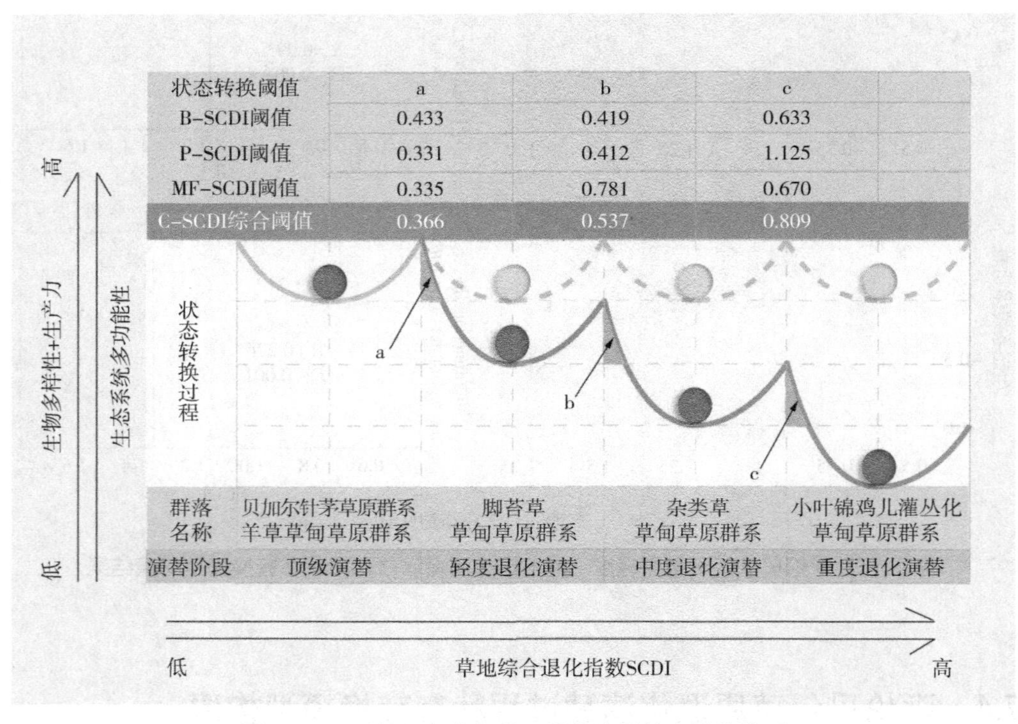

图 7-16　呼伦贝尔草甸草原退化演替状态转换模型

7.4.2　呼伦贝尔典型草原区退化演替过程状态转换模型构建

呼伦贝尔典型草原退化演替状态转换模型如图 7-17 所示，我们在模型中分别将各转换阶段的生物多样性 SCDI 状态转换阈值（B-SCDI）、草地生产力 SCDI 阈值（P-SCDI）及生态系统多功能 SCDI 阈值（MF-SCDI）列出，同时以三种阈值的均值作为典型草原区草地退化演替状态转换的综合阈值（C-SCDI），由模型可知，呼伦贝尔典型草原顶级演替至轻度退化演替阶段的状态转换综合阈值 C-SCDI 为 0.576，轻度至中度退化演替阶段的 C-SCDI 为 0.796，中度至重度退化演替阶段的 C-SCDI 为 1.110。该模型结果同时可作为呼伦贝尔典型草原区植物群落退化的早期预警参考，通过对不同草原群落进行群落调查、植物性状、土壤性状采样测试，分别计算出每个样地的 SCDI，通过对比我们的模型结果，即可判断出该草原群落处于哪种退化演替阶段及是否接近状态转换阈值的预警状态，如果接近，那么就应该采取一定的恢复或保护措施，以达到保护草原或退化草原恢复的目的。

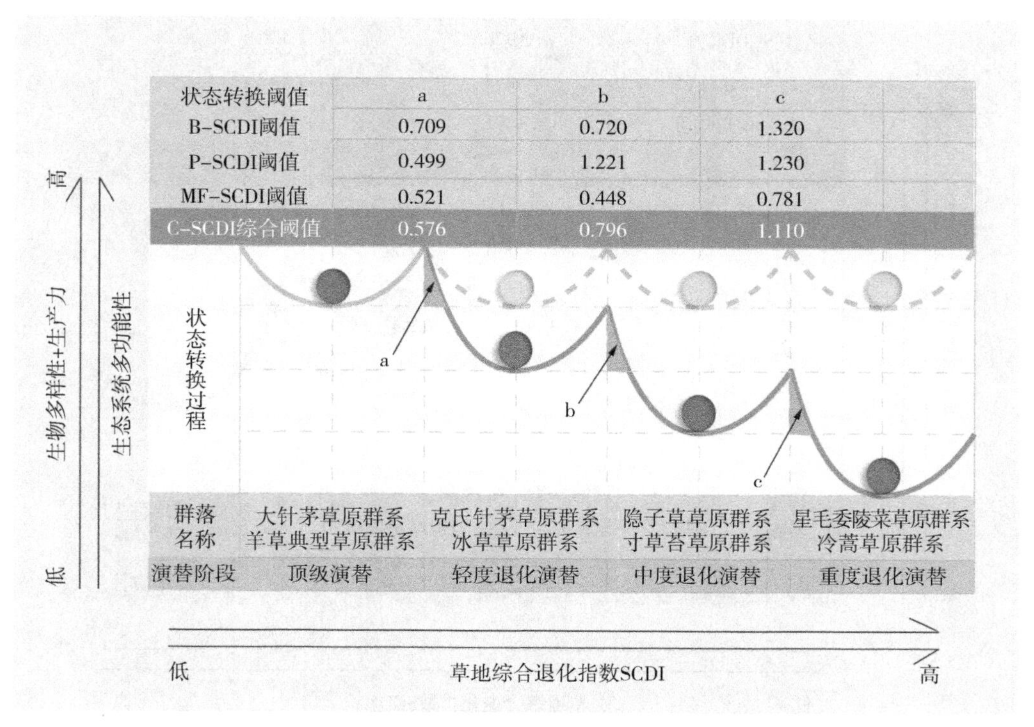

图 7-17　呼伦贝尔典型草原退化演替状态转换模型

7.4.3　呼伦贝尔荒漠草原区退化演替过程状态转换模型构建

呼伦贝尔荒漠草原退化演替状态转换模型如图 7-18 所示，我们在模型中分别将各转换阶段的生物多样性 SCDI 状态转换阈值（B-SCDI）、草地生产力 SCDI 阈值（P-SCDI）及生态系统多功能 SCDI 阈值（MF-SCDI）列出，同时以三种阈值的均值作为荒漠草原区草地退化演替状态转换的综合阈值（C-SCDI），由模型可知，呼伦贝尔荒漠草原顶级演替至轻度退化演替阶段的状态转换综合阈值 C-SCDI 为 1.081，轻度至重度退化演替阶段的 C-SCDI 为 1.201。该模型结果同时可作为呼伦贝尔荒漠草原区植物群落退化的早期预警参考，通过对不同草原群落进行群落调查、植物性状、土壤性状采样测试，分别计算出每个样地的 SCDI，通过对比我们的模型结果，即可判断出该草原群落处于哪种退化演替阶段及是否接近状态转换阈值的预警状态，如果接近，那么就应该采取一定的恢复或保护措施，以达到保护草原或退化草原恢复的目的。

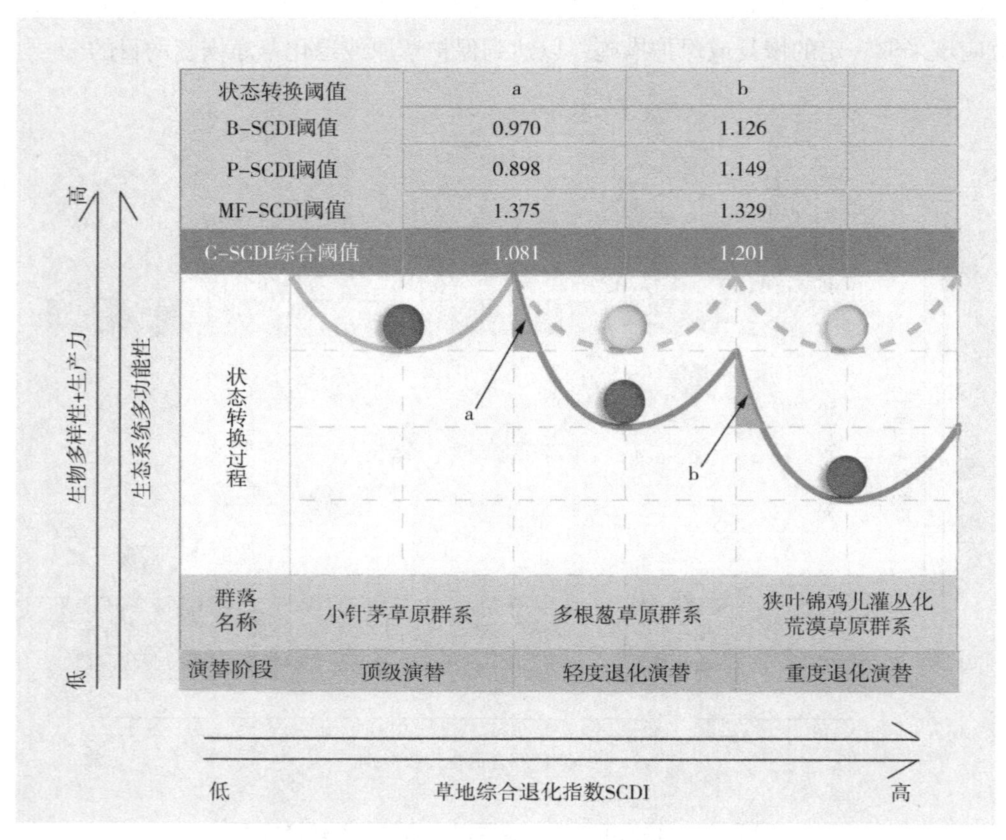

图 7-18　呼伦贝尔荒漠草原退化演替状态转换模型

7.5　呼伦贝尔草原不同退化演替阶段生物多样性 - 生态系统功能变异性分析

7.5.1　草甸草原不同退化演替过程生物多样性及生态系统功能的变异性分析

通过对呼伦贝尔草甸草原区不同退化演替阶段的生物多样性变异性（图 7-19）

分析可以发现，物种多样性中（图 7-19a），5 个多样性指数里 Richness 整体变异性最大，其次为 Pielou 指数和 β 多样性指数，不同退化演替阶段中，重度退化演替的 Richness、Pielou 指数、Shannon-Wiener 指数的变异性最大；轻度退化演替阶段的 β 多样性指数变异性最大。系统发育多样性中（图 7-19b），以顶级演替阶段的 NRI 指数变异最大，其次为轻度退化演替的 NTI 指数变异最大。功能多样性中（图 7-19c），我们发现整体以轻度退化演替阶段的变异性最大，而重度退化演替阶段的变异性最小，其中以轻度退化演替的 Fric 指数、RaoQ 指数及 FDis 指数变异最大，而其他三个指数的整体变异均为最小。

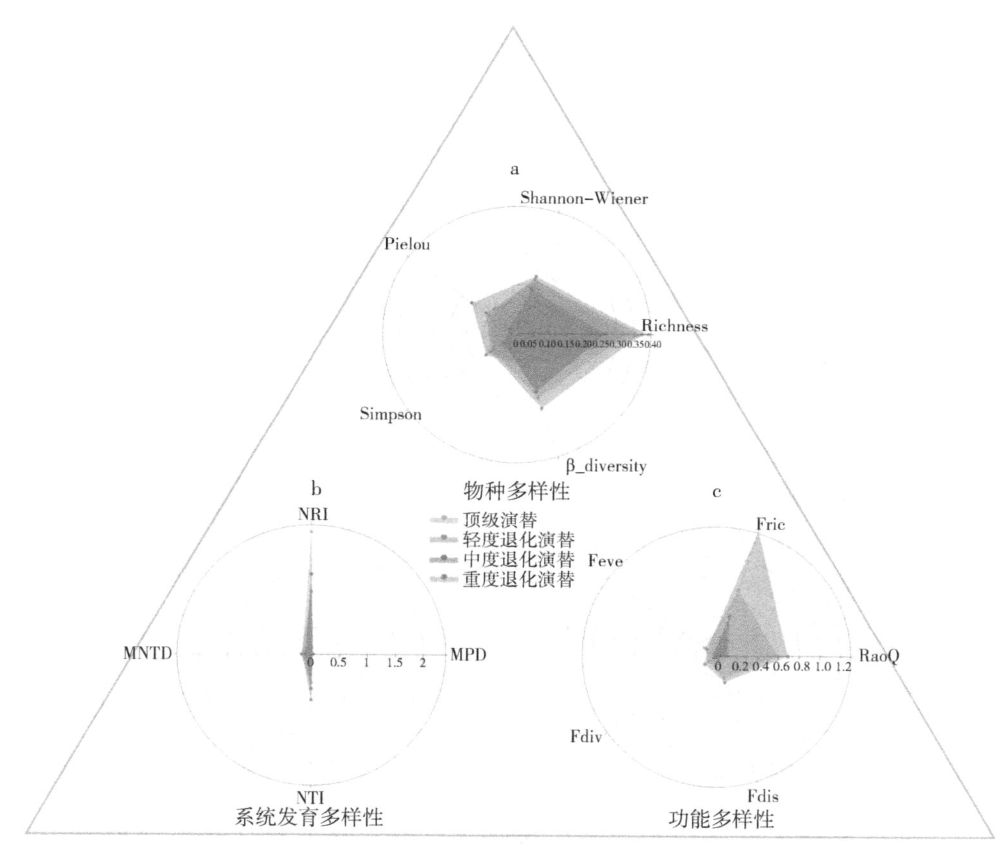

图 7-19 呼伦贝尔草甸草原不同退化演替阶段生物多样性变异性

通过对呼伦贝尔草甸草原区不同退化演替阶段的生态系统功能变异性（图 7-20）分析可以发现，群落功能中，以地下生物量和地上生物量整体变异性最大，不同退化演替阶段中，顶级演替阶段的地下生物量、地上生物量变异最大，其次为轻度退化演替阶段，重度退化演替整体变异性均为最小；土壤功能中，土壤水和土壤有机质 0～10 cm、土壤 N 20～40 cm 的变异性整体最大，而顶级演替阶段和中度退化演替阶段变异性整体较大，轻度退化演替阶段的土壤 N 10～20 cm 变异性是最大的；植物个体功能上，以轻度退化演替阶段的茎干重、茎鲜重、茎叶比和植株干重变异性最大，其次为重度退化演替阶段的叶片数量变异最大；叶片功能上，整体以顶级演替的叶含水量、叶鲜重和叶厚变异性最大，其次为轻度退化演替的叶干重和叶周长变异最大。

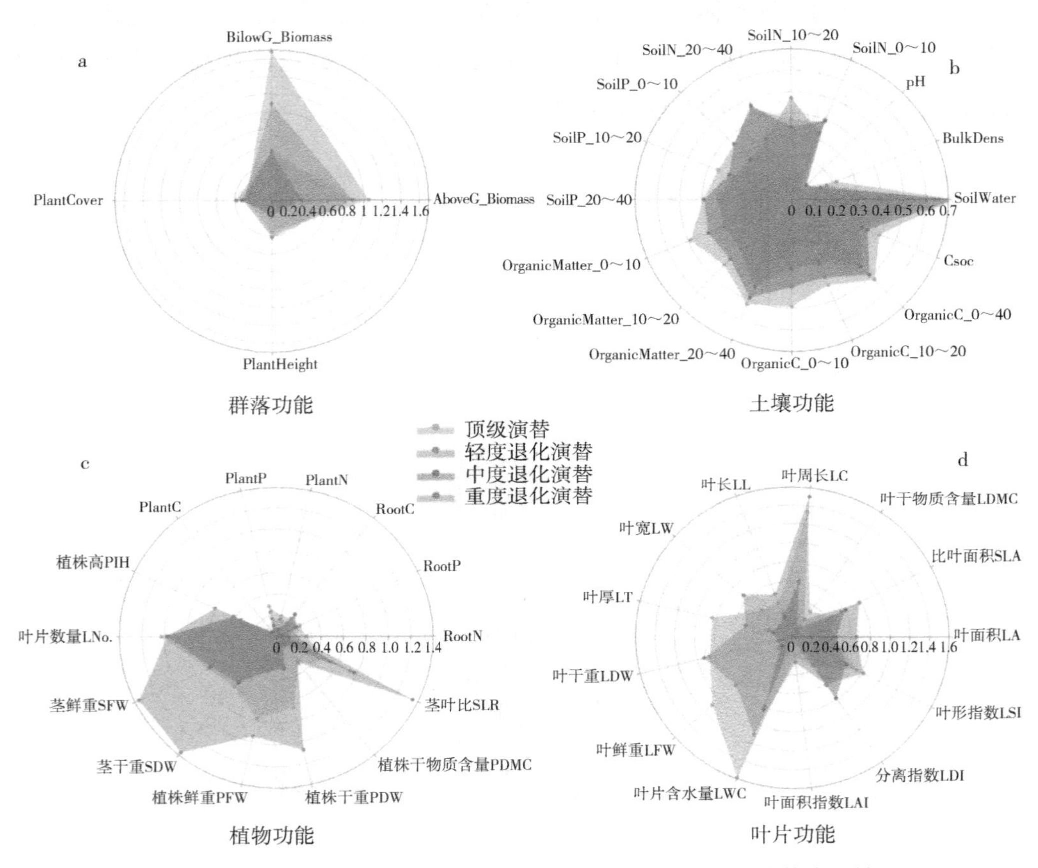

图 7-20 呼伦贝尔草甸草原不同退化演替阶段生态系统功能变异性

7.5.2 典型草原不同退化演替阶段生物多样性 - 生态系统功能变异性分析

通过对呼伦贝尔典型草原区不同退化演替阶段的生物多样性变异性（图 7-21）分析可以发现，物种多样性中，5 个多样性指数里 Richness 和 β 多样性指数整体变异性最大，其次为 Shannon-Wiener 指数，不同退化演替阶段中，中度退化演替的 Richness 和 Shannon-Wiener 指数最大，重度退化演替的 β 多样性指数和 Pielou 指数变异性最大。系统发育多样性中，以中度退化演替阶段的 NRI 指数变异最大，其次为重度退化演替的 NRI 指数变异最大。功能多样性中，我们发现整体以中度和重度退化演替阶段的变异性最大，其中又以中度退化演替的 Fric 指数变异最大，重度退化演替的 Feve 和 FDis 指数变异最大。由此可知，呼伦贝尔典型草原中，物种多样性的 β 多样性及功能多样性的 Feve 指数对退化演替响应最为敏感。

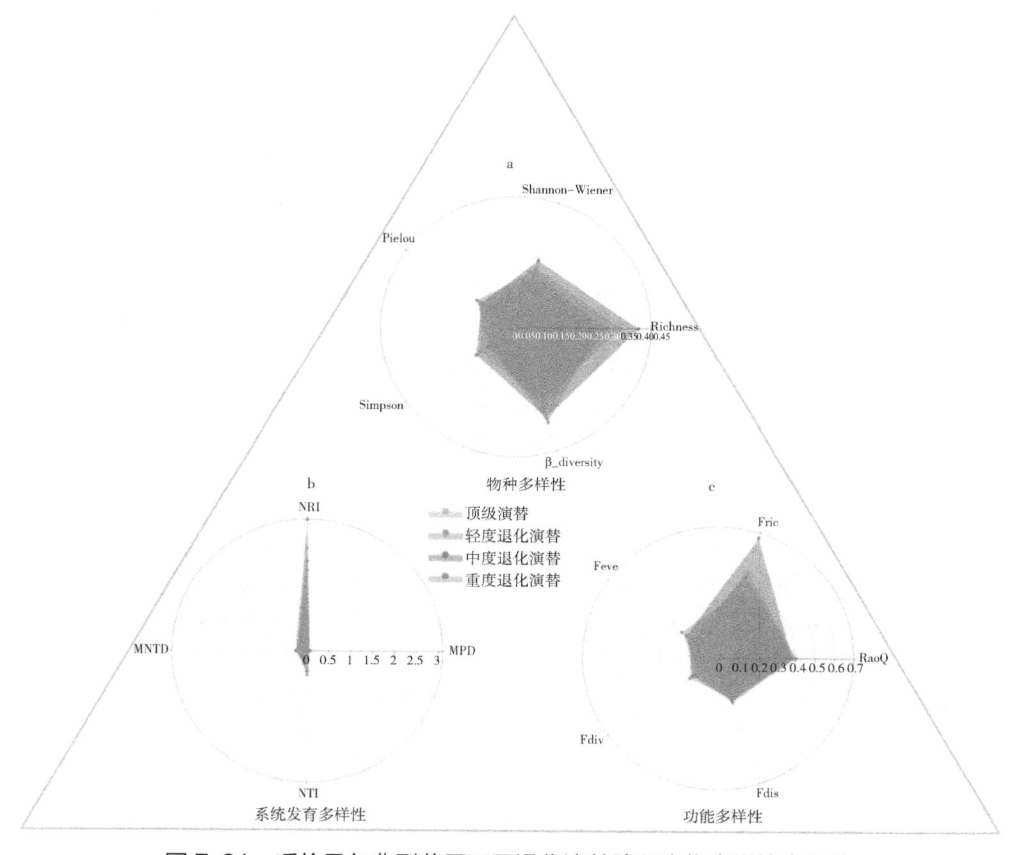

图 7-21 呼伦贝尔典型草原不同退化演替阶段生物多样性变异性

通过对呼伦贝尔典型草原区不同退化演替阶段的生态系统功能变异性（图 7-22）分析可以发现，群落功能中，以地下生物量和地上生物量整体变异性最大，不同退化演替阶段中，中度退化演替阶段的地下生物量和重度退化演替的地上生物量变异最大，其次为中度退化演替阶段的群落高度变异最大；土壤功能中，土壤水、土壤有机碳 20～40 cm 和土壤有机质 20～40 cm 的变异性整体最大，其中中度退化演替和重度退化演替的土壤水变异最大，其次为中度退化演替的土壤有机碳 20～40 cm，而轻度退化演替阶段的土壤 P 三个土层变异性均为最大；植物个体功能上，以中度和重度退化演替整体变异最大，具体表现在中度退化的茎干重、茎鲜重、茎叶比和植株干重，以及中度退化演替的植株鲜重变异最大；叶片功能整体表现为重度退化演替的变异最大，其中以比叶面积、叶形指数、分离指数和叶周长变异最大，其次为顶级演替的叶干重和轻度退化演替的叶片含水量变异最大。由此可知，呼伦贝尔典型草原叶片功能性状相比于其他生态系统功能对退化演替更为敏感。

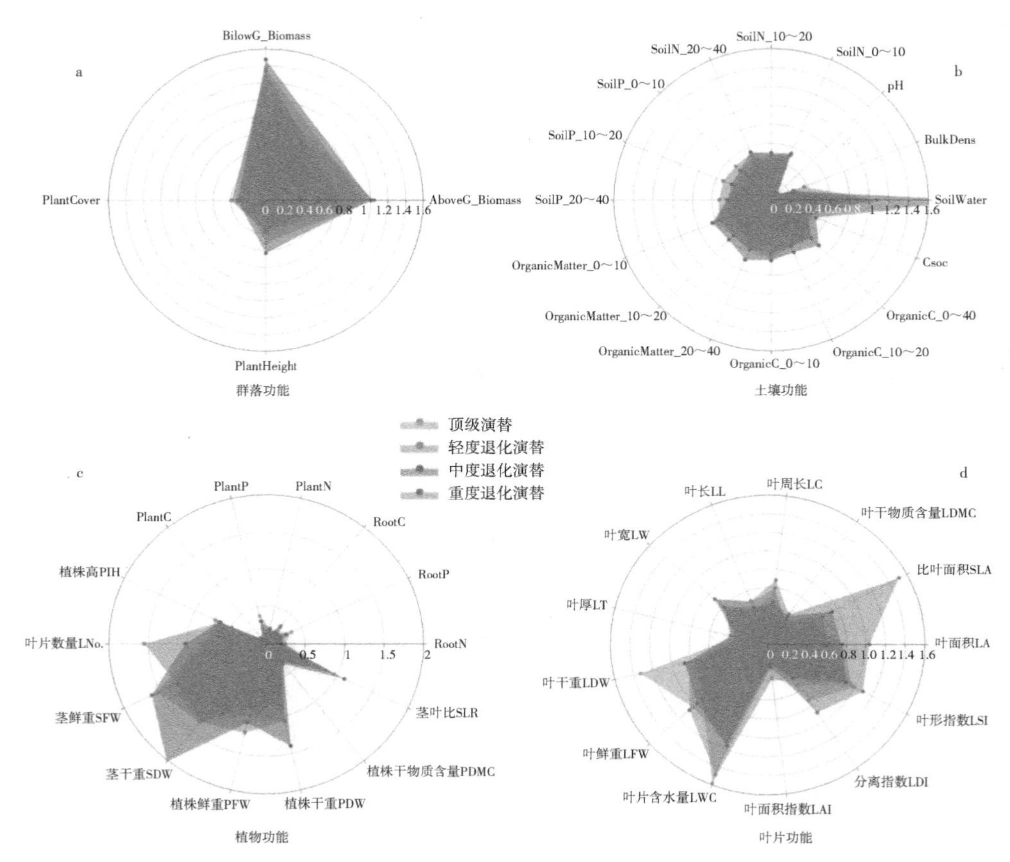

图 7-22　呼伦贝尔典型草原不同退化演替阶段生态系统功能变异性

7.5.3　荒漠草原不同退化演替过程生物多样性 - 生态系统功能变异性分析

通过对呼伦贝尔荒漠草原区不同退化演替阶段的生物多样性变异性（图 7-23）分析可以发现，物种多样性中整体以轻度退化演替 Richness 变异性最大，β 多样性指数以重度退化演替变异最大；系统发育多样性中，以顶级演替阶段的 NRI 指数和重度退化演替的 NTI 指数变异最大，其次为轻度退化演替的 MNTD 指数变异最大；功能多样性中，我们发现整体顶级演替的 RaoQ 指数和 FDis 指数变异最大，重度演替的 Fric 指数变异最大，顶级演替的 Feve 指数变异最大。由此可知，呼伦贝尔荒漠草原中物种多样性的β多样性、系统发育多样性的NTI指数和功能多样性的Fric指数对退化演替响应最为敏感。

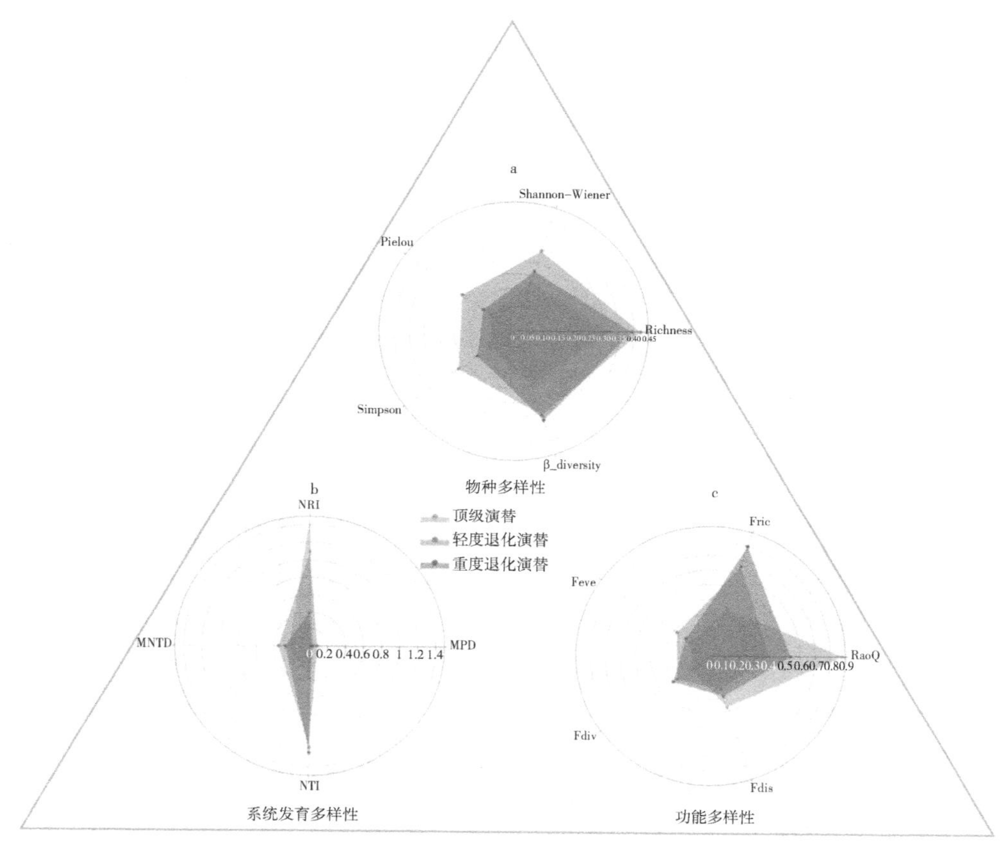

图 7-23　呼伦贝尔荒漠草原不同退化演替阶段生物多样性变异性

通过对呼伦贝尔荒漠草原区不同退化演替阶段的生态系统功能变异性（图 7-24）分析可以发现，群落功能中，以轻度退化演替的地下生物量和地上生物量和群落盖度变异性最大，重度退化演替变异最小；土壤功能中，以轻度退化演替的土壤P含量三个土层及土壤水变异最大，顶级演替的土壤有机质0-10、土壤有机质20-40及土壤有机碳20-40的变异最大；植物个体功能上，以重度退化演替的茎干重和植株鲜重变异最大，茎鲜重、叶片数量和茎叶比变异最大；叶片功能上，重度退化演替变异十分明显，叶干重、叶鲜重、叶含水量和叶厚及比叶面积变异最大，轻度退化的分离指数和叶形指数变异最大。由此可知，呼伦贝尔荒漠草原中，群落功能对退化演替的耐受性最强，响应最不敏感，植物个体功能的茎干重和叶片功能的叶干重、叶鲜重、叶含水量和比叶面积对退化演替响应最为敏感。

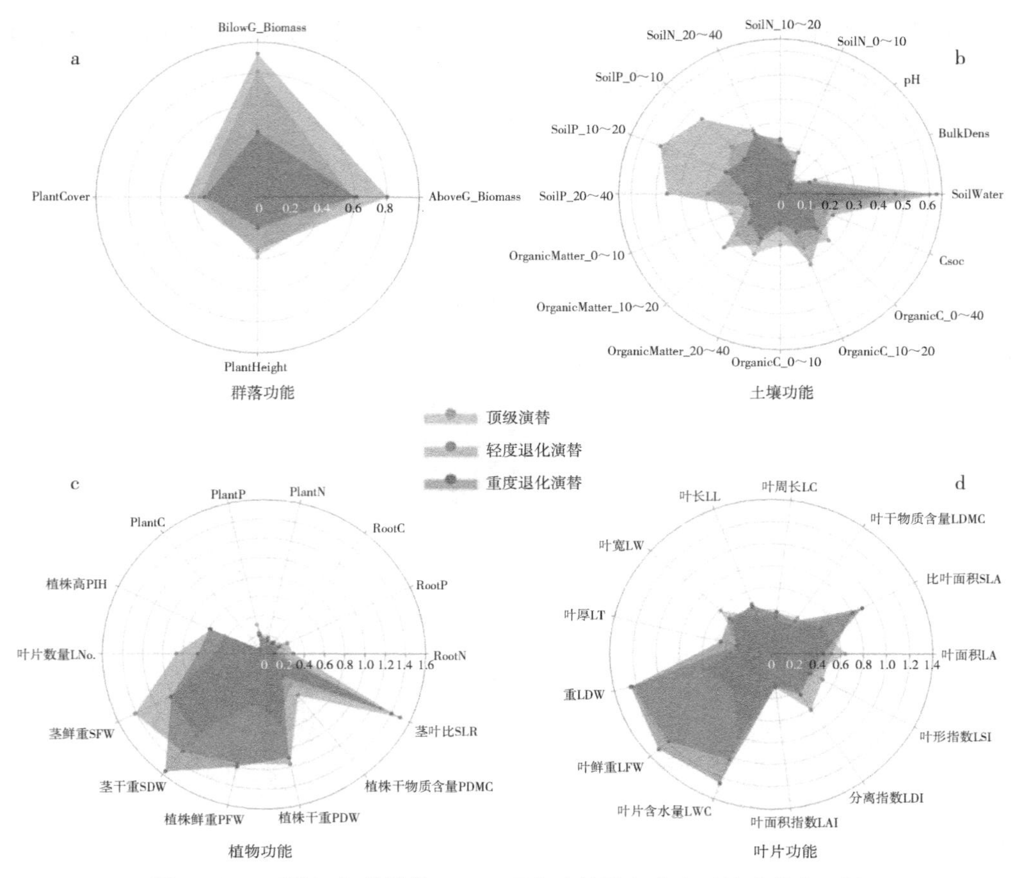

图 7-24 呼伦贝尔荒漠草原不同退化演替阶段生态系统功能变异性

7.6 呼伦贝尔草原不同退化演替阶段生物多样性 - 生态系统功能差异分析

7.6.1 呼伦贝尔草甸草原不同退化演替阶段生物多样性 - 生态系统功能差异分析

7.6.1.1 呼伦贝尔草甸草原不同退化演替阶段生物多样性差异分析

在呼伦贝尔草甸草原不同退化演替阶段生物多样性变化中（图 7-25），Shannon-Wiener 指数与 Simpson 指数的变化趋势一致，均以轻度、中度退化演替阶段为最高，其次是重度退化演替阶段，最后是顶级退化演替阶段；物种丰富度的生物多样性变化趋势为中度退化演替阶段高于轻度退化演替阶段、高于顶级退化演替阶段，重度退化演替阶段最低；Pielou 均匀度指数则以重度退化演替阶段为最高，显著高于中度退化演替阶段，顶级和轻度退化演替阶段最低；Jaccard-β 多样性指数同 Pielou 均匀度指数一样，以重度退化演替阶段为最高，显著高于顶级退化演替阶段，继而高于轻度和中度退化演替阶段；总体结果显示中度退化演替阶段物种 α 多样性普遍最高，但 β 多样性的物种替换速率是显著低于其他退化演替阶段的。

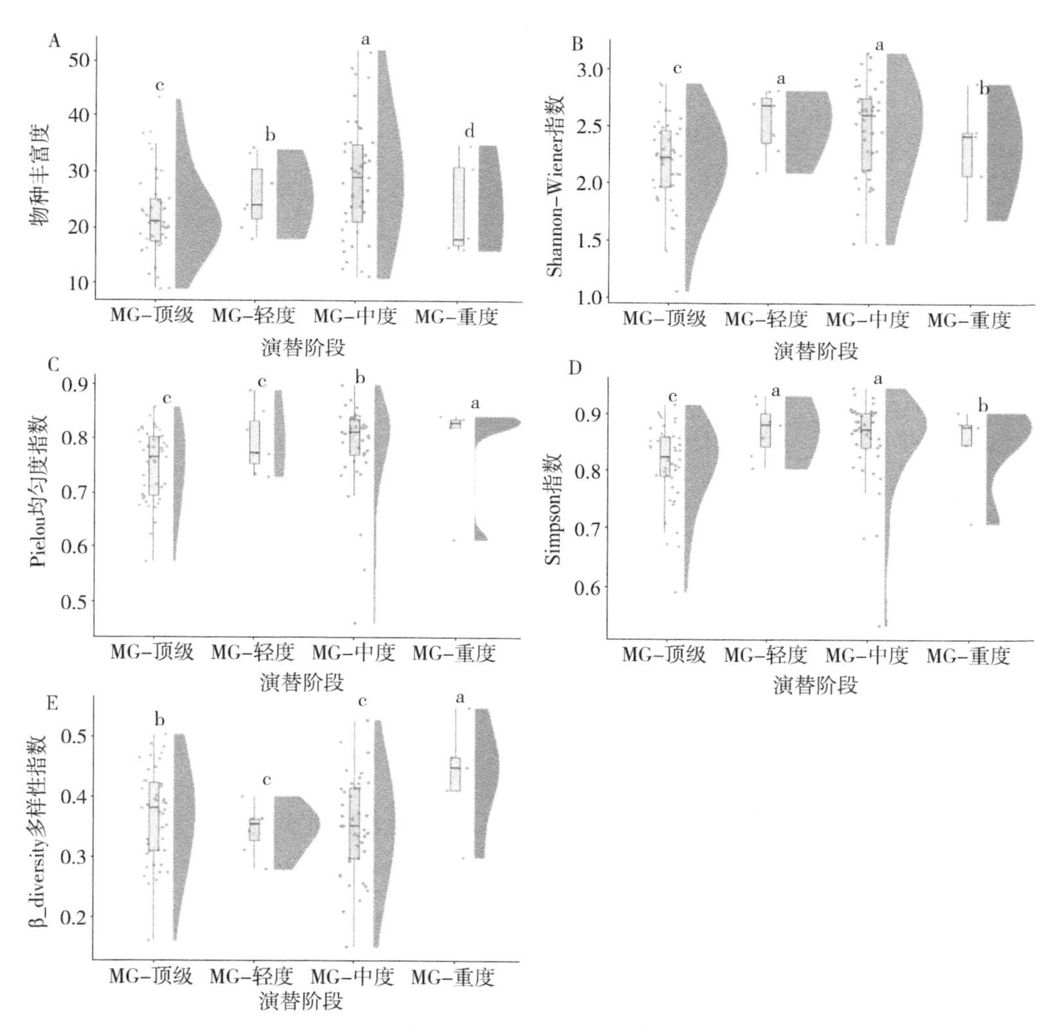

图 7-25　呼伦贝尔草甸草原不同退化演替阶段物种多样性差异

在呼伦贝尔草甸草原不同退化演替阶段的系统发育多样性变化中（图 7-26），整体以中度退化演替阶段为最高，且群落的系统发育结构聚集性程度最强，而顶级退化演替阶段的系统发育多样性值为最低，其群落系统发育结构发散性程度最高，

MPD 指数的轻度退化演替阶段仅高于顶级退化演替阶段，显著低于其他两种演替阶段；NRI 指数的中度、重度退化演替阶段显著高于顶级退化演替阶段，低于轻度退化演替阶段；MNTD 指数中顶级退化演替阶段仅高于轻度退化演替阶段，显著低于其他两种演替阶段；NTI 指数的中度退化演替阶段显著高于重度退化演替阶段，高于顶级退化演替阶段，最低的是轻度退化演替阶段。从中可以发现中度退化演替阶段群落的系统发育结构聚集性最强，顶级退化演替阶段最差。

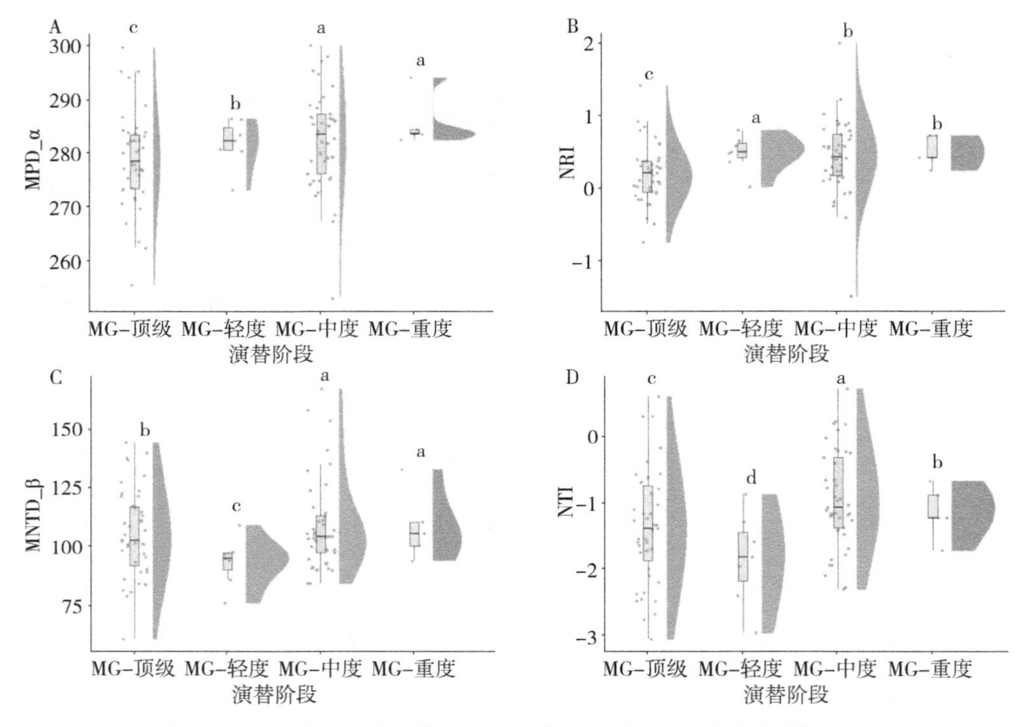

图 7-26　呼伦贝尔草甸草原不同退化演替阶段系统发育多样性差异

在呼伦贝尔草甸草原不同退化演替阶段的功能多样性变化中（图 7-27），整体以重度退化演替阶段为最高，轻度退化演替阶段功能多样性显著低于其他类型；RaoQ 指数的顶级退化演替阶段与轻度退化演替阶段无显著差异，显著高于中度退化演替阶段；Fric 指数的中度退化演替阶段仅低于重度退化演替阶段，显著高于其他两种演替阶段；Feve 指数为重度退化演替阶段最高，其他三种退化演替阶段无显著差异；FDis 变化趋势为顶级、中度退化演替阶段显著高于轻度、重度退化演替阶段；Fdiv 指数则以重度退化演替阶段最高，显著高于轻度、中度退化演替阶段显著高于顶级退化演替阶段。

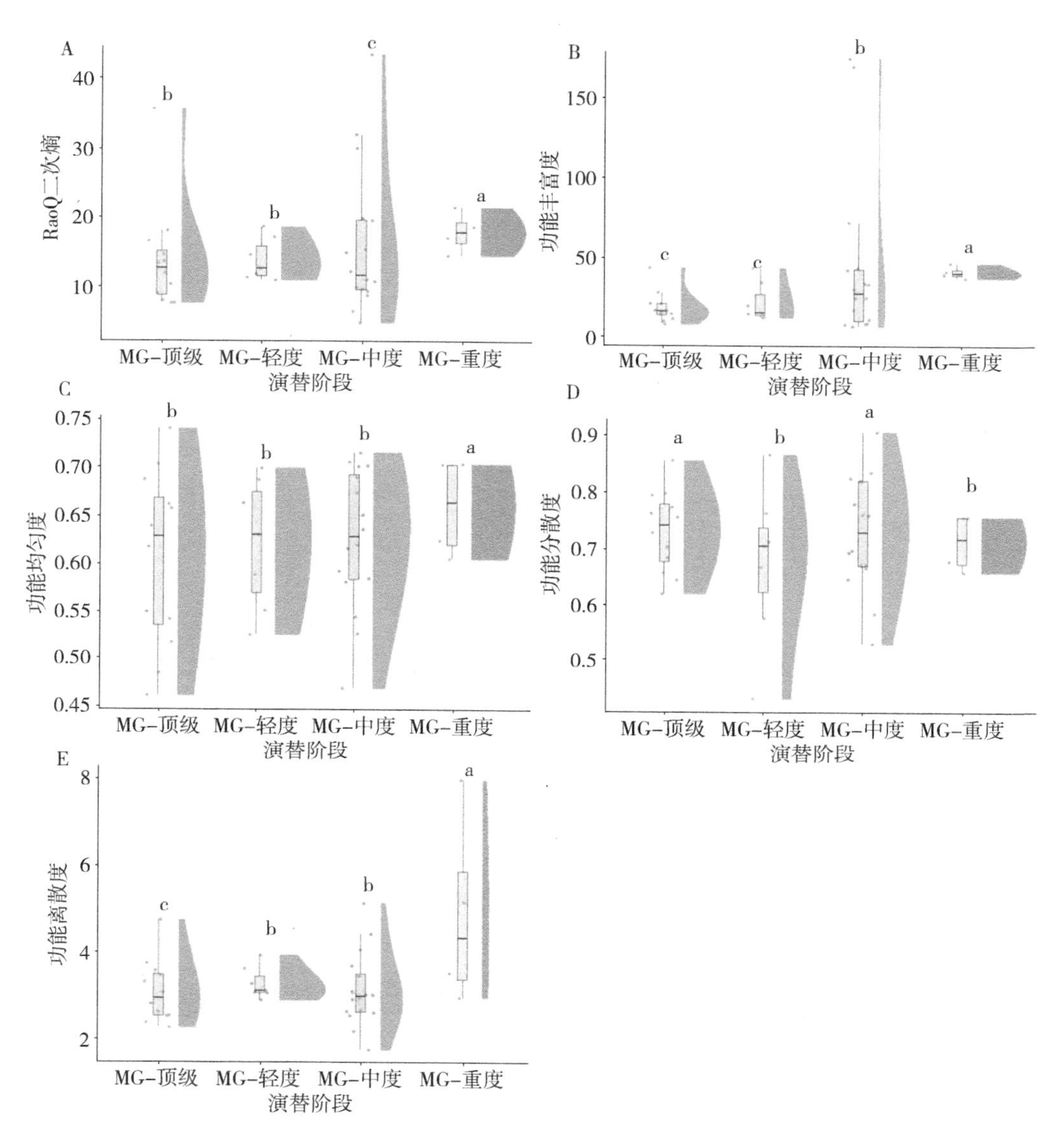

图 7-27 呼伦贝尔草甸草原不同退化演替阶段功能多样性差异

7.6.1.2 呼伦贝尔草甸草原不同退化演替阶段生态系统多功能差异分析

在呼伦贝尔草甸草原不同退化演替阶段生态系统多功能变化中（图 7-28），群落功能总体上显示为中度退化演替阶段群落最高，其次为重度退化演替阶段，顶级退化演替阶段与轻度退化演替阶段整体显示出的群落功能要比其他演替阶段较低；其中地上生物量表现略有区别，中度退化演替阶段群落最高，显著高于轻度退化演替阶段和重度退化演替阶段，而顶级退化演替阶段最低。地下生物量生态系统多功能变化中，中度退化演替阶段群落最高，显著高于轻度退化演替阶段和顶级退化演

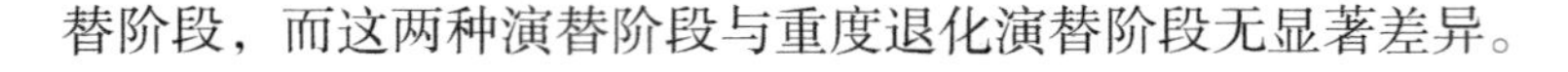
替阶段，而这两种演替阶段与重度退化演替阶段无显著差异。

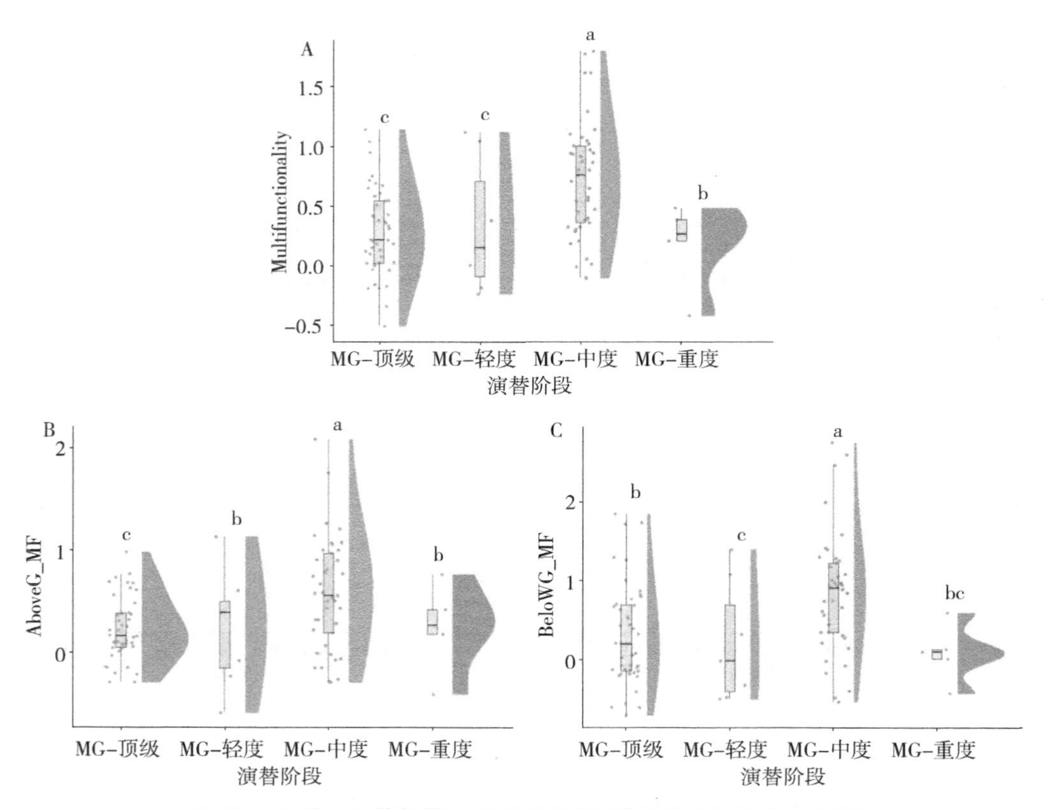

图 7-28　呼伦贝尔草甸草原不同退化演替阶段生态系统多功能差异

7.6.2　呼伦贝尔典型草原不同退化演替阶段生物多样性－生态系统功能差异分析

7.6.2.1　呼伦贝尔典型草原不同退化演替阶段生物多样性差异分析

在呼伦贝尔典型草原不同退化演替阶段生物多样性变化中（图 7-29），物种丰富度的生物多样性变化趋势为重度退化演替阶段最高，显著高于其他三种退化演替阶段，且这三种演替阶段之间无显著差异；Shannon-Wiener 指数与物种丰富度一样，都是重度退化演替阶段最高，其次是顶级退化演替阶段，轻度、中度退化演替阶段为最低；Pielou 均匀度指数的变化趋势与物种丰富度略有不同，是以中度退化演替阶段最高，显著高于其他三种退化演替阶段，且这三种演替阶段之间无显著差异；Simpson 指数则以轻度、重度退化演替阶段为最高，显著高于顶级、中度退化演替阶段；Jaccard-β 多样性指数以顶级、轻度、中度这三种退化演替阶段为最高，显著高于重度退化演替阶段；总体结果显示重度退化演替阶段物种 α 多样性普遍最高，但 β 多样性的物种替换速率是显著低于其他退化演替阶段的。

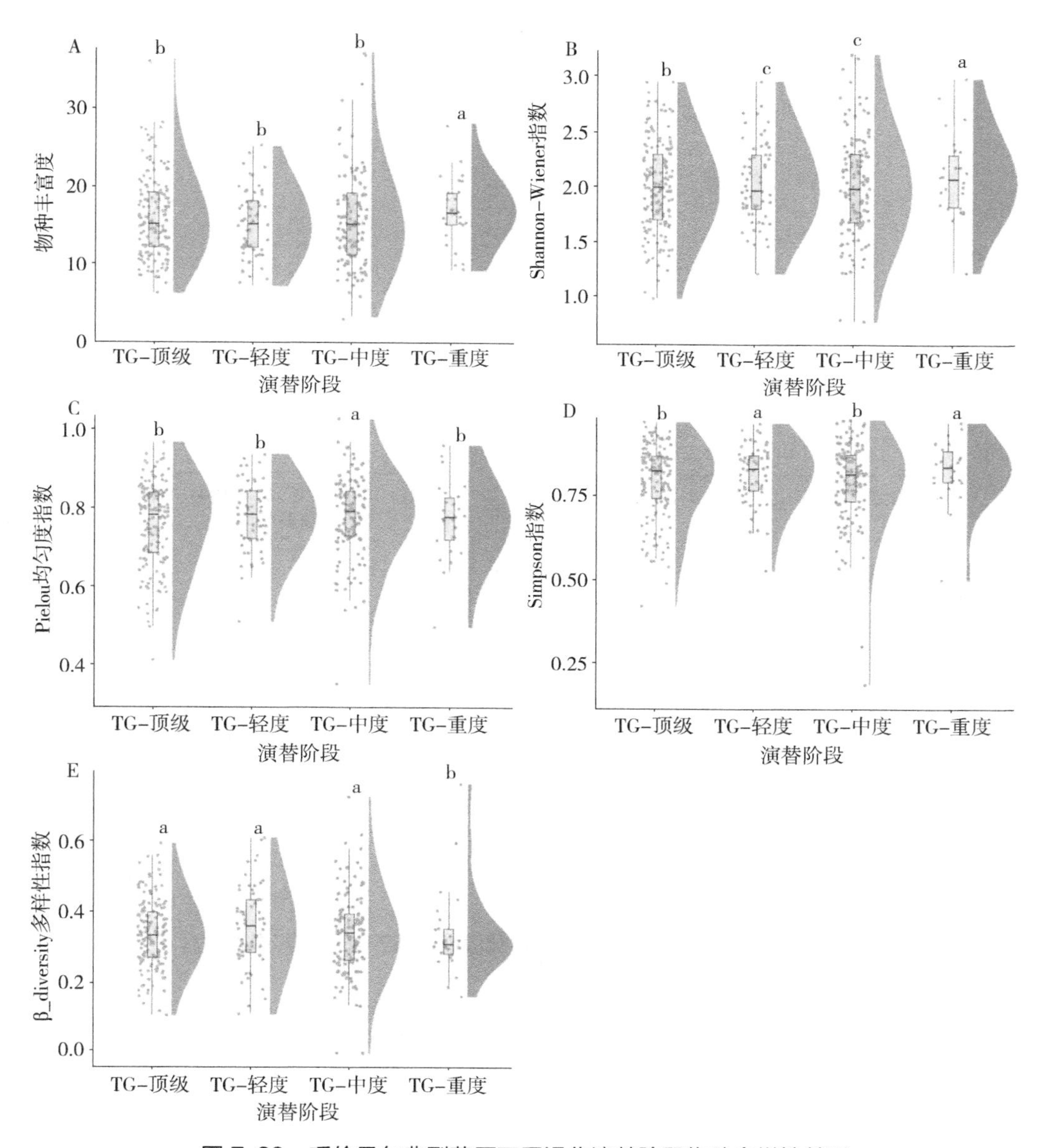

图 7-29 呼伦贝尔典型草原不同退化演替阶段物种多样性差异

在呼伦贝尔典型草原不同退化演替阶段的系统发育多样性变化中（图 7-30），整体以轻度退化演替阶段为最高，且群落的系统发育结构聚集性程度最强，而重度退化演替阶段的系统发育多样性值为最低，其群落系统发育结构发散性程度最高，MPD 指数的顶级、中度退化演替阶段仅高于重度退化演替阶段，显著低于轻度退化演替阶段；NRI 指数的轻度、重度退化演替阶段显著高于顶级、中度退化演替阶段；MNTD 指数以顶级、轻度、中度这三种退化演替阶段为最高，显著高于重度退化演替阶段；NTI 指数的中度退化演替阶段显著高于重度退化演替阶段，低于顶级、轻度退化演替阶段。从中可以发现轻度退化演替阶段群落的系统发育结构聚集性最强，重度退化演替阶段最差。

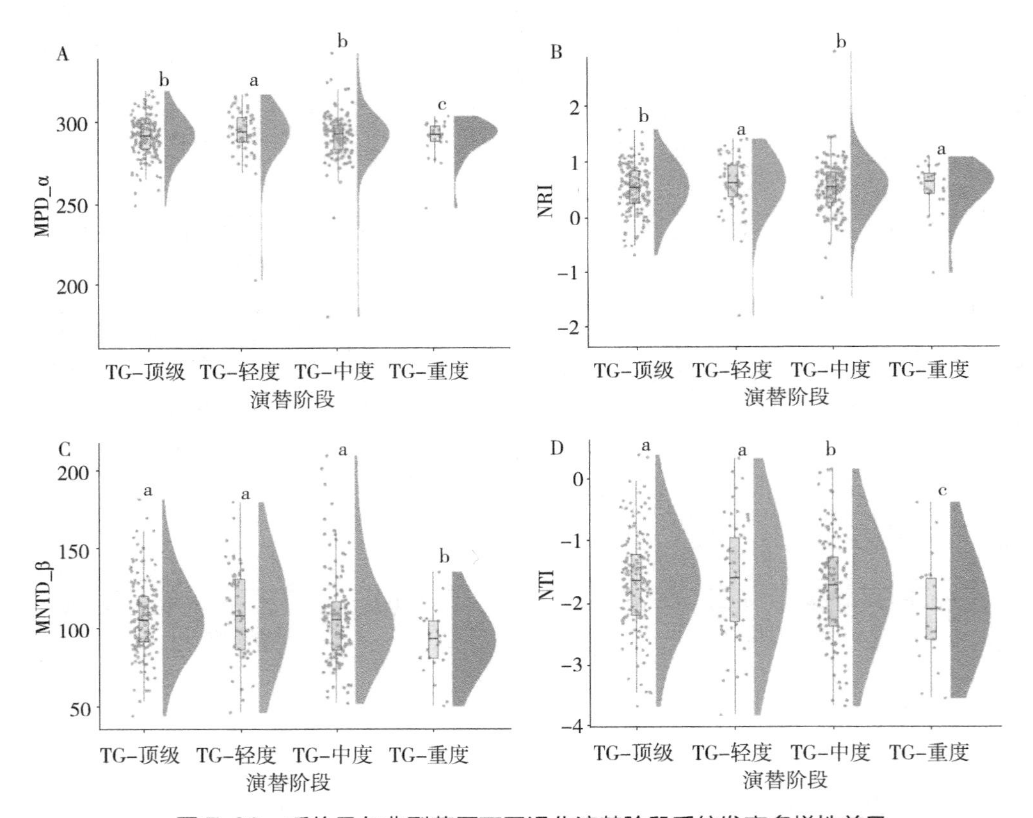

图 7-30　呼伦贝尔典型草原不同退化演替阶段系统发育多样性差异

在呼伦贝尔典型草原不同退化演替阶段的功能多样性变化中（图 7-31），整体以中度退化演替阶段为最高，顶级退化演替阶段功能多样性显著低于其他类型；RaoQ 指数与 FDis 的变化趋势一致，中度退化演替阶段显著高于重度退化演替阶段，显著高于顶级退化演替阶段与轻度退化演替阶段，这两个阶段之间无显著差异；Fric 指数的中度、重度退化演替阶段仅低于轻度退化演替阶段，显著高于顶级退化演替阶段；Feve 指数为顶级、中度退化演替阶段仅低于重度退化演替阶段，显著高于轻度退化演替阶段；Fdiv 指数则以顶级、轻度退化演替阶段最高，显著高于中度退化演替阶段、显著高于重度退化演替阶段。

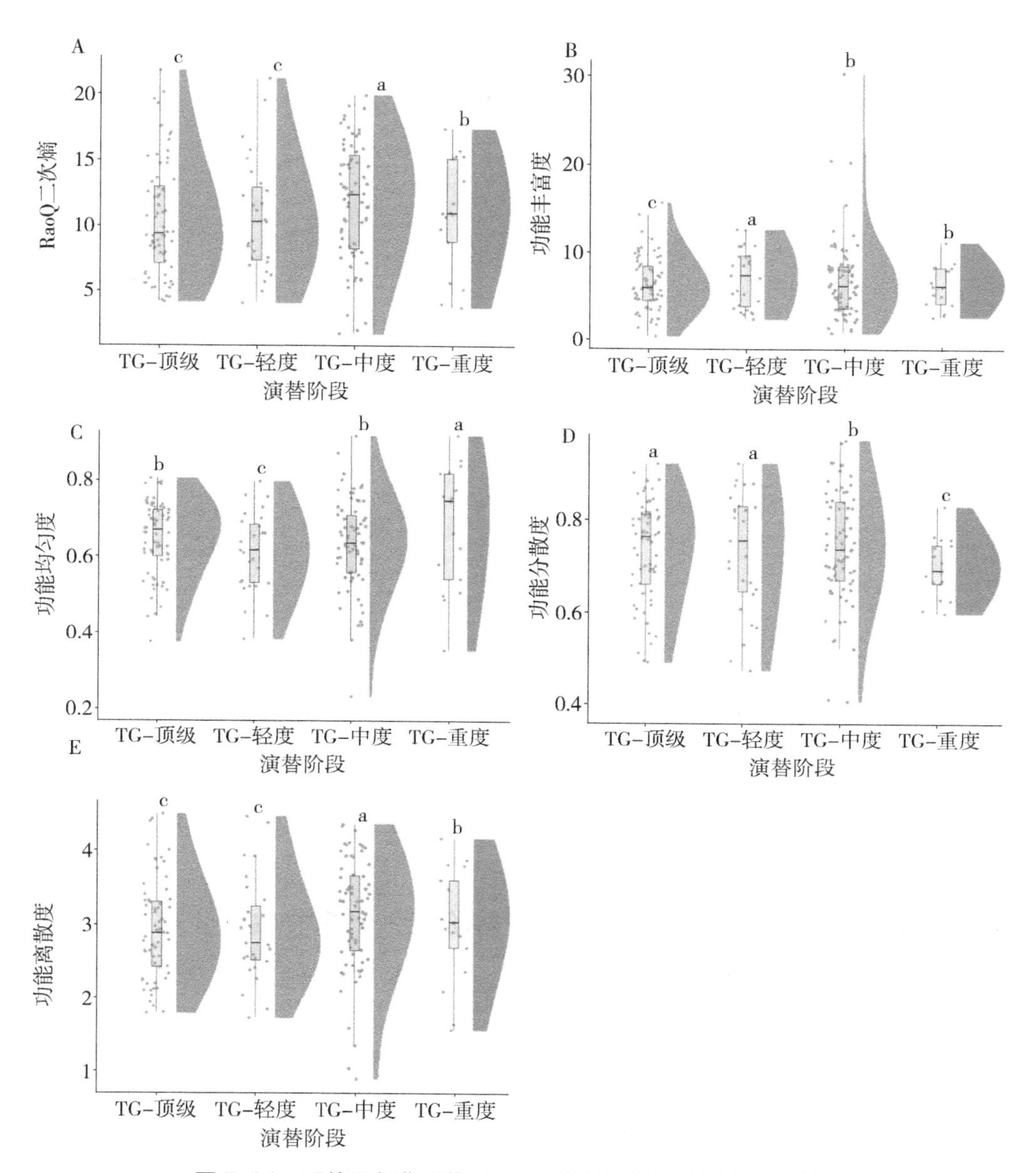

图 7-31 呼伦贝尔典型草原不同退化演替阶段功能多样性差异

7.6.2.2 呼伦贝尔典型草原不同退化演替阶段生态系统多功能差异分析

在呼伦贝尔典型草原不同退化演替阶段生态系统多功能变化中（图 7-32），群落功能总体与地上生物量、地下生物量变化趋势一致，显示为顶级退化演替阶段群落最高，其次为轻度、中度退化演替阶段，这两个阶段之间并无显著差异，重度退化演替阶段最低。

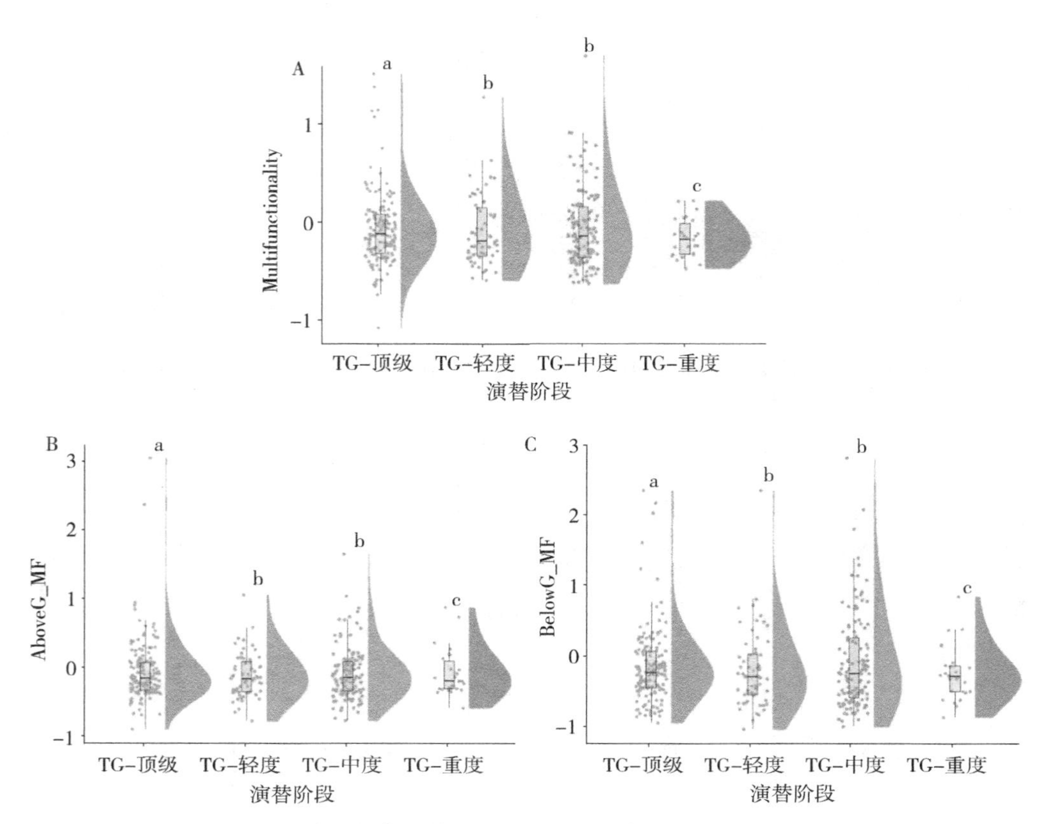

图 7-32　呼伦贝尔典型草原不同退化演替阶段生态系统多功能差异

7.6.3　呼伦贝尔荒漠草原不同退化演替阶段生物多样性－生态系统功能差异分析

7.6.3.1　呼伦贝尔荒漠草原不同退化演替阶段生物多样性差异分析

在呼伦贝尔荒漠草原不同退化演替阶段生物多样性变化中（图 7-33），物种丰富度与 Simpson 指数的变化趋势一致，均以顶级退化演替阶段为最高，其次是轻度、重度退化演替阶段，这两个阶段之间无显著差异；Shannon-Wiener 指数与 Pielou 均匀度指数的生物多样性变化趋势一致，顶级退化演替阶段显著高于重度退化演替阶段、显著高于轻度退化演替阶段；Jaccard-β 多样性指数则以顶级退化演替阶段为最高，显著高于轻度退化演替阶段，继而高于重度退化演替阶段；总体结果显示顶级退化演替阶段物种 α 多样性与 β 多样性普遍最高，物种替换速率是显著高于其他退化演替阶段的。

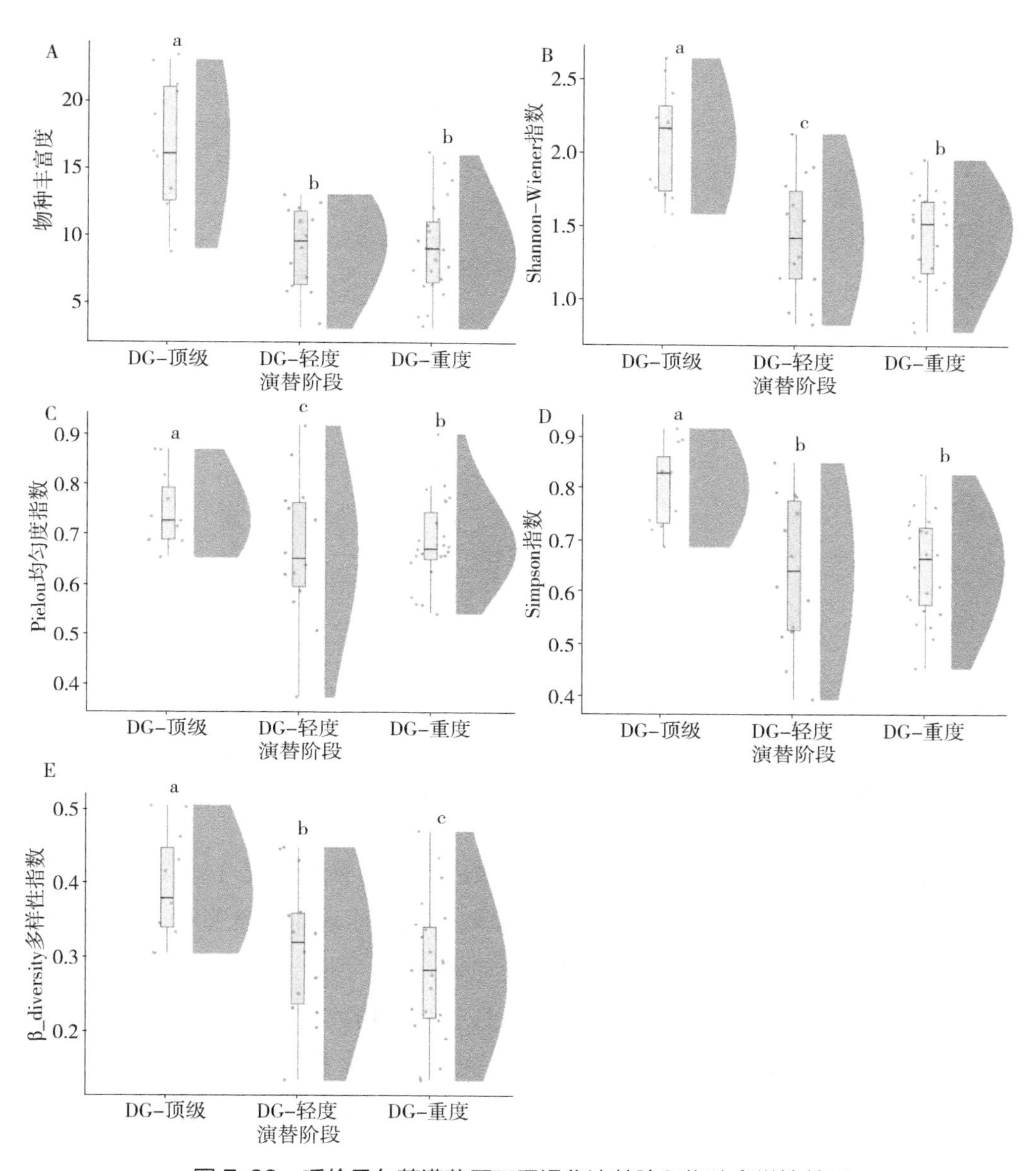

图 7-33 呼伦贝尔荒漠草原不同退化演替阶段物种多样性差异

在呼伦贝尔荒漠草原不同退化演替阶段的系统发育多样性变化中（图 7-34），MPD 指数、NRI 指数、MNTD 指数与 NTI 四种指数系统发育多样性变化趋势一致，以重度退化演替阶段为最高，且群落的系统发育结构聚集性程度最强，显著高于轻度退化演替阶段，而顶级退化演替阶段的系统发育多样性值为最低，其群落系统发育结构发散性程度最高。

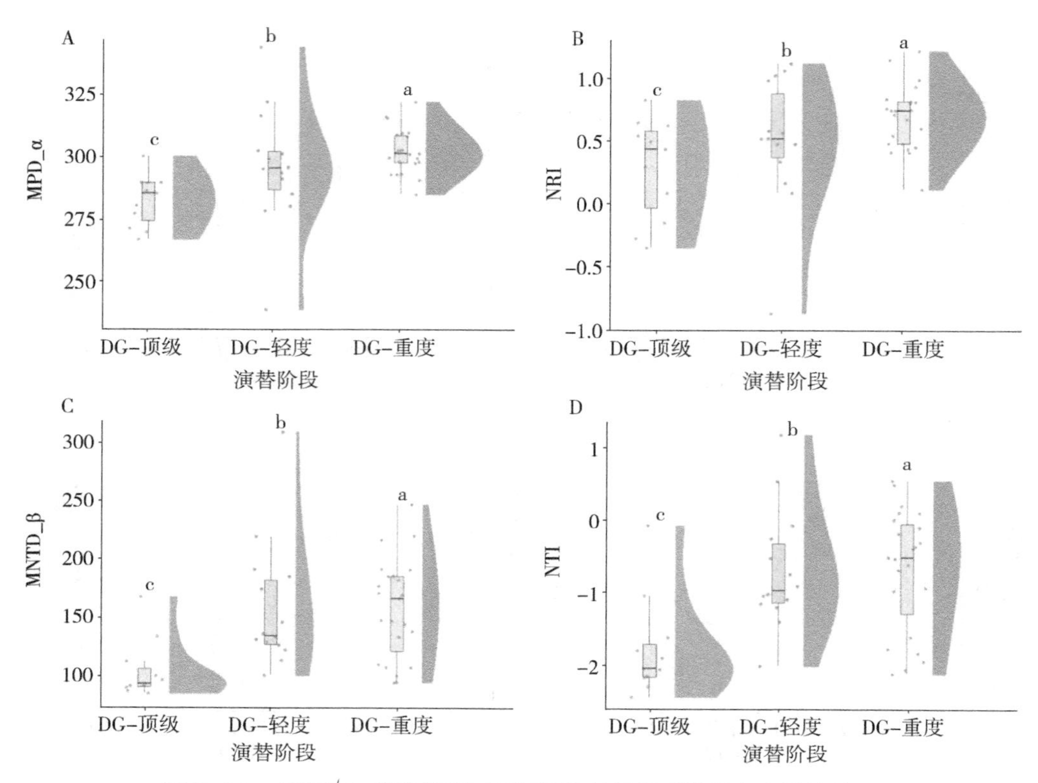

图 7-34　呼伦贝尔荒漠草原不同退化演替阶段系统发育多样性差异

在呼伦贝尔荒漠草原不同退化演替阶段的功能多样性变化中（图 7-35），整体以顶级退化演替阶段为最高，重度退化演替阶段功能多样性显著低于其他类型；RaoQ 指数、Fric 指数以及 Feve 指数的变化趋势一致，顶级退化演替阶段显著于轻度退化演替阶段、显著高于重度退化演替阶段；Fdiv 指数则以轻度退化演替阶段最高，显著高于顶级退化演替阶段、显著高于重度退化演替阶段；FDis 指数则以顶级退化演替阶段最高，显著高于轻度、重度退化演替阶段，这两个阶段之间并无显著差异。

7.6.3.2　呼伦贝尔荒漠草原不同退化演替阶段生态系统多功能差异分析

在呼伦贝尔荒漠草原不同退化演替阶段生态系统多功能变化中（图 7-36），群落功能总体与地下生物量的生态系统多功能变化趋势一致，为轻度退化演替阶段群落最高，显著高于重度退化演替阶段、显著高于顶级退化演替阶段；其中地上生物量表现略有区别，重度退化演替阶段群落最高，显著高于轻度退化演替阶段、显著高于顶级退化演替阶段。

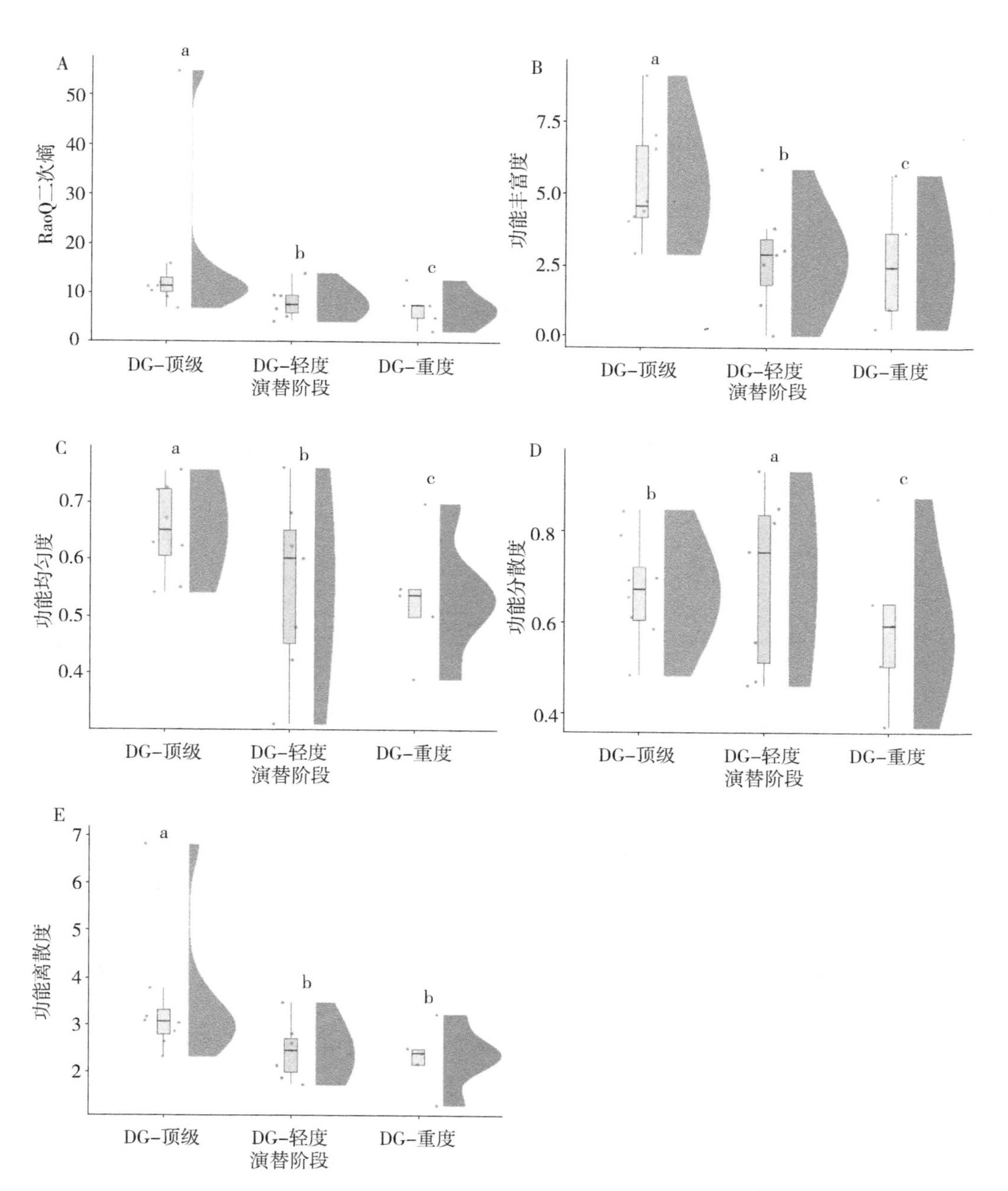

图 7-35　呼伦贝尔荒漠草原不同退化演替阶段功能多样性差异

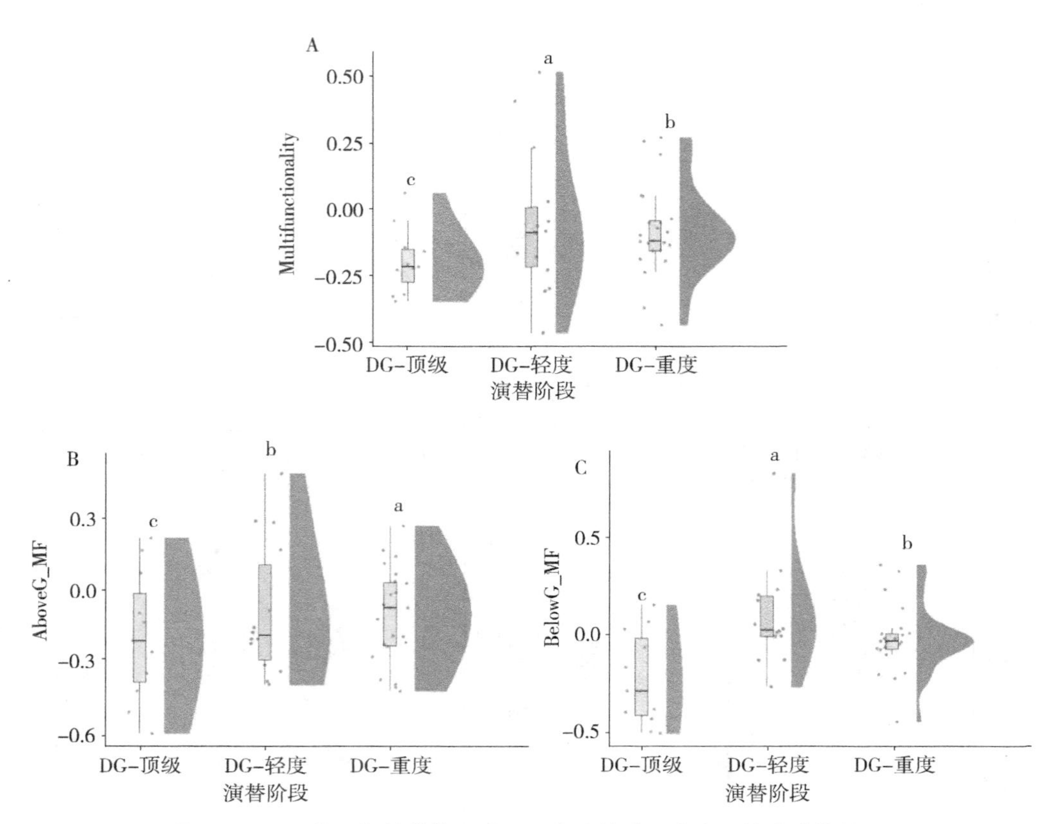

图 7-36　呼伦贝尔荒漠草原不同退化演替阶段生态系统多功能差异

7.7　环境因子对呼伦贝尔草原不同退化演替过程的影响

7.7.1　环境因子对呼伦贝尔草甸草原不同退化演替过程的影响

通过对呼伦贝尔草甸草原不同退化演替阶段的样地群落数据与环境因子数据进行 PCA 排序（图 7-37），我们可以发现，在草甸草原中，影响不同退化演替阶段分布的环境因子主要有经度、纬度、容重土壤水等。其中对于草甸草原重度退化演替阶段，影响较大的环境因子主要为经度、土壤容重和土壤 pH；对于顶级演替群落的影响较大的主要有海拔和土壤容重，对于轻度退化演替阶段，海拔与经度影响较大，对于中度退化演替阶段土壤水与土壤有机碳储量作用更大。

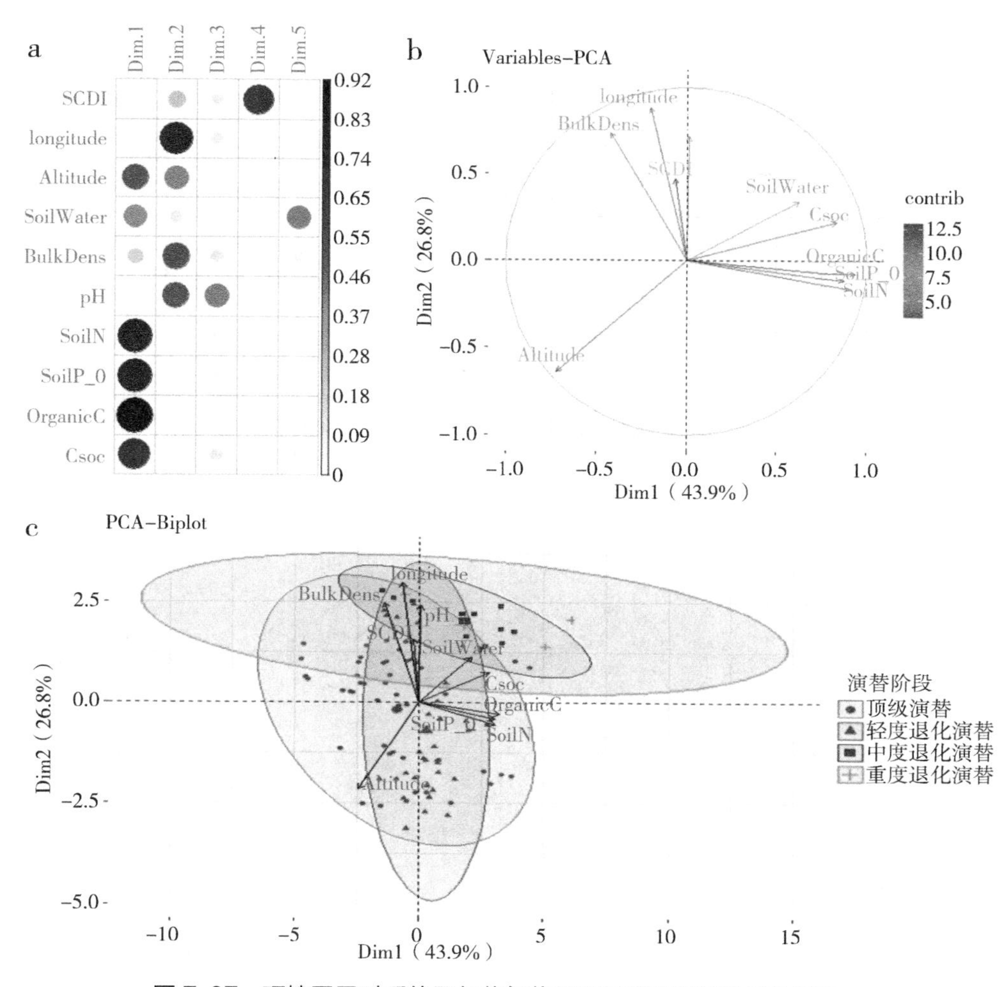

图 7-37 环境因子对呼伦贝尔草甸草原不同退化演替阶段的影响

7.7.2 环境因子对呼伦贝尔典型草原不同退化演替过程的影响

通过对呼伦贝尔典型草原不同退化演替阶段的样地群落数据与环境因子数据进行 PCA 排序（图 7-38），我们可以发现，在典型草原中，影响重度退化演替阶段较大的环境因子主要为海拔及土壤容重的负影响；对于顶级演替群落的影响较大的主要有有机碳、土壤 N 和经度、土壤容重，对于轻度退化演替阶段，经度与土壤水影响较大，对于中度退化演替阶段经度和海拔作用更大。

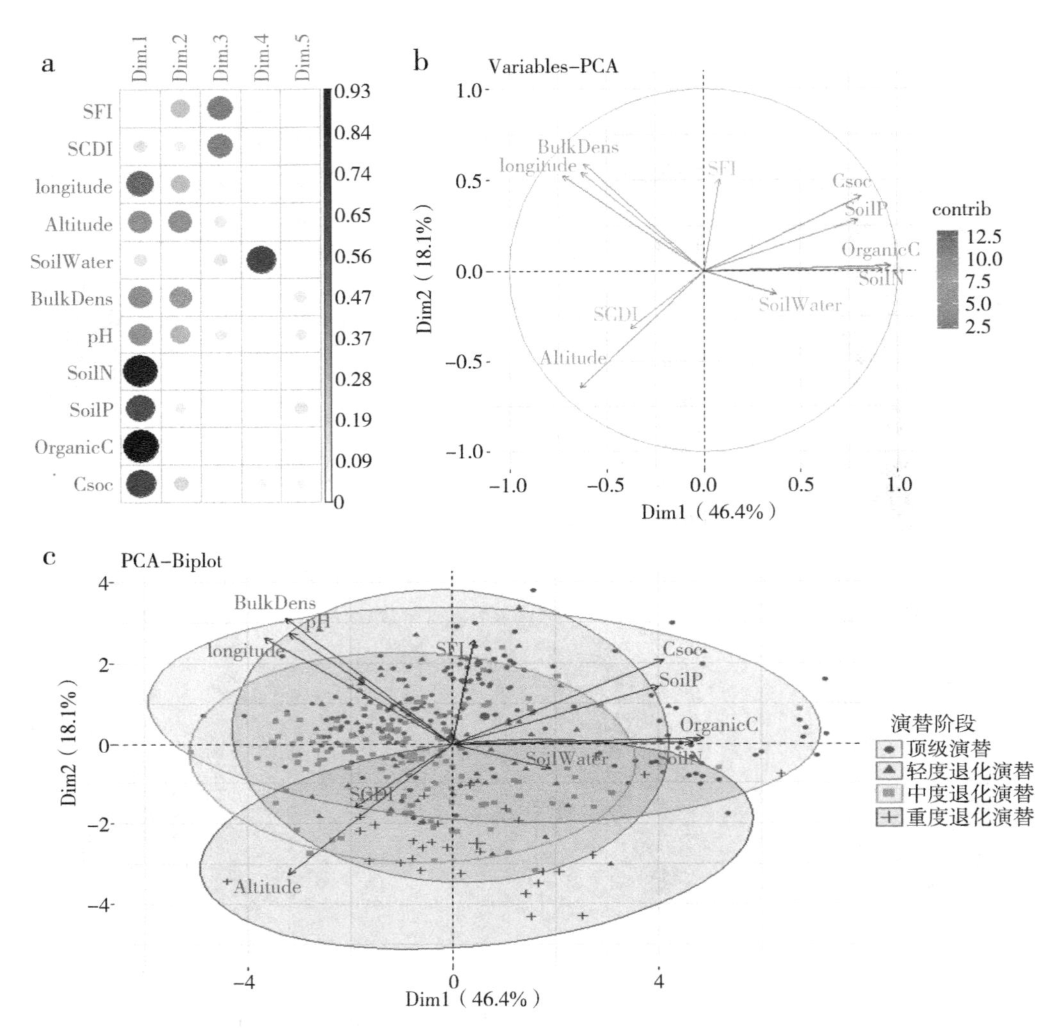

图 7-38　环境因子对呼伦贝尔典型草原不同退化演替阶段的影响

7.7.3　环境因子对呼伦贝尔荒漠草原不同退化演替过程的影响

通过对呼伦贝尔荒漠草原不同退化演替阶段的样地群落数据与环境因子数据进行 PCA 排序（图 7-39），我们可以发现，在荒漠草原中，影响重度退化演替阶段较大的环境因子主要为土壤 P、有机碳和土壤水；对于顶级演替群落的影响较大的主要有土壤碳储量和土壤容重，对于轻度退化演替阶段海拔、经度和土壤 pH 影响最大。

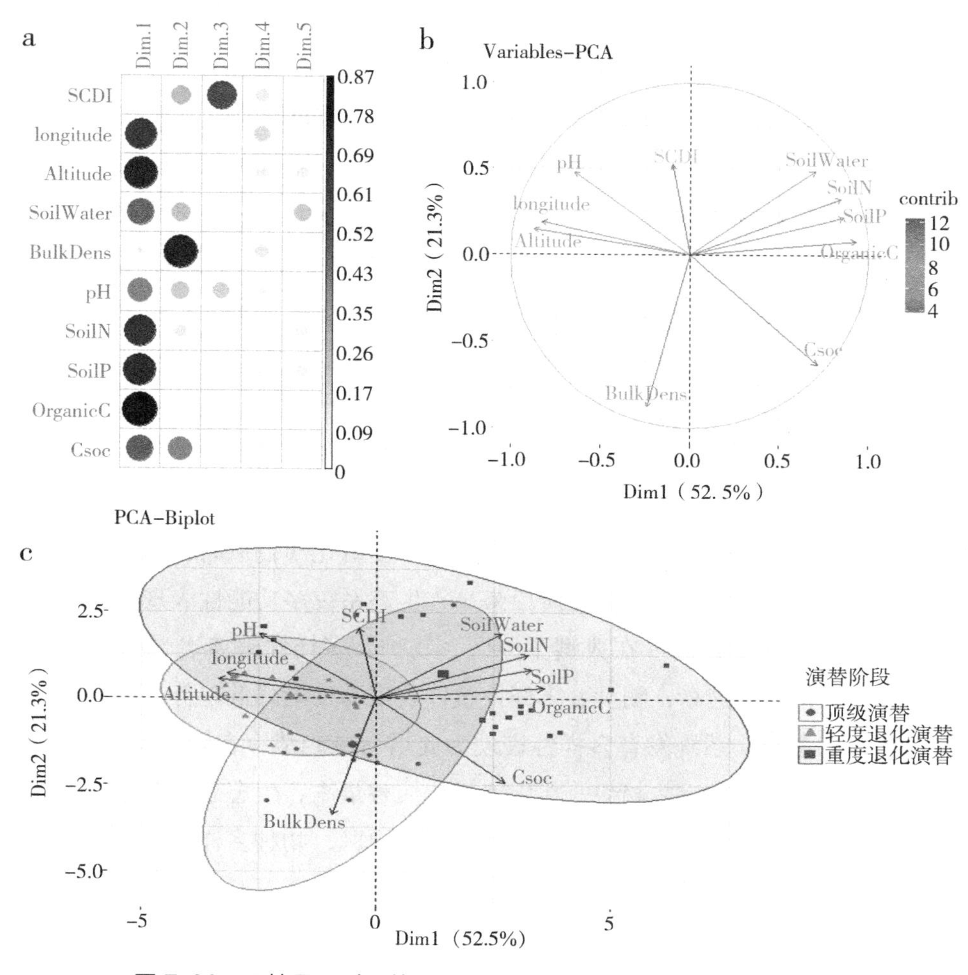

图 7-39 环境因子对呼伦贝尔荒漠草原不同退化演替阶段的影响

7.8 本章小结

首先，本书通过基于状态转换模型理论的呼伦贝尔草原不同退化演替阶段主要群落类型确定，同时计算 SCDI 指数并对不同演替阶段的群落类型的状态转换阈值进行计算，建立不同草原区的状态转换模型，根据模型结果进行草地退化早期预警；依据不同退化演替阶段的划分，我们分别分析了不同草原区的不同退化演替阶段生物多样性及生态系统功能的变化特征，我们发现草甸草原区的物种丰富度及 Pielou 均匀度指数在重度退化演替中变异性最大，对退化演替响应最为敏感，各类生态系统功能变异程度较小，其对退化演替耐受性较强；在典型草原区，Pielou 均匀度指数及 β 多样性指数在重度退化演替中变异最大，群落功能中的地上生物量变异最大，叶片功能整体对草地退化演替表现出最为敏感的特征，其中比叶面积、叶形指数、分离指数、叶周长、叶面积在重度退化演替中表现出最大的变异性；荒漠草原区，物种 β 多样性指数、NTI 指数、Fric 指数表现出对退化演替为敏感，在重度退化演替中变异性最大，植物个体性状中的茎干重在重度退化演替中变异最大，叶片功能性状对退化演替表现出最为敏感的特征，其中叶干重、叶鲜重和叶含水量及比叶面积在重度退化演替中变异最大。

通过对生物多样性和生态系统功能在不同演替阶段的变化趋势分析可以发现，在草甸草原区，随着退化演替的加剧，物种 α 多样性整体变现呈先增后减趋势，在中度退化演替阶段最高，而物种 β 多样性呈先减后增趋势，在重度退化演替最高；系统发育多样性整体表现为先增后减趋势，在中度退化演替最高；功能多样性表现为逐渐增大趋势，在重度退化演替阶段最高；生态系统多功能性表现为先增后减趋势，在中度退化演替最高。在典型草原区，物种 α 多样性整体表现为先减后增趋势，在重度退化演替最高，物种 β 多样性整体表现为逐渐降低趋势，在顶级演替和轻度退化演替最高；系统发育多样性表现为先增后减趋势，在轻度退化演替最高；功能多样性表现为先增后减趋势，在中度退化演替最高；生态系统多功能性表现为逐渐下降趋势，在顶级演替阶段最高。在荒漠草原区，物种多样性整体表现为逐渐下降趋势，在顶级演替最高，系统发育多样性表现为逐渐上升趋势，在重度退化演替最高；功能多样性表现为逐渐下降趋势，在顶级演替最高；生态系统多功能表现为先增后减趋势，在轻度退化演替最高。

8　呼伦贝尔草原群落特征及退化演替过程的主要结论与讨论

8.1　呼伦贝尔草原群落特征及退化演替过程的主要结论

基于前文分析，本研究主要结论如下：

（1）由物种多样性分析发现，呼伦贝尔草甸草原区整体以杂类草草甸草原最高，典型草原中以丛生草类典型草原最高；系统发育多样性分析发现，两种草原区均以灌木 / 半灌木类草原显著高于其他类型；功能多样性分析发现，草甸草原整体以杂类草草甸草原最高，典型草原区中以丛生草类典型草原和灌木 / 半灌木典型草原最高。影响呼伦贝尔草原不同植被类型植物多样性的环境因子主要以经纬度和海拔变化为主，土壤 N 含量对物种多样性影响最大，土壤 P 含量对系统发育多样性影响最大，土壤碳（有机碳、有机质）含量对功能多样性影响最大。

（2）呼伦贝尔草原群落功能，草甸草原区整体以灌木 / 半灌木类草原群落功能最强，典型草原中以丛生草类草原最高；叶片功能上，两种草原区均以丛生草类草原整体最高，植株个体性状上草甸草原区以杂类草草原最高，典型草原区以丛生草类最高。土壤功能性状上，两种草原区整体均以杂类草草原最高。生态系统多功能上，草甸草原区与典型草原区均以杂类草草原最高。呼伦贝尔草原 BEF 耦合关系主要由与大兴安岭的距离主导的降水量变化所驱动，草原生长季降雨通过影响功能多样性 α 指数而间接影响生态系统多功能是呼伦贝尔草原 BEF 变化的最主要驱动因素，这充分说明在呼伦贝尔草原功能多样性对生态系统多功能的响应程度明显高于物种多样性和系统发育多样性。生长季降雨成为驱动呼伦贝尔草原生物多样性 - 生态系统多功能关系的主要影响因子。

（3）在呼伦贝尔草原，放牧与刈割相结合的复合利用方式会消除生物多样性和生态系统功能之间的耦合关系；与连续放牧或刈割加放牧相比，单独刈割可以增加物种多样性，使土壤表层功能更强。研究结果表明，复合利用方式不仅会影响植物地上部分的多样性和生产力，而且会对植物地下部分产生有害影响，还可能对植物多样性和生产力产生反馈效应。考虑到刈割和放牧对生活在草原生态系统中的人们的经济影响，在呼伦贝尔草原，使用单一利用方式，即轻度放牧或单独刈割方式，特别是单独刈割的方式，可以保持生物多样性对生态系统功能的积极影响，同时保持牲畜生产力，建议去除现有的刈割与放牧同时存在的复合利用方式。

综上所述，呼伦贝尔草原作为蒙古高原物种组成及生物多样性最为丰富的草原之一，其生态系统多功能性水平较高，草原生长季降雨通过促进功能多样性 α 指数而间接影响生态系统多功能是呼伦贝尔草原生物多样性与生态系统多功能耦合关系的最主要驱动因素；放牧与刈割相结合的复合利用方式对呼伦贝尔草原生物多样性－生态系统功能关系存在解耦作用。建议在呼伦贝尔草原使用单一类型的利用方式，特别是采用轻度放牧或单独刈割进行草场管理，有利于呼伦贝尔草原生物多样性和生产力的提高。

8.2　呼伦贝尔草原群落特征及退化演替过程的讨论

8.2.1　呼伦贝尔草原植物区系特征

生活型可以被认为是植物应对水热梯度的一种策略（Wang et al.，2002）。呼伦贝尔草原以地面芽植物为主，隐芽植物和一年生植物占一定比例，地上芽植物和高位芽植物所占比例最小。这些特征表明，呼伦贝尔草原的环境条件明显优于蒙古高原其他草原（Liu et al.，1994；Liu et al.，2014）。我们发现呼伦贝尔草甸草原区与典型草原区的生活型谱以地面芽和地上芽植物为主，主要是由于在大兴安岭西部的草甸草原及典型草原带的中东部区域，受地形条件影响，尤其是靠近大兴安岭西麓的草甸草原区，地表常年积累的枯枝落叶层较厚，积累了松散的土壤和深厚腐殖质层，这有利于依靠营养繁殖的地面芽植物生长发育；而荒漠草原区的地下芽植物和一年生植物明显要高于草甸草原和典型草原，这主要是由于在呼伦贝尔西南部的非地带性荒漠草原区属于呼伦贝尔地区气候最为干旱少雨的区域，恶劣的环境使得地下芽植物能更好地适应环境，顺利度过干旱和严冬时期，如葱属植物多根葱，在该区域形成多根葱大面积的荒漠草原群落；同时由于受水分降雨影响较大，大量的一年生植物在该区域得以生存，在雨季迅速生长繁殖，这一类植物常见禾本科狗尾草属植物、虎尾草植物和藜科藜属植物（CENMN，1985；De Cáceres et al.，2015；Chen et al.，2014）。受欧亚草原区气候及大兴安岭山脉的影响，呼伦贝尔草原整体水分条件优越，草本层片发达，地上芽植物和高位芽植物的比例最小，这也说明呼伦贝尔草原区疏林草原与灌丛化草原相比蒙古高原的其他草原区是分布较少的（CENMN，1985；Liu et al.，2014）。

因为大兴安岭山脉的高度不是很高，山脉的西部低山丘陵和森林草原过渡地带受太平洋季风影响，形成一个半湿润森林和草原气候（降水量 400～500 mm），适合中生植物的生长发育。大兴安岭西部典型草原区主要受来自蒙古的干冷气流影响，同时在大兴安岭雨影效应和焚风效应的双重作用下，形成了适于旱生、旱中生植物生长的半湿润半干旱草原气候（降水量 250～380 mm）（Zhang et al.，2011；Qu et al.，2018）。因此，呼伦贝尔草原以典型中生植物占绝对优势，典型旱生植物所占比例较小，其他水分生态类型植物所占比例最小。如图 3-8（d，e，f）所示，在草甸草原和典型草原中，中生植物和湿中生植物所占比例较大，表明两者的水条件明显高于荒漠草原，旱生植物和中旱生植物共占荒漠草原的物种总数的 73.33%，这足以解释荒漠草原植物的耐旱性质。

呼伦贝尔草原主要植物区系地理成分属于东古北极成分，同时古北极成分、东亚成分、泛北极成分和西伯利亚 - 东亚成分的组成也起了重要作用。其中中亚 - 亚洲中部成分也占有一定比例，主要是因为呼伦贝尔草原西部与蒙古国东部草原接壤，北部与俄罗斯达乌里地区的草原相连，位于古北极东部地区，受欧亚草原的半湿润半干旱大陆性气候影响，中亚 - 亚洲中部成分在此少量集中（Wu，1991；Wu et al.，2003，2006；Zhao，2012）。这一现象充分证明了影响植被分布的气候变量，尤其是降水和温度，是呼伦贝尔草原植物区系特征具有独特性的主要原因。不同植被类型表现出不同的区系特征，在草甸草原和典型草原中，东古北极成分占绝对优势，其中蒙古高原成分和西伯利亚 - 东亚成分占很大比例。这一发现充分支持典型草原与草甸草原植物区系与蒙古高原草原和西伯利亚高纬度寒冷地带植物区系的一致性（ECVC，1980；CENMN，1985；Hilbig，1997）。在荒漠草原中，除东古北极成分占主导地位外，中亚 - 亚洲中部成分明显高于其他两个草原区，表明呼伦贝尔西部荒漠草原区植物区系与中亚 - 亚洲中部荒漠地区密切相关，特别是呼伦贝尔草原荒漠草原与蒙古东部干草原相连，在地理上与亚洲中部的联系是中亚 - 亚洲中部成分在该地区占很大比例的一个原因（Hilbig，1997）。

8.2.2 植被类型对草原生物多样性 - 生态系统功能的影响

不同植被分类系统对于植被类型的划分有着不同依据，但植被类型的不同必然直接导致植物群落内优势种的变化，而群落优势种变化可通过复杂的级联效应影响生物多样性和生态系统功能变化（Hillebrand et al.，2008；白乌云和侯向阳，2021）。由于不同植被类型的群落优势种在群落中的主导作用，其对草原群落组成、群落结构、生物多样性、生态系统功能、生产力及生态过程均有重要影响，是植被生态和群落生态研究的热点（Nowak et al.，2016）。受非生物环境条件对植物分布的影响，自然植被分布具有地带性分布的特点，这主要是由于不同区域或处于不同地形的植被，其水热条件的差异所致。在自然生态系统中存在不同类型的环境胁迫，这些胁迫有些长期存在或频繁发生，获取和利用此类限制生物生长的资源的能力直接决定着物种能否在群落中占主导作用，即能否成为优势层片的优势种（Peer et al.，2008；Dengler et al.，2014）。不同植被类型内群落的主要物种（建群种或优势种）的种内遗传多样性及系统发育多样性可驱动物种的性状变异，因此对植物多样性与生态系统功能产生重要影响（Crutsinger et al.，2006；韩涛涛等，2021）。

不同植被类型除优势种不同外，其群落组成上同时存在不同程度的差异，群落不同功能的物种组成与生物多样性都是草原生态系统功能的主要决定因素（Weigelt et al.，2010；Cardinale et al.，2012），但群落组成相比于物种丰富度而言，对生态系统功能的决定作用更强（Tilman et al.，1997a）。在草原生态系统中，由于生境异质性导致的并非所有的物种在群落中的功能和作用都是平等的，具备某些相同或相似功能特征的物种组合为同一功能群（Plant functional groups，PFGs），功能群特征在很大程度上决定着草原生态系统的功能和服务（Mc Laren & Turkington，2010），对草原生态系统能量流动、物质循环、土壤水文过程和生物多样性均会产生长期重大影响（Schnabel et al.，2019）。有研究表明，群落中如果优势种或主要功能群生产力的消耗会导致该生态系统各功能的显著下降（Pan et al.，2016；Smith et al.，2020），优势功能群在维持群落生产力的时间稳定性发挥重要作用（Ma et al.，2017；Avolio et al.，2019）。由此可知，植被类型对草原生态系统 BEF 的影响，本质上是不同植被类型中群落的优势种、群落组成及功能群的差异所造成的。本研究发现，呼伦贝尔草甸草原区物种多样性与功能多样性中，整体均以杂类草草甸草原最高，而生态系统功能中植株个体性状功能与土壤功能及生态系统多功能上整体均以杂类草草甸草原最高，这主要是由于杂类草草甸草原在整个草甸草原区所处的环境条件最为优越，由于地处大兴安岭东麓森林草原交错区，其降水充足，土壤为黑壤土并附有深厚的腐殖质层，群落内物种组成复杂多样，生物多样性水平处于整个温带草原区的最高水平，植被亚型中各群落的建群种类型多样，其中以菊科、豆科、伞形科植物的优势物种为代表（Zhu et al.，2018；聂莹莹等，2016；刘琼等，2020），因此，无论是植物多样性还是生态系统功能，均为呼伦贝尔草原区的顶级状态。呼伦贝尔典型草原区中，植被亚型的各个群落内物种多样性和功能多样性均以丛生禾草典型草原最高，而生态系统功能中的各群落功能、叶片功能和植株个体功能上也均以丛生禾草典型草原最高，这主要是典型草原区相比于草甸草原区气候较为干旱，降水量水平较低，土壤也主要以栗钙土为主，在植物可利用资源相对贫瘠的情况下，对环境的适应能力更强的物种在群落中的竞争能力更强，因此对干旱适应性更好的针茅属植物在典型草原区明显比杂类草物种占优势，丛生禾草典型草原植被类型中群落的生态系统功能和生物多样性也要明显高于其他群落类型（Mc Laren & Turkington，2010；Pan et al.，2016；Zhu et al.，2018）。

8.2.3 环境因子及气候条件对草原生物多样性 - 生态系统功能的影响

植被类型及其格局主要受地理变量和气候条件的控制，不同的地理变量或不同的气候类型都有相对应的植被类型分布，不同植被类型之间的 BEF 变化存在明显差异（Miehe et al.，2011）。在欧亚大陆的研究表明，草原植被主要受海拔、经度、地形、放牧强度和土壤肥力的影响（Berman，2001；Gadghiev et al.，2002；Ryabinina，2003；Peer et al.，2008；Miehe et al.，2011）。Austrheim（2002）在对半天然草原的研究中发现，物种多样性随海拔的升高而不断下降。受经度和海拔影响的温度和降水的变化无疑是影响植被类型分布的重要变量（Zhong et al.，2010），但大多数以前的研究主要集中在由高度引起的温度变化，因为温度的生物效应往往可以被大部分的生物研究所理解，而受经度影响的降水变化往往被忽视（Lemmens et al.，2006；Zhou et al.，2017b）。现有研究表明土壤湿度影响各种生境类型的养分有效性，水分胁迫降低了植物生产力，即使在营养丰富的条件下也会限制植物生长（Loiseau et al.，2005；Rodriguez-Iturbe et al.，1999）；根据现有资料，植物多样性整体通常随着水资源可用性的减少而下降（Pausas & Austin，2001），受地形结构影响的土壤水分通常被认为是草原植物多样性格局的主要控制因子（Moeslund et al.，2013）。然而，水分可用性的格局往往与其他生态或地理梯度相关，因为经度梯度对降水的影响最大（Valkó et al.，2014）。受研究区气象站点数量的限制，本研究的重点是分析土壤环境因子对植被类型的影响，而不是气候条件对植被的影响，但是在文献分析基础上我们仍然可以推断，决定呼伦贝尔草原植物区系特征和植被类型分布的最重要因素是由经度变化导致的降雨，这一点可以通过本研究结果中不同植被类型生物多样性和生态系统功能随经度、纬度和海拔梯度变化规律可知，几乎所有的群落特征（包括群落盖度，高度和地上生物量）和多样性指数均显示在 116°E～121°E 范围内，随着经度升高而呈显著增加的趋势，所有这些结果表明，地理变量显著影响呼伦贝尔草原植被类型的分布，其中经度梯度引起的降水变化是最主要的地理变量。

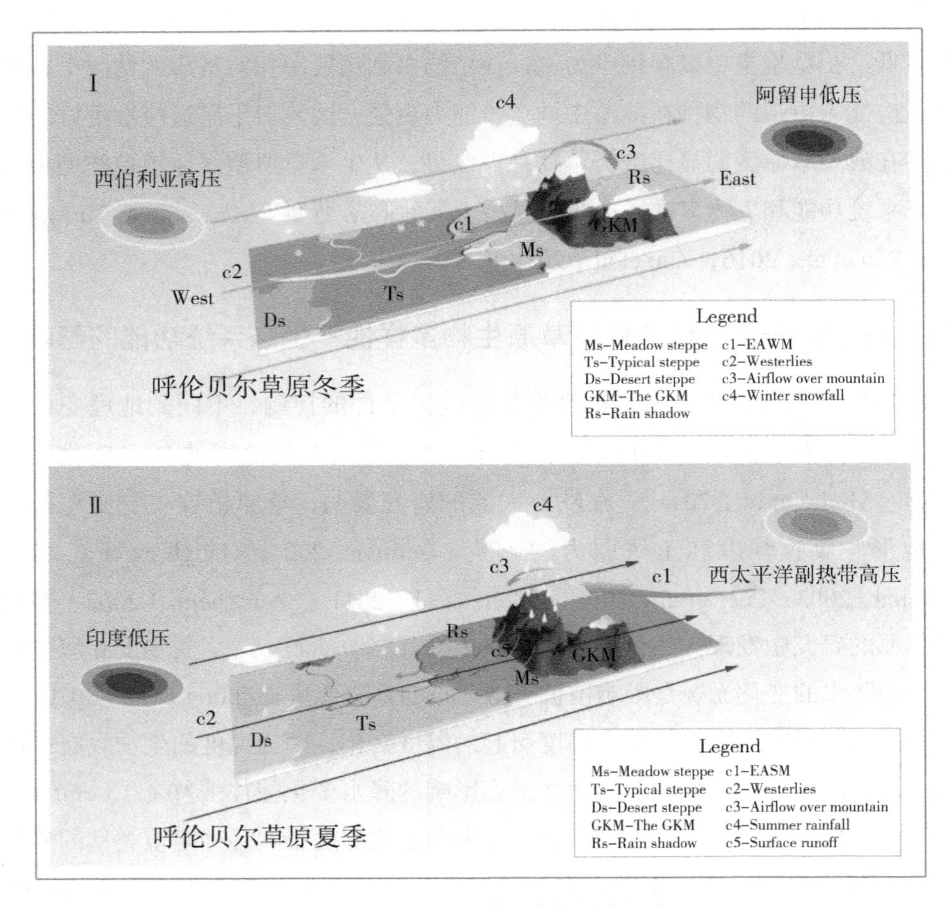

图 8-1　呼伦贝尔草原大气降水示意

自然植被的分布和覆盖范围受到气候变化的强烈影响（Wang et al., 2003；Bao et al., 2014）。温度和降水作为主要因子可以影响植物生长期的开始和结束以及其他植被动态变化特征（Zhang et al., 2017a；Zhang et al., 2017b；Sun et al., 2010）。植被分布和结构的较大变化发生在对气候变暖的响应中，特别是对区域降水变化的响应中（Wolfgang et al., 2001）。西风带是欧亚气候系统的重要组成部分，不仅影响着欧亚大陆的水文循环（An et al., 2012；Han et al., 2014），还决定了欧亚大陆和北半球的固体颗粒携带、输送和沉积，对区域热辐射以及云和降水过程产生了巨大的影响（Gong & Chang, 2002；Huang et al., 2017；Xu et al., 2018）。在气候方面，当在地中海东部形成的低气压在春末和夏季沿东北方向通过西风环流将潮湿空气引入中亚时，中亚的局部降水就会发生（Lioubimtseva et al., 2005），水汽甚至可以输送到蒙古高原中东部（Sato et al.，2007）。因此，西风环流的轨迹可能是蒙古高原东部草原地区湿度控制的主要因素，而西风环流的轨迹明显以从西向东为主（Chen et al.，2010）。呼伦贝尔草原位于蒙古高原东北缘，距离地中海较远，不受西风带（图 8-1，c2）控制，实际上冬季主要受西伯利亚高压（SH）控制（Chen et al.，2000；Gong & Chang，2002），天气干冷（Liu et al.，2019；Tong et al.，2018；Shinoda et al.，2010），而夏季主要受西太平洋副热带高压（WPSH）控制，天气湿热（Ding et al.，2015；Yang & Lu，2014；Liu et al.，2019；Tong et al.，2018）。

东亚冬季风（EAWM）系统和东亚夏季风系统（EASM）是两个重要全球气候系统和亚洲气候系统（Tao & Chen，1987；Wang et al.，2000；He et al.，2007；Yang et al.，2017a；Jin et al.，2019）。冬季（图 8-1，Ⅰ），强劲的西伯利亚高压（Siberian High）是欧亚大陆最重要的大气活动中心，其东部为北太平洋上空的强阿留申低压（Aleutian Low，AL）（Gong & Chang，2002）。受西伯利亚高压和西风带（图 8-1，c2）影响，呼伦贝尔草原东亚冬季风（图 8-1，c1）主要风向为由西向东（Chen et al.，2000；Zhang et al.，2011；Dong et al.，2013）。西风在大兴安岭（GKM）西麓和山顶地区形成更多的冬季降雪（图 8-1，c4），并在山地森林中形成大量的积雪（每年的积雪直到 6 月才开始融化）。西风穿越大兴安岭（图 8-1，c3），在大兴安岭东麓，受“焚风”效应影响，形成雨影区（图 8-1，Rs），导致气温升高、空气干燥、降雪减少（Corby，1954；Smith，1989；Qi & Fu，1992；Qi，1993）；然而，大兴安岭西麓地区和林区的西风使气温降低，降雪增多（Qi，1993；Zhang et al.，2011；Dong et al.，2013）。夏季（图 8-1，Ⅱ），受西太平洋副热带高压（Western Pacific Subtropical High）和印度低压（Indian low）产生的东亚夏季风影响（Chen et al.，1992；Murakami & Matsumoto，1994；Ueda & Yasunari，1996；Li et al.，2011，2012，2019），西风带（图 8-1，c2）非常弱；春季和夏季，东亚夏季风（图 8-1，c1）经过大兴安岭，在山脉西部形成雨影（图 8-1，Rs）。同时，焚风也将加速大兴安岭西部森林积雪的消融，形成融雪径流（图 8-1，c5）（Corby，1954；Liang et al.，2011；Tang et al.，2015；Andrés et al.，2010；Jordan et al.，2019；Juraj et al.，2019）。该地区由东亚夏季风形成的融雪径流和夏季降水（图 8-1，c4）构成了草甸草原水汽形成的良好气候条件（CENMN，1985）。然而，随着与大兴安岭的距离增加，东亚夏季风携带的水汽减少，来自大兴安岭的地表径流减少（Andrés et al.，2010；Luo et al.，2014），与蒙古国的东蒙古干草原相连的呼伦贝尔西南部区域形成荒漠草原类型，该地区降水受东亚夏季风影响最小，年平均降水量仅为 200 mm（Hilbig，1997）。最后，如图 8-2 所示，呼伦贝尔草原植物植被类型具有多样性，可以从东向西划分为草甸草原区、典型草原区和非地带性荒漠草原区，因此不同草原区内因植被类型不同引起的草原 BEF 差异十分明显。

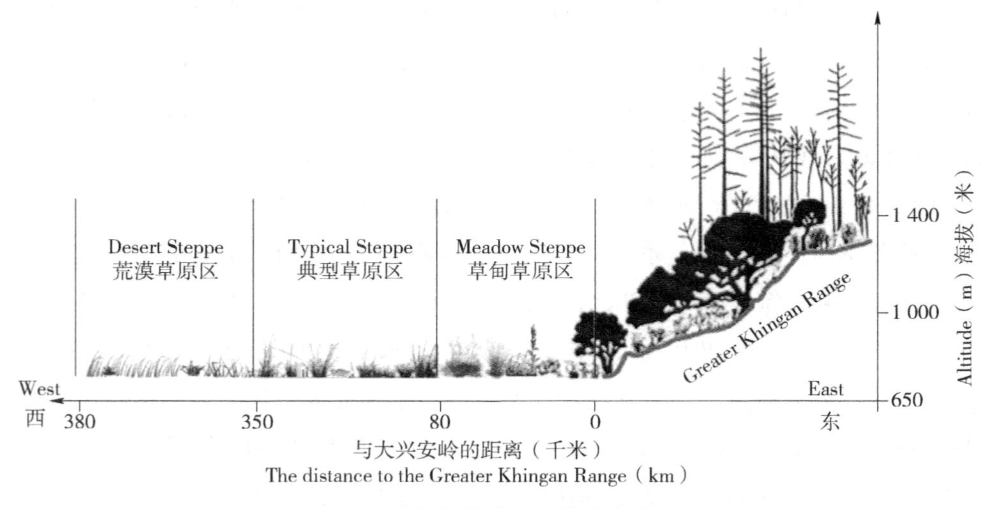

图 8-2 呼伦贝尔草原植被类型分布示意图

8.2.4 单一利用方式对草原生物多样性 - 生态系统功能的影响

人类活动增加导致的土地利用变化是导致多种生态系统功能改变的最重要驱动力（Allan et al.，2015；Chillo et al.，2016）。在草原上，土地利用的不同组成部分，包括刈割和放牧，会导致多样性和生产力的巨大损失，进而影响生态系统的功能和稳定性（Allan et al.，2015；Blüthgen et al.，2016；Habel et al.，2013）。

刈割可降低土壤富营养化效应（Yang et al.，2019），在土壤氮积累下保持植物多样性（Storkey et al.，2015）。来自欧洲和中国草原的证据表明，与放牧相比，刈割可以减轻氮添加对物种丰富度的负面影响，并随着收获生物量去除养分，影响养分水平和植物生产力（Socher et al.，2013；Zhang et al.，2017）。刈割可以通过清除凋落物和地上生物量，为种子微小型物种创造合适的发育场所，来显著提高幼苗萌发率（Bobbink et al.，2010；Benot et al.，2014）。

与刈割不同，放牧具有高度的选择性，是将植被选择性去除与对土壤表面的物理干扰相结合（Zhu et al.，2020）。根据放养密度和放牧物种，更多的适口性差的类群可能从放牧中受益，而其他类群则受到抑制。与农业活动相关的集约放牧已被证明大幅降低了植物丰富度、植物凋落物和植被盖度（Allan et al.，2014；Eldridge et al.，2016）。

本研究结果表明，在呼伦贝尔地区，半天然草原刈割是一种比放牧更好的长期管理方式，这与相似数据的研究结果一致（Wahlman & Milberg，2002；Tälle et al.，2015）。瑞士、意大利和瑞典等国的其他研究也发现，与放牧相比，刈割对植物物种丰富度和生产力的影响更为积极（Peter et al.，2009；Catorci et al.，2014；TäLle et al.，2015）。一般来说，营养物质的稀缺性是维持半天然草原物种丰富度和组成的关键（Tälle et al.，2015），虽然刈割和放牧都会消耗草原的养分，但放牧可以通过食草动物的粪便和尿液促进养分的循环（Detling，1998；Eldridge et al.，2016），并增加养分的周转（Moinardeau et al.，2018）。此外，值得注意的是，半天然草原的植被变化主要受到管理和环境条件影响，以及刈割或放牧的强度、放牧者类型、不同的历史背景和最近的土地管理的影响（Catorci et al.，2012；Milberg，2014），因此，当解释目前的结果和决定一个合适的管理方案时，所有这些因素都需要考虑。例如，在确定最合适的草原管理方案时，也必须考虑本地以前的管理方式，因为管理方式的改变可能会影响植物区系及群落结构等（Tälle et al.，2016）。在我们的研究区域，大多数刈割场地都有5年以上的刈割历史，尽管有个别几个放牧场地在调查开始时刚刚从刈割转为放牧，这使得我们的数据整体不受这个问题的影响。

草原利用和管理方式，特别是放牧和刈割（Baoyin et al.，2014；Wang et al.，2019），直接影响土壤理化性质（如密度，C、N和P等）（Teague et al.，2011；Walter et al.，2013），间接影响植物养分利用效率、植被盖度、土壤群落结构和多样性（Mayfield et al.，2010；He et al.，2019）。

植物的生根行为和根际过程可能受到草原管理的强烈影响，因此会影响土壤中C、N和P的储量和组成（Rumpel et al.，2015）。放牧规模也会对碳、氮、磷化学计量造成影响，近半个世纪以来，大量研究表明，长期过度放牧可能会影响植物群落结构、土壤微环境和微生物多样性，从而影响根－微生物－土壤系统的C-N-P循环等土壤功能（Mcsherry & Ritchie，2013；Zhou et al.，2019a）。我们的研究结果表明，与刈割相比，放牧会显著降低土壤C、N、P含量，这在很大程度上符合先前的调查结果，放牧降低土壤的功能主要是由于加速C、N、P在温带草原的循环（Avila-Ospina et al.，2014；Tang et al.，2018）。在重度放牧条件下，频繁的牲畜践踏和低生产力可能通过破坏土壤团聚体和表面结皮改变土壤的堆积密度，减少凋落物和根系分泌物，导致土壤C、N、P流失（Heyburn et al.，2017；Zhou et al.，2017a）。此外，通过放牧和沉积粪便和尿液，大型食草动物去除碳和营养物质，并通过排泄将它们返回，导致循环和再分配，进而影响草原系统的结构和功能（Parson et al.，2013）。虽然大部分P和N通过尿液或粪便沉积返回到土壤中（Senapati et al.，2014），但放牧动物同时导致C与N和P的大量解耦（Delgado-

Baquerizo et al., 2013)。粪便是活性 C、N 和 P 的来源，可能会增加微生物生物量（Rumpel et al., 2015），并诱导原生有机质的启动，而沉重的放牧压力会增加 N 和 P 淋溶损失（Jouquet et al., 2011）。刈割可能会刺激土壤中通过补偿生长储存的有机质（土壤 C、N、P）数量的快速变化（Wang et al., 2020；McSherry & Ritchie, 2013）。

我们的研究与温带草原刈割增加土壤功能的结果相似（Kitchen et al., 2009；Wang et al., 2019）。刈割对土壤功能的显著正效应可能是由于刈割地表层根系生物量增加（Kitchen et al., 2009），以及植物物种组成发生变化，植物通过重新分配资源来替代失去的地上生物量（Heyburn et al., 2017）。另一个重要原因是持续刈割通过长期清除凋落物刺激低高度物种的生长，增加了温带草原土壤有机质含量（Han et al., 2014）。放牧降低了植物在草原上固定氮、磷的能力，导致长期放牧导致土壤氮、磷含量下降（Schuman et al., 1999；Yang et al., 2017b）。刈割场地不考虑动物放牧，有利于植物生长、生物量积累（Ruthrof et al., 2013）和凋落物积累，有利于土壤有机质积累，包括腐殖质（Hou et al., 2019）。植被恢复和凋落物积累可能会减少土壤侵蚀导致的养分流失，这也可能是刈割点 C、N、P 含量高于放牧点的原因（Yang et al., 2017b）。

指标物种分析的应用有很多，包括保护、土地管理、景观制图或自然保护区的设计（Miquel et al., 2010）。指示物种的存在、覆盖范围和分布可作为审查生态过程和概述草原生态系统监测计划的可靠标准（Ünal et al., 2017；Ünal et al., 2013）。刈割和放牧对半天然草原植物功能性状和功能多样性有不同的影响（Catorci et al., 2014；Tälle et al., 2015）。刈割会增加高适口性植物物种的出现，而放牧会增加短命植物物种的出现（短命植物更容易在食草动物引起的干扰中定居）（Catorci et al., 2014）。结果表明，放牧点的最佳指示种只有 3 种，而刈割点的指示种优势度更高的有 47 种。这与 Wahlman 等（2002）的研究一致，即刈割比放牧能维持更多的物种，而放牧则会有更少的指示性物种。放牧点的指示种有 1 种耐盐的非禾本科草本植物多根葱、2 种一年生植物藜和狗尾草；刈割点的指示种主要包括一些呼伦贝尔草原建群种，如羊草、草地早熟禾和脚苔草等高大禾草，以及部分优势种，如麻花头、瓣蕊唐松草和红柴胡等高大杂类草。这符合 Clementsian 演替模型的原则，即随着放牧压力的增加，高大的多年生丛生禾草逐渐被较矮的小型禾草所取代，并最终被杂类草和一年生草本所取代（SRM Task Group, 1995；Sheikhzadeh et al., 2019），而刈割可以增加光照可用性，因此促进矮小的多年生禾草和杂类草生长（Hautier et al., 2009）。指示种已被证明对评价各种生态系统的土壤条件是有用的（Schwoertzig et al.，2016；Dudley et al.，2018）。本研究结果表明，放牧地土壤pH显著高于刈割地；也有研究表明，过度放牧会导致土壤盐渍化程度的增加，高度盐渍化的草原会形成表层有机质含量极低的盐生草原（Vecchio et al.，2019）。多根葱是一种耐盐碱植物，广泛分布于盐生草原，是呼伦贝尔草原过度放牧的重要标志。先前在温带草原、半干旱非洲和高海拔欧洲草原的研究也表明，放牧影响了盐生植物群落物种丰富度和多样性的恢复（Mayer et al.，2009）。由于牲畜的选择性饲养，放牧可能会导致植被结构和生态系统功能的巨大变化（Bailey et al.，1996；Witten et al.，2005）。这可能导致对高大禾草和适口性好的物种的过度放牧（Cid et al.，2008），并可能增加匍匐草类、一年生草本和杂类草的指示功能（Bullock et al.，1994；Vecchio et al.，2019）。在放牧条件下，以狗尾草（*Setaria viridis*）和藜（*Chenopodium album*）两种一年生植物为主要贡献者，狗尾草不具备能耐受放牧的形态或化学特征，但是，它的生长期可以快速开花、授粉，它是一种种子传播的高度优先的植物物种。而藜与其他草相比营养价值较低，因此不被家畜所选择。此外，这两种一年生植物作为地表扰动较大的草地先锋种，在沙地降雨后迅速繁殖（Zhu et al.，2019a）。

放牧是影响植物群落组成和多样性的主要因素（Frank，2005），放牧破坏了植物的生殖器官，特别是种子，降低了多年生植物（如丛生草、根茎草和多年生草本植物）的丰富度（Loydi et al.，2012b；Szabó & Ruprecht，2018）。放牧和刈割区域的植物物种丰富度和土壤种子库可能存在差异，因为草原的群落组成可能是由种子库（Grime & Hillier，2000）和之前的植被残余（Szabó & Ruprecht，2018）驱动的。总体来说，大型食草动物的放牧增加了植被和种子库中一年生物种和灌木的丰度，同时减少了适口性好的多年生高大禾草物种的丰度（Loucougaray et al.，2004；Pol et al.，2014）。然而，当过度放牧时，所有不同功能类群的丰度和物种多样性都降低了（Peter et al.，2013；Loydi，2019）。本研究中，我们发现放牧降低了植被盖度和植物丰富度的积极作用，并通过植被盖度、土壤容重和土壤有机C含量间接地影响了大多数功能类群的丰富度。作为另一种选择，研究表明，刈割管理，包括生长季节的战略性休息期，可以使围场内不同功能群的分布更加均匀，可以消除牲畜的选择性，提高牧场条件（Kohler et al.，2005；Vitasovic Kosic et al.，2011）。在长期试验中，刈割促进了高大和高营养牧草的生长（Yang et al.，2019；Socher et al.，2012b），以及与类似年载畜率的连续放牧相比，改善了土壤的物理和化学性质（Zhu et al.，2020）。根据其持续时长和时间的不同，放牧和刈割可能会以不同方式改变群落内植物功能群之间竞争的结果（Chillo et al.，2016；Hallett et al.，2017）。

放牧增强了用于抵抗食草性策略的功能群性状库，减少了种间竞争（Gianluigi et al.，2011）。然而，刈割使植物有很长一段时间来完成它们的生殖周期，导致了由性状决定的对不同时间生殖生态位的复杂利用（Catorci et al.，2012a；Catorci et al.，2014）。排除放牧后，不同植物功能类群的群落组成和土壤种子库呈现出以多年生牧草为主的演替特征（Yelenik & Levine，2010；Bai et al.，2012）。鉴于这些结果，并考虑到呼伦贝尔草原土地管理的可持续发展，我们强烈建议在呼伦贝尔草原实行生长季后期刈割。这种传统的土地管理方法的持续将有助于保持功能群的丰富性和可变性，从而保护这些栖息地的生态系统功能。

8.2.5 复合利用方式对草原生物多样性－生态系统功能的影响

本研究发现，在刈割和放牧两种利用方式同时驱动（复合利用）下，物种丰富度水平低于单独刈割或单独放牧的样地。更重要的是，物种丰富度与生态系统地上、地下功能之间的相关性随着利用强度的增加而降低，即从刈割到放牧，再到"放牧＋刈牧"。我们的研究结果表明，当刈割和放牧同时进行时，额外利用压力可以消除物种丰富度和生态系统功能之间的正相关耦合关系。这对我们采取策略维护草原生态系统的多样性和功能是至关重要的。

植物丰富度在维持温带、高寒草原和全球旱地生态系统的生产力、功能和恢复力方面发挥着重要作用（Kuzyakov & Domanski，2002；Yun & Wesche，2016；Maestre et al.，2016）。丰富度的增加与更多的植物功能类型（禾草、杂类草、灌木等）有关，并有望维持更多的凋落物和多样性，以及促进更多的有机分泌物的根系类型（Bezemer et al.，2006）和更多的生物量（Deyn et al.，2011）。一个多样性高的植物群落也会促使凋落物具有不同的分解速率和化学性质（Bardgett & Wardle，2013）。这些特征都可能导致植物丰富度与生态系统功能之间存在较强的正相关关系。我们的研究结果符合单一利用类型下生物多样性与功能之间的正相关关系，但同时也强调了这些重要的关联是非常脆弱的，并且在使用复合利用方式（放牧＋刈割）时可能会消失。

定期刈割有利于保持草原生物多样性（Collins et al.，1998；Prober et al.，2007），几千年来刈割一直是欧洲和中国半天然草原管理的重要组成部分（Hansson & Fogelfors，2000）。结果表明，植物丰富度与功能在刈割过程中呈显著正相关，但两者之间的关联性相对较弱。在温带草原生态系统中，刈割可以增加种群和群落的稳定性（Yang et al.，2012），也通过补偿生长间接导致植物物种丰富度的增加（Benot et al.，2014；Kotas et al.，2017；Chai et al.，2019；Kitchen et al.，2009；Wan et al.，2016），去除死去的植物物质，促进植物生长，从而提高生产力和多样性（Yang et al.，2019；Zhang et al.，2018；Zhou et al.，2019b）。刈割有望通过减少较高优势植物的生物量，将从属植物物种从竞争中释放出来（Smith et al.，2018；Liu et al.，2018），可以增加植物缓冲N富集对多样性的负面影响的能力（Zheng et al.，2017；Yang et al.，2019）。与刈割+放牧相比，刈割减少地上生物量的效果最为明显，且不考虑植物的适口性（Fu & Shen，2017）。在我们的研究中，放牧与刈割相比降低了植物丰富度，与刈割样地相比，放牧对植物生物量的解释力大大降低。然而，有趣的是，我们也发现了放牧条件下丰富度和土壤C之间的弱相关性，而刈割条件下则没有。最简洁的解释是，这与受两种利用驱动因素影响的地点之间的机械差异有关。

我们发现，与单独放牧或单独刈割的样地相比，在放牧和刈割同时进行的样地，丰富度对土壤C和植物生物量的影响处于解耦合状态。此外，放牧+刈割样地的物种丰富度显著低于单一利用方式的物种丰富度。刈割的预期效果是不加区别地清除生物量，而放牧则是有选择性地移除适口性好或敏感的植物，扰乱土壤表面，增加侵蚀，改变土壤水文过程（Prober et al.，2007；Socher et al.，2013；Eldridge et al.，2016），改变土壤微生物食物网（Wang et al.，2019），影响土壤真菌功能群（Eldridge & Delgado-Baquerizo，2018）。在既有刈割又有放牧的地点，植物丰富度和功能之间缺乏显著的关系的原因可能是人为造成的在联合处理的影响导致植物丰富度值较低。对高多样性草原进行低强度管理可导致牧草生产力提高（Weigelt et al.，2009），而刈割已被证明可以增加温带草原的种群和群落稳定性（Yang et al.，2012）。密集放牧与刈割相结合不仅会降低植物丰富度，而且会降低地衣、蝗虫和蝴蝶的丰富度（Allan et al.，2014）。因此，与放牧相结合的刈割将显著去除地上植物生物量，减少地下过程（Socher et al.，2012a；Kristin et al.，2017；Larreguy et al.，2017），并有选择性地去除可能具有特定功能和服务的物种，如N固定、水文功能，或与分解的特定微生物功能相关的物种（Soliveres et al.，2012；Allan et al.，2014；Boch et al.，2016；Kruse et al.，2016）。刈割还可以通过优先去除较高的植物来减少结构异质性（Tälle et al.，2016；Valkó et al.，2012），允许食草动物接触到较小的、不耐放牧的物种。因此，总体而言，结合两种利用类型的复合利用方式对物种丰富度的影响大于单独使用任何一种利用方式，从而削弱了物种丰富度与关键生态系统功能之间的联系。

我们的研究结果表明，与刈割相比，放牧显著降低了各深度土壤C、N和P含量，这与此前在温带草原系统的研究结果一致（Avila-Ospina et al.，2014；Tang et al., 2018)。我们的结果是有创新性的，因为以前的大多数研究都集中在土壤的表层，同时发现放牧对土壤C、N、P的负面影响至少达到土壤下部40 cm。牲畜频繁踩踏破坏土壤结皮，减少聚集，导致土壤C、N、P流失（Heyburn et al., 2017；Zhou et al., 2017a）。已知过度放牧会改变植物生根模式和根际C：N：P化学计量特征（Rumpel et al., 2015；Zhou et al., 2019a）。虽然大量的P和N以粪便和尿液的形式返回到土壤中（Senapati et al., 2014），但放牧已被证明可以将C从N和P中分离出来（Delgado-Baquerizo et al., 2013）。粪便是不稳定C、N、P的来源，可能会增加微生物生物量（Rumpel et al., 2015），而沉重的放牧压力会增加N、P的损失（Jouquet et al., 2011）。刈割可能会刺激土壤中通过补偿生长储存的有机质（土壤C、N、P）数量的快速变化（Wang et al., 2020；McSherry & Ritchie, 2013）。长期放牧会降低植物在草原上固定N、P的能力（Schuman et al., 1999；Yang et al., 2017b）。为了最大限度地积累刈割牧草，一般刈割地不包括放牧（Ruthrof et al., 2013）。这导致地表凋落物和土壤有机质的积累（Hou et al., 2019）。植被恢复和凋落物积累可以减少土壤侵蚀导致的养分流失，这也可能是刈割点比放牧点（包括刈割和放牧点）C、N、P含量更高的原因（Yang et al., 2017b）。

放牧还可以通过改变土壤理化性质、凋落物分解和土壤微生物群落，间接影响植物间的相互作用（Herrera Paredes et al., 2016；Yao et al., 2018），同时还伴随着土壤生物区系功能组成的变化（Casper & Castelli, 2007；Bardgett & Wardle, 2010）。在植物与土壤的相互作用中，植物根系和凋落物是连接植物与土壤物质和能量转换的重要纽带。放牧还可以通过改变根系碳分配和养分吸收来影响根系组织化学（Jaramillo & Detling, 1988；Weemstra et al., 2016），从而导致根系破坏和C流失（Semmartin et al., 2004；Semmartin & Ghersa, 2006），这可能会改变与根际相关的微生物群落的变化（Wardle et al., 2004）。牲畜的草食性可能通过改变地上和地下途径进入土壤的植物凋落物的质量来影响有机质分解和养分循环速率（Wardle et al., 2002；Semmartin et al., 2008）。此外，放牧还可以通过改变凋落物分解速率来加速或延缓养分的释放（Sankaran & Augustine, 2004；Zhou et al., 2017a）。

我们的研究提供了令人信服的证据，表明放牧时，无论是否结合刈割，大多数地上和地下属性的多功能都低于仅使用刈割土地的场所。总体来说，我们的研究强化了这样一种观点，即在半天然的欧亚草原上，刈割是一种维持土壤过程的优良长期管理措施，这与之前的研究一致（Wahlman & Milberg, 2002；TäLle et al., 2015）。我们的研究结果可以为政策决策提供科学依据，以合理利用土地来维持土壤功能，从而维持呼伦贝尔草原的健康、多产。

8.2.6 影响呼伦贝尔草原退化过程的主要原因

作为中国北方最重要的畜牧生产基地之一，同时也是欧亚草原的重要组成部分，呼伦贝尔草原植被类型复杂多样，草原植物资源丰富（Bao et al.，2014）。20 世纪 60 年代至 90 年代，随着大面积草原被开垦成耕地，呼伦贝尔草原开始严重的退化和沙化，尽管这样的耕作方式最终被禁止，但严重的退化在短时间内很难恢复。另外，20 世纪 50 年代至 80 年代，呼伦贝尔地区平均气温上升了 1.1℃，同期平均降水量减少了 54 mm。这意味着随着降水减少和蒸发损失的增加，草原退化和沙漠化风险大大增加（吕世海等，2005）。据聂浩刚等（2005）调查，1987 年该区沙漠化面积为 5 963 km^2，2002 年已经发展到 11 413 km^2，年扩张速率高达 6.1%，成为我国近年来沙漠化发展最快的地区之一，这不仅严重影响当地人民的生产生活，而且也直接威胁着整个东北亚地区的生态安全（王炜等，1997；王明玖等，2001）。目前有关呼伦贝尔草原退化的研究主要集中在沙漠化的综合评估（韩广，1995）、发展动态（董建林和雅洁，2002）、形成原因（陈秋红等，2008）、防治对策（Ci &Yang，2010）、生态治理和治理区划（韩广等，2000）等方面，而对于该区草原生态系统退化评价的研究尚不多见（Gao et al.，2012），以草原退化指示种的分布来作为草原退化评价指标的研究则未见报道。

在我国，自 20 世纪 80 年代以来，由于人类活动、长期过度放牧及气候变化的影响，绝大部分温带草原出现了不同程度的退化（刘钟龄等，2002；Kang，2007；Wang et al.，2015），从而带来了一系列的生态和环境问题，如生产力降低、草原沙漠化、生物多样性丧失、生态系统服务功能减弱以及碳汇的减少等，这些问题不仅威胁着我国的生态安全，同时也严重制约着我国草原资源合理利用与社会经济的可持续发展（Man et al.，2016），草原退化状况评价及其对气候变化的响应也已成为我国旱地生态系统研究的热点问题之一。羊毛、羊肉的短期收益最大化迫使牧民放牧数量超载，在目前的市场经济和土地保有制度下，生产者似乎不太可能为了避免可能造成的草原长期退化而放弃利润，所以长期的草原管理不当，造成了土壤侵蚀和多年生植被的破坏，最终导致了草原生产力的下降，这成为当地草原退化最主要的原因（Cipriotti & Martín，2012；Kröpfl et al.，2013）。大量的研究结果表明，在气候变化的大背景下，过度放牧无疑是温带草原生态系统退化的最主要原因（Seto et al.，2011）。随着人口的增长和食物结构的变化，日益增长的需求越来越多地驱动着天然草原饲养牲畜的数量（Liu et al.，2008）。因此，草原退化的一个恶性循环已经形成：土壤养分逐渐减少，草皮土壤变紧，优草原退化，净初级生产力呈下降趋势（Su et al.，2005；Steffens et al.，2008）。特别是在草原产权不明确的边远地区，牧民更倾向于利用公共牧场来保护自己的草场资源，以尽量降低放牧成本（Li et al.，2007）。过度放牧加剧，导致土壤肥力下降和土地的荒漠化（Wilson & MacLeod，1991；Wang et al.，2009）。从目前来看，我们虽然已经对草原退化的状况进行了大量的研究，但对草原退化状况的评价体系还处于探索和建设阶段，同时对草原退化的发生机理尚缺乏系统科学的理解，因此在不同区域的不同尺度上开展草原退化评价及退化机制的研究将有助于破解这一难题。

8.2.7 退化草地恢复与重建

近年来，人们已经充分认识到了草原退化对生态环境和国民经济发展的不利影响，并采取了一系列综合的放牧管理策略来促进退化草原生态系统的保育、恢复和重建。面对呼伦贝尔草原的退化现状，目前现有的生态恢复措施主要有以下几种：

围栏封育被认为是严重退化草原生态恢复最有效措施之一，围栏封育使得草原中受到抑制和削弱的植物群落得以恢复，促进新芽萌发及幼苗生长，进而提高生产力，恢复生物多样性（张苏琼和阎万贵，2006；闫玉春和唐海萍，2007）。对中度及轻度退化的草原，通过划分不同时间放牧的区域，实现季节上的循环放牧，可以让其他区域有足够的时间恢复；或对草原实行放牧与刈割结合的方法，根据草原生产力科学计算牲畜数量，划分放牧场与刈割场，既能控制草原退化，又能保障牧草质量（Wang et al.，2017）。退化草原改良恢复，除注重提高草原生产力、恢复草原环境和草原功能的正常发挥、维持区域性生态系统平衡等方面外，草原土壤养分也是恢复草原生态系统的重点。草原退化通过改变草原生产能力和土壤理化性质，影响草原生态系统 C、N 的动态变化，进而改变土壤养分含量（Zhang et al.，2011）。因此，通过浅耕翻、耙地等农业机械修复措施也可显著提高草原群落地上生物量（张璐等，2018；宝音陶格涛和刘美玲，2003），增加草原生产力，同时松土改良可提高土壤有机质含量、土壤养分含量（N、P、K）（保平，1998）。

施肥是维持草原生态系统养分平衡及促进生产力提高的重要管理措施，N 添加对于促进退化草原植物地上部分生长、增加地上生物有着显著效果（Bai et al.，2010；Stevens et al.，2015）。补播能够适应当地环境的本地物种以及合适的豆科植物也被认为是简单易行、可提高草层产量和质量的有效草原修复措施（杨春华等，2004；陈子萱等，2011）。尽管目前在呼伦贝尔草原部分区域已经开展了一些退化草原恢复重建方面的工作并取得了一定的效果，但这些工作大多存在技术措施比较单一、针对性较弱，且经营管理措施较为粗放、理论支撑不足等诸多问题，因此开展退化草原恢复技术及管理措施综合研究，筛选并确定不同草原类型、不同退化阶段的恢复重建措施的最佳组合仍是退化草原生态系统亟待解决的关键问题。

8.2.8 状态－转换模型在恢复生态学领域的应用

状态转换模型（STM）主要应用于牧场管理（Westoby et al.，1989a，1989b；Whalley，1994；Grice and MacLeod，1994；Stringham et al.，2003）。然而，近年来有人提出，STM 在其他生态系统保护及管理方面也同样有用，尤其是针对处于不同退化程度的濒危生态系统（Prober & Thiele，2002），例如，澳大利亚农业景观中的许多林地生态系统就应用了状态转换模型（Huntsinger and Bartolome，1992；Plant and Vayssieres，2000；McIntosh et al.，2003；Allcock and Hik，2004）。STM 将有助于更好地了解不同植被"状态"之间的退化"阈值"，这些植被状态可能是由局部灭绝、杂草入侵或自然扰动破坏等过程造成的。特别是，STM 对于自然干扰和人类活动在对植被"状态"转换及恢复途径等方面的影响，可以提出更有建设性的分析（Huntsinger and Bartolome，1992；Whalley，1994；Hobbs and Norton，1996）。因此，针对不同退化生态系统的 STM 应用，应该逐渐引起生态学家的重视，同时将 STM 与其他数量生态学方法相结合，是今后 STM 研究的一个主要方向。例如，在巴塔哥尼亚草原的放牧排斥试验研究中，利用主成分分析和线性回归方法对退化草地的状态和阈值进行了研究（Gabriel et al.，1998）；在澳大利亚林地土壤及林下群落层片组成变化的研究中，构建了状态转换模型，并使用回归等统计学方法比较生态系统状态之间的差异（Prober et al.，2002）。在本研究中，首次使用分段线性回归来确定草地不同退化演替阶段的状态转换阈值，也是基于前人研究基础上的一次创新探索，并取得比较成功的研究结果，可以为以后的 STM 在草地退化评价方向提供一定的指导作用。

状态转换模型对于退化生态系统的恢复和重建过程具有重要指导作用，因此在对 STM 理论的实际应用过程还需加强。由于不同的生态系统包括不同的生物群落及恢复条件，因此每个不同状态的干预措施应是不同的（Lunt & Spooner，2005）；在草地退化演替模式中，过度放牧和其他灾难性的干扰可能会使土地严重退化致使顶极植物群落丧失，但人们假定，当退化过程停止时，土地退化问题就会恢复，STM 为研究者们带来了新的思考，并纳入"非平衡"可能性理论以及牧场的"非线性"和"阈值"概念（Laycock，1991；Spooner & Allcock，2006），也就是说，通常这些变化是由植物群落本身结构的改变引起的，由于土壤水分和养分有效性的改变，退化后的牧场可能几十年甚至更长时间都无法恢复其历史水平（Valone et al.，

2002），这样，状态与状态之间的转变意味着要恢复历史生态系统结构，就需要一系列的、支出昂贵的管理措施（Bestelmeyer et al.，2004）。状态与转换模型创立30多年（1989—2020）来，已经在全球草原的综合管理中得到了较为广泛的应用（Bestelmeyer et al.，2017），相关研究和管理实践主要集中在澳大利亚（Bastin et al.，2009；Bestelmeyer et al.，2009）、美国（Knapp et al.，2011；Caudle et al.，2013）、阿根廷（Brown et al.，2006；Oliva et al.，2016b）和蒙古国（Addison et al.，2012；Khishigbayar et al.，2015）等国，目前鲜有关于中国采用该模型进行草原退化与恢复的研究实例的报道（唐海萍等，2015；乌兰等，2014）。因此，利用STM来对我国北方退化草地的修复和重建提供理论基础和科学指导可作为接下来的一段时间内中国草地生态学家们的一个重要研究方向。

8.3 本研究的实践意义与展望

8.3.1 本研究的实践意义

（1）本次系国内到目前为止对呼伦贝尔草原区的植被调查最为全面、系统和科学的研究，为期4年的对呼伦贝尔草原呈网格状覆盖式的野外植被生态调查，样地数量达733个，样方数量为2 199个，几乎覆盖了整个呼伦贝尔草原区的所有植被类型，通过基于《中国植被志》最新编研规范的植被类型划分，建立了呼伦贝尔草原植被类型分类系统，对于后续的呼伦贝尔草原植被研究工作起到了重要参考价值，对呼伦贝尔草原的农林牧草生产具有重要的指导作用。

（2）在基于大量群落调查数据的基础上，本研究对呼伦贝尔草原3个草原区的不同植被类型（植被亚型和群系水平上）分别进行生物多样性和生态系统功能变化特征分析，研究结果发现，由生长季降雨通过功能多样性α指数对生态系统多功能的间接影响是呼伦贝尔草原生物多样性－生态系统功能耦合关系的主要驱动因素，这说明在呼伦贝尔草原功能多样性对生态系统功能的响应程度明显高于物种多样性和系统发育多样性。这为相关区域相关领域的生物多样性－生态系统功能研究提供了重要理论依据。

（3）通过利用方式对呼伦贝尔草原生物多样性－生态系统功能变化特征及耦合关系的影响分析可知，复合利用方式在呼伦贝尔草原生物多样性和生态系统地上、地下功能造成一定的负向影响，会降低物种丰富度，改变物种丰富度对碳汇和草原生产力的正向作用。由此证明，在呼伦贝尔草原，刈割与放牧相结合的复合利用方式不适合作为主要的草原管理方式，建议使用单一利用方式，特别是轻度放牧或单独刈割的方式有利于呼伦贝尔草原的生物多样性和生态系统功能恢复，这为退化草原的恢复和重建提供了重要科学依据，对指导草原管理和合理利用具有重要实践意义。

（4）本研究在呼伦贝尔草原的植被类型划分基础上，确定了不同草原区的草地退化演替的不同阶段群落类型，结合分段线性回归方法，确定不同退化演替阶段之间状态阈值，是本研究对状态转换模型在草地退化评价领域应用的一次创新探索，结果证明其具有一定可行性，该方法可以应用到不同草地类型的退化演替状态转换阈值分析，从而达到对不同退化状态的草原进行早期预警的目的，进而建立草地退化评价体系。

8.3.2 研究展望

（1）作为我国北方草原中保存状态最为完整的天然草场，呼伦贝尔草原无论是生物多样性、草原生产力，还是整个生态系统的功能都是最佳的，但是近年来同样出现了不同程度的草原退化现象，而呼伦贝尔草原的植被类型多样，物种组成丰富，对于我国北方草原研究具有一定的代表性，本研究虽然对呼伦贝尔草原进行了较为全面、系统的群落调查，但是仍然存在一定的疏漏，在接下来的时间里会对呼伦贝尔草原进行补充调查和研究，以期能对呼伦贝尔草原的植被分类进行补充和完善。

（2）草原植被退化是在脆弱的生态地理条件下，不合理的草地管理方式与超负荷草地利用共同所造成的逆行生态演替，其负向影响直接导致草原植被生产力明显衰退、生物多样性下降、物种组成变化、土壤功能退化、地表水文循环系统改变等一系列生态退化后果。草原退化机制对于草原生态科研人员是一直需要探索和深入研究的。草原退化是目前我国北方草原面临的一个重大挑战，占国土面积近 40% 的草原的生态系统安全关乎国计民生。退化草原生态系统的恢复和重建同样是我国草原生态研究者的重要内容，接下来以呼伦贝尔草原为研究对象，对退化草原生态系统的恢复和重建同样是我们的研究重点。

附录 1　本书英文缩写对照

英文缩写	英文全称	中文对照
AbFTGA	*Allium bidentatum* Forb Typical Grassland Alliance	双齿葱典型草原群系
AcTTGA	*Agropyron cristatum* Tussock Typical Grassland Alliance	冰草典型草原群系
AdRTMG	*Agrostis divaricatissima* Rhizome Typical Meadow Grassland	歧序剪股颖典型草甸群系
AdTTGA	*Agropyron desertorum* Tussock Typical Grassland Alliance	沙生冰草典型草原群系
AfS/STGA	*Artemisia frigida* Shrubby/Semi-Shrubby Typical Grassland Alliance	冷蒿典型草原群系
AgRTMG	*Agrostis gigantea* Rhizome Typical Meadow Grassland	巨序剪股颖典型草甸群系
AH	Annual herbs	一、二年生草本植物
A-MF	Aboveground Multifunctionality	地上生态系统多功能
AmTTGA	*Agropyron mongolicum* Tussock Typical Grassland Alliance	沙芦草典型草原群系
AP	Aquatic plants	水生植物
ApFDGA	*Allium polyrhizum* Forb Desert Grassland Alliance	多根葱荒漠草原群系
ArFTGA	*Allium ramosum* Forb Typical Grassland Alliance	野韭典型草原群系
AsFTGA	*Allium senescens* Forb Typical Grassland Alliance	山韭典型草原群系
AsTHMG	*Achnatherum splendens* Tussock Halophytic Meadow Grassland	芨芨草盐化草甸群系
AsTTGA	*Achnatherum sibiricum* Tussock Typical Grassland Alliance	羽茅典型草原群系
BEF	Biodiversity and ecosystem function	生物多样性 - 生态系统功能性
BEMF	Biodiversity and Ecosystem multifunctionality	生物多样性 - 生态系统多功能性

续表

英文缩写	英文全称	中文对照
BiRTMG	*Bromus inermis* Rhizome Typical Meadow Grassland	无芒雀麦典型草甸群系
B-MF	Belowground Multifunctionality	地下生态系统多功能
BsFMGA	*Bupleurum scorzonerifolium* Forb Meadow Grassland Alliance	红柴胡草甸草原群系
BsFTGA	*Bupleurum scorzonerifolium* Forb Typical Grassland Alliance	红柴胡典型草原群系
CA-MA	Central Asia-Middle Asia	亚洲中部成分
CdFHMG	*Carex duriuscula* Forb Halophytic Meadow Grassland	寸草苔盐化草甸群系
CdFTGA	*Carex duriuscula* Forb Typical Grassland Alliance	寸草苔典型草原群系
CdFTMG	*Carex duriuscula* Forb Typical Meadow Grassland	寸草苔典型草甸群系
Ch	Chamaephytes	地上芽植物
CmS/SMGA	*Caragana microphylla* Shrubby/Semi-Shrubby Meadow Grassland Alliance	小叶锦鸡儿草甸草原群系
CmS/STGA	*Caragana microphylla* Shrubby/Semi-Shrubby Typical Grassland Alliance	小叶锦鸡儿典型草原群系
CpFMGA	*Carex pediformis* Forb Meadow Grassland Alliance	脚苔草草甸草原群系
CpFTGA	*Carex pediformis* Forb Typical Grassland Alliance	脚苔草典型草原群系
Cr	Cryptophytes	地下芽植物
CsS/SDGA	*Caragana stenophylla* Shrubby/Semi-Shrubby Desert Grassland Alliance	狭叶锦鸡儿荒漠草原群系
CsS/STGA	*Caragana stenophylla* Shrubby/Semi-Shrubby Typical Grassland Alliance	狭叶锦鸡儿典型草原群系
CsTTGA	*Cleistogenes squarrosa* Tussock Typical Grassland Alliance	糙隐子草典型草原群系
EA	East Asia element	东亚成分
EPA	East Palaearctic element	东古北极成分
ES	Exotic species element	外来入侵植物

续表

英文缩写	英文全称	中文对照
EsS/STGA	*Ephedra sinica* Shrubby/Semi-Shrubby Typical Grassland	草麻黄典型草原群系
FDI	Functional Degradation Index	功能退化指数
FDis	Functional dispersion	功能离散度
Fdiv	Functional divergence	功能分散度
FDSG	Forb Desert Steppe Grassland	杂类草荒漠草原
Feve	Functional evenness	功能均匀度
FHMG	Forb Halophytic Meadow Grassland	杂类草盐生草甸
FMSG	Forb Meadow Steppe Grassland	杂类草草甸草原
FoTMGA	*Festuca ovina* Tussock Meadow Grassland Alliance	羊茅草甸草原群系
FoTTGA	*Festuca ovina* Tussock Typical Grassland Alliance	羊茅典型草原群系
Fric	Functional richness	功能丰富度
FTMG	Forb Typical Meadow Grassland	杂类草典型草甸
FTSG	Forb Typical Steppe Grassland	杂类草典型草原
H	Hemicryptophytes	地面芽植物
HM	Hygro-mesophytes	湿中生植物
HrFHMG	*Halerpestes ruthenica* Forb Halophytic Meadow Grassland	黄戴戴盐化草甸群系
Hy	Hygrophytes	典型湿生植物
IlcFHMG	*Iris lactea* var. *chinensis* Forb Halophytic Meadow Grassland	马蔺盐化草甸群系
ISCI	Indicator Species Combinations Index	指示种组合指数
KcFTGA	*Klasea centauroides* Forb Typical Grassland Alliance	麻花头典型草原群系
KmTMGA	*Koeleria macrantha* Tussock Meadow Grassland Alliance	洽草草甸草原群系
KmTTGA	*Koeleria macrantha* Tussock Typical Grassland Alliance	洽草典型草原群系

续表

英文缩写	英文全称	中文对照
LA	Leaf area	叶面积
LAI	Leaf area index	叶面积指数
LC	Leaf circumference	叶周长
LcRMGA	*Leymus chinensis* Rhizome Meadow Grassland Alliance	羊草草甸草原群系
LcRTGA	*Leymus chinensis* Rhizome Typical Grassland Alliance	羊草典型草原群系
LDI	Leaf dissection index	分离指数
LDMC	Leaf dry matter content	叶干物质含量
LDW	Leaf dry weight	叶干重
LFW	Leaf fresh weight	叶鲜重
LL	Leaf length	叶长
LNo.	Leaf number	叶片数量
LsFMGA	*Filifolium sibiricum* Forb Meadow Grassland Alliance	线叶菊草甸草原群系
LSI	Leaf shape index	叶形指数
LT	Leaf thickness	叶厚
LW	Leaf width	叶宽
LWC	Leaf water content	叶含水量
MA	Middle Asia element	亚洲中部成分
MF	Multifunctionality	生态系统多功能性
MNTD	Mean nearest taxon distance	平均最近相邻谱系距离指数
MPD	Mean pairwise distance	平均谱系距离
MX	Meso-xerophytes	中旱生植物
NRI	Net relatedness index	净谱系亲缘关系指数
NTI	Nearest taxon index	最近分类单元指数
PA	Palaearctic element	古北极成分

续表

英文缩写	英文全称	中文对照
PaA	Pan-Arctic element	泛北极成分
PaFTGA	*Potentilla acaulis* Forb Typical Grassland Alliance	星毛委陵菜典型草原群系
PaT	Pan-Temeperate element	泛温带成分
PDMC	Plant dry matter content	植株干物质含量
PDW	Plant dry weight	植株干重
PF	Perennial forbs	多年生杂类草
PFW	Plant fresh weight	植株鲜重
PG	Perennial grass	多年生禾草类
Ph	Phanerophytes	高位芽植物
PlH	Plant high	植株高
PM	Palaeo-Mediterranean element	古地中海成分
RaoQ	Rao's quadratic entropy	Rao 二次熵
RdS/STGA	*Rosa davurica* Shrubby/Semi-Shrubby Typical Grassland Alliance	山刺玫典型草原群系
RHMG	Rhizome Typical Meadow Grassland	根茎草类典型草甸
RMSG	Rhizome Meadow Steppe Grassland	根茎草类草甸草原
RTSG	Rhizome Typical Steppe Grassland	根茎草类典型草原
S	Shrubs	灌木植物
S/SDG	Shrubby/Semi-Shrubby Desert Steppe Grassland	灌木 / 半灌木荒漠草原
S/SMG	Shrubby/Semi-Shrubby Meadow Steppe Grassland	灌木 / 半灌木草甸草原
S/STG	Shrubby/Semi-Shrubby Typical Steppe Grassland	灌木 / 半灌木典型草原
SbTMGA	*Stipa baicalensis* Tussock Meadow Grassland Alliance	贝加尔针茅草甸草原群系
SCDI	Steppe composite degradation index	草地综合退化指数
SDW	Stem dry weight	茎干重
SEMs	Structural equation models	结构方程模型

续表

英文缩写	英文全称	中文对照
SFI	Steppe Forage Index	草原牧草指数
SFW	Stem fresh weight	茎鲜重
SgTTGA	*Stipa grandis* Tussock Typical Grassland Alliance	大针茅典型草原群系
SklDMGA	*Stipa klemenzii* Tussock Desert Grassland Alliance	小针茅荒漠草原群系
SkTTGA	*Stipa krylovii* Tussock Typical Grassland Alliance	克氏针茅典型草原群系
SLA	Specific leaf area	比叶面积
SLR	Stem leaf ratio	茎叶比
SoFTMG	*Sanguisorba officinalis* Forb Typical Meadow Grassland	地榆典型草甸群系
SS	Semi-shrubs	半灌木植物
STE	Standardised total effects	标准化的总效应
STM	State and transition model	状态转换模型
TDSG	Tussock Desert Steppe Grassland	丛生草类荒漠草原
Th	Therophytes	一年生植物
THMG	Tussock Halophytic Meadow Grassland	丛生草类盐化草甸
TM	Typical mesophytes	典型中生植物
TMG	*Calamagrostis epigeios* Rhizome Typical Meadow Grassland	拂子茅典型草甸群系
TmS/STGA	*Thymus mongolicus* Shrubby/Semi-Shrubby Typical Grassland	百里香典型草原群系
TMSG	Tussock Meadow Steppe Grassland	丛生草类草甸草原
TpFTGA	*Thalictrum petaloideum* Forb Typical Grassland	瓣蕊唐松草群系
Tr	Tree	乔木植物
TsFHMG	*Taraxacum sinicum* Forb Halophytic Meadow Grassland	华蒲公英盐化草甸群系
TTSG	Tussock Typical Steppe Grassland	丛生草类典型草原
TX	Typical-xerophytes	典型旱生植物
WS	World spread element	世界广布种
XM	Xero-mesophytes	旱中生植物

附录 2　呼伦贝尔草原维管植物系统发育树

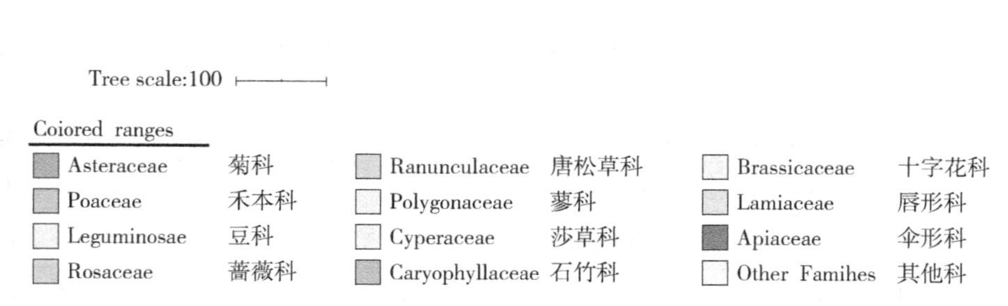

附录 3　呼伦贝尔草原主要群落类型景观

附录 4　呼伦贝尔草原维管植物物种组成

<table>
<tr><th colspan="3">植物类群</th><th>科数</th><th>占总科数 /%</th><th>属数</th><th>占总属数 /%</th><th>种数</th><th>占总种数 /%</th></tr>
<tr><td colspan="3">蕨类植物门</td><td>4</td><td>4.65</td><td>5</td><td>1.21</td><td>9</td><td>0.81</td></tr>
<tr><td rowspan="3">种子植物</td><td colspan="2">裸子植物门</td><td>2</td><td>2.33</td><td>2</td><td>0.48</td><td>5</td><td>0.45</td></tr>
<tr><td rowspan="2">被子植物门</td><td>双子叶植物</td><td>64</td><td>74.42</td><td>315</td><td>76.27</td><td>843</td><td>75.74</td></tr>
<tr><td>单子叶植物</td><td>16</td><td>18.60</td><td>91</td><td>22.03</td><td>256</td><td>23.00</td></tr>
<tr><td colspan="3">维管植物总计</td><td>86</td><td>—</td><td>413</td><td>—</td><td>1 113</td><td>—</td></tr>
</table>

附录5　呼伦贝尔草原植被分类系统

植被型	植被亚型	群系	群丛组	群丛数
H1. 丛生草类草地	H1.1 丛生草类草甸草原	H1.1.1 贝加尔针茅群系	Ⅰ - 贝加尔针茅 - 丛生草类群丛组	2
			Ⅱ - 贝加尔针茅 - 根茎草类群丛组	9
			Ⅲ - 贝加尔针茅 - 杂类草群丛组	14
		H1.1.2 羊茅草甸草原群系	Ⅰ - 羊茅 - 丛生草类群丛组	5
			Ⅱ - 羊茅 - 杂类草群丛组	6
			Ⅲ - 羊茅 - 一年生草类群丛组	1
		H1.1.3 洽草草甸草原群系	Ⅰ - 洽草 - 丛生草类群丛组	2
			Ⅱ - 洽草 - 根茎草类群丛组	2
			Ⅲ - 洽草 - 杂类草群丛组	2
	H1.2 丛生草类典型草原	H1.2.1 大针茅典型草原群系	Ⅰ - 大针茅 - 丛生草类群丛组	17
			Ⅱ - 大针茅 - 根茎草类群丛组	13
			Ⅲ - 大针茅 - 杂类草群丛组	21
			Ⅳ - 大针茅 - 半灌木群丛组	6
		H1.2.2 克氏针茅典型草原群系	Ⅰ - 克氏针茅 - 丛生草类群丛组	7
			Ⅱ - 克氏针茅 - 根茎草类群丛组	4
			Ⅲ - 克氏针茅 - 杂类草群丛组	10
			Ⅳ - 克氏针茅 - 半灌木群丛组	1
			Ⅴ - 克氏针茅 - 一年生群丛组	2
		H1.2.3 糙隐子草典型草原群系	Ⅰ - 糙隐子草 - 丛生草类群丛组	12
			Ⅱ - 糙隐子草 - 根茎草类群丛组	2
			Ⅲ - 糙隐子草 - 杂类草群丛组	14
			Ⅳ - 糙隐子草 - 半灌木群丛组	1
			Ⅴ - 糙隐子草 - 一年生群丛组	3

续表

植被型	植被亚型	群系	群丛组	群丛数
H1. 丛生草类草地	H1.2 丛生草类典型草原	H1.2.4 羊茅典型草原群系	Ⅰ - 羊茅 - 丛生草类群丛组	2
			Ⅱ - 羊茅 - 杂类草群丛组	1
		H1.2.5 洽草典型草原群系	Ⅰ - 洽草 - 丛生草类群丛组	1
			Ⅱ - 洽草 - 根茎草类群丛组	1
			Ⅲ - 洽草 - 杂类草群丛组	1
		H1.2.6 羽茅典型草原群系	Ⅰ - 羽茅 - 根茎草类群丛组	1
			Ⅱ - 羽茅 - 杂类草群丛组	1
		H1.2.7 冰草典型草原群系	Ⅰ - 冰草 - 丛生草类群丛组	6
			Ⅱ - 冰草 - 根茎草类群丛组	4
			Ⅲ - 冰草 - 杂类草群丛组	12
			Ⅳ - 冰草 - 半灌木群丛组	1
			Ⅴ - 冰草 - 一年生群丛组	2
		H1.2.8 沙生冰草典型草原群系	Ⅰ - 沙生冰草 - 丛生草类群丛组	1
			Ⅱ - 沙生冰草 - 一年生群丛组	1
		H1.2.9 沙芦草群系	Ⅰ - 沙芦草 - 一年生群丛组	1
	H1.3 丛生草类荒漠草原	H1.3.1 小针茅荒漠草原群系	Ⅰ - 小针茅 - 丛生草类群丛组	3
			Ⅱ - 小针茅 - 根茎草类群丛组	2
			Ⅲ - 小针茅 - 杂类草群丛组	2
			Ⅳ - 小针茅 - 一年生群丛组	2
	H1.4 丛生草类盐化草甸	H1.4.1 芨芨草盐化草甸群系	Ⅰ - 芨芨草 - 丛生草类群丛组	1
			Ⅱ - 芨芨草 - 根茎草类群丛组	1
			Ⅲ - 芨芨草 - 杂类草群丛组	1
H2. 根茎草类草地	H2.1 根茎草类草甸草原	H2.1.1 羊草草甸草原群系	Ⅰ - 羊草 - 丛生草类群丛组	11
			Ⅱ - 羊草 - 根茎草类群丛组	4
			Ⅲ - 羊草 - 杂类草群丛组	20
			Ⅳ - 羊草 - 一年生群丛组	1
	H2.2 根茎草类典型草原	H2.2.1 羊草典型草原群系	Ⅰ - 羊草 - 丛生草类群丛组	21
			Ⅱ - 羊草 - 杂类草群丛组	31
			Ⅲ - 羊草 - 一年生群丛组	9

续表

植被型	植被亚型	群系	群丛组	群丛数
H2. 根茎草类草地	H2.3 根茎草类典型草甸	H2.3.1 拂子茅典型草甸群系	Ⅰ - 拂子茅 - 杂类草群丛组	1
		H2.3.2 无芒雀麦典型草甸群系	Ⅰ - 无芒雀麦 - 根茎草类群丛组	1
		H2.3.3 巨序剪股颖典型草甸群系	Ⅰ - 巨序剪股颖 - 杂类草群丛组	3
			Ⅱ - 巨序剪股颖 - 一年生群丛组	1
		H2.3.4 歧序剪股颖典型草甸群系	Ⅰ - 歧序剪股颖 - 根茎草类群丛组	1
H3. 杂类草草地	H3.1 杂类草草甸草原	H3.1.1 线叶菊草甸草原群系	Ⅰ - 线叶菊 - 丛生草类群丛组	4
			Ⅱ - 线叶菊 - 杂类草群丛组	3
		H3.1.2 红柴胡草甸草原群系	Ⅰ - 红柴胡 - 丛生草类群丛组	1
			Ⅱ - 红柴胡 - 根茎草类群丛组	1
			Ⅲ - 红柴胡 - 杂类草群丛组	4
		H3.1.3 脚苔草草甸草原群系	Ⅰ - 脚苔草 - 丛生草类群丛组	9
			Ⅱ - 脚苔草 - 根茎草类群丛组	5
			Ⅲ - 脚苔草 - 杂类草群丛组	18
			Ⅳ - 脚苔草 - 一年生群丛组	2
	H3.2 杂类草典型草原	H3.2.1 寸草苔典型草原群系	Ⅰ - 寸草苔 - 丛生草类群丛组	31
			Ⅱ - 寸草苔 - 根茎草类群丛组	15
			Ⅲ - 寸草苔 - 杂类草群丛组	21
			Ⅳ - 寸草苔 - 一年生群丛组	12
		H3.2.2 脚苔草典型草原群系	Ⅰ - 脚苔草 - 丛生草类群丛组	6
			Ⅱ - 脚苔草 - 根茎草类群丛组	4
			Ⅲ - 脚苔草 - 杂类草群丛组	3
			Ⅳ - 脚苔草 - 一年生群丛组	4
		H3.2.3 星毛委陵菜典型草原群系	Ⅰ - 星毛委陵菜 - 丛生草类群丛组	7
			Ⅱ - 星毛委陵菜 - 根茎草类群丛组	1
			Ⅲ - 星毛委陵菜 - 杂类草群丛组	9
		H3.2.4 野韭典型草原群系	Ⅰ - 野韭 - 丛生草类群丛组	3
			Ⅱ - 野韭 - 根茎草类群丛组	1
			Ⅲ - 野韭 - 杂类草群丛组	3

续表

植被型	植被亚型	群系	群丛组	群丛数
H3. 杂类草草地	H3.2 杂类草典型草原	H3.2.5 山韭典型草原群系	Ⅰ - 山韭 - 杂类草群丛组	1
		H3.2.6 双齿葱典型草原群系	Ⅰ - 双齿葱 - 丛生草类群丛组	3
			Ⅱ - 双齿葱 - 杂类草群丛组	2
			Ⅲ - 双齿葱 - 一年生群丛组	1
		H3.2.7 多根葱典型草原群系	Ⅰ - 多根葱 - 丛生草类群丛组	1
			Ⅱ - 多根葱 - 一年生群丛组	1
		H3.2.8 红柴胡典型草原群系	Ⅰ - 红柴胡 - 丛生草类群丛组	1
		H3.2.9 麻花头典型草原群系	Ⅰ - 麻花头 - 丛生草类群丛组	2
		H3.2.10 瓣蕊唐松草典型草原群系	Ⅰ - 瓣蕊唐松草 - 丛生草类群丛组	1
	H3.3 杂类草荒漠草原	H3.3.1 多根葱荒漠草原群系	Ⅰ - 多根葱 - 丛生草类群丛组	4
			Ⅱ - 多根葱 - 杂类草群丛组	8
	H3.4 杂类草典型草甸	H3.4.1 地榆典型草甸群系	Ⅰ - 地榆 - 杂类草群丛组	1
		H3.4.2 寸草苔典型草甸群系	Ⅰ - 寸草苔 - 根茎草类群丛组	2
			Ⅱ - 寸草苔 - 一年生群丛组	4
	H3.5 杂类草盐生草甸	H3.5.1 马蔺盐化草甸群系	Ⅰ - 马蔺 - 根茎草类群丛组	3
			Ⅱ - 马蔺 - 杂类草群丛组	4
		H3.5.2 寸草苔盐化草甸群系	Ⅰ - 寸草苔 - 杂类草群丛组	10
			Ⅱ - 寸草苔 - 一年生群丛组	2
		H3.5.3 华蒲公英盐化草甸群系	Ⅰ - 华蒲公英 - 丛生草类群丛组	1
			Ⅱ - 华蒲公英 - 根茎草类群丛组	1
			Ⅲ - 华蒲公英 - 杂类草群丛组	1
		H3.5.4 黄戴戴盐化草甸群系	Ⅰ - 华蒲公英 - 杂类草群丛组	1

续表

植被型	植被亚型	群系	群丛组	群丛数
H4. 灌木 / 半灌木草地	H4.1 灌木 / 半灌木草甸草原	H4.1.1 小叶锦鸡儿草甸草原群系	Ⅰ - 小叶锦鸡儿 - 丛生草类群丛组	2
			Ⅱ - 小叶锦鸡儿 - 根茎草类群丛组	1
	H4.2 灌木 / 半灌木典型草原	H4.2.1 小叶锦鸡儿典型草原群系	Ⅰ - 小叶锦鸡儿 - 丛生草类群丛组	9
			Ⅱ - 小叶锦鸡儿 - 根茎草类群丛组	2
			Ⅲ - 小叶锦鸡儿 - 杂类草群丛组	1
		H4.2.2 山刺玫典型草原群系	Ⅰ - 山刺玫 - 丛生草类群丛组	1
		H4.2.3 草麻黄典型草原群系	Ⅰ - 草麻黄 - 丛生草类群丛组	1
			Ⅱ - 草麻黄 - 一年生群丛组	1
		H4.2.4 狭叶锦鸡儿典型草原群系	Ⅰ - 狭叶锦鸡儿 - 丛生草类群丛组	8
			Ⅱ - 狭叶锦鸡儿 - 根茎草类群丛组	3
			Ⅲ - 狭叶锦鸡儿 - 杂类草群丛组	6
		H4.2.5 冷蒿典型草原群系	Ⅰ - 冷蒿 - 丛生草类群丛组	5
			Ⅱ - 冷蒿 - 杂类草群丛组	1
			Ⅲ - 冷蒿 - 一年生群丛组	1
		H4.2.6 百里香典型草原群系	Ⅰ - 百里香 - 杂类草群丛组	4
	H4.3 灌木 / 半灌木荒漠草原	H4.3.1 狭叶锦鸡儿荒漠草原群系	Ⅰ - 狭叶锦鸡儿 - 丛生草类群丛组	1
			Ⅱ - 狭叶锦鸡儿 - 杂类草群丛组	9

附录 6 呼伦贝尔草原维管植物名录

科名	种名	拉丁名	科名	种名	拉丁名
卷柏科	西伯利亚卷柏	*Selaginella sibirica*	蓼科	桃叶蓼	*Polygonum persicaria*
卷柏科	圆枝卷柏	*Selaginella sanguinolenta*	蓼科	珠芽蓼	*Polygonum viviparum*
木贼科	节节草	*Hippochaete ramosissimum*	蓼科	箭叶蓼	*Polygonum sieboldii*
木贼科	问荆	*Equisetum arvense*	蓼科	叉分蓼	*Polygonum divaricatum*
木贼科	水问荆	*Equisetum fluviatile*	蓼科	高山蓼	*Polygonum alpinum*
木贼科	草问荆	*Equisetum pratense*	蓼科	狐尾蓼	*Polygonum alopecuroides*
木贼科	犬问荆	*Equisetum palustre*	蓼科	戟叶蓼	*Polygonum thunbergii*
中国蕨科	银粉背蕨	*Aleuritopteris argentea*	蓼科	拳参	*Polygonum bistorta*
岩蕨科	岩蕨	*Woodsia ilvensis*	蓼科	细叶蓼	*Polygonum taquetii*
麻黄科	草麻黄	*Ephedra sinica*	蓼科	蔓首乌	*Fallopia convolvulus*
麻黄科	单子麻黄	*Ephedra monosperma*	藜科	盐爪爪	*Kalidium foliatum*
麻黄科	木贼麻黄	*Ephedra equisetina*	藜科	细枝盐爪爪	*Kalidium gracile*
麻黄科	中麻黄	*Ephedra intermedia*	藜科	尖叶盐爪爪	*Kalidium cuspidatum*
松科	樟子松	*Pinus sylvestris* var. *mongolica*	藜科	驼绒藜	*Krascheninnikovia ceratoides*
杨柳科	山杨	*Populus davidiana*	藜科	盐角草	*Salicornia europaea*
杨柳科	钻天柳	*Chosenia arbutifolia*	藜科	蛛丝蓬	*Micropeplis arachnoidea*
杨柳科	黄柳	*Salix gordejevii*	藜科	碱蓬	*Suaeda glauca*
杨柳科	粉枝柳	*Salix rorida*	藜科	角果碱蓬	*Suaeda corniculata*
杨柳科	卷边柳	*Salix siuzevii*	藜科	盐地碱蓬	*Suaeda salsa*
杨柳科	砂杞柳	*Salix kochiana*	藜科	雾冰藜	*Bassia dasyphylla*
杨柳科	五蕊柳	*Salix pentandra*	藜科	猪毛菜	*Salsola collina*
杨柳科	细叶沼柳	*Salix rosmarinifolia* var. *rosmarinifolia*	藜科	刺沙蓬	*Salsola tragus*
杨柳科	沼柳	*Salix rosmarinifolia* var. *brachypoda*	藜科	兴安虫实	*Corisppermum chinganicum*
杨柳科	兴安柳	*Salix hsinganica*	藜科	长穗虫实	*Corispermum elongatum* var. *elongatum*

续表

科名	种名	拉丁名	科名	种名	拉丁名
杨柳科	细枝柳	*Salix gracilior*	藜科	毛果长穗虫实	*Corispermum elongatum* var. *stellatopilosum*
杨柳科	小穗柳	*Salix microstachya*	藜科	软毛虫实	*Corispermum puberulum*
桦木科	白桦	*Betula platyphylla*	藜科	辽西虫实	*Corispermum dilutum*
桦木科	砂生桦	*Betula gmelinii* var. *gmalinii*	藜科	蒙古虫实	*Corispermum mongolicum*
桦木科	水冬瓜赤杨	*Alnus hirsuta*	藜科	宽翅虫实	*Corispermum platypterum*
榆科	榆	*Ulmus pumila*	藜科	西伯利亚虫实	*Corispermum sibiricum*
榆科	大果榆	*Ulmus macrocarpa*	藜科	木地肤	*Kochia prostrata*
榆科	春榆	*Ulmus davidiana* var. *japonica*	蓼科	直根酸模	*Rumex thyrsiflorus*
大麻科	野大麻	*Cannabis sativa*	蓼科	东北酸模	*Rumex thyrsiflorus*
荨麻科	麻叶荨麻	*Urtica cannabina*	蓼科	毛脉酸模	*Rumex gmelinii*
荨麻科	狭叶荨麻	*Urtica angustifolia*	蓼科	长刺酸模	*Rumex maritimus*
荨麻科	小花墙草	*Parietaria micrantha*	蓼科	盐生酸模	*Rumex marschallianus*
檀香科	长叶百蕊草	*Thesium longifolium*	蓼科	萹蓄	*Polygonum aviculare*
檀香科	急折百蕊草	*Thesium refractum*	蓼科	尖果萹蓄	*Polygonum rigidum*
檀香科	百蕊草	*Thesium chinense*	蓼科	水蓼	*Polygonum hydropiper*
檀香科	短苞百蕊草	*Thesium brevibracteatum*	蓼科	两栖蓼	*Polygonum amphibium*
蓼科	东北木蓼	*Atraphaxis manshurica*	蓼科	柳叶刺蓼	*Polygonum bungeanum*
蓼科	华北大黄	*Rheum franzenbachii*	蓼科	酸模叶蓼	*Polygonum lapathifolium*
蓼科	波叶大黄	*Rheum undulatum*	蓼科	绵毛酸模叶蓼	*Polygonum lapathifolium*
蓼科	皱叶酸模	*Rumex crispus*	蓼科	西伯利亚蓼	*Polygonum sibiricum*
蓼科	小酸模	*Rumex acetosella*	蓼科	白山蓼	*Polygonum ocreatum*
蓼科	巴天酸模	*Rwnex patientia*	蓼科	多叶蓼	*Polygonum foliosum*
蓼科	酸模	*Rumex acetosa*	蓼科	桃叶蓼	*Polygonum persicaria*
蓼科	狭叶酸模	*Rumex stenophyllus*	蓼科	珠芽蓼	*Polygonum viviparum*
蓼科	直根酸模	*Rumex thyrsiflorus*	蓼科	箭叶蓼	*Polygonum sieboldii*
蓼科	东北酸模	*Rumex thyrsiflorus*	蓼科	叉分蓼	*Polygonum divaricatum*
蓼科	毛脉酸模	*Rumex gmelinii*	蓼科	高山蓼	*Polygonum alpinum*
蓼科	长刺酸模	*Rumex maritimus*	蓼科	狐尾蓼	*Polygonum alopecuroides*

续表

科名	种名	拉丁名	科名	种名	拉丁名
蓼科	盐生酸模	*Rumex marschallianus*	蓼科	戟叶蓼	*Polygonum thunbergii*
蓼科	萹蓄	*Polygonum aviculare*	蓼科	拳参	*Polygonum bistorta*
蓼科	尖果萹蓄	*Polygonum rigidum*	蓼科	细叶蓼	*Polygonum taquetii*
蓼科	水蓼	*Polygonum hydropiper*	蓼科	蔓首乌	*Fallopia convolvulus*
蓼科	两栖蓼	*Polygonum amphibium*	藜科	盐爪爪	*Kalidium foliatum*
蓼科	柳叶刺蓼	*Polygonum bungeanum*	藜科	细枝盐爪爪	*Kalidium gracile*
藜科	角果碱蓬	*Suaeda corniculata*	石竹科	毛萼麦瓶草	*Silene repens*
藜科	盐地碱蓬	*Suaeda salsa*	石竹科	狗筋麦瓶草	*Silene vulgaris*
藜科	雾冰藜	*Bassia dasyphylla*	石竹科	草原丝石竹	*Gypsophila davurica*
藜科	猪毛菜	*Salsola collina*	石竹科	石竹	*Dianthus chinensis*
藜科	刺沙蓬	*Salsola tragus*	石竹科	瞿麦	*Dianthus superbus*
藜科	兴安虫实	*Corisppermum chinganicum*	石竹科	簇茎石竹	*Dianthus repens*
藜科	长穗虫实	*Corispermum elongatum* var. *elongatum*	石竹科	兴安石竹	*Dianthus chinensis* var. *veraicolor*
藜科	毛果长穗虫实	*Corispermum elongatum* var. *stellatopilosum*	石竹科	毛簇茎石竹	*Dianthus repens* var. *scabripilosus*
藜科	软毛虫实	*Corispermum puberulum*	石竹科	大花剪秋罗	*Lychnis fulgens*
藜科	辽西虫实	*Corispermum dilutum*	石竹科	狭叶剪秋罗	*Lychnis sibilica*
藜科	蒙古虫实	*Corispermum mongolicum*	石竹科	王不留行	*Vaccaria hispanica*
藜科	宽翅虫实	*Corispermum platypterum*	毛茛科	金莲花	*Trollius chinensis*
藜科	西伯利亚虫实	*Corispermum sibiricum*	毛茛科	短瓣金莲花	*Trollius ledebouri*
藜科	木地肤	*Kochia prostrata*	毛茛科	单穗升麻	*Cimicifuga simplex*
藜科	地肤	*Kochia scoparia*	毛茛科	兴安升麻	*Cimicifuga dahurica*
藜科	碱地肤	*Kochia scoparia* var. *sieversiana*	毛茛科	三角叶驴蹄草	*Caltha palustris* var. *sibirica*
藜科	尖头叶藜	*Chenopodium acuminatum*	毛茛科	白花驴蹄草	*Caltha natans*
藜科	狭叶尖头叶藜	*Chenopodium acuminatum* subsp. *virgatum*	毛茛科	二歧银莲花	*Anemone dichotoma*
藜科	藜	*Chenopodium album*	毛茛科	小花草玉梅	*Anemone rivularis* var. *floreminore*
藜科	灰绿藜	*Chenopodium glaucum*	毛茛科	大花银莲花	*Anemone silvestris*

续表

科名	种名	拉丁名	科名	种名	拉丁名
藜科	菱叶藜	*Chenopodium bryoniaefolium*	毛茛科	蓝堇草	*Leptopyrum fumarioides*
藜科	细叶藜	*Chenopodium stenophyllum*	毛茛科	瓣蕊唐松草	*Thalictrum petaloideum*
藜科	矮藜	*Chenopodium minimum*	毛茛科	香唐松草	*Thalictrum foetidum*
藜科	东亚市藜	*Chenopodium urbicum*	毛茛科	展枝唐松草	*Thalictrum squarrosum*
藜科	细叶藜	*Chenopodium stenophyllum*	毛茛科	卷叶唐松草	*Thalictrum petaloideum* var. *supradecompositum*
藜科	杂配藜	*Chenopodium hybridum*	毛茛科	箭头唐松草	*Thalictrum simplex* var. *simplex*
藜科	西伯利亚滨藜	*Atriplex sibirica*	毛茛科	短梗箭头唐松草	*Thalictrum simplex* var. *brevipes*
藜科	滨藜	*Atriplex patens*	毛茛科	欧亚唐松草	*Thalictrum minus* var. *minus*
藜科	野滨藜	*Atriplex fera*	毛茛科	翼果唐松草	*Thalictrum aquilegiifolium* var. *sibiricum*
藜科	刺穗藜	*Dysphania aristata*	毛茛科	东亚唐松草	*Thalictrum minus* var. *hypoleucum*
藜科	苦荞麦	*Fagopyrum tataricum*	毛茛科	耧斗菜	*Aquilegia viridiflora*
藜科	沙蓬	*Agriophyllum squarrosum*	毛茛科	紫花耧斗菜	*Aquilegia viridiflora* f. *atropurpurea*
藜科	轴藜	*Axyris amaranthoides*	毛茛科	小花耧斗菜	*Aquilegia parviflora*
藜科	杂配轴藜	*Axyris hybrida*	毛茛科	细叶白头翁	*Pulsatilla turczaninovii*
苋科	反枝苋	*Amaranthus retroflexus*	毛茛科	黄花白头翁	*Pulsatilla sukaczevii*
苋科	凹头苋	*Amaranthus lividus*	毛茛科	细裂白头翁	*Pulsatilla tenuiloba*
苋科	北美苋	*Amaranthus blitoides*	毛茛科	掌叶白头翁	*Pulsatilla patens* var. *multifida*
苋科	白苋	*Amaranthus albus*	毛茛科	白头翁	*Pulsatilla chinensis*
马齿苋科	马齿苋	*Portulaca oleracea*	毛茛科	兴安白头翁	*Pulsatilla dahurica*
石竹科	牛膝姑草	*Spergularia marina*	毛茛科	呼伦白头翁	*Pulsatilla hulunensis*
石竹科	灯心草蚤缀	*Arenaria juncea*	毛茛科	蒙古白头翁	*Pulsatilla ambigua*
石竹科	毛梗蚤缀	*Arenaria capillaris*	毛茛科	长叶碱毛茛	*Halerpestes ruthenica*
石竹科	蚤缀	*Arenaria serpyllifolia*	毛茛科	碱毛茛	*Halerpestes sarmentosa*
石竹科	种阜草	*Moehringia lateriflora*	毛茛科	水葫芦苗	*Halerpestes sarmentosa*
石竹科	叉歧繁缕	*Stellaria dichotoma*	毛茛科	北侧金盏花	*Adonis sibirica*

续表

科名	种名	拉丁名	科名	种名	拉丁名
石竹科	兴安繁缕	*Stellaria cherleriae*	毛茛科	毛茛	*Ranunculus japonicus*
石竹科	鸭绿繁缕	*Stellaria jaluana*	毛茛科	伏毛毛茛	*Ranunculus japonicus* var. *propinquus*
石竹科	翻白繁缕	*Stellaria discolor*	毛茛科	浮毛茛	*Ranunculus natans*
石竹科	垂梗繁缕	*Stellaria radians*	毛茛科	小掌叶毛茛	*Ranunculus gmelinii*
石竹科	繁缕	*Stellaria media*	毛茛科	长喙毛茛	*Ranunculus tachiroei*
石竹科	银柴胡	*Stellaria dichotoma* var. *lanceolata*	毛茛科	沼地毛茛	*Ranunculus radicans*
石竹科	细叶繁缕	*Stellaria filicaulis*	毛茛科	单叶毛茛	*Ranunculus monophyllus*
石竹科	沼繁缕	*Stellaria palustris*	毛茛科	石龙芮	*Ranunculus sceleratus*
石竹科	长叶繁缕	*Stellaria longifolia*	毛茛科	匍枝毛茛	*Ranunculus repens*
石竹科	卷耳	*Cerastium arvense*	毛茛科	掌裂毛茛	*Ranunculus rigescens*
石竹科	高山漆姑草	*Minuartia laricina*	毛茛科	毛柄水毛茛	*Batrachium trichophyllum*
石竹科	麦毒草	*Agrostemma githago*	毛茛科	小水毛茛	*Batrachium eradicatum*
石竹科	女娄菜	*Melandrium apricum*	毛茛科	棉团铁线莲	*Clematis hexapetala*
石竹科	内蒙古女娄菜	*Melandrium orientalimongolicum*	毛茛科	短尾铁线莲	*Clematis brevicaudata*
石竹科	兴安女娄菜	*Silene songarica*	毛茛科	芹叶铁线莲	*Clematis aethusifolia*
石竹科	狗筋蔓	*Cucubalus baccifer*	毛茛科	翠雀	*Delphinium grandiflorum*
石竹科	旱麦瓶草	*Silene jenisseensis*	毛茛科	东北高翠雀花	*Delphinium korshinskyanum*
毛茛科	草乌头	*Aconitum kusnezoffii*	虎耳草科	楔叶茶藨	*Ribes diacanthum*
毛茛科	华北乌头	*Aconitum jeholense* var. *angustium*	虎耳草科	东北小叶茶藨	*Ribes pulchellum*
杉叶藻科	杉叶藻	*Hippuris vulgaris*	虎耳草科	梅花草	*Parnassia palustris*
防己科	蝙蝠葛	*Menispermum dahuricum*	虎耳草科	刺虎耳草	*Saxifraga bronchialis*
罂粟科	野罂粟	*Papaver nudicaule*	虎耳草科	点头虎耳草	*Saxifraga cernua*
罂粟科	毛果野罂粟	*Papaver nudicaule* var. *nudicaule* f. *seticarpum*	虎耳草科	五台金腰	*Chrysosplenium serreanum*

续表

科名	种名	拉丁名	科名	种名	拉丁名
罂粟科	光果野罂粟	*Papaver nudicaule* var. *aquilegioides*	蔷薇科	黑果栒子	*Cotoneaster melanocarpus*
罂粟科	白屈菜	*Chelidonium majus*	蔷薇科	全缘栒子	*Cotoneaster integerrimus*
罂粟科	角茴香	*Hypecoum erectum*	蔷薇科	华北珍珠梅	*Sorbaria kirilowii*
罂粟科	齿裂延胡索	*Corydalis turtschaninovii*	蔷薇科	珍珠梅	*Sorbaria sorbifolia*
罂粟科	北紫堇	*Corydalis sibirica*	蔷薇科	稠李	*Padus racemosa*
芍药科	芍药	*Paeonia lactiflora*	蔷薇科	假升麻	*Aruncus sylvester*
十字花科	山菥蓂	*Thlaspi cochleariforme*	蔷薇科	柳叶绣线菊	*Spiraea salicifolia*
十字花科	遏蓝菜	*Thlaspi arvense*	蔷薇科	海拉尔绣线菊	*Spiraea hailarensis*
十字花科	独行菜	*Lepidium apetalum*	蔷薇科	欧亚绣线菊	*Spiraea media*
十字花科	宽叶独行菜	*Lepidium latifolium*	蔷薇科	毛果绣线菊	*Spiraea trichocarpa*
十字花科	碱独行菜	*Lepidium cartilagineum*	蔷薇科	沙地绣线菊	*Spiraea arenaria*
十字花科	小果亚麻荠	*Camelina microcarpa*	蔷薇科	土庄绣线菊	*Spiraea pubescens*
十字花科	亚麻荠	*Camelina sativa*	蔷薇科	耧斗叶绣线菊	*Spiraea aquilegifolia*
十字花科	垂果大蒜芥	*Sisymbrium heteromallum*	蔷薇科	山荆子	*Malus baccata*
十字花科	多型大蒜芥	*Sisymbrium polymorphum*	蔷薇科	山刺玫	*Rosa davurica*
十字花科	白花碎米荠	*Cardamine leucantha*	蔷薇科	刺蔷薇	*Rosa acicularis*
十字花科	草甸碎米荠	*Cardamine pratensis*	蔷薇科	地榆	*Sanguisorba officinalis*
十字花科	浮水碎米荠	*Cardamine prorepens*	蔷薇科	长叶地榆	*Sanguisorba officinalis* var. *longifolia*
十字花科	细叶碎米荠	*Cardamine trifida*	蔷薇科	细叶地榆	*Sanguisorba tenuifolia*
十字花科	小花花旗杆	*Dontostemon micranthus*	蔷薇科	小白花地榆	*Sanguisorba tenuifolia* var. *alba*
十字花科	花旗杆	*Dontostemon dentatus*	蔷薇科	腺地榆	*Sanguisorba officinalis* var. *glandulosa*
十字花科	白毛花旗杆	*Dontostemon senilis*	蔷薇科	粉花地榆	*Sanguisorba officinlis* var. *carnea*
十字花科	全缘叶花旗杆	*Dontostemon integrifolius*	蔷薇科	库页悬钩子	*Rubus sachalinensis*
十字花科	山芥	*Barbarea orthoceras*	蔷薇科	石生悬钩子	*Rubus saxatilis*
十字花科	欧洲山芥	*Barbarea vulgaris*	蔷薇科	水杨梅	*Geum aleppicum*

续表

科名	种名	拉丁名	科名	种名	拉丁名
十字花科	水田碎米荠	*Cardamine lyrata*	蔷薇科	龙芽草	*Agrimonia pilosa*
十字花科	葶苈	*Draba nemorosa*	蔷薇科	蚊子草	*Filipendula palmata*
十字花科	荠	*Capsella bursa-pastoris*	蔷薇科	翻白蚊子草	*Filipendula intermedia*
十字花科	播娘蒿	*Descurainia sophia*	蔷薇科	绿叶蚊子草	*Filipendula glabra*
十字花科	蒙古糖芥	*Erysimum flavum*	蔷薇科	细叶蚊子草	*Filipendula angustiloba*
十字花科	山柳菊叶糖芥	*Erysimum hieraciifolium*	蔷薇科	东方草莓	*Fragaria orientalis*
十字花科	小花糖芥	*Erysimum cheiranthoides*	蔷薇科	二裂委陵菜	*Potentilla bifurca*
十字花科	草地糖芥	*Erysimum hieraciifolium*	蔷薇科	高二裂委陵菜	*Potentilla bifurca* var. *major*
十字花科	曙南芥	*Stevenia cheiranthoides*	蔷薇科	轮叶委陵菜	*Potentilla verticillaris*
十字花科	蚓果芥	*Neotorularia humilis*	蔷薇科	多裂委陵菜	*Potentilla multifida*
十字花科	北方庭荠	*Alyssum lenense*	蔷薇科	星毛委陵菜	*Potentilla acaulis*
十字花科	西伯利亚庭荠	*Alyssum obovatum*	蔷薇科	三出委陵菜	*Potentilla betonicifolia*
十字花科	倒卵叶庭荠	*Alyssum obovatum*	蔷薇科	鹅绒委陵菜	*Potentilla anserina*
十字花科	灰毛庭荠	*Alyssum canescens*	蔷薇科	朝天委陵菜	*Potentilla supina*
十字花科	细叶庭荠	*Alyssum tenuifolium*	蔷薇科	菊叶委陵菜	*Potentilla tanacetifolia*
十字花科	细叶燥原荠	*Ptilotrichum tenuifolium*	蔷薇科	西山委陵菜	*Potentilla sischanensis*
十字花科	垂果南芥	*Arabis pendula*	蔷薇科	腺毛委陵菜	*Potentilla longifolia*
十字花科	硬毛南芥	*Arabis hirsuta*	蔷薇科	莓叶委陵菜	*Potentilla ancistrifolia* var. *dickinsii*
十字花科	匙荠	*Bunias cochlearoides*	蔷薇科	匍枝委陵菜	*Potentilla flagellaris*
十字花科	球果荠	*Neslia paniculata*	蔷薇科	石生委陵菜	*Potentilla rupestris*
十字花科	山芥叶蔊菜	*Rorippa barbareifolia*	蔷薇科	翻白草	*Potentilla discolor*
十字花科	风花菜	*Rorippa palustris*	蔷薇科	茸毛委陵菜	*Potentilla strigosa*
十字花科	新疆白芥	*Sinapis arvensis*	蔷薇科	大萼委陵菜	*Potentilla conferta*
十字花科	三肋菘蓝	*Isatis costata*	蔷薇科	绢毛委陵菜	*Potentilla sericea*
景天科	瓦松	*Orostachys fimbriata*	蔷薇科	绢毛细蔓委陵菜	*Potentilla reptans* var. *sericophylla*
景天科	钝叶瓦松	*Orostachys malacophyllus*	蔷薇科	多茎委陵菜	*Potentilla multicaulis*
景天科	狼爪瓦松	*Orostachys cartilagineus*	蔷薇科	委陵菜	*Potentilla chinensis*

续表

科名	种名	拉丁名	科名	种名	拉丁名
景天科	黄花瓦松	*Orostachys spinosus*	蔷薇科	掌叶多裂委陵菜	*Potentilla multifida* var. *ornithopoda*
景天科	紫八宝	*Hylotelephium triphyllum*	蔷薇科	沼委陵菜	*Comarum palustre*
景天科	白八宝	*Hylotelephium pallescens*	蔷薇科	小叶金露梅	*Pentaphylloides parvifolia*
景天科	长药八宝	*Hylotelephium spectabile*	蔷薇科	金露梅	*Pentaphylloides fruticosa*
景天科	费菜	*Phedimus aizoon*	蔷薇科	银露梅	*Pentaphylloides glabra* var. *glabra*
景天科	狭叶费菜	*Phedimus aizoon* var. *yamatutae*	蔷薇科	地蔷薇	*Chamaerhodos erecta*
景天科	乳毛费菜	*Phedimus aizoon* var. *scabrus*	蔷薇科	毛地蔷薇	*Chamaerhodos canescens*
蔷薇科	三裂地蔷薇	*Chamaerhodos trifida*	豆科	紫花苜蓿	*Medicago sativa*
蔷薇科	绢毛山莓草	*Sibbaldia sericea*	豆科	黄花苜蓿	*Medicago falcata*
蔷薇科	伏毛山莓草	*Sibbaldia adpressa*	豆科	天蓝苜蓿	*Medicago lupulina*
蔷薇科	西伯利亚杏	*Prunus sibirica*	豆科	扁蓿豆	*Melilotoides ruthenica*
蔷薇科	光叶山楂	*Crataegus dahurica*	豆科	细齿草木犀	*Melilotus dentatus*
蔷薇科	辽宁山楂	*Crataegus sanguinea*	豆科	草木犀	*Melilotus officinalis*
蔷薇科	山楂	*Crataegus pinnatifida* var. *pinnatifida*	豆科	白花草木犀	*Melilotus albus*
蔷薇科	水榆花楸	*Sorbus alnifolia*	豆科	短茎岩黄耆	*Hedysarum setigerum*
豆科	狭叶米口袋	*Gueldenstaedtia vorna*	豆科	达乌里岩黄耆	*Hedysarum dahuricum*
豆科	米口袋	*Gueldenstaedtia multflora*	豆科	华北岩黄耆	*Hedysarum gmelinii*
豆科	苦参	*Sophora flavescens*	豆科	山岩黄耆	*Hedysarum alpinum*
豆科	披针叶黄华	*Thermopsis lanceolata*	豆科	羊柴	*Corethrodendron fruticosum* var. *lignosum*
豆科	野火球	*Trifolium lupinaster*	豆科	山竹子	*Corethrodendron fruticosum* var. *fruticosum*
豆科	白车轴草	*Trifolium repens*	豆科	苦马豆	*Sphaerophysa salsula*
豆科	红车轴草	*Trifolium pratense*	豆科	达乌里胡枝子	*Lespedeza davurica*
豆科	甘草	*Glycyrrhiza uralensis*	豆科	胡枝子	*Lespedeza bicolor*
豆科	多叶棘豆	*Oxytropis myriophylla*	豆科	绒毛胡枝子	*Lespedeza tomentosa*

续表

科名	种名	拉丁名	科名	种名	拉丁名
豆科	二色棘豆	*Oxytropis bicolor*	豆科	尖叶胡枝子	*Lespedeza juncea*
豆科	尖叶棘豆	*Oxytropis oxyphylla*	豆科	长萼鸡眼草	*Kummerowia stipulacea*
豆科	光果尖叶棘豆	*Oxytropis oxyphylla* f. *liocarpa*	豆科	矮山黧豆	*Lathyrus humilis*
豆科	丛棘豆	*Oxytropis caespitosa*	豆科	山黧豆	*Lathyrus quinquenervius*
豆科	平卧棘豆	*Oxytropis prostrate*	豆科	毛山黧豆	*Lathyrus palustris* var. *pilosus*
豆科	薄叶棘豆	*Oxytropis leptophylla*	豆科	野大豆	*Glycine soja*
豆科	砂珍棘豆	*Oxytropis racemosa*	牻牛儿苗科	牻牛儿苗	*Erodium stephanianum*
豆科	海拉尔棘豆	*Oxytropis hailarensis*	牻牛儿苗科	鼠掌老鹳草	*Geranium sibiricum*
豆科	小花棘豆	*Oxytropis glabra*	牻牛儿苗科	草地老鹳草	*Geranium pratense*
豆科	小叶小花棘豆	*Oxytropis glabra* var. *tenuis*	牻牛儿苗科	毛蕊老鹳草	*Geranium platyanthum*
豆科	硬毛棘豆	*Oxytropis hirta*	牻牛儿苗科	粗根老鹳草	*Geranium dahuricum*
豆科	鳞萼棘豆	*Oxytropis squammulosa*	牻牛儿苗科	突节老鹳草	*Geranium japonicum*
豆科	大花棘豆	*Oxytropis grandiflora*	牻牛儿苗科	灰背老鹳草	*Geranium wlassowianum*
豆科	线棘豆	*Oxytropis filiformis*	牻牛儿苗科	兴安老鹳草	*Geranium maximowiczii*
豆科	草木樨状黄耆	*Astragulus melilotoides*	蒺藜科	蒺藜	*Tribulus terrester*
豆科	糙叶黄耆	*Astragulus scaberrimus*	蒺藜科	小果白刺	*Nitraria sibirica*
豆科	达乌里黄耆	*Astragalus dahuricus*	亚麻科	宿根亚麻	*Linum perenne*
豆科	乳白花黄耆	*Astragulus galactites*	亚麻科	野亚麻	*Linum stelleroides*
豆科	细弱黄耆	*Astragalus miniatus*	亚麻科	黑水亚麻	*Linum amurense*
豆科	斜茎黄耆	*Astragalus laxmannii*	芸香科	北芸香	*Haplophyllum dauricum*
豆科	圆果黄耆	*Astragalus junatovii*	芸香科	白藓	*Dictamnus dasycarpus*
豆科	变异黄耆	*Astragalus variabilis*	远志科	细叶远志	*Polygala tenuifolia*
豆科	皱黄耆	*Astragalus tataricus*	远志科	卵叶远志	*Polygala sibirica*

续表

科名	种名	拉丁名	科名	种名	拉丁名
豆科	蒙古黄耆	*Astragalus membranaceus* var. *mongholicus*	大戟科	地锦	*Euphorbia humifusa*
豆科	草原黄耆	*Astragalus dalaiensis*	大戟科	乳浆大戟	*Euphorbia esula*
豆科	察哈尔黄耆	*Astragalus zacharensis*	大戟科	狼毒大戟	*Euphorbia fischeriana*
豆科	膜荚黄耆	*Astragalus membranaceus*	大戟科	一叶萩	*Flueggea suffeuticosa*
豆科	黄耆	*Astragalus membranaceus*	大戟科	铁苋菜	*Acalypha australis*
豆科	华黄耆	*Astragalus chinensis*	水马齿科	沼生水马齿	*Callitriche palustris* var. *palustris*
豆科	小米黄耆	*Astragalus satoi*	卫矛科	白杜	*Euonymus maackii*
豆科	细叶黄耆	*Astragalus melilotoides* var. *tenuis*	锦葵科	野西瓜苗	*Hibiscus trionum*
豆科	湿地黄耆	*Astragalus uliginosus*	锦葵科	野葵	*Malva verticillata*
豆科	卵果黄耆	*Astragalus grubovii*	锦葵科	苘麻	*Abutilon theophrasti*
豆科	小叶锦鸡儿	*Caragana microphylla*	藤黄科	乌腺金丝桃	*Hypericum attenuatum*
豆科	狭叶锦鸡儿	*Caragana stenophylla*	藤黄科	长柱金丝桃	*Hypericum ascyron*
豆科	广布野豌豆	*Vicia cracca*	柽柳科	红砂	*Reaumuria soongorica*
豆科	山野豌豆	*Vicia amoena*	堇菜科	斑叶堇菜	*Viola variegata*
豆科	白花山野豌豆	*Vicia amoena* f. *albiflora*	堇菜科	裂叶堇菜	*Viola dissecta*
豆科	歪头菜	*Vicia unijuga*	堇菜科	白花堇菜	*Viola patrinii*
豆科	大龙骨野豌豆	*Vicia megalotropis*	堇菜科	东北堇菜	*Viola mandshurica*
豆科	索伦野豌豆	*Vicia geminiflora*	堇菜科	库页堇菜	*Viola sacchalinensis*
豆科	柳叶野豌豆	*Vicia venosa*	堇菜科	奇异堇菜	*Viola mirabilis*
豆科	多茎野豌豆	*Vicia multicaulis*	堇菜科	球果堇菜	*Viola collina*
豆科	大叶野豌豆	*Vicia pseudorobus*	堇菜科	细距堇菜	*Viola tenuicornis*
豆科	灰野豌豆	*Vicia cracca* var. *canescens*	堇菜科	兴安圆叶堇菜	*Viola brachyceras*
豆科	东方野豌豆	*Vicia japonica*	堇菜科	掌叶堇菜	*Viola dactyloides*
豆科	黑龙江野豌豆	*Vicia amurensis*	堇菜科	鸡腿堇菜	*Viola acuminata*
堇菜科	兴安堇菜	*Viola gmeliniana*	龙胆科	龙胆	*Gentiana scabra*

续表

科名	种名	拉丁名	科名	种名	拉丁名
堇菜科	早开堇菜	*Viola prionantha*	龙胆科	条叶龙胆	*Gentiana manshurica*
瑞香科	狼毒	*Stellera chamaejasme*	龙胆科	三花龙胆	*Gentiana triflora*
千屈菜科	千屈菜	*Lythrum salicaria*	龙胆科	扁蕾	*Gentianopsis barbata*
柳叶菜科	柳兰	*Epilobium angustifolium*	龙胆科	花锚	*Halenia corniculata*
柳叶菜科	沼生柳叶菜	*Epilobium palustre*	龙胆科	小花肋柱花	*Lomatogonium rotatum*
柳叶菜科	多枝柳叶菜	*Epilobium fastigiatoramosum*	龙胆科	龙胆	*Gentiana scabra*
小二仙草科	轮叶狐尾藻	*Myriophyllum verticillatum*	龙胆科	腺鳞草	*Anagallidium dichotomum*
伞形科	红柴胡	*Bupleurum scorzonerifolium*	龙胆科	北方獐牙菜	*Swertia diluta*
伞形科	兴安柴胡	*Bupleurum sibiricum*	龙胆科	瘤毛獐牙菜	*Swertia pseudochinensis*
伞形科	锥叶柴胡	*Bupleurum bicaule*	睡菜科	睡菜	*Menyanthes trifoliata*
伞形科	大叶柴胡	*Bupleurum longiradiatum*	睡菜科	荇菜	*Nymphoides peltata*
伞形科	葛缕子	*Carum carvi*	旋花科	银灰旋花	*Convolvulus ammannii*
伞形科	田葛缕子	*Carum buriaticum*	旋花科	田旋花	*Convolvulus arvensis*
伞形科	羊红膻	*Pimpinella thellungiana*	旋花科	宽叶打碗花	*Calystegia silvatica*
伞形科	蛇床茴芹	*Pimpinella cnidioides*	旋花科	打碗花	*Calystegia haderacea*
伞形科	东北羊角芹	*Aegopodium alpestre*	旋花科	藤长苗	*Calystegia pellita*
伞形科	泽芹	*Sium suave*	旋花科	菟丝子	*Cuscuta chinensis*
伞形科	香芹	*Libanotis seselioides*	旋花科	啤酒花菟丝子	*Cuscuta lupuliformis*
伞形科	蛇床	*Cnidium monnieri*	旋花科	日本菟丝子	*Cuscuta japonica*
伞形科	兴安蛇床	*Cnidium dahuricum*	旋花科	大菟丝子	*Cuscuta europaea*
伞形科	碱蛇床	*Cnidium salinum*	花荵科	花荵	*Polemonium coeruleum*
伞形科	绿花山芹	*Ostericum viridiflorum*	紫草科	紫草	*Lithospermum erythrorhizon*
伞形科	山芹	*Ostericum sieboldii* var. *sieboldii*	紫草科	紫筒草	*Stenosolenium saxatile*
伞形科	全叶山芹	*Ostericum maximowiczii* var. *maximowiczii*	紫草科	鹤虱	*Lappula myosotis*
伞形科	兴安白芷	*Angelica dahurica*	紫草科	异刺鹤虱	*Lappula heteracantha*
伞形科	柳叶芹	*Czernaevia laevigata*	紫草科	蒙古鹤虱	*Lappula intermedia*

续表

科名	种名	拉丁名	科名	种名	拉丁名
伞形科	胀果芹	*Phlojodicarpus sibiricus*	紫草科	劲直鹤虱	*Lappula stricta*
伞形科	毛序胀果芹	*Phlojodicarpus villosus*	紫草科	石生齿缘草	*Eritrichium rupestre*
伞形科	石防风	*Peucedanum terebinthaceum*	紫草科	百里香叶齿缘草	*Eritrichium thymifolium*
伞形科	兴安前胡	*Peucedanum baicalense*	紫草科	北齿缘草	*Eritrichium borealisinense*
伞形科	短毛独活	*Heracleum moellendorffii*	紫草科	东北齿缘草	*Eritrichium mandshuricum*
伞形科	防风	*Saposhnikovia divaricata*	紫草科	反折假鹤虱	*Eritrichium deflexum*
伞形科	毒芹	*Cicuta virosa*	紫草科	假鹤虱	*Eritrichium thymifolium*
伞形科	迷果芹	*Sphallerocarpus gracilis*	紫草科	钝背草	*Amblynotus obovatus*
鼠李科	鼠李	*Rhamnus davurica*	紫草科	勿忘草	*Myosotis alpestris*
鼠李科	柳叶鼠李	*Rhamnus erythroxylon*	紫草科	湿地勿忘草	*Myosotis caespitosa*
山茱萸科	红瑞木	*Cornus alba*	紫草科	北附地菜	*Trigonotis radicans*
鹿蹄草科	红花鹿蹄草	*Pyrola incarnata* var. *incarnata*	紫草科	附地菜	*Trigonotis peduncularis*
杜鹃花科	杜香	*Ledum palustre* var. *palustre*	紫草科	长筒滨紫草	*Mertensia davurica*
杜鹃花科	兴安杜鹃	*Rhododendron dauricum*	紫草科	细叶砂引草	*Messerschmidia sibirica* var. *angustior*
杜鹃花科	迎红杜鹃	*Rhododendron mucronulatum*	紫草科	大果琉璃草	*Cynoglossum divaricatum*
杜鹃花科	越橘	*Vaccinium vitis-idaea*	马鞭草科	蒙古莸	*Caryopteris mongholica*
杜鹃花科	北点地梅	*Androsace septentrionalis*	茄科	泡囊草	*Physochlaina physaloides*
报春花科	大苞点地梅	*Androsace maxima*	茄科	龙葵	*Solanum nigrum*
报春花科	小点地梅	*Androsace gmelinii*	茄科	青杞	*Solanum septemlobum*
报春花科	东北点地梅	*Androsace filiformis*	茄科	曼陀罗	*Datura stramonium*
报春花科	海乳草	*Glaux maritima*	茄科	天仙子	*Hyoscyamus niger*
报春花科	粉报春	*Primula farinose*	唇形科	多花筋骨草	*Ajuga multiflora*
报春花科	天山报春	*Primula nutans*	唇形科	水棘针	*Amethystea coerulea*
报春花科	球尾花	*Lysimachia thyrsiflora*	唇形科	黄芩	*Scutellaria baicalensis*
报春花科	黄莲花	*Lysimachia davurica*	唇形科	并头黄芩	*Scutellaria scordifolia*
报春花科	狼尾花	*Lysimachia barystachys*	唇形科	粘毛黄芩	*Scutellaria viscidula*
白花丹科	黄花补血草	*Limonium aureum*	唇形科	盔状黄芩	*Scutellaria galericulata*

续表

科名	种名	拉丁名	科名	种名	拉丁名
白花丹科	二色补血草	*Limonium bicolor*	唇形科	狭叶黄芩	*Scutellaria regeliana*
白花丹科	曲枝补血草	*Limonium flexuosum*	唇形科	多裂叶荆芥	*Schizonepeta multifida*
白花丹科	驼舌草	*Goniolimon speciosum*	唇形科	香青兰	*Dracocephalum moldavica*
萝藦科	地梢瓜	*Cynanchum thesioides*	唇形科	光萼青兰	*Dracocephalum argunense*
萝藦科	徐长卿	*Cynanchum paniculatum*	唇形科	青兰	*Dracocephalum ruyschiana*
萝藦科	紫花杯冠藤	*Cynanchum purpureum*	唇形科	蒙古糙苏	*Phlomis mongolica*
萝藦科	萝藦	*Metaplexis japonica*	唇形科	尖齿糙苏	*Phlomis dentosa*
龙胆科	百金花	*Centaurium pulchellum*	唇形科	块根糙苏	*Phlomis tuberosa*
龙胆科	达乌里龙胆	*Gentiana dahurica*	唇形科	鼬瓣花	*Galeopsis bifida*
龙胆科	假水生龙胆	*Gentiana pseudoaquatica*	唇形科	短柄野芝麻	*Lamium album*
龙胆科	鳞叶龙胆	*Gentiana squarrosa*	唇形科	细叶益母草	*Leonurus sibiricus*
龙胆科	秦艽	*Gentiana macrophylla*	唇形科	益母草	*Leonurus japonicus*
唇形科	百里香	*Thymus serpyllum*	茜草科	大叶猪殃殃	*Galium dahuricum* var. *dahuricum*
唇形科	毛水苏	*Stachys riederi*	茜草科	小叶猪殃殃	*Galium trifidum*
唇形科	水苏	*Stachys japonica*	茜草科	茜草	*Rubia cordifolia* var. *cordifolia*
唇形科	夏至草	*Lagopsis supina*	茜草科	黑果茜草	*Rubia cordifolia* var. *pratensis*
唇形科	薄荷	*Mentha haplocalyx*	茜草科	披针叶茜草	*Rubia lanceolata*
唇形科	兴安薄荷	*Mentha dahurica*	忍冬科	接骨木	*Sambucus williamsii*
唇形科	密花香薷	*Elsholtzia densa*	忍冬科	毛接骨木	*Sambucus sibirica*
唇形科	香薷	*Elsholtzia ciliata*	忍冬科	蒙古荚蒾	*Viburnum mongolicum*
唇形科	蓝萼香茶菜	*Isodon japonicus*	川续断科	窄叶蓝盆花	*Scabiosa comosa*
列当科	列当	*Orobanche coerulescens*	川续断科	华北蓝盆花	*Scabiosa tschiliensis*
列当科	毛药列当	*Orobanche ombrochares*	川续断科	白花窄叶蓝盆花	*Scabiosa comosa* f. *albiflora*
列当科	黄花列当	*Orobanche pycnostachya*	桔梗科	狭叶沙参	*Adenophora gmelinii* var. *gmelinii*
列当科	黑水列当	*Orobanche pycnostachya* var. *amurensis*	桔梗科	长柱沙参	*Adenophora stenanthina*

续表

科名	种名	拉丁名	科名	种名	拉丁名
狸藻科	弯距狸藻	*Utricularia vulgaris*	桔梗科	石沙参	*Adenophora polyantha*
狸藻科	小狸藻	*Utricularia intermedia*	桔梗科	轮叶沙参	*Adenophora tetraphylla*
玄参科	水茫草	*Limosella aquatica*	桔梗科	长白沙参	*Adenophora pereskiifolia*
玄参科	弹刀子菜	*Mazus stachydifolius*	桔梗科	锯齿沙参	*Adenophora tricuspidata*
玄参科	火焰草	*Castilleja pallida*	桔梗科	皱叶沙参	*Adenophora stenanthina* var. *crispata*
玄参科	柳穿鱼	*Linaria vulgaris*	桔梗科	丘沙参	*Adenophora stenanthina* var. *collina*
玄参科	多枝柳穿鱼	*Linaria buriatica*	桔梗科	柳叶沙参	*Adenophora gmelinii* var. *coronopifolia*
玄参科	砾玄参	*Scrophularia incisa*	桔梗科	扫帚沙参	*Adenophora stenophylla*
玄参科	小米草	*Euphrasia pectinata*	桔梗科	山梗菜	*Lobelia sessilifolia*
玄参科	东北小米草	*Euphrasia amurensis*	桔梗科	桔梗	*Platycodon grandiflorus*
玄参科	疗齿草	*Odontites vugaris*	桔梗科	紫斑风铃草	*Campanula punctata*
玄参科	鼻花	*Rhinanthus glaber*	桔梗科	聚花风铃草	*Campanula punctata* subsp. *cephalotes*
玄参科	黄花马先蒿	*Pedicularis flava*	败酱科	败酱	*Patrinia scabiosaefolia*
玄参科	返顾马先蒿	*Pedicularis resupinata*	败酱科	岩败酱	*Patrinia rupestris*
玄参科	毛返顾马先蒿	*Pedicularis resupinata* var. *pubescens*	败酱科	糙叶败酱	*Patrinia rupestris* subsp. Scabra
玄参科	红纹马先蒿	*Pedicularis striata*	败酱科	毛颉缬草	*Valeriana officinalis*
玄参科	蛛丝红纹马先蒿	*Pedicularis striata* subsp. *arachnoidea*	败酱科	缬草	*Valeriana alternifolia*
玄参科	旌节马先蒿	*Pedicularis sceptrum-carolinum*	菊科	兴安一枝黄花	*Solidago virgaurea* var. *dahurica*
玄参科	毛旌节马先蒿	*Pedicularis sceptrum-carolinum* subsp. *pubescens*	菊科	全叶马兰	*Kalimeris integrifolia*
玄参科	拉不拉多马先蒿	*Pedicularis labradorica*	菊科	裂叶马兰	*Kalimeris incisa*
玄参科	秀丽马先蒿	*Pedicularis venusta*	菊科	北方马兰	*Kalimeris mongolica*
玄参科	卡氏沼生马先蒿	*Pedicularis palustris* subsp. *karoi*	菊科	阿尔泰狗娃花	*Heteropappus altaicus*
玄参科	红色马先蒿	*Pedicularis rubens*	菊科	砂狗娃花	*Heteropappus meyendorffii*

续表

科名	种名	拉丁名	科名	种名	拉丁名
玄参科	穗花马先蒿	*Pedicularis spicata*	菊科	狗娃花	*Heteropappus hispidus*
玄参科	轮叶马先蒿	*Pedicularis verticillata*	菊科	东风菜	*Doellingeria scaber*
玄参科	阴行草	*Siphonostegia chinensis*	菊科	火绒草	*Leontopodium leontopodioides*
玄参科	达乌里芯芭	*Cymbaria dahurica*	菊科	绢茸火绒草	*Leontopodium smithianum*
玄参科	兔尾儿苗	*Pseudolysimachion longifolium*	菊科	长叶火绒草	*Leontopodium junpeianum*
玄参科	大穗花	*Pseudolysimachion dauricum*	菊科	团球火绒草	*Leontopodium conglobatum*
玄参科	白婆婆纳	*Pseudolysimachion incanum*	菊科	贝加尔鼠麴草	*Gnaphalium uliginosum*
玄参科	细叶穗花	*Pseudolysimachion linariifolium*	菊科	齿叶蓍	*Achillea acuminata*
玄参科	水蔓菁	*Pseudolysimachion dilatatum*	菊科	亚洲蓍	*Achillea asiatica*
玄参科	锡林穗花	*Pseudolysimachion xilinense*	菊科	蓍	*Achillea millefolium*
玄参科	草本威灵仙	*Veronicastrum sibiricum*	菊科	高山蓍	*Achillea alpina*
玄参科	北水苦荬	*Veronica anagallis-aquatica*	菊科	短瓣蓍	*Achillea ptarmicoides*
紫葳科	角蒿	*Incarvillea sinensis*	菊科	楔叶菊	*Chrysanthemum naktongense*
车前科	车前	*Plantago asiatica*	菊科	小红菊	*Dendranthema chanetii*
车前科	北车前	*Plantago media*	菊科	紫花野菊	*Dendranthema zawadskii*
车前科	大车前	*Plantago major*	菊科	细叶菊	*Dendranthema maximowiczii*
车前科	湿车前	*Plantago cornuti*	菊科	蓍状亚菊	*Ajania achilloides*
车前科	平车前	*Plantago depressa*	菊科	线叶菊	*Filifolium sibiricum*
车前科	盐生车前	*Plantago maritima* subsp. *ciliata*	菊科	莳萝蒿	*Artemisia anethoides*
茜草科	北方拉拉藤	*Galium boreale*	菊科	冷蒿	*Artemisia frigida*
茜草科	蓬子菜	*Galium verum*	菊科	紫花冷蒿	*Artemisia frigida* var. *atropurpurea*

续表

科名	种名	拉丁名	科名	种名	拉丁名
茜草科	毛果蓬子菜	*Galium verum* var. *trachycarpum*	菊科	大籽蒿	*Artemisia sieversiana*
茜草科	拉拉藤	*Galium spurium*	菊科	碱蒿	*Artemisia anethifolia*
茜草科	硬毛拉拉藤	*Galium boreale* var. *ciliatum*	菊科	绢毛蒿	*Artemisia sericea*
茜草科	三瓣猪殃殃	*Galium trifidum*	菊科	魁蒿	*Artemisia princeps*
菊科	绿栉齿叶蒿	*Artemisia freyniana*	菊科	蓼子朴	*Inula salsoloides*
菊科	裂叶蒿	*Artemisia tanacetifolia*	菊科	苍耳	*Xanthium sibiricum*
菊科	黄花蒿	*Artemisia annua*	菊科	蒙古苍耳	*Xanthium mongolicum*
菊科	蒙古蒿	*Artemisia mongolica*	菊科	小花鬼针草	*Bidens parviflora*
菊科	野艾蒿	*Artemisia lavandulaefolia*	菊科	羽叶鬼针草	*Bidens maximovicziana*
菊科	变蒿	*Artemisia pubescens*	菊科	狼杷草	*Bidens tripartita*
菊科	猪毛蒿	*Artemisia scoparia*	菊科	兴安鬼针草	*Bidens radiata*
菊科	龙蒿	*Artemisia dracunculus*	菊科	刺儿菜	*Cirsium integrifolium*
菊科	巴尔古津蒿	*Artemisia bargusinensis*	菊科	莲座蓟	*Cirsium esculentum*
菊科	白叶蒿	*Artemisia leucophylla*	菊科	烟管蓟	*Cirsium pendulum*
菊科	宽叶山蒿	*Artemisia stolonifera*	菊科	绒背蓟	*Cirsium vlassovianum*
菊科	线叶蒿	*Artemisia subulata*	菊科	大刺儿菜	*Cirsium setosum*
菊科	黑蒿	*Artemisia palustris*	菊科	蝟菊	*Olgaea lomonosowii*
菊科	宽叶蒿	*Artemisia latifolia*	菊科	鳍蓟	*Olgaea leucophylla*
菊科	艾	*Artemisia argyi*	菊科	节毛飞廉	*Carduus acanthoides*
菊科	柳叶蒿	*Artemisia integrifolia*	菊科	山牛蒡	*Synurus deltoides*
菊科	蒌蒿	*Artemisia selengensis*	菊科	麻花头	*Klasea centauroides*
菊科	红足蒿	*Artemisia rubripes*	菊科	多头麻花头	*Klasea polycephala*
菊科	丝裂蒿	*Artemisia adamsii*	菊科	球苞麻花头	*Klasea marginata*
菊科	变蒿	*Artemisia commutata*	菊科	伪泥胡菜	*Serratula coronata*
菊科	细杆沙蒿	*Artemisia macilenta*	菊科	漏芦	*Rhaponticum uniflorum*
菊科	漠蒿	*Artemisia desertorum*	菊科	大丁草	*Leibnitzia anandria*
菊科	东北牡蒿	*Artemisia manshurica*	菊科	东方婆罗门参	*Tragopogon orientalis*
菊科	南牡蒿	*Artemisia eriopoda*	菊科	毛连菜	*Picris davurica*
菊科	滨海牡蒿	*Artemisia littoricola*	菊科	猫儿菊	*Hypochaeris ciliata*

续表

科名	种名	拉丁名	科名	种名	拉丁名
菊科	褐苞蒿	*Artemisia phaeolepis*	菊科	丝叶鸦葱	*Scorzonera curvata*
菊科	黄金蒿	*Artemisia aurata*	菊科	鸦葱	*Scorzonera austriaca*
菊科	白莲蒿	*Artemisia sacrorum*	菊科	笔管草	*Scorzonera albicaulis*
菊科	密毛白莲蒿	*Artemisia sacrorum* var. *messerschmidtiana*	菊科	毛梗鸦葱	*Scorzonera radiata*
菊科	灰莲蒿	*Artemisia gmelinii* var. *incana*	菊科	桃叶鸦葱	*Scorzonera sinensis*
菊科	山蒿	*Artemisia brachyloba*	菊科	高山紫菀	*Aster alpinus*
菊科	差不嘎蒿	*Artemisia halodendron*	菊科	紫菀	*Aster tataricus*
菊科	光沙蒿	*Artemisia oxycephala*	菊科	圆苞紫菀	*Aster maackii*
菊科	东北绢蒿	*Seriphidium finitum*	菊科	兴安乳菀	*Galatella dahurica*
菊科	栉叶蒿	*Neopallasia pectinata*	菊科	莎菀	*Arctogeron gramineum*
菊科	欧洲千里光	*Senecio vulgaris*	菊科	碱菀	*Tripolium vulgare*
菊科	林阴千里光	*Senecio nemorensis*	菊科	短星菊	*Brachyactis ciliata*
菊科	麻叶千里光	*Senecio cannabifolius*	菊科	飞蓬	*Erigeron acer*
菊科	额河千里光	*Senecio argunensis*	菊科	长茎飞蓬	*Erigeron elongatus*
菊科	全缘橐吾	*Ligularia mongolica*	菊科	堪察加飞蓬	*Erigeron kamtschaticus*
菊科	箭叶橐吾	*Ligularia sagitta*	菊科	小蓬草	*Conyza canadensis*
菊科	橐吾	*Ligularia sibirica*	菊科	蒲公英	*Taraxacum mongolicum*
菊科	蹄叶橐吾	*Ligularia fischeri*	菊科	红梗蒲公英	*Taraxacum erythropodium*
菊科	黑龙江橐吾	*Ligularia sachalinensis*	菊科	凸尖蒲公英	*Taraxacum sinomongolicum*
菊科	山尖子	*Parasenecio hastatus*	菊科	华蒲公英	*Taraxacum sinicum*
菊科	无毛山尖子	*Parasenecio hastatus*	菊科	粉绿蒲公英	*Taraxacum dealbatum*
菊科	蓝刺头	*Echinops davuricus*	菊科	白缘蒲公英	*Taraxacum platypecidum*
菊科	砂蓝刺头	*Echinops gmelini*	菊科	芥叶蒲公英	*Taraxacum brassicifolium*
菊科	褐毛蓝刺头	*Echinops dissectus*	菊科	异苞蒲公英	*Taraxacum multisectum*
菊科	苍术	*Atractylodes lancea*	菊科	白花蒲公英	*Taraxacum pseudoalbidum*
菊科	草地风毛菊	*Saussurea amara*	菊科	亚洲蒲公英	*Taraxacum asiaticum*
菊科	碱地风毛菊	*Saussurea runcinata*	菊科	兴安蒲公英	*Taraxacum falcilobum*
菊科	齿苞风毛菊	*Saussurea odontolepis*	菊科	细叶黄鹌菜	*Youngia tenuifolia*
菊科	龙江风毛菊	*Saussurea amurensis*	菊科	碱黄鹌菜	*Youngia stenoma*

续表

科名	种名	拉丁名	科名	种名	拉丁名
菊科	密花风毛菊	*Saussurea acuminata*	菊科	苣荬菜	*Sonchus arvensis*
菊科	乌苏里风毛菊	*Saussurea ussuriensis*	菊科	苦苣菜	*Sonchus oleraceus*
菊科	小花风毛菊	*Saussurea parviflora*	菊科	山莴苣	*Lagedium sibiricum*
菊科	羽叶风毛菊	*Saussurea maximowiczii*	菊科	乳苣	*Lactuca tatarica*
菊科	美花风毛菊	*Saussurea pulchella*	菊科	多裂翅果菊	*Lactuca indica* var. *laciniata*
菊科	柳叶风毛菊	*Saussurea salicifolia*	菊科	碱小苦苣菜	*Sonchella stenoma*
菊科	硬叶风毛菊	*Saussurea firma*	菊科	抱茎苦荬菜	*Ixeris sonchifolia*
菊科	折苞风毛菊	*Saussurea recurvata*	菊科	山苦荬	*Ixeris denticulata*
菊科	达乌里风毛菊	*Saussurea davurica*	菊科	丝叶苦荬菜	*Ixeris chinensis* var. *graminifolia*
菊科	盐地风毛菊	*Saussurea salsa*	菊科	多色苦荬菜	*Ixeris chinensis* subsp. *versicolor*
菊科	旋覆花	*Inula japonica*	菊科	中华苦荬菜	*Ixeris chinensis* subsp. *chinensis*
菊科	欧亚旋覆花	*Inula britanica*	菊科	苣荬菜	*Sonchus brachyotus*
菊科	柳叶旋覆花	*Inula salicina*	菊科	还阳参	*Crepis rigescens*
菊科	屋根草	*Crepis tectorum*	禾本科	紧穗雀麦	*Bromus pumpellianus*
菊科	红轮狗舌草	*Tephroseris flammea*	禾本科	鹅观草	*Roegneria kamoji*
菊科	狗舌草	*Tephroseris kirilowii*	禾本科	缘毛鹅观草	*Roegneria pendulina* var. *pubinodis*
菊科	湿生狗舌草	*Tephroseris palustris*	禾本科	纤毛鹅观草	*Roegneria ciliaris*
菊科	全缘山柳菊	*Hieracium hololeion*	禾本科	毛叶鹅观草	*Roegneria amurensis*
菊科	山柳菊	*Hieracium umbellatum*	禾本科	直穗鹅观草	*Roegneria turczaninovii*
菊科	粗毛山柳菊	*Hieracium virosum*	禾本科	偃麦草	*Elytrigia repens*
眼子菜科	穿叶眼子菜	*Potamogeton perfoliatus*	禾本科	冰草	*Agropyron cristatum*
眼子菜科	弗里斯眼子菜	*Potamogeton friesii*	禾本科	光穗冰草	*Agropyron cristatum* var. *pectinatum*
眼子菜科	禾叶眼子菜	*Potamogeton gramineus*	禾本科	沙生冰草	*Agropyron desertorum*
眼子菜科	南方眼子菜	*Potamogeton octandrus*	禾本科	沙芦草	*Agropyron mongolicum*
眼子菜科	小眼子菜	*Potamogeton pusillus*	禾本科	根茎冰草	*Agropyron michnoi*
眼子菜科	龙须眼子菜	*Stuckenia pectinata*	禾本科	羊草	*Leymus chinensis*

续表

科名	种名	拉丁名	科名	种名	拉丁名
角果藻科	角果藻	*Zannichellia palustris*	禾本科	赖草	*Leymus secalinus*
香蒲科	达香蒲	*Typha davidiana*	禾本科	短芒大麦草	*Hordeum brevisubulatum*
香蒲科	小香蒲	*Typha minima*	禾本科	大麦草	*Hordeum vulgare*
香蒲科	长苞香蒲	*Typha domingensis*	禾本科	芒颖大麦草	*Hordeum jubatum*
香蒲科	水烛	*Typha angustifolia*	禾本科	小药大麦草	*Hordeum roshevitzii*
黑三棱科	小黑三棱	*Sparganium emersum*	禾本科	洽草	*Koeleria macrantha*
黑三棱科	黑三棱	*Sparganium stoloniferum*	禾本科	西伯利亚三毛草	*Trisetum*
黑三棱科	狭叶黑三棱	*Sparganium subglobosum*	禾本科	异燕麦	*Helictotrichon schellianum*
水麦冬科	海韭菜	*Triglochin maritimum*	禾本科	大穗异燕麦	*Helictotrichon dahuricum*
水麦冬科	水麦冬	*Triglochin palustris*	禾本科	野燕麦	*Avena fatua*
泽泻科	草泽泻	*Alisma gramineum*	禾本科	发草	*Deschampsia caespitosa*
泽泻科	东方泽泻	*Alisma orientale*	禾本科	假苇拂子茅	*Calamagrostis pseudophragmites*
泽泻科	野慈姑	*Sagittaria trifolia*	禾本科	拂子茅	*Calamagrostis epigeios*
花蔺科	花蔺	*Butomus umbellatus*	禾本科	大拂子茅	*Calamagrostis macrolepis*
禾本科	菰	*Zizania latifolia*	禾本科	兴安野青茅	*Deyeuxia turczaninowii*
禾本科	三芒草	*Aristida adscenionis*	禾本科	野青茅	*Deyeuxia pyramidalis*
禾本科	远东羊茅	*Festuca extremiorientalis*	禾本科	密穗野青茅	*Deyeuxia conferta*
禾本科	紫羊茅	*Festuca rubra subsp. rubra*	禾本科	大叶章	*Deyeuxia purpurea*
禾本科	达乌里羊茅	*Festuca dahurica*	禾本科	小花野青茅	*Deyeuxia neglecta*
禾本科	蒙古羊茅	*Festuca dahurica subsp. mongolica*	禾本科	芒剪股颖	*Agrostis trinii*
禾本科	沟叶羊茅	*Festuca rupicola*	禾本科	华北剪股颖	*Agrostis clavata*
禾本科	芦苇	*Phragmites australis*	禾本科	巨序剪股颖	*Agrostis gigantea*
禾本科	大臭草	*Melica turczaninowiana*	禾本科	歧序剪股颖	*Agrostis divaricatissima*
禾本科	臭草	*Melica scabrosa*	禾本科	西伯利亚剪股颖	*Agrostis stolonifera*
禾本科	狭叶甜茅	*Glyceria spiculosa*	禾本科	长芒棒头草	*Polypogon monspeliensis*
禾本科	水甜茅	*Glyceria triflora*	禾本科	菵草	*Beckmannia syzigachne*
禾本科	二蕊甜茅	*Glyceria lithuanica*	禾本科	小针茅	*Stipa tianschanica* var. *klemenzii*
禾本科	水茅	*Scolochloa festucacea*	禾本科	大针茅	*Stipa grandis*

续表

科名	种名	拉丁名	科名	种名	拉丁名
禾本科	银穗草	*Leucopoa albida*	禾本科	克氏针茅	*Stipa sareptana* var. *krylovii*
禾本科	早熟禾	*Poa annua*	禾本科	贝加尔针茅	*Stipa baicalensis*
禾本科	散穗早熟禾	*Poa subfastigiata*	禾本科	芨芨草	*Achnatherum splendens*
禾本科	渐狭早熟禾	*Poa attenuata*	禾本科	朝阳芨芨草	*Achnatherum nakaii*
禾本科	草地早熟禾	*Poa pratensis*	禾本科	远东芨芨草	*Achnatherum extremiorientale*
禾本科	硬质早熟禾	*Poa sphondylodes*	禾本科	羽茅	*Achnatherum sibiricum*
禾本科	额尔古纳早熟禾	*Poa argunensis*	禾本科	冠芒草	*Enneapogon desvauxii*
禾本科	乌库早熟禾	*Poa ochotensis*	禾本科	画眉草	*Eragrostis pilosa*
禾本科	高株早熟禾	*Poa alta*	禾本科	小画眉	*Eragrostis minor*
禾本科	假泽早熟禾	*Poa pseudopalustris*	禾本科	大画眉草	*Eragrostis cilianensis*
禾本科	林地早熟禾	*Poa nemoralis*	禾本科	多秆画眉草	*Eragrostis multicaulis*
禾本科	瑞沃达早熟禾	*Poa reverdattoi*	禾本科	糙隐子草	*Cleistogenes squarrosa*
禾本科	泽地早熟禾	*Poa palustris*	禾本科	多叶隐子草	*Cleistogenes polyphylla*
禾本科	西伯利亚早熟禾	*Poa sibirica*	禾本科	无芒隐子草	*Cleistogenes songorica*
禾本科	细叶早熟禾	*Poa angustifolia*	禾本科	丛生隐子草	*Cleistogenes caespitosa*
禾本科	蒙古早熟禾	*Poa mongolica*	禾本科	包鞘隐子草	*Cleistogenes kitagawai*
禾本科	星星草	*Puccinellia tenuiflora*	禾本科	中华隐子草	*Cleistogenes chinensis*
禾本科	线叶碱茅	*Puccinellia filifolia*	禾本科	中华草沙蚕	*Tripogon chinensis*
禾本科	热河碱茅	*Puccinellia jeholensis*	禾本科	虎尾草	*Chloris virgata*
禾本科	日本碱茅	*Puccinellia nipponica*	禾本科	隐花草	*Crypsis aculeata*
禾本科	柔枝碱茅	*Puccinellia manchuriensis*	禾本科	毛秆野古草	*Arundinella hirta*
禾本科	鹤甫碱茅	*Puccinellia hauptiana*	禾本科	长芒稗	*Echinochloa caudata*
禾本科	碱茅	*Puccinellia distans*	禾本科	稗	*Echinochloa crusgalli*
禾本科	朝鲜碱茅	*Puccinellia chinampoensis*	禾本科	无芒稗	*Echinochloa crusgalli* var. *mitis*
禾本科	无芒雀麦	*Bromus inermis*	禾本科	野黍	*Eriochloa villosa*
禾本科	缘毛雀麦	*Bromus ciliatus*	禾本科	止血马唐	*Digitaria ischaemum*

续表

科名	种名	拉丁名	科名	种名	拉丁名
禾本科	锋芒草	*Tragus mongolorum*	莎草科	红毛羊胡子草	*Eriophorum russeolum*
禾本科	狗尾草	*Setaria viridis*	莎草科	内蒙古扁穗草	*Blysmus rufus*
禾本科	紫穗狗尾草	*Setaria viridis* var. *purpurascens*	莎草科	密穗莎草	*Cyperus fuscus*
禾本科	金色狗尾草	*Setaria glauca*	莎草科	槽鳞扁莎	*Pycreus sanguinolentus*
禾本科	断穗狗尾草	*Setaria arenaria*	百合科	蒙古葱	*Allium mongolicum*
禾本科	大油芒	*Spodiopogon sibiricus*	百合科	多根葱	*Allium polyrhizum*
禾本科	白草	*Pennisetum centrasiaticum*	百合科	矮葱	*Allium anisopodium*
禾本科	垂穗披碱草	*Elymus nutans*	百合科	细叶葱	*Aliium tenuissimum*
禾本科	老芒麦	*Elymus sibiricus*	百合科	双齿葱	*Aliium bidentatum*
禾本科	披碱草	*Elymus dahuricus* var. *dahuricus*	百合科	黄花葱	*Aliium condensatum*
禾本科	圆柱披碱草	*Elymus dahuricus* var. *cylindricus*	百合科	山韭	*Allium senescens*
禾本科	肥披碱草	*Elymus excelsus*	百合科	野韭	*Allium ramosum*
禾本科	光稃茅香	*Anthoxanthum glabrum*	百合科	硬皮葱	*Allium ledebourianum*
禾本科	茅香	*Hierochloe odorata*	百合科	辉葱	*Allium strictum*
禾本科	虉草	*Phalaris arundinacea*	百合科	蒙古野葱	*Allium prostratum*
禾本科	假梯牧草	*Phleum phleoides*	百合科	长梗韭	*Allium neriniflorum*
禾本科	短穗看麦娘	*Alopecurus brachystachyus*	百合科	白头葱	*Allium leucocephalum*
禾本科	看麦娘	*Alopecurus aequalis*	百合科	蒙古野韭	*Allium prostratum*
禾本科	大看麦娘	*Alopecurus pratensis*	百合科	山丹	*Lilium pumilum*
禾本科	苇状看麦娘	*Alopecurus arundinaceus*	百合科	毛百合	*Lilium dauricum*
莎草科	扁秆荆三棱	*Bolboschoenus planiculmis*	百合科	有斑百合	*Lilium concolor* var. *pulchellum*
莎草科	单穗藨草	*Scripus radicans*	百合科	少花顶冰花	*Gagea pauciflora*
莎草科	矮针蔺	*Trichophorum pumilum*	百合科	小顶冰花	*Gagea hiensis*
莎草科	水葱	*Scirpus validus*	百合科	小黄花菜	*Hemerocallis minor*
莎草科	寸草苔	*Carex duriuscula*	百合科	藜芦	*Veratrum nigrum*

续表

科名	种名	拉丁名	科名	种名	拉丁名
莎草科	脚苔草	*Carex pediformis*	百合科	兴安藜芦	*Veratrum dahuricum*
莎草科	黄囊薹草	*Carex korshinskyi*	百合科	龙须菜	*Asparagus schoberioides*
莎草科	灰脉薹草	*Carex appendiculata* var. *appendiculata*	百合科	兴安天门冬	*Asparagus davuricus*
莎草科	小囊灰脉薹草	*Carex appendiculata* var. *sacculiformis*	百合科	舞鹤草	*Maianthemum bifolium*
莎草科	扁囊薹草	*Carex coriophora*	百合科	北重楼	*Paris verticillata*
莎草科	叉齿薹草	*Carex gotoi*	百合科	知母	*Anemarrhena asphodeloides*
莎草科	二柱薹草	*Carex lithophila*	百合科	铃兰	*Convallaria majalis*
莎草科	灰株薹草	*Carex rostrata*	百合科	小玉竹	*Polygonatum humile*
莎草科	假尖嘴薹草	*Carex laevissima*	百合科	黄精	*Polygonatum sibiricum*
莎草科	尖嘴薹草	*Carex leiorhyncha*	百合科	玉竹	*Polygonatum odoratum*
莎草科	米柱薹草	*Carex glauciformis*	鸢尾科	射干鸢尾	*Iris dichotoma*
莎草科	莎薹草	*Carex bohemica*	鸢尾科	细叶鸢尾	*Iris tenuifolia*
莎草科	山林薹草	*Carex yamatsutana*	鸢尾科	粗根鸢尾	*Iris tigridia*
莎草科	湿薹草	*Carex humida*	鸢尾科	马蔺	*Iris lactea* var. *chinensis*
莎草科	狭囊薹草	*Carex diplasiocarpa*	鸢尾科	白花马蔺	*Iris lactea* var. *lactea*
莎草科	纤弱薹草	*Carex capillaris*	鸢尾科	单花鸢尾	*Iris uniflora*
莎草科	小粒薹草	*Carex karoi*	鸢尾科	黄花鸢尾	*Iris wilsonii*
莎草科	羊角薹草	*Carex capricornis*	鸢尾科	囊花鸢尾	*Iris ventricosa*
莎草科	锥囊薹草	*Carex raddei*	鸢尾科	北陵鸢尾	*Iris typhifolia*
莎草科	额尔古纳薹草	*Carex argunensis*	鸢尾科	溪荪	*Iris sanguinea*
莎草科	走茎薹草	*Carex reptabunda*	鸢尾科	长白鸢尾	*Iris mandshurica*
莎草科	无脉薹草	*Carex enervis*	鸢尾科	玉蝉花	*Iris ensata*
莎草科	砾薹草	*Carex stenophylloides*	灯心草科	多花地杨梅	*Luzula multiflora*
莎草科	离穗薹草	*Carex eremopyroides*	灯心草科	淡花地杨梅	*Luzula pallescens*
莎草科	大穗薹草	*Carex rhynchophysa*	灯心草科	小灯心草	*Juncus bufonius*

续表

科名	种名	拉丁名	科名	种名	拉丁名
莎草科	膜囊薹草	*Carex vesicaria*	灯心草科	细灯心草	*Juncus gracillimus*
莎草科	麻根薹草	*Carex arnellii*	灯心草科	栗花灯心草	*Juncus castaneus*
莎草科	凸脉薹草	*Carex lanceolata*	天南星科	菖蒲	*Acorus calamus*
莎草科	丛薹草	*Carex caespitosa*	浮萍科	浮萍	*Lemna minor*
莎草科	膨囊薹草	*Carex schmidtii*	浮萍科	日本浮萍	*Lemna japonica*
莎草科	褐穗莎草	*Cyperus fuscus*	浮萍科	乳突浮萍	*Lemna turionifera*
莎草科	水莎草	*Juncellus serotinus*	浮萍科	品藻	*Lemna trisulca*
莎草科	花穗水莎草	*Juncellus pannonicus*	浮萍科	紫萍	*Spirodela polyrhiza*
莎草科	牛毛毡	*Heleocharis yokoscensis*	鸭跖草科	鸭跖草	*Commelina communis*
莎草科	中间型荸荠	*Eleocharis intersita*	兰科	大花杓兰	*Cypripedium macranthos*
莎草科	扁基荸荠	*Eleocharis fennica*	兰科	手掌参	*Gymnadenia conopsea*
莎草科	乌苏里荸荠	*Eleocharis ussuriensis*	兰科	绶草	*Spiranthes sinensis*
莎草科	沼泽荸荠	*Eleocharis palustris*	兰科	裂唇虎舌兰	*Epipogium aphyllum*
莎草科	东方羊胡子草	*Eriophorum angustifolium*	浮萍科	浮萍	*Lemna minor*
莎草科	羊胡子草	*Eriophorum vaginayum*			

参考文献

Abel C, Brandt M, Tagesson T, et al. Improved Characterization of Dryland Degradation Using Trends in Vegetation/Rainfall Sequential Linear Regression (Sergs-Trend). IGARSS 2018-2018 IEEE International Geoscience and Remote Sensing Symposium. IEEE, 2018, 2988-2991.

Abel C, Horion S, Tagesson T. Towards improved remote sensing based monitoring of dryland ecosystem functioning using sequential linear regression slopes (SeRGS). Remote sensing of environment, 2019, 224: 317-332.

Abril A, Bucher E H. Overgrazing and soil carbon dynamics in the western Chaco of Argentina. Applied Soil Ecology, 2001, 6 (3): 243-249.

Addison J, Friedel M, Brown C, et al. A critical review of degradation assumptions applied to Mongolia's Gobi Desert. Rangeland Journal, 2012, 34 (2): 125-137.

Allan E, Bossdorf O, Dormann C F. Inter-annual variation in land-use intensity enhances grassland multidiversity. Proceedings of The National Academy of Sciences, 2014, 111 (1): 308-313.

Allan E, Manning P, Alt F, et al. Land use intensification alters ecosystem multifunctionality via loss of biodiversity and changes to functional composition. Ecology Letters, 2015, 18 (8): 834-843.

Allcock K G, Hik D S. Survival, growth, and escape from herbivory are determined by habitat and herbivore species for three Australian woodland plants. Oecologia, 2004, 138: 231-241.

An Z S, Colman S M, Zhou W J. Interplay between the Westerlies and Asian monsoon recorded in Lake Qinghai sediments since 32 Ka. Scientific Reports, 2012, 2 (8): 619-625.

Anderson M, Bourgeron P, Bryer M T, et al. International Classification of Ecological Communities: Terrestrial Vegetation of the United States. Volume Ⅱ. The National Vegetation Classification System: List of Types. Arlington, USA: The Nature Conservancy, 1998.

Andrés V, Nicholas C C, Markus W, et al. Forest canopy effects on snow accumulation and ablation: An integrative review of empirical results. Journal of Hydrology,

2010, 392 (3-4): 219-233.

Angassa A. Effects of grazing intensity and bush encroachment on herbaceous species and rangeland condition in southern Ethiopia. Land Degradation and Development, 2014, 25 (5): 438-451.

Archer S. Have southern Texas savannas been converted to woodlands in recent history? The American Naturalist, 1989, 134: 545- 561.

Asner G P, Elmore A J, Olander L P, et al. Grazing systems, ecosystem responses, and global change. Annual Review of Environment and Resources, 2004, 29 (1): 261-299.

Austrheim G. Plant diversity patterns in semi-natural grasslands along an elevational gradient in southern Norway. Plant Ecology, 2002, 161 (2): 193-205.

Avila-Ospina L, Moison M, Yoshimoto K, et al. Autophagy, plant senescence, and nutrient recycling. Journal of Experimental Botany, 2014, 65 (14): 3799-3811.

Avolio M L, Forrestel E J, Chang C C, et al. Demystifying dominant species. New Phytologist, 2019, 223 (3): 1106-1126.

Azeria E T, Fortin D, Hébert C, et al. Using null model analysis of species cooccurrences to deconstruct biodiversity patterns and select indicator species. Diversity and Distributions, 2009, 15 (6): 958-971.

Baeza S, Paruelo J M. Land Use/Land Cover Change (2000–2014) in the Rio de la Plata Grasslands: An Analysis Based on MODIS NDVI Time Series. Remote Sensing, 2020, 12 (3): 381.

Bai Y F, Wu J G, Clark C M, et al. Tradeoffs and thresholds in the effects of nitrogen addition on biodiversity and ecosystem functioning: evidence from Inner Mongolia grasslands. Global Change Biology, 2010, 16: 358-372.

Bai Y, Wu J, Clark C M. Grazing alters ecosystem functioning and C : N : P stoichiometry of grasslands along a regional precipitation gradient. Journal of Applied Ecology, 2012, 49 (6): 1204-1215.

Bailey D W, Gross J E, Laca E A. Mechanisms that result in large herbivore grazing patterns. Journal of Range Management, 1996, 9 (5): 386-400.

Bainbridge D A. A guide for desert and dryland restoration: new hope for arid lands. Island Press, 2012.

Bannar-Martin K H, Kremer C T, Ernest S, et al. Integrating community assembly and biodiversity to better understand ecosystem function: the Community Assembly and the Functioning of Ecosystems (CAFE) approach. Ecology Letters, 2018, 21

(2): 167-180.

Bao G, Qin Z H, Bao Y H, et al. NDVI-based long-term vegetation dynamics and its response to climatic change in the Mongolian Plateau. Remote Sensing, 2014, 6 (9): 8337-8358.

Baoyin T, Li F Y, Bao Q, et al. Effects of mowing regimes and climate variability on hay production of *Leymus chinensis* (Trin.) Tzvelev grassland in northern China. Rangeland Journal, 2014, 36: 593-600.

Bardgett R D, Wardle D A. Aboveground-Belowground Linkages, Biotic Interactions, Ecosystem Processes, and Global Change. Oxford Series in Ecology and Evolution. New York, USA: Oxford University Press, 2010.

Bardgett R, Wardle D A. Aboveground-belowground linkages: biotic interactions, ecosystem processes, and global change. Eos Transactions American Geophysical Union, 2013, 92 (26): 222-222.

Bastin G N, Smith D M S, Watson I W, et al. The Australian Collaborative Rangelands Information System: Preparing for a climate of change. Rangeland Journal, 2009, 31: 111-125.

Beckage B B, Osborne D G, Gavin C P, et al. A rapid upward shift of a forest ecotone during 40 years of warming in the Green Mountains of Vermont. Proceedings of the National Academy of Sciences USA, 2008, 105 (11): 4197-4202.

Bell-Fialkoff A. The Role of Migration in the History of the Eurasian Steppe: Sedentary Civilization vs. "Barbarian" and Nomad. Houndmills, UK: Macmillan Press Ltd, 2000.

Benot M L, Saccone P, Pautrat E, et al. Stronger short-term effects of mowing than extreme summer weather on a subalpine grassland. Ecosystems, 2014, 17 (3): 458-472.

Berman D I. Cold steppes of the north-east Asia. Magadan, RU: Russian Academy of Science, 2001.

Bestelmeyer B T, Ash A, Brown J R, et al. State and Transition Models: Theory, Applications, and Challenges. Springer International Publishing, 2017.

Bestelmeyer B T, Tugel A J, Peacock G L, et al. State and transition models for heterogeneous landscapes: A strategy for development and application. Rangeland Ecology and Management, 2009, 62: 1-15.

Bestelmeyer B T. National assessment and critiques of state-and-transition models: The baby with the bathwater. Rangelands, 2015, 37: 125-129.

Bestelmeyer B T. Threshold concepts and their use in rangeland management and restoration: The good, the bad, and the insidious. Restoration Ecology, 2006, 14 (3): 325-329.

Bestelmeyer B T, J E Herrick, J R Brown, et al. Land management in the American southwest: A state and transition approach to ecosystem complexity. Environmental Management, 2004, 34: 38-51.

Bezemer T M, Lawson C S, Hedlund K, et al. Lant species and functional group effects on abiotic and microbial soil properties and plant-soil feedback responses in two grasslands. Journal of Ecology, 2006, 94 (5): 893-904.

Bisigato A J, Rita María Lopez Laphitz. Ecohydrological effects of grazing-induced degradation in the Patagonian Monte, Argentina. Austral Ecology, 2009, 34 (5): 545-557.

Blüthgen N, Simons N, Jung K, et al. Land use imperils plant and animal community stability through changes in asynchrony rather than diversity. Nature Communication, 2016, 7: 10697.

Bobbink R, Hicks K, Galloway J, et al. Global assessment of nitrogen deposition effects on terrestrial plant diversity: a synthesis. Ecological Applications, 2010, 20: 30-59.

Boch S, Prati D, Schöning I, et al. Lichen species richness is highest in nonintensively used grasslands promoting suitable microhabitats and low vascular plant competition. Biodiversity and Conservation, 2016, 25: 225-238.

Borchardt P, Schickhoff U, Scheitweiler S, et al. Mountain pastures and grasslands in the SW Tien Shan, Kyrgyzstan-floristic patterns, environmental gradients, phytogeography, and grazing impact. Journal of Mountain Science, 2011, 8 (3): 363-373.

Botta-Dukát Z. Rao's quadratic entropy as a measure of functional diversity. Journal of Vegetation Science, 2005, 16 (5): 533-540.

Brown A, Martinez O U, Acerbi M, et al. La situación ambiental Argentina 2005. Buenos Aires: Fundación Vida Silvestre Argentina, 2006.

Bullock J M, Aronson J, Newton A C, et al. Restoration of ecosystem services and biodiversity: Conflicts and opportunities. Trends in Ecology and Evolution, 2011, 26 (10): 541-549.

Bullock J M, Clear Hill B, Dale M P, et al. An experimental study of vegetation change due to sheep grazing in a species-poor grassland and the role of seedling recruitment into gaps. Journal of Applied Ecology, 1994, 31: 493-507.

Burrell A L, Evans J P, Liu Y. Detecting dryland degradation using time series segmentation and residual trend analysis (TSS-RESTREND). Remote sensing of environment, 2017, 197: 43-57.

Burrell A L, Evans J P, Liu Y. The impact of dataset selection on land degradation assessment. ISPRS journal of photogrammetry and remote sensing, 2018, 146: 22-37.

Butler S J, Freckleton R P, Renwick A R. An objective, niche-based approach to indicator species selection. Methods in Ecology and Evolution, 2012, 3: 317-326.

Byrnes J E K, Gamfeldt L, Isbell F, et al. Investigating the relationship between biodiversity and ecosystem multifunctionality: challenges and solutions. Methods in ecology and evolution, 2014, 5 (2): 111-124.

Cadotte M W, Carscadden K, Mirotchnick N. Beyond species: functional diversity and the maintenance of ecological processes and services. Journal of Applied Ecology, 2011, 48: 1079-1087.

Cadotte M W, Cavender-Bares J, Tilman D, et al. Using Phylogenetic, Functional and Trait Diversity to Understand Patterns of Plant Community Productivity. PLoS One, 2009, 4 (5): e5695.

Cai H, Yang X, Xu X. Human-induced grassland degradation/restoration in the central Tibetan Plateau: The effects of ecological protection and restoration projects. Ecological Engineering, 2015, 83: 112-119.

Cardinale B J, Duffy J E , Gonzalez A, et al. Biodiversity loss and its impact on humanity. Nature, 2012, 486 (7401): 59-67.

Cardinale B J, Matulich K L, Hooper D U, et al. The functional role of producer diversity in ecosystems. American Journal of Botany, 2011, 98 (3): 572-592.

Cardinale B, Gross K, Fritschie K, et al. Biodiversity simultaneously enhances the production and stability of community biomass, but the effects are independent. Ecology, 2013, 94 (8): 1697-1707.

Caro T. Conservation by Proxy: Indicator, umbrella, keystone, flagship, and other surrogate species. Washington: Island Press, 2010.

Casper B B, Castelli J P. Evaluating plant-soil feedback together with competition in a serpentine grassland. Ecology Letters, 2007, 10 (5): 394-400.

Catorci A, Cesaretti S, Malatesta L, et al. Effects of grazing vs mowing on the functional diversity of sub-Mediterranean productive grasslands. Applied Vegetation Science, 2014, 17 (4): 658-669.

Catorci A, Gatti R, Cesaretti S. Effect of sheep and horse grazing on species and functional composition of sub-mediterranean grasslands. Applied Vegetation Science, 2012, 15 (4): 459-469.

Catorci A, Ottaviani G, Kosi I V, et al. Effect of spatial and temporal patterns of stress and disturbance intensities in a sub-mediterranean grassland. Plant Biosystems, 2012a, 146 (2): 352-367.

Caudle D, Dibenedetto J, Karl M. Interagency ecological site handbook for rangelands. United States Government, 2013.

CENMN (Comprehensive Expedition in Nei Mongol, Ningxia, Chinese Academy of Sciences). Nei Mongol Vegetation. Beijing: Science Press, 1985.

Chai Q L, Ma Z Y, Chang X F, et al. Optimizing management to conserve plant diversity and soil carbon stock of semi-arid grasslands on the Loess Plateau. Catena, 2019, 172: 781-788.

Chaneton E J, Lavado R S. Soil nutrients and salinity after long-term grazing exclusion in a flooding Pampa grassland. Journal of Range Management, 1996, 49 (2): 182-187.

Charlène K, Joachim C, Valérie D, et al. How does eutrophication impact bundles of ecosystem services in multiple coastal habitats using state-and-transition models. Ocean & Coastal Management. 2019. DOI: 10.1016/j.ocecoaman.2019.03.28.

Chen F H, Chen J H, Holmes J, et al. Moisture changes over the last millennium in arid central Asia: a review, synthesis and comparison with monsoon region. Quaternary Science Reviews, 2010, 29 (7-8): 1055-1068.

Chen L Z, Sun H, Guo K. Flora and Vegetation Geography of China. Beijing, China: Science Press, 2014.

Chen L, Dong M, Shao Y. The characteristics of interannual variations on the East Asian monsoon. Journal of The Meteorological Society of Japan, 1992, 80 (1B): 397-421.

Chen W, Graf H F, Huang R H. The interannual variability of East Asian Winter Monsoon and its relation to the summer monsoon. Advances in Atmospheric Sciences, 2000, 17 (1): 48-60.

Chen Y Z, Ju W M, Groisman P, et al. Quantitative assessment of carbon sequestration reduction induced by disturbances in temperate Eurasian steppe. Environmental Research Letters, 2017a, 12 (11): 115005.

Chen Y Z, Sun Z G, Qin Z H, et al. Modeling the regional grazing impact on vegetation carbon sequestration ability in Temperate Eurasian Steppe. Journal of Integrative Agriculture, 2017b, 16 (10): 60345-7.

Chillo V, Ojeda R A, Capmourteres V, et al. Functional diversity loss with increasing livestock grazing intensity in drylands: the mechanisms and their consequences depend on the taxa. Journal of Applied Ecology, 2016, 54 (3): 986-996.

Christensen N L, Bartuska A M, Brown J H, et al. The report of the Ecological Society of America Committee on the Scientific Basis for Ecosystem Management. Ecological Applications, 1996, 6 (3): 665-691.

Ci L J, Yang X H. Desertification and its control in China. Higher Education Press, 2010, 17 (12): 2899-2916.

Cid M S, Ferri C M, Brizuela M A, et al. Structural heterogeneity and productivity of a tall fescue pasture grazed rotationally by cattle at four stocking densities. Grassland Science, 2008, 54 (1): 9-16.

Cipriotti P A, Martín R A. Direct and indirect effects of grazing constrain shrub encroachment in semi-arid Patagonian steppes. Applied Vegetation Science, 2012, 15 (1): 35-47.

Clements E E. Plant Succession: An Analysis of the Development of Vegetation. Carnegie Institution of Washington, 1916.

Cohen W B, Yang Z, Healey S P, et al. A LandTrendr multispectral ensemble for forest disturbance detection. Remote Sensing of Environment, 2018, 205: 131-140.

Collins S L, Knapp A K, Briggs J M, et al. Steinauer Modulation of Diversity by Grazing and Mowing in Native Tallgrass Prairie. Science, 1998, 208: 745-747.

Colloff M J, Doherty M D, Lavorel S, et al. Adaptation services and pathways for the management of temperate montane forests under transformational climate change. Climatic Change, 2016, 138: 267-282.

Conant R T. Challenges and opportunities for carbon sequestration in grassland systems. Integrated Crop Management, 2010.

Conti G, Díaz S. Plant functional diversity and carbon storage-an empirical test in semi-arid forest ecosystems. Journal of Ecology, 2013, 101 (1): 18-28.

Corby G A. The airflow over mountains. John Wiley and Sons, Ltd, 1954, 80 (346): 491-521.

Costanza R, Fisher B, Mulder K, et al. Biodiversity and ecosystem services: A multi-scale empirical study of the relationship between species richness and net primary production. Ecological Economics, 2007 (2-3), 61: 478-491.

Cowles, Chandler H. The ecological relations of the vegetation on the sand dunes of Lake Michigan. Botanical Gazette, 1899, 27（3）: 281-308.

Craven D, Isbell F, Manning P, et al. Plant diversity effects on grassland productivity are robust to both nutrient enrichment and drought. Philosophical Transactions of The Royal Society B Biological Sciences, 2016, 371（1694）: 543-546.

Crutsinger G M, Collins M D, Fordyce J A, et al. Plant genotypic diversity predicts community structure and governs an ecosystem process. Science, 2006, 313: 966-968.

Cutter S L, Ash K D, Emrich C T. The Geographies of Community Disaster Resilience. Global Environmental Change, 2014, 29（29）: 65-77.

Czembor C A, Vesk P A. Incorporating between-expert uncertainty into state-and-transition simulation models for forest restoration. Forest Ecology and Management, 2009, 259（10）: 165-175.

Damgaard C. A Critique of the Space-for-Time Substitution Practice in Community Ecology. Trends in Ecology & Evolution, 2019, 34（5）: 416-421.

De Cáceres M, Chytrý M, Agrillo E. A comparative framework for broadscale plot-based vegetation classification. Applied Vegetation Science, 2015, 18: 543-560.

De Cáceres M, Legendre P, Wiser S K, et al. Using species combinations in indicator value analyses. Methods in Ecology and Evolution, 2012, 3（6）: 973-982.

De Keersmaecker W, Lhermitte S, Hill M J, et al. Assessment of regional vegetation response to climate anomalies: A case study for australia using GIMMS NDVI time series between 1982 and 2006. Remote Sensing, 2017, 9（1）: 34.

Delgado-Baquerizo M, Maestre F T, Gallardo A, et al. Decoupling of soil nutrient cycles as a function of aridity in global drylands. Nature, 2013, 502: 672-676.

Dengler J, Monika J, Péter T, et al. Biodiversity of Palaearctic grasslands: a synthesis. Agriculture Ecosystems & Environment, 2014, 182（4）: 1-14.

Detling J K. Mammalian herbivores: ecosystem-level effects in two grassland national parks. Wildlife Society Bulletin, 1998, 26（3）: 438-448.

Deyn G B D, Shiel R S, Ostle N J, et al. Additional carbon sequestration benefits of grassland diversity restoration. Journal of Applied Ecology, 2011, 48（3）: 600-608.

Dí S az, Lavorel S, Bello F D, et al. Land change science special feature: incorporating plant functional diversity effects in ecosystem service assessments. Proceedings of the National Academy of Science, 2007, 104（52）, 20684-20689.

Díaz S, Lavorel S, McIntyre S, et al. Plant trait responses to grazing -a global synthesis. Global Change Biology, 2007, 13 (2): 313-341.

Dib V, Pires A P F, Nova C C, et al. Biodiversity - mediated effects on ecosystem functioning depend on the type and intensity of environmental disturbances. Oikos, 2020, 129 (3): 433-443.

Ding Y H, Liu Y J, Song Y F, et al. From MONEX to the Global Monsoon: A Review of Monsoon System Research. Advances in Atmospheric Sciences, 2015, 32: 10-31.

Dixon J M. Koeleria macrantha (Ledeb.) Schultes [K. alpigena Domin, K. cristata (L.) Pers. pro parte, K. gracilis Pers. K. albescens auct. non DC.]. Journal of Ecology, 2000, 88 (4): 709-726.

Don F L, Todd KW, Del M, et al. EcoVeg: a new approach to vegetation description and classification. Ecological Monographs, 2014, 84 (4), 533-561.

Dong J W, Liu J Y, Zhang G L, et al. Climate change affecting temperature and aridity zones: a case study in Eastern Inner Mongolia, China from 1960-2008. Theoretical and Applied Climatology, 2013, 113 (3-4): 561-572.

Dooley A, Isbell F, Kirwan L. Testing the effects of diversity on ecosystem multi-functionality using a multivariate model. Ecology Letters, 2015, 18: 1242-1251.

Dudley N, Bhagwat S A, Harris J, et al. Measuring progress in the status of land under forest landscape restoration using abiotic and biotic indicators. Restoration Ecology, 2018, 26: 5-12.

Duffy J E, Richardson J P, Canuel E A. Grazer diversity effects on ecosystem functioning in seagrass beds. Ecology Letters, 2003, 6 (7): 637-645.

DuFrene M, Legendre P. Species assemblages and indicator species: the need for a flexible symmetrical approach. Ecological Applications, 1997, 67: 345-366.

Dulamsuren C, Hauck M, Michael Mühlenberg. Vegetation at the taiga forest-steppe borderline in the western Khentey Mountains, northern Mongolia. Annales Botanici Fennici, 2005, 42 (6), 411-426.

ECVC (The editorial committee of vegetation of China). Vegetation of China. Science Press, Beijing, China (in Chinese), 1980.

Egoh B N, Reyers B, Rouget M, et al. Identifying priority areas for ecosystem service management in South African grasslands. Environmental Management, 2011, 92 (6): 1642-1650.

Eisenhauer N, Schielzeth H, Barnes A D, et al. Chapter One-A multitrophic perspective on biodiversity-ecosyste functioning research. Advances in Ecological Research, 2019, 1-54.

Eldridge D J, Delgado-Baquerizo M. Grazing reduces the capacity of landscape function analysis to predict regional-scale nutrient availability or decomposition, but not total nutrient pools. Ecological Indicators, 2018a, 90: 494-501.

Eldridge D J, Delgado-Baquerizo M, Travers S K, et al. Livestock activity increases exotic plant richness, but wildlife increases native richness, with stronger effects under low productivity. Journal of Applied Ecology, 2018b, 55: 766-776.

Eldridge D J, Poore A G B, Ruiz-Colmenero M, et al. Ecosystem structure, function and composition in rangelands are negatively affected by livestock grazing. Ecological Applications, 2016, 6: 1273-1283.

Fleishman E, Murphy D D. A realistic assessment of the indicator potential of butterflies and other charismatic taxonomic groups. Conservation Biology, 2009, 23 (5): 1109-1116.

Flynn D F, Mirotchnick N, Jain M, et al. Functional and phylogenetic diversity as predictors of biodiversity–ecosystem-function relationships. Ecology, 2011, 92 (8): 1573-1581.

Fons V D P. Biodiversity and ecosystem functioning in naturally assembled communities. Biological Reviews, 2019, 94 (4): 1220-1245.

Ford H, Garbutt A, Jones D L, et al. Impacts of grazing abandonment on ecosystem service provision: Coastal grassland as a model system. Agriculture Ecosystems and Environment, 2012, 162: 108-115.

Forman R T T, Godron M. Landscape ecology. John Wiley & Sons, New York. 1986.

Frank D A. The interactive effects of grazing ungulates and aboveground production on grassland diversity. Oecologia, 2005, 143 (4): 629-634.

Franzluebbers A J, Wright S F, Stuedemann J A. Soil aggregation and glomalin under pastures in the Southern Piedmont USA. Soil Science Society of America Journal, 2000, 64 (3): 1018-1026.

Friedel M H. Range condition assessment and the concept of thresholds: a viewpoint. Journal of Range Management, 1991, 44: 422-426.

Fu G, Shen Z X. Clipping has stronger effects on plant production than does warming in three alpine meadow sites on the northern Tibetan plateau. Scientific Reports, 2017, 7: 16330.

Gabriel O, Cibils A, Borrelli P, et al. Stable states in relation to grazing in Patagonia:

A 10-year experimental trial. Journal of Arid Environments, 1998, 40: 113-131.

Gadghiev I M, Korolyuk A Yu, Tytlyanova A A, et al. Stepi Centralnoi Azii. Novosibirsk, RU: SB RAS Publisher, 2002.

Gamfeldt L, Hillebrand H, Jonsson P R. Multiple functions increase the importance of biodiversity for overall ecosystem functioning. Ecology, 2008, 89 (5): 1223-1231.

Gang C, Zhou W, Chen Y. Quantitative assessment of the contributions of climate change and human activities on global grassland degradation. Environmental Earth Sciences, 2014, 72 (11): 4273-4282.

Gao J X, Chen Y M, Lü S H, et al. A ground spectral model for estimating biomass at the peak of the growing season in Hulunbeier grassland, Inner Mongolia, China. International Journal of Remote Sensing, 2012, 33 (13): 4029-4043.

García-Palacios P, Gross N, Gaitán J, et al. Climate mediates the biodiversity-ecosystem stability relationship globally. Proceedings of the National Academy of Sciences, 2018, 115 (33): 8400-8405.

Gardner T A, Barlow J, Chazdon R, et al. Prospects for tropical forest biodiversity in a human-modified world. Ecology Letters, 2009, 12 (6): 561-582.

Garland G, Banerjee S, Edlinger A, et al. A closer look at the functions behind ecosystem multifunctionality: A review. Journal of Ecology, 2020, 109 (51): 1-14.

Gasparatos A, El-Haram M, Horner M. A critical review of reductionist approaches for assessing the progress towards sustainability. Environmental Impact Assessment Review, 2008, 28 (4-5): 286-311.

Gianluigi Ottaviani, Sandro Ballelli, Sabrina Cesaretti. Functional differentiation of central Apennine grasslands under mowing and grazing disturbance regimes. Polish Journal of Ecology, 2011, 59 (1): 121-134.

Godron M, Forman R. Landscape Modification and Changing Ecological Characteristics. Springer Berlin Heidelberg, 1983.

Gong D Y, Chang H H. The Siberia High and climate change over middle to high latitude Asia. Theoretical and Applied Climatology, 2002, 72 (1-2): 1-9.

Gong H, Wang D. Perspectives in optimization models of grassland grazing systems. Acta Prataculturae Sinica, 2006, 15: 1-8.

Gonzalez A, Germain R M, Srivastava D S, et al. Scaling-up biodiversity-ecosystem functioning research. Ecology Letters, 2020, 23: 757-776.

Gorelick N, Hancher M, Dixon M. Google earth engine: planetary-scale geospatial analysis for everyone. Remote Sensing of Environment, 2017, 202 (1): 18-27.

Grice A C, N D MacLeod. State and transition models for rangelands. 6. State and transition models as aids to communication between scientists and land managers. Tropical Grasslands, 1994, 28: 241-246.

Griffin J N, Méndez V, Johnson A F, et al. Functional diversity predicts overyielding effect of species combination on primary productivity. Oikos, 2009, 118: 37-44.

Grime J P, Hillier S H. The contribution of seedling regeneration to the structure and dynamics of plant communities, ecosystems and larger units of the landscape. In: The ecology of regeneration in plant communities. Wallingford: UK: CABI Publishing, 2000.

Guo M, Jing L I, Hongshi H E, et al. Detecting Global Vegetation Changes Using Mann-Kendal (MK) Trend Test for 1982-2015 Time Period. Chinese Geographical Science, 2018, 28 (6): 907-919.

Habel J C, Dengler J, Janišová M. European grassland ecosystems: threatened hotspots of biodiversity. Biodiversity and Conservation, 2013, 22 (10): 2131-2138.

Hallett L M, Stein C, Suding K N. Functional diversity increases ecological stability in a grazed grassland. Oecologia, 2017, 183 (3): 831-840.

Han D, Wang G, Xue B. Evaluation of semiarid grassland degradation in North China from multiple perspectives. Ecological Engineering, 2018, 112: 41-50.

Han X, Sistla S A, Zhang Y H, et al. Hierarchical responses of plant stoichiometry to nitrogen deposition and mowing in a temperate steppe. Plant soil, 2014, 382 (1-2): 175-187.

Han Y, Zhang Z, Wang C, et al. Effects of mowing and nitrogen addition on soil respiration in three patches in an oldfield grassland in Inner Mongolia. J Plant Ecol, 2012, 5 (2): 219-228.

Hansson M, Fogelfors. Management of a semi-natural grassland; results from a 15-year-old experiment in southern Sweden. Journal of Vegetation Science, 2000, 11 (1): 31-38.

Harris R B. Rangeland degradation on the Qinghai-Tibetan plateau: a review of the evidence of its magnitude and causes. Journal of Arid Environments, 2010, 74 (1): 1-12.

Harrison P A, Berry P M, Haslett J R, et al. Linkages between biodiversity attributes and ecosystem services, a systematic review. Ecosystem Services, 2014, 9: 191-203.

Hautier Y, Niklaus P A, Hector A. Competition for light causes plant biodiversity loss after eutrophication. Science, 2009, 324: 636-638.

He J, Ju J, Wen Z, et al. A review of recent advances in research on Asian monsoon in China. Advances in Atmospheric Sciences, 2007, 24 (6): 972-992.

He M, Zhou G, Tengfei Y, et al. Grazing intensity significantly changes the C : N : P stoichiometry in grassland ecosystems. Global Ecology and Biogeography, 2019.

Hector A, Bagchi R. Biodiversity and ecosystem multifunctionality. Nature, 2007, 448 (7150): 188-190.

Hector A, Schmid B, Beierkuhnlein C, et al. Plant diversity and productivity experiments in European grasslands. Science, 1999, 286: 1123-1127.

Heimann T. Bioeconomy and SDGs: does the bioeconomy support the achievement of the SDGs? Earth's future, 2019, 7 (1): 43-57.

Henrik V W, Karsten W. Relationships between climate, productivity and vegetation in southern mongolian drylands. Basic and Applied Dryland Research, 2007, 1 (2): 100-120.

Herrera Paredes S, Lebeis S L, Bailey J K. Giving back to the community: microbial mechanisms of plant-soil interactions. Functional Ecology, 2016, 30 (7): 1043-1052.

Herrero M, Thornton P K. Livestock and global change: emerging issues for sustainable food systems. Proceedings of The National Academy of Sciences, 2013, 110 (52): 20878-20881.

Heyburn J, McKenzie P, Crawley M J, et al. Long-term belowground effects of grassland management: the key role of liming. Ecological Applications, 2017, 27 (7): 2001-2012.

Hilbig W, Knapp H D. Vegetationsmosaik und Florenelemente an der Wald-Steppen-Gmnze im Chentej-Gebirge (Mongolei). Flora, 1983, 174 (1-2): 1-89.

Hilbig W. The vegetation of Mongolia. SPB Academic Publishing, New York, 1997.

Hilbig W. Zur Problematik der urspriJnglichen Waldverbreitung in der Mougolischen Volksrepublik. Flora, 1987, 179: 1-15.

Hillebrand H, Bennett D M, Cadotte M W. Consequences of Dominance: a Review of Evenness Effects on Local and Regional Ecosystem Processes. Ecology, 2008, 89: 1510-1520.

Hobbs R J, Higgs E, Harris J A. Novel ecosystems: Implications for conservation and restoration. Trends in Ecology & Evolution, 2009, 24 (11): 599-605.

Hobbs R J, Suding K N. New models for ecosystem dynamics and restoration. Washington, DC: Island Press, 2009.

Hobbs R J, D A Norton. Towards a conceptual framework for restoration ecology. Restoration Ecology, 1996, 4: 93-110.

Hooper D U, Adair E C, Cardinale B J, et al. A global synthesis reveals biodiversity loss as a major driver of ecosystem change. Nature, 2012, 486: 105-108.

Hooper D U, Chapin F S, Ewel J J, et al. Effects of Biodiversity on Ecosystem Functioning: A Consensus of Current Knowledge. Ecological Monographs, 2005, 75 (1): 3-35.

Hooper D U, Vitousek P M. Effects of plant composition and diversity on nutrient cycling. Ecological Monographs, 1998, 68 (1): 121-149.

Horvat I, Glavac V, Ellenberg H. Vegetation Südosteuropas. Gustav Fischer Verlag, Stuttgart. 1974, 768. (in German)

Hou S L, Lü X T, Yin J X, et al. The relative contributions of intra-and inter-specific variation in driving community stoichiometric responses to nitrogen deposition and mowing in a grassland. Science of The Total Environment, 2019, 666: 887-893.

Hu H, Shinchilelt B, Cheng Y X, et al. Effect of Abandonment on Diversity and Abundance of Free-Living Nitrogen-Fixing Bacteria and Total Bacteria in the Cropland Soils of Hulun Buir, Inner Mongolia. PLoS ONE, 2014, 9 (9): 1-10.

Huang J, Li Y, Fu C, et al. Dryland climate change: Recent progress and challenges. Reviews of Geophysics, 2017, 55 (4): 719-778.

Huntsinger L, J W Bartolom. Ecological dynamics of Quercus dominated woodlands in California and southernSpain: a state-transition model. Vegetatio, 1992, 99- 100: 299- 305.

Hurd L E, Wolf L L. Stability in relation to nutrient enrichment in arthropod consumers of old-field successional ecosystems. Ecol. Monogr, 1974, 44: 465-482.

Isbell F, Reich P B, Tilman D, et al. Nutrient enrichmen biodiversity loss, and consequent declines in ecosystem productivity. Proceedings of the National Academy of Sciences of the United States of America, 2013, 110 (29): 11911-11916.

Jaramillo V, Detling J K. Grazing history, defoliation, and competition: effects on shortgrass production and nitrogen accumulation. Ecology, 1988, 69: 1599-1608.

Jin C, Liu J, Wang B, et al. Decadal variations of the East Asian summer monsoon forced by 11-year insolation cycle. Journal of Climate, 2019, 32 (10): 2735-2745.

Jing X , Sanders N J , Shi Y, et al. The links between ecosystem multifunctionality and above- and belowground biodiversity are mediated by climate. Nature Communications, 2015, 6 (6): 8159.

Johnson E A, Miyanishi K. Testing the assumptions of chronosequences in succession. Ecology Letters, 2008, 11 (5): 419-431.

Jones L, Stevens C, Rowe E C. Can on-site management mitigate nitrogen deposition impacts in non-wooded habitats? Biological Conservation, 2016, 212: 464-475.

Jordan D M, Anson C, Samuel B S C. Wildfire and topography impacts on snow accumulation and retention in montane forests. Forest Ecology and Management, 2019, 432: 256-263.

Jørgensen S E, Xu F L, Costanza R. Handbook of ecological indicators for assessment of ecosystem health (second edition). Boca Raton: CRC Press, 2010.

Jouquet P, Boquel E, Doan T T. Do compost and vermicopost improve marcornutrient retention and plant growth in degraded tropical soils? Compost Science and Utilization, 2011, 19 (1): 15-24.

Juraj P, Nejc B, John B, et al. MODIS snowline elevation changes during snowmelt runoff events in Europe. Journal of Hydrology and Hydromechanics, 2019, 67 (1): 101-109.

Kang L, Han X, Zhang Z, et al. Grassland ecosystems in China: review of current knowledge and research advancement. Philosophical Transactions of The Royal Society of London, 2007, 362 (1482): 997-1008.

Katalin P, Rob A, Michel B, et al. Mapping and modelling trade-offs and synergies between grazing intensity and ecosystem services in rangelands using global-scale datasets and models. Environmental Change, 2014, 29: 223-234.

Kennedy R E, Yang Z, Cohen W B. Detecting trends in forest disturbance and recovery using yearly Landsat time series: 1. LandTrendr—Temporal segmentation algorithms. Remote Sensing of Environment, 2010, 114 (12): 2897- 2910.

Kevyn J J, Catherine S T. Leaf Area and Water Content Changes after Permanent and Temporary Storage. PLoS ONE, 2012, 7: e42604

Khan S, Hanjra M A. Footprints of water and energy inputs in food production-global perspectives. Food Policy, 2009, 34 (2): 130-140.

Khishigbayar J, Fernández-Giménez M E, Angerer J P, et al. Mongolian rangelands at a tipping point? Biomass and cover are stable but composition shifts and richness declines after 20 years of grazing and increasing temperatures. Journal of Arid Environments, 2015, 115: 100-112.

Kitchen D J, Blair J M, Callaham M A. Annual fire and mowing alter biomass, depth distribution, and C and N content of roots and soil in tallgrass prairie. Plant Soil, 2009, 323 (1-2): 235-247.

Knapp C N, Fernandez-Gimenez M E, Briske D D, et al. An assessment of state-and- transition models: Perceptions following two decades of development and implementation. Rangeland Ecology and Management, 2011, 64: 598-606.

Kohler B, Gigon A, Edwards P J, et al. Changes in the species composition and conservation value of limestone grasslands in Northern Switzerland after 22 years of contrasting managements. Perspectives on Plant Ecology. Evolution and Systematics, 2005, 7 (1): 51-67.

Köhler M, Hiller G, Tischew S. Year-round horse grazing supports typical vascular plant species, orchids and rare bird communities in a dry calcareous grassland. Agriculture Ecosystems and Environment, 2000, 234: 48-57.

Kosi, Tardella F M, Rui M, et al. Assessment of floristic diversity, functional composition and management strategy of North Adriatic pastoral landscape (Croatia). Polish Journal of Ecology, 2011, 59 (4): 765-776.

Kotas P, Choma M, Santruckova H, et al. Linking above-and belowground responses to 16 years of fertilization, mowing, and removal of the dominant species in a temperate grassland. Ecosystems, 2017, 20: 354-367.

Krebs C J. Ecology: The experimental analysis of distribution and abundance. 3rd Ed. Harper and Row. New York, 1985.

Kristin G, Steffen B, Markus F, et al. Grassland management in Germany: effects on plant diversity and vegetation composition. Tuexenia, 2017, 37 (1): 379-397.

Kröpfl A I, Cecchi G A, Villasuso N M. Degradation and recovery processes in Semi-Arid patchy rangelands of northern Patagonia, Argentina. Land Degradation and Development, 2013, 24 (4): 393-399.

Kruse M, Stein-Bachinger K, Gottwald F, et al. Influence of grassland management on the biodiversity of plants and butterflies on organic suckler cow farms. Tuexenia, 2016, 36: 97-119.

Kuzyakov Y, Domanski G. Model for rhizodeposition and CO_2 efflux from planted soil and its validation by ^{14}C pulse labelling of ryegrass. Plant Soil, 2002, 239: 87-102.

Laliberté E, Legendre P. A distance-based framework for measuring functional diversity from multiple traits. Ecology, 2010, 91 (1): 299-305.

Larreguy C, Carrera A L, Bertiller M B. Reductions of plant cover induced by sheep grazing change the above-belowground partition and chemistry of organic C stocks in arid rangelands of Patagonian Monte, Argentina. Environmental Management, 2017, 199: 139-147.

Lavado R S, Sierra J O, Hashimoto P N. Impact of grazing on soil nutrients in a Pampean grassland. Journal of Range Management, 1996, 49 (5): 452-457.

Laycock W A. Stable states and thresholds of range condition on North American rangelands a viewpoint. Journal of Range Management, 1991, 44 (5): 427-433.

Legendre P, Cáceres M. Beta diversity as the variance of community data: dissimilarity coefficients and partitioning. Ecology Letters, 2013, 16 (8): 951-963.

Lemmens C, Boeck H D, Gielen B, et al. End-of-season effects of elevated temperature on ecophysiological processes of grassland species at different species richness levels. Environmental and Experimental Botany, 2006, 56 (3): 245-254.

Lewontin R C. The meaning of stability. Brookhaven Symp Biol, 1969, 22: 13-23.

Li W J, Ali S H, Zhang Q. Property rights and grassland degradation: a study of the Xilingol pasture, Inner Mongolia, China. Journal of Environmental Management, 2007, 85 (2): 461-470.

Li X L, Liu Z Y, Ren W B, et al. Linking nutrient strategies with plant size along a grazing gradient: Evidence from Leymus chinensis in a natural pasture. Journal of Integrative Agriculture, 2016, 15 (5): 1132-1144.

Li X, Zhou W. Quasi-4-Yr Coupling between El Niño-Southern Oscillation and Water Vapor Transport over East Asia-WNP. Journal of Climate, 2012, 25 (17): 5879-5891.

Li X Z, Wen Z P, Chen D L, et al. Decadal Transition of the Leading Mode of Interannual Moisture Circulation over East Asia- Western North Pacific: Bonding to Different Evolution of ENSO. Journal of Climate, 2019, 289–308.

Li Y Y, Dong S K, Wen L, et al. Three-dimensional framework of vigor, organization, and resilience (vor) for assessing rangeland health: a case study from the alpine meadow of the qinghai-tibetan plateau, China. Ecohealth, 2013, 10 (4): 423-433.

Li Z H, Bao Y J, Zhang J, et al. Comparative Analysis on Degradation and its Driving Factors in Xilin gol grassland and hulun buir grassland. Journal of Dalian Nationalities University, 2015, 17: 1-5.

Li X, Wen Z, Zhou W. Long-term change in summer water vapor transport over South China in recent decades. Journal of The Meteorological Society of Japan, 2011, 89A: 271-282.

Liang L Q, Li L J, Liu Q. Precipitation variability in Northeast China from 1961 to 2008. Journal of Hydrology, 2011, 404 (1-2): 67-76.

Lioubimtseva E, Colea R, Adams J M. Impacts of climate and land-cover changes in arid lands of Central Asia. Journal of Arid Environments, 2005, 62 (2): 285-308.

Liu J, Yang H, Savenije H H G. China's move to higher-meat diet hits water security. Nature, 2008, 454 (7203): 397-397.

Liu M, Liu G H, Wu X, er al. Vegetation traits and soil properties in response to utilization patterns of grassland in Hulun Buir City, Inner Mongolia, China. Chinese Geographical Science, 2014, 24: 471-478.

Liu X Z, Wei S C, Zhang Y L. The Floristic Constitution and Vegetational Characteristics Sutdy in Hulunbeier Region. Acta Prataculturae Sinica, 1994, 3 (4): 32-40.

Liu Z F, Yao Z, Huang H Q. Evaluation of Extreme Cold and Drought over the Mongolian Plateau. Water, 2019, 11 (1): 74.

Liu Z, Baoyin T, Sun J, et al. Plant sizes mediate mowing-induced changes in nutrient stoichiometry and allocation of a perennial grass in semi-arid grassland. Ecology and Evolution, 2018, 8 (6): 3109-3118.

Loiseau P, Louault F, Le Roux X, et al. Does extensification of rich grasslands alter the C and N cycles, directly or via species composition? Basic and Applied Ecology, 2005, 6 (3): 275-287.

López-Díaz M L, Rolo V, Benítez R, et al. Shrub encroachment of Iberian dehesas: implications on total forage productivity. Agroforestry Systems, 2015, 89 (4): 587-598.

Loreau M, Naeem S, Inchausti P, et al. Biodiversity and ecosystem functioning: current knowledge and future challenges. Science, 2001, 294 (5543): 804-808.

Lorenzen S M. Functional diversity affects decomposition processes in experimental grasslands. Functional Ecology, 2008, 22 (3): 547-555.

Loucougaray G, Bonis A, Bouzillé J B. Effects of grazing by horses and/or cattle on the diversity of coastal grasslands in western france. Biological Conservation, 2004, 116 (1): 59-71.

Loydi A, Zalba S M, Distel R A. Viable seed banks under grazing and exclosure conditions in montane mesic grasslands of argentina. Acta Oecologica, 2012b, 43:

8-15.

Loydi A. Effects of grazing exclusion on vegetation and seed bank composition in a mesic mountain grassland in argentina. Transactions of the Botanical Society of Edinburgh, 2019, 12（2）: 127-138.

Lunt I D, P G Spooner. Using an historical ecology to understand patterns of biodiversity in fragmented agricultural landscapes. Journal of Biogeography, 2005, 32: 1859-1873.

Luo W H, Man X L, Tian Y H. Runoff Characteristics of Forest Watershed in Greater Xing'an Mountain. Journal of Soil and Water Conservation, 2014, 28（3）: 83-103.

Ma Z Y, Liu H Y, Mi Z, et al. Climate warming reduces the temporal stability of plant community biomass production. Nature Communications, 2017, 8: 15378.

Maestre F T, Eldridge D J, Soliveres S, et al. The structure and functioning of dryland ecosystems in a changing world. Annual Review of Ecology Evolution and Systematics, 2016, 47: 215-237.

Maestre F T, Quero J L, Gotelli N J, et al. Plant species richness and ecosystem multifunctionality in global drylands. Science, 2012, 335（6065）: 214-218.

Magurran A E. Ecological Diversity and Its Measurement. New Jersey: Princeton University Press, 1988.

Man J, Deng B, Zhang J L, et al. Effects of litter covering on typical grassland vegetation and soil characteristics in inner Mongolia. Chinese Journal of Grassland, 2016, 38（2）: 59-64.

Manning P, Fons V, Soliveres S, et al. Redefining ecosystem multifunctionality. Nature Ecology & Evolution, 2018, 2（3）: 427-436.

Mansour K, Mutanga O, Everson T, et al. Discriminating indicator grass species for rangeland degradation assessment using hyperspectral data resampled to AISA Eagle resolution. ISPRS Journal of Photogrammetry and Remote Sensing, 2012, 70: 56-65.

Mansour K, Mutanga O, Everson T. Spectral discrimination of increaser species as an indicator of rangeland degradation using field spectrometry. Journal of Spatial Science, 2013, 58（1）: 101-117.

María B V, Nilda M A, Norman P. Soil degradation related to overgrazing in the semi-arid southern Caldenal area of Argentina. Soil Science, 2001, 166（7）: 441-450.

Marshall C B, Mclaren J R, Turkington R. Soil microbial communities resistant to changes in plant functional group composition. Soil Biology & Biochemistry, 2011, 43（1）: 78-85.

Mason N, Irz P, C Lanoiselée, et al. Evidence that niche specialisation explains species-energy relationships in lake fish communities. Journal of Animal Ecology, 2008, 77（2）: 285-296.

Mason N, Mouillot D, Lee W G, et al. Functional richness, functional evenness and functional divergence: the primary components of functional diversity. Oikos, 2005, 111（1）: 112-118.

Mason N W H, de Bello F, Doležal J, et al. Niche overlap reveals the effects of competition, disturbance and contrasting assembly processes in experimental grassland communities. Journal of Ecology, 2011, 99（3）: 788-796.

Mata R A D, McGeoch M, Tidon R. Drosophilid assemblages as a bioindicator system of human disturbance in the Brazilian Savanna. Biodiversity and Conservation, 2008, 17（12）: 2899-2916.

May R M. Thresholds and breakpoints in ecosystems with a multiplicity of stable states. Nature, 1977, 269: 471-477.

Mayer R, Kaufmann, Vorhauser K, et al. Effects of grazing exclusion on species composition in high-altitude grasslands of the Central Alps. Basic and Applied Ecology, 2009, 10（5）: 447-455.

Mayfield M M, Bonser S P, Morgan J W, et al. What does species richness tell us about functional trait diversity? Predictions and evidence for responses of species and functional trait diversity to land-use change. Global Ecology and Biogeography, 2010, 19（4）: 423-431.

Mc Laren J R, Turkington R. Ecosystem properties determined by plant functional group identity. Journal of Ecology, 2010, 98: 459-469.

Mcgill B J, Enquist B J, Weiher E, et al. Rebuilding community ecology from functional traits. Trends in Ecology and Evolution, 2006, 21（4）: 178-185.

McIntosh B S, Muetzelfeldt R I, Legg C J, et al. Reasoning with direction and rate of change in vegetation state transition modelling. Environmental Modelling and Software, 2003, 18: 915-927.

Mcsherry M E, Ritchie M E. Effects of grazing on grassland soil carbon: A global review. Global Change Biology, 2013, 19（5）: 1347-1357.

Michael D J, Don F L , Orie L L, et al. Standards for associations and alliances of the U.S. National Vegetation Classification. Ecological Monographs, 2009, 79（2）: 173-

199.

Miehe G, Bach K, Miehe S, et al. Alpine steppe plant communities of the Tibetan highlands. Applied Vegetation Science, 2011, 14: 547-560.

Miki T, Yokokawa T, Matsui K. Biodiversity and multifunctionality in a microbial community: a novel theoretical approach to quantify functional redundancy. Proceedings of the royal Society B: Biological Sciences, 2013, 281 (1776): 20132498.

Milberg P, Akoto B, Bergman K , et al. Is spring burning a viable management tool for species-rich grasslands? Applied Vegetation Science, 2014, 17 (3): 429-441.

Minasny B, Mcbratney A B. The australian soil texture boomerang: a comparison of the australian and usda/fao soil particle-size classification systems. Australian Journal of Soil Research, 2001, 39 (6): 1443-1451.

Miquel De Cáceres, Legendre, Moretti M. Improving indicator species analysis by combining groups of sites. Oikos, 2010, 119 (10): 1674-1684.

Mitchell F J G. How open were European primeval forests? Hypothesis testing using palaeoecological data. Journal of Ecology, 2005, 93 (1): 168-177.

Miyawaki A. Vegetation of Japan. Zhi Wen Tang, Tokyo (东京, 至文堂), 1980, 1-10 (in Japanese).

Moeslund J E, Arge L, Bøcher P K, et al. Topographically controlled soil moisture drives plant diversity patterns within grasslands. Biodiversity and Conservation, 2013, 22: 2151-2166.

Mohammat A, Wang X, Xu X, et al. Drought and spring cooling induced recent decrease in vegetation growth in Inner Asia. Agricultural and Forest Meteorology, 2013, 178 (5): 21-30.

Moinardeau C, Mesléard François, Ramone Hervé, et al. Short-term effects on diversity and biomass on grasslands from artificial dykes under grazing and mowing treatments. Environmental Conservation, 2018, 46 (2): 132-139.

Mouchet M A, Villéger S, Mason N W H, et al. Functional diversity measures: an overview of their redundancy and their ability to discriminate community assembly rules. Functional Ecology, 2010, 24 (4): 867-876.

Murakami T, Matsumoto J. Summer monsoon over the Asian continent and western North Pacific. Journal of the meteorological society of Japan, 1994, 72 (5): 719-745.

Naeem S, Thompson L, Lawler S, et al. Declining biodiversity can alter the performance of ecosystems. Nature, 1994, 368（6473）: 734-737.

Nan Z. The grassland farming system and sustainable agricultural development in China. Grassland Science, 2005, 51（1）: 15-19.

Narwani A, Matthews B, Fox J, et al. Using phylogenetics in community assembly and ecosystem functioning research. Functional Ecology, 2015, 29（5）: 589-591.

Nowak A, Nowak S, Nobis A, et al. Vegetation of feather grass steppes in the western Pamir Alai Mountains（Tajikistan, Middle Asia）. Phytocoenologia, 2016, 46: 295-315.

Oba G, Kaitira L. Herder knowledge of landscape assessments in arid rangelands in northern Tanzania. Journal of Arid Environments, 2006, 66（1）: 168-186.

OECD. Handbook on constructing composite indicators: methodology and user guide: OECD publishing, 2008.

Oliva G, Ferrante D, Paredes P, et al. A conceptual model for changes in floristic diversity under grazing in semi- arid Patagonia using the State and Transition framework. Journal of Arid Environments, 2016a, 127: 120-127.

Oliva G, Gaitan J , Ferrante D. Humans Cause Deserts: Evidence of Irreversible Changes in Argentinian Patagonia Rangelands. Berlin Heidelberg: Springer, 2016b.

Pan Q, Tian D, Naeem S, et al. Effects of functional diversity loss on ecosystem functions are influenced by compensation. Ecology, 2016, 97（9）: 2293-2302.

Paquette A, Messier C. The effect of biodiversity on tree productivity: from temperate to boreal forests. Global Ecology and Biogeography, 2011, 20（1）: 170-180.

Paracchini M L, Zulian G, Kopperoinen L, et al. Mapping cultural ecosystem services: a framework to assess the potential for outdoor recreation across the EU. Ecological Indicators, 2014, 45（4）: 371-385.

Parsons A J, Thronley J H M, Newton P C D, et al. Soil carbon dynamics: The effect of nitrogen input, intake demand and off-take by animals. Science of the Total Environment, 2013, 465（1）: 205-215.

Pausas J G, Austin M P. Patterns of plant species richness in relation to different environments: an appraisal. Journal of Vegetation Science, 2001, 12: 153-166.

Peer T, Gruber J P, Millinger A. Phytosociology, structure and diversity of the steppe vegetation in the mountains of Northern Pakistan. Phytocoenologia, 2008, 37（1）: 1-65.

Petchey O L, Gaston K J. Functional diversity: back to basics and looking forward.

Ecology Letters, 2006, 9（6）: 741-758.

Peter G, Funk F A, Robles S S T. Responses of vegetation to different land-use histories involving grazing and fire in the north-east patagonian monte, argentina. The Rangeland Journal, 2013, 35（3）: 273-283.

Peter M, Gigon A, Edwards P J, et al. Changes over three decades in the floristic composition of nutrient-poor grasslands in the swiss alps. Biodiversity and Conservation, 2009, 18（3）: 547-567.

Petz K, Alkemade R, Bakkenes M, et al. Mapping and modelling trade-offs and synergies between grazing intensity and ecosystem services in rangelands using global-scale datasets and models. Global Environmental Change, 2014, 29: 223-234.

Pickett S T A. Long- term studies in ecology. In Long- term Studies in Ecology（Likens, G E, ed.）: Springer-Verlag, 1989.

Pickett S, Collins S L, Armesto J J. Models, mechanisms and pathways to succession. The Botanical Review, 1987, 53（5）: 335-371.

Plant R E, M P Vayssieres. Combining expert system and GIS technology to implement a state- transition modelof oak woodlands. Computers and Electronics in Agriculture, 2000, 27: 71-93.

Pol R G, Sagario M C, Marone L. Grazing impact on desert plants and soil seed banks: Implications for seed-eating animals. Acta Oecologica, 2014, 55: 58-65.

Porqueddu C, Ates S, Louhaichi M, et al. Grasslands in “Old World” and “New World” Mediterranean-climate zones: past trends, current status and future research priorities. Grass and Forage Science, 2016, 71: 1-35.

Prober S M, Thiele K R, Lunt I D. Identifying ecological barriers to restoration in temperate grassy woodlands: Soil changes associated with different degradation states. Australian Journal of Botany, 2002, 50: 699-712.

Prober S M, Thiele K R, Lunt I D. Fire frequency regulates tussock grass composition, structure and resilience in endangered temperate woodlands. Austral Ecology, 2007, 32（7）: 808-824.

Pulsford S A, Lindenmayer D B, Driscoll D A. A succession of theories: purging redundancy from disturbance theory. Biological Reviews, 2016, 91（1）: 148-167.

Purvis A, Hector A. Getting the measure of biodiversity. Nature, 2000, 405（6783）: 212-219.

Qi Y, Fu B Q. Factors Affecting Daxinganling Foehn. Geographical Research, 1992, 11

（3）：16-21.

Qi Y. Airflow over mountain and Daxinganling foehn. Acta Geographica Sinica，1993，48（5）：403-411.

Qu X B，Sun X L，Feng J Y. Temporal and Spatial Variation of NDVI in Hulun Buir Grassland and its Response to Climate Change. Journal of Arid Meteorology，2018，36（1）：97-103.

Queiroz C，Beilin R，Folke C，et al. Farmland abandonment：threat or opportunity for biodiversity conservation? A global review. Frontiers in Ecology and the Environment，2014，12（5）：288-296.

Ravi S，Breshears D D，Huxman T E，et al. Land degradation in drylands：interactions among hydrologic-aeolian erosion and vegetation dynamics. Geomorphology，2010，116（3-4）：236-245.

Reed D N，Anderson T M，Dempewolf J，et al. The spatial distribution of vegetation types in the Serengeti ecosystem：the influence of rainfall and topographic relief on vegetation patch characteristics. Journal of Biogeography，2010，36（4）：770-782.

Rietkerk M，van de Koppel J. Alternate stable states and threshold effects in semi-arid grazing systems. Oikos，1997，79：69-76.

Rodriguez-Iturbe I，D'Odorico P，Porporato A，et al. On the spatial and temporal links between vegetation，climate，and soil moisture. Water Resources Research，1999，35（12）：3709-3722.

Rodwell J S. British Plant Communities. Cambridge，UK：Cambridge University Press，1991.

Röttgermann M，Steinlein T，Beyschlag W，et al. Linear relationships between aboveground biomass and plant cover in low open herbaceous vegetation. J Veg Sci，2000，11：145-148.

Rumpel C，Crème A，Ngo P T，et al. The impact of grassland management on biogeochemical cycles involving carbon，nitrogen and phosphorus. Journal of Soil Science and Plant Nutrition，2015，15（2）：353-371.

Rupprecht D，Gilhaus K，Hölzel N. Effects of year-round grazing on the vegetation of nutrient-poor grass-and heathlands—Evidence from a large-scale survey. Agriculture Ecosystems and Environment，2000，234：16-22.

Ruthrof K X，Fontaine J B，Buizer M，et al. Linking restoration outcomes with mechanism：the role of site preparation，fertilisation and revegetation timing relative to soil density and water content. Plant Ecology，2013，214（8）：987-998.

Ryabinina S N. Rastitelnyi pokrov stepei juzhnogo Urala (Orenburskaya Oblast) . Ministerstvo obrazovanya rassiyskoy federacii izdatelstvo orenburskogo gosudarstvennego. Orenburg: Pedagogicheskogo Universiteta, 2003.

Sampson A W. Succession as a Factor in Range Management. Journal of Clinical Endocrinology & Metabolism, 1917, 29 (11): 593-596.

Sanderson M, Skinner R, Barker D, et al. Plant species diversity and management of temperate forage and grazing land ecosystems. Crop Science, 2004, 44 (4): 1132-1144.

Sankaran M, Augustine D J. Large herbivores suppress decomposer abundance in a semiarid grazing ecosystem. Ecology, 2004, 85: 1052-1061.

Sato T, Tsujimura M, Yamanaka T, et al. Water sources in semiarid northeast Asia as revealed by field observations and isotope transport model. Journal of Geophysical Research, 2007, 112: D17122.

Schnabel F, Schwarz J A, Danescu A, et al. Drivers of productivity and its temporal stability in a tropical tree diversity experiment. Global Change Biology, 2019, 25 (12): 4257-4272.

Schuman G E, Reeder J D, Manley J T, et al. Impact of grazing management on the carbon and nitrogen balance of a mixed-grass rangeland. Ecological Applications, 1999, 9 (1): 65-71.

Schwoertzig E, Poulin N, Hardion L, et al. Plant ecological traits highlight the effects of landscape on riparian plant communities along an urban-rural gradient. Ecological Indicators, 2016, 61: 568-576.

Semmartin M, Aguiar M R, Distel R, et al. Litter quality and nutrient cycling affected by grazing-induced replacements in species composition along a precipitation gradient. Oikos, 2004, 107: 149-161.

Semmartin M, Garibaldi L A, Chaneton E J. Grazing history effects on above-and below-ground litter decomposition and nutrient cycling in two co-occurring grasses. Plant Soil, 2008, 303 (1): 177-189.

Semmartin M, Ghersa C M. Intra-specific changes in plant morphology, associated with grazing, and effects on litter quality, carbon and nutrient dynamics during decomposition. Austral Ecology, 2006, 31 (1): 99-105.

Senapati N, Chabbi A, Gastal F, et al. Net carbon storage measure in a mowed and grazed temperate sown grassland shows potential for carbon sequestration under grazed system. Carbon Management, 2014, 5 (2): 131-144.

Seto K C, Fragkias M, Güneralp B, et al. A meta-analysis of global urban land expansion. PLoS One, 2011, 6 (8): e23777.

Sheikhzadeh A, Bashari H, Esfahani M T, et al. Investigation of rangeland indicator species using parametric and non-parametric methods in hilly landscapes of central Iran. Journal of Mountain Science, 2019, 16: 1408-1418.

Shinoda M, Nachinshonhor G U, Nemoto M. Impact of drought on vegetation dynamics of the Mongolian steppe: A field experiment. Journal of Arid Environments, 2010, 74 (1): 63-69.

Shorrocks B, Bates W. The biology of African savannahs, second edition. Oxford: Oxford University Press, 2015.

Sicard A, Thamm A, Marona C, et al. Repeated evolutionary changes of leaf morphology caused by mutations to a homeobox gene. Current Biology, 2014, 24 (16): 1880-1886.

Smith A L, Barrett R L, Milner R N C. Annual mowing maintains plant diversity in threatened temperate grasslands. Applied Vegetation Science, 2018, 21: 207-218.

Smith M D, Koerner S E, Knapp A K, et al. Mass ratio effects underlie ecosystem responses to environmental change. Journal of Ecology, 2020, 108 (3): 1-10.

Smith R B. Hydrostatic Airflow over Mountains. Advances in Geophysics, 1989, 31: 1-41.

Snyman H A. Root studies on grass species in a semi-arid South Africa along a degradation gradient. Agriculture Ecosystems and Environment, 2009, 130 (3-4): 100-108.

Socher S A, Prati D, Boch S, et al. Direct and productivity-mediated indirect effects of fertilization, mowing and grazing on grassland species richness. Journal of Ecology, 2012a, 100 (6): 1391-1399.

Socher S A, Prati D, Boch S, et al. Interacting effects of fertilization, mowing and grazing on plant species diversity of 1500 grasslands in Germany differ between regions. Basic and Applied Ecology, 2013, 14 (2): 126-136.

Soliveres S, Eldridge D J, Hemmings F, et al. Nurse plant effects on plant species richness in drylands: the role of grazing, rainfall and species specificity. Perspectives in Plant Ecology Evolution and Systematics, 2012b, 14 (6): 402-410.

Song Y C. Recognition and proposal on the vegetation classification system of China. Chinese Journal of Plant Ecology, 2011, 35, 882-892 (in Chinese).

Soussana J F, Lüscher A. Temperate grasslands and global atmospheric change: A review. Grass and Forage Science, 2007, 62 (2): 127-134.

Spooner P G, Allcock K G. Using a State- and- Transition Approach to Manage Endangered Eucalyptus albens (White Box) Woodlands. Environmental Management, 2006, 38 (5): 771-783.

Srivastava D S, Vellend M. Biodiversity-ecosystem functio research: is it relevant to conservation? Annual Review of Ecology Evolution and Systematics, 2005, 36 (1): 267-294.

SRM TASK GROUP (Society for Range Management Task Group on Unity in Concepts and Terminology Committee) . New concepts for assessment of rangeland condition. Journal of Range Management, 1995, 48 (3): 271-282.

Steffens M, Kölbl A, Totsche K U. Grazing effects on soil chemical and physical properties in a semiarid steppe of Inner Mongolia (P R China) . Geoderma, 2008, 143 (1-2): 63-72.

Steinfeld H, Mooney H A, Schneider F, et al. Livestock in a Changing Landscape. Drivers, Consequences, and Responses. Washington, DC: Island Press, 2010.

Stevens C J, Lind E M, Hautier Y, et al. Anthropogenic nitrogen deposition predicts local grassland primary production worldwide. Ecology, 2015, 96 (6): 1459-1465.

Storkey J, Macdonald A J, Poulton P R, et al. Grassland biodiversity bounces back from long-term nitrogen addition. Nature, 2015, 528 (7582): 401-404.

Stringham T K, Krueger W C, Shaver P L. State and transition modeling: an ecological process approach. Journal of Range Management, 2003, 5: 106-113.

Stringham T K, W C Krueger, P L Shaver. States, transitions, and thresholds: Further refinements for rangeland applications. Agr. Exp. Sta. Oregon State Univ, 2001.

Su Y Z, Li Y L, Cui J Y, et al. Influences of continuous grazing and livestock exclusion on soil properties in a degraded sandy grassland, Inner Mongolia, Northern China. Catena, 2005, 59 (3): 267-278.

Sulla-Menashe D, Kennedy R E, Yang Z, et al. Detecting forest disturbance in the Pacific Northwest from MODIS time series using temporal segmentation. Remote Sensing of Environment, 2014, 151: 114-123.

Sun Y L, Guo P, Yan X D, et al. Dynamics of vegetation cover and its relationship with climate change and human activities in Inner Mongolia. Journal of Natural Resources, 2010, 25 (3): 407-414.

Swenson N G, Enquist B J, Thompson J. The influence of spatial and size scale on phylogenetic relatedness in tropical forest communities. Ecology, 2007, 88 (7): 1770-1780.

Szabó A, Ruprecht E. Restoration possibilities of dry grasslands afforested by pine: The role of seed bank and remnant vegetation. Tuexenia, 2018, 38: 405-418.

Tälle M, Deák B, Poschlod P, et al. Grazing vs. mowing: a meta-analysis of biodiversity benefits for grassland management. Agriculture Ecosystems and Environment, 2016, 222: 200-212.

TäLle M, Fogelfors H, Westerberg L, et al. The conservation benefit of mowing vs grazing for management of species-rich grasslands: a multi-site, multi-year field experiment. Nordic Journal of Botany, 2015, 33 (6): 761-768.

Tang H, Li Z W, Zhu Z L, et al. Variability and Climate Change Trend in Vegetation Phenology of Recent Decades in the Greater Khingan Mountain Area, Northeastern China. Remote sensing, 2015, 7 (9): 11914-11932.

Tang Z, Xu W, Zhou G, et al. Patterns of plant carbon, nitrogen, and phosphorus concentration in relation to productivity in China's terrestrial ecosystems. Proceedings of the National Academy of Sciences USA, 2018, 115 (16): 4033-4038.

Tao S, Chen L. A review of recent research on the East Asian monsoon in China. In: Chang C P, Krishnamurti T N Eds. New York: Oxford Univ. Press, 1987.

Tarrasón D, Ravera F, Reed M S, et al. Land degradation assessment through an ecosystem services lens: Integrating knowledge and methods in pastoral semi-arid systems. Journal of Arid Environments, 2016, 124: 205-213.

Taylor D L, Hollingsworth T N, McFarland J W, et al. A first comprehensive census of fungi in soil reveals both hyperdiversity and fine-scale niche partitioning. Ecological Monographs, 2014, 84 (1): 3-20.

Taylor S, Kumar L, Reid N, et al. Climate change and the potential distribution of an invasive shrub, Lantana camaraL. PLoS ONE, 2012, 7 (4): e35565.

Teague W R, Dowhower S L, Baker S A, et al. Grazing management impacts on vegetation soil biota and chemical physical and hydrological properties in tall grass prairie. Agriculture Ecosystems and Environment, 2011, 141 (3-4): 310-322.

Tiessen H, Cuevas E, Chacon P. The role of soil organic matter in sustaining soil fertility. Nature, 1994, 371 (6500): 783-785.

Tilman D, Balzer C, Hill J. Global food demand and the sustainable intensification of agriculture. Proceedings of the national academy of sciences of the United States of

America, 2011, 108 (50): 20260-20264.

Tilman D, Downing J A. Biodiversity and stability in grasslands. Nature, 1994, 367 (6461): 363-365.

Tilman D, Forest I, Cowles J M. Biodiversity and ecosystem functioning. Annual Review of Ecology and Systematics, 2014, 45: 471-493.

Tilman D, Knops J, Wedin D, et al. The Influence of functional diversity and composition on ecosystem processes. Science, 1997a, 277 (5330): 1300-1302.

Tilman D, Lehman C L, Thomson K T. Plant diversity and ecosystem productivity: theoretical considerations. Proceedings of the National Academy of Sciences of the United States of America, 1997b, 94 (5): 1857-1861.

Tilman D, Wedin D, Knops J. Productivity and sustainability influenced by biodiversity in grassland ecosystems. Nature, 1996, 379 (6567): 718-720.

Tilman D. The Ecological consequences of changes in biodiversity: a search for general principles. Ecology, 1999, 80 (5): 1455-1474.

Tong S, Lai Q, Zhang J, et al. Spatiotemporal drought variability on the Mongolian Plateau from 1980-2014 based on the SPEI-PM, intensity analysis and Hurst exponent. Science of the Total Environment, 2018, 615: 1557-1565.

Tongway D J, Ludwig J A. Restoring disturbed landscapes: putting principles into practice. Island Press, 2011.

Ueda H, Yasunari T. Maturing process of summer monsoon over the western North Pacific: A coupled ocean/ atmosphere system. Journal of the Meteorological Society of Japan, 1996, 74 (4): 493-508.

Ünal S, Şahin B, Urla Ö, et al. The Use of Indicator Species and Ecological Degradation Model for Condition Assessment in Turkey. Tarla Bitkileri Merkez Araştırma Enstitüsü Dergisi, 2017, 26 (2): 190-202.

Ünal S, Mutlu Z, Urla Ö, et al. The determination of indicator plant species for steppe rangelands of Nevşehir Province in Turkey. Turkish Journal of Agriculture and Forestry, 2013, 37: 401-409.

UNCCD. United Nations Convention to Combat Desertification in Countries Experiencing Serious Drought and/or Desertification, Particularly in Africa, Text With Annexes. Geneva: UNEP, 1995.

V Silva, Catry F X, Fernandes P M, et al. Effects of grazing on plant composition, conservation status and ecosystem services of Natura 2000 shrub-grassland habitat types. Biodiversity and Conservation, 2019, 1205-1224.

Valkó O, Tóthmérész B, Kelemen A, et al. Environmental factors driving seed bank diversity in alkali grasslands. Agriculture Ecosystems and Environment, 2014, 182（1）: 80-87.

Valkóet O, Török P, Matus G. Is regular mowing the most appropriate and cost-effective management maintaining diversity and biomass of target forbs in mountain hay meadows? Flora, 2012, 207（4）: 303-309.

Valone T J, M Meyer, J H Brown, et al. Timescale of perennial grass recovery in desertified and grasslands following livestock removal. Conservation Biology, 2002, 16: 995-1002.

Van-Auken O, Bush J K. Invasion of woody Legumes. New York: Springer, 2013.

Vecchio M C, Bolaños V A, Golluscio R A, et al. Rotational grazing and exclosure improves grassland condition of the halophytic steppe in flooding pampa（argentina）compared with continuous grazing. Rangel and Journal, 2019, 41（1）: 1-12.

Verbesselt J, Hyndman R, Newnham G, et al. Detecting trend and seasonal changes in satellite image time series. Remote Sensing of Environment, 2010a, 114（1）: 106-115.

Verbesselt J, Hyndman R, Zeileis A. Phenological change detection while accounting for abrupt and gradual trends in satellite image time series. Remote Sensing of Environment, 2010b, 114（12）: 2970-2980.

Villéger S, Mason N, Mouillot D. New multidimensional functional diversity indices for a multifaceted framework in functional ecology. Ecology, 2008, 89（8）: 2290-2301.

Vitasovic K I, Tardella F M, Ruscic M, et al. Assessment of floristic diversity, functional composition and management strategy of North Adriatic pastoral landscape（Croatia）. Polish Journal of Ecology, 2011, 59（4）: 765-776.

Vries M F W D, Manibazar N, Dügerlham S. The vegetation of the forest-steppe region of hustain nuruu, Mongolia. Vegetatio, 1996, 122（2）: 111-127.

Wahlman H, Milberg P. Management of semi-natural grassland vegetation; evaluation of long-term experiment in southern Sweden. Annales Botanici Fennici, 2002, 39（2）: 159-166.

Walker L R, Wardle D A, Bardgett R D, et al. The use of chronosequences in studies of ecologicalsuccession and soil development. Journal of Ecology, 2010, 98（4）: 725-736.

Walter J, Hein R, Beierkuhnlein C, et al. Combined effects of multifactor climate change and land-use on decomposition in temperate grassland. Soil Biology and Biochemistry, 2013, 60: 10-18.

Wan Z Q, Yang J Y, Gu R, et al. Influence of different mowing systems on community characteristics and the compensatory growth of important species of the Stipa grandis steppe in Inner Mongolia. Sustainability, 2016, 8 (11): 1121.

Wang B, Wu L J, Chen D M, et al. Grazing simplifies soil micro-food webs and decouples their relationships with ecosystem functions in grasslands. Global Change Biology, 2019, 1-12.

Wang B, Wu R, Fu X. Pacific-East Asian Teleconnection: How Does ENSO affects Asian Climate? Journal of Climate, 2000, 13: 1517-1536.

Wang D, Chi Z, Yue B, et al. Effects of mowing and nitrogen addition on the ecosystem C and N pools in a temperate steppe: A case study from northern China. Catena, 2019, 185: 104332.

Wang G, Zhou G, Yang L. Distribution, species diversity and life form spectra of plant communities along an altitudinal gradient in the northern slopes of Qilianshan Mountains, Gansu, China. Plant Ecology, 2002, 165: 169-181.

Wang H, Li Z, Gong Y. Single irrigation can achieve relatively high production and water use efficiency of Siberian wildrye grass in the semiarid agropastoral ecotone of North China. Agronomy Journal, 2009, 101 (4): 996-1002.

Wang J, Rich P M, Price K P, et al. Temporal responses of NDVI to precipitation and temperature in the central Great Plains, USA. International Journal of Remote Sensing, 2003, 24 (11): 2345-2364.

Wang L, Tian F, Wang Y, et al. Acceleration of global vegetation greenup from combined effects of climate change and human land management. Global Change Biology, 2018, 24 (11): 5484-5499.

Wang P, Lassoie J P, Morreale S J, et al. A critical review of socioeconomic and natural factors in ecological degradation on the Qinghai-Tibetan Plateau, China. Rangeland Journal, 2015, 37 (1): 1-9.

Wang X, Li F Y, Wang Y. High ecosystem multifunctionality under moderate grazing is associated with high plant but low bacterial diversity in a semi-arid steppe grassland. Plant and Soil, 2020, 448 (1): 265-276.

Wang Z, Deng X, Song W. What is the main cause of grassland degradation? A case study of grassland ecosystem service in the middle- south Inner Mongolia. CATENA, 2017, 150: 100-107.

Wardle D A, Bardgett R D, Klironomos J N, et al. Ecological Linkages Between Aboveground and Belowground Biota. Science, 2004, 304 (5677): 1629-1633.

Wardle D A, Bonner K I, Barker G M. Linkages between plant litter decomposition, litter quality, and vegetation responses to herbivores. Functional Ecology, 2002, 16 (5): 585-595.

Watts L M, Laffan S W. Effectiveness of the BFAST algorithm for detecting vegetation response patterns in a semi- arid region. Remote Sensing of Environment, 2014, 154: 234-245.

Webb C O, Ackerly D D, Kembel S W. Phylocom: software for the analysis of phylogenetic community structure and trait evolution. Bioinformatics, 2008, 24 (18): 2098-2100.

Webb C O, Ackerly D D, McPeek M A, et al. Phylogenies and community ecology. Annual Review of Ecology and Systematics, 2002, 33: 475-505.

Webb C O. Exploring the phylogenetic structure of ecological communities: an example for rain forest trees. American Naturalist, 2000, 156 (2): 143-155.

Weemstra M, Mommer L, Visser E, et al. Towards a multidimensional root trait framework: a tree root review. New Phytol, 2016, 211: 1159-1169.

Weigelt A, Marquard E, Temperton V M, et al. The Jena Experiment: six years of data from a grassland biodiversity experiment. Ecology, 2010, 91 (3): 930.

Weigelt A, Weisser W W, Buchmann N. Biodiversity for multifunctional grasslands: equal productivity in high-diversity low-input and low-diversity high-input systems. Biogeosciences Discussions, 2009, 6 (8): 1695-1706.

Werger M J A , van Staalduinen M A (eds.). Eurasian steppes. Ecological problems and livelihoods in a changing world. Springer, Dordrecht, NL, 2012: 3-44.

Werger M, Staalduinen M V. The Steppe Biome in Russia: Ecosystem Services, Conservation Status, and Actual Challenges. Springer Netherlands, 2012, 10.1007/978-94-007-3886-7 (Chapter 2): 45-101.

Westoby M, B H Walker, I Noy- Meir. Range management on the basis of a model which does not seek to establish equilibrium. Journal of Arid Environments, 1989b, 17: 235-239.

Westoby M, B H Walker, I Noy- Meir. Opportunistic management for rangelands not at equilibrium. Journal of Range Management, 1989a, 42: 266-274.

Whalley R D B. State and transition models for rangelands. 1. Successional theory and vegetation change. Tropical Grasslands, 1994, 28: 195-205.

Whittaker R H. Evolution of measurement of species diversity. Taxon, 1972, 21（2-3）: 213-251.

Williams J W, Webb T, Richard P H, et al. Late quaternary biomes of Canada and the eastern United States. Journal of Biogeography, 2000, 27: 585-607.

Williams M A, Baker W L. Testing the accuracy of new methods for reconstructing historical structure of forest landscape using GLO survey data. Ecological Monographs, 2011, 81（1）: 63-88.

Willis K J, Birks H J B. What is natural? The need for a long-term perspective in biodiversity conservation. Science, 2006, 314（5803）: 1261-1265.

Willner W, Kuzemko A, Dengler J, et al. A higher-level classification of the Pannonian and western Pontic steppe grasslands（Central and Eastern Europe）. Applied Vegetation Science, 2016, 20（1）: 143-158.

Wilson A D, MacLeod N D. Overgrazing: present or absent? Journal of Range Management, 1991, 44（5）: 475-482.

Wissel C. A universal law of the characteristic return time near thresholds. Oecologia, 1984, 65: 101-107.

Wisz M S, Pottier J, Kissling W D. The role of biotic interactions in shaping distributions and realised assemblages of species: implications for species distribution modelling. Biological Reviews, 2013, 88: 15-30.

Witten G Q, Richardson F D, Shenker N. Aspatial-temporal analysis on pattern formation around water points in a semi-arid rangeland system. Journal of Biological Systems, 2005, 13（1）: 59-81.

Wolfgang C, Alberte B, Woodward F I, et al. Global response of terrestrial ecosystem structure and function to CO_2 and climate change: results from six dynamic global vegetation models. Global Change Biology, 2001, 7（4）: 357-373.

Wu Z Y, Zhou Z K, Li D Z. The areal- types of the world families of seed plants. Acta Botanica Yunnanica, 2003, 25: 245- 257.

Wu Z Y, Zhou Z K, Sun H, et al. The areal- types of seed plants and their origin and differentiation. Kunming: Yunnan. Beijing: Science and Technology Press, 2006.

Wu Z Y. The areal-types of Chinese genera of seed plants. Acta Botanica Yunnanica Supplement, 1991, 4: 1-139.

Xu B, Wang L, Gu Z, et al. Decoupling of climatic drying and Asian dust export during the Holocene. Journal of Geophysical Research, 2018, 123（2）: 915-928.

Yanagawa A, Sasaki T, Jamsran U. Factors limiting vegetation recovery processes after cessation of cropping in a semiarid grassland in Mongolia. Journal of Arid Environments, 2016, 131: 1-5.

Yang G J, Lü X T, Stevens C J. Correction to: mowing mitigates the negative impacts of n addition on plant species diversity. Oecologia, 2019, 189: 769-779.

Yang H, Jiang L, Li L, et al. Diversity-dependent stability under mowing and nutrient addition: evidence from a 7-year grassland experiment. Ecology Letters, 2012, 15 (6): 619-626.

Yang J, Zhang G C, Ci X Q, et al. Functional and phylogenetic assembly in a Chinese tropical tree community across size classes, spatial scales and habitats. Functional Ecology, 2013, 28: 520-529.

Yang R W, Wang J, Zhang T Y. Change in the relationship between the Australian summer monsoon circulation and boreal summer precipitation over Central China in the late 1990s. Meteorology and Atmospheric Physics, 2017a, 131: 105-113.

Yang Y, Wang Z, Li J, et al. Comparative assessment of grassland degradation dynamics in response to climate variation and human activities in China, Mongolia, Pakistan and Uzbekistan from 2000 to 2013. Journal of Arid Environments, 2016, 135: 164-172.

Yang Z, Baoyin T, Minggagud H, et al. Recovery succession drives the convergence, and grazing versus fencing drives the divergence of plant and soil N/P stoichiometry in a semiarid steppe of Inner Mongolia. Plant and Soil, 2017b, 420 (10): 1-12.

Yang S H, Lu R Y. Predictability of the East AsianWinter Monsoon Indices by the Coupled Models of Ensembles. Advances in Atmospheric Sciences, 2014, 31: 1279-1292.

Yao X, Zhang N, Zeng H, et al. Effects of soil depth and plant-soil interaction on microbial community in temperate grasslands of northern China. Science of the Total Environment, 2018, 630: 96-102.

Yayneshet T, Eik L O, Moe S R. The effects of exclosures in restoring degraded semi-arid vegetation in communal grazing lands in northern Ethiopia. Journal of arid environments, 2009, 73 (4-5): 542-549.

Yelenik S G, Levine J M. Processes limiting native shrub recovery in exotic grasslands after non-native herbivore removal. Restoration Ecology, 2010, 18 (s2): 418-425.

Yin H, Pflugmacher D, Li A, et al. Land use and land cover change in Inner Mongolia-

understanding the effects of China's re- vegetation programs. Remote Sensing of Environment, 2018, 204: 918-930.

Yin X, Qi W, Du G. Diversity effects under different nutrient addition and cutting frequency environments in experimental plant communities. Ecological Research, 2017, 32 (4), 611-619.

Yu C, Zhang Y, Claus H, et al. Ecological and Environmental Issues Faced by a Developing Tibet. Environmental Science and Technology, 2012, 46 (4): 1979.

Yuan Y, Meng Y, Lin L, et al. Continuous change detection and classification using hidden Markov model: A case study for monitoring urban encroachment onto farmland in Beijing. Remote Sensing, 2015, 7 (11): 15318-15339.

Yun W, Wesche K. Vegetation and soil responses to livestock grazing in central Asian grasslands: a review of Chinese literature. Biodiversity and Conservation, 2016, 25 (12): 2401-2420.

Zhang B W, Cui L L, Shi J, et al. Vegetation dynamics and their response to climatic variability in China. Advances in Meteorology, 2017a, 14: 1-10.

Zhang G L, Xu X L, Zhou C P, et al. Responses of grassland vegetation to climatic variations on different temporal scales in Hulun Buir Grassland in the past 30 years. Journal of Geographical Sciences, 2011, 21 (4): 634-650.

Zhang Y, Loreau M, He N. Mowing exacerbates the loss of ecosystem stability under nitrogen enrichment in a temperate grassland. Functional Ecology, 2017b, 31 (8): 1637-1646.

Zhang Y, Lu W J, Zhang H. Grassland management practices in Chinese steppes impact productivity, diversity and the relationship. Frontiers of Agricultural Science and Engineering, 2018, 5 (1): 57-63.

Zhang C H, Li S G, Zhang L M, et al. Effects of Species and Low Dose Nitrogen Addition on Litter Decomposition of Three Dominant Grasses in Hulun Buir Meadow Steppe. Journal of Resources and Ecology, 2013, 4 (1), 20-26.

Zhao K, Wulder M, Hu T, et al. Detecting change-point, trend, and seasonality in satellite time series data to track abrupt changes and nonlinear dynamics: A bayesian ensemble algorithm. Remote Sensing of Environment, 2019, 232: 111-181.

Zhao Y Z. Classification and Its Floristic Ecological Geographic Distributions of Vascular Plants in Inner Mongolia. Huhhot, China: Inner Mongolia University Press, 2012.

Zheng Q, Gang L, Xiao B, et al. Effect of grazing intensity on species richness and biomass of alpine meadow in northwest Sichuan. Pratacultural Science, 2017, 34: 1390-1396.

Zhong L, Ma Y M, Salama M S, et al. Assessment of vegetation dynamics and their response to variations in precipitation and temperature in the Tibetan Plateau. Climatic Change, 2010, 103 (3e4): 519-535.

Zhou G Y, Luo Q, Chen Y J, et al. Interactive effects of grazing and global change factors on soil and ecosystem respiration in grassland ecosystems: A global synthesis. Journal of Applied Ecology, 2019a, 25 (3): 1119-1132.

Zhou G, Zhou X, He Y, et al. Grazing intensity significantly affects belowground carbon and nitrogen cycling in grassland ecosystems: A meta-analysis. Global Change Biology, 2017a, 23 (3): 1167-1179.

Zhou J Q, Wilson G W T, Cobb A B, et al. Phosphorus and mowing improve native alfalfa establishment, facilitating restoration of grassland productivity and diversity. Land Degradation and Development, 2019b, 30 (6): 647-657.

Zhou P, Ang B W, Poh K L. A mathematical programming approach to constructing composite indicators. Ecological Economics, 2007, 62 (2): 291-297.

Zhou W, Gang C, Chen Y, et al. Grassland coverage inter-annual variation and its coupling relation with hydrothermal factors in China during 1982-2010. Chinese Geographical Science, 2014, 24: 593-611.

Zhou W, Gang C, Zhou F. Quantitative assessment of the individual contribution of climate and human factors to desertification in northwest China using net primary productivity as an indicator. Ecological Indicators, 2015, 48: 560-569.

Zhou W, Yang H, Huang L, et al. Grassland degradation remote sensing monitoring and driving factors quantitative assessment in China from 1982 to 2010. Ecological Indicators, 2017b, 83: 303-313.

Zhu Y J, Manuel D B, Shan D, et al. Diversity-productivity relationships vary in response to increasing land-use intensity. Plant Soil, 2020, 450: 511-520.

Zhu Y J, Shan D, Wang B, et al. Floristic features and vegetation classification of the Hulun Buir steppe in North China: geography and climate-driven steppe diversification. Global Ecology and Conservation, 2019a, 20: e00741.

Zhu Y J, Wei W, Li H, et al. Modelling the potential distribution and shifts of three varieties of Stipa tianschanica in the eastern Eurasian steppe under multiple climate change scenarios. Global Ecology and Conservation, 2018, 16: e00501.

Zhu Z, Woodcock C E. Continuous change detection and classification of land cover using all available Landsat data. Remote Sensing of Environment, 2014, 144: 152-171.

Zhu Z, Zhang J, Yang Z, et al. Continuous monitoring of land disturbance based on Landsat time series. Remote Sensing of Environment, 2019b, 238: 111116.

Ziv G, Hassall C, Bartkowski B, et al. A bird's eye view over ecosystem services in Natura 2000 sites across Europe. Ecosystem Services, 2017, 30: 287-298.

白乌云，侯向阳．气候变化对草地植物优势种的影响研究进展．中国草地学报，2021，43（4）：107-114.

宝音陶格涛，刘美玲．退化草原轻耙处理过程中植物种多样性变化的研究．中国沙漠，2003，23（4）：441-445.

保平．半干旱草原区松土改良增产效益分析．中国草地学报，1998（4）：46-48.

陈灵芝，孙航，郭柯．中国植物区系与植被地理．北京：科学出版社，2014.

陈秋红，周尧治，辛晓平．近50年来呼伦贝尔草原沙漠化主要影响因素的定量分析．中国人口·资源与环境，2008，18（5）：199-204.

陈子萱，田福平，武高林，等．补播禾草对玛曲高寒沙化草地各经济类群地上生物量的影响．中国草地学报，2011，33（4）：58-62.

陈佐忠，汪诗平．关于建立草原生态补偿机制的探讨．草地学报，2006，14（1）：1-8.

道日娜，宋彦涛，乌云娜，等．克氏针茅草原植物叶片性状对放牧强度的响应．应用生态学报，2016，7：2231-2238.

董建林，雅洁．呼伦贝尔沙地近十年来土地沙漠化变化分析．林业资源管理，2002，4：39-43.

方精云，郭柯，王国宏，等．《中国植被志》的植被分类系统、植被类型划分及编排体系．植物生态学报，2020，44（2）：96-110.

郭柯，方精云，王国宏，等．中国植被分类系统修订方案．植物生态学报，2020，44（2）：111-127.

韩广，张桂芳．呼伦贝尔草原沙漠化土地的综合整治区划．中国沙漠，2000，20（1）：25-30.

韩广．呼伦贝尔草原沙漠化的综合评估研究．中国草地，1995（2）：20-25.

韩涛涛，唐玄，任海，等．群落/生态系统功能多样性研究方法及展望．生态学报，2021，41（8）：3286-3295.

侯学煜 . 中国的植被 . 北京：人民教育出版社，1960.

呼伦贝尔盟土壤普查办公室 . 呼伦贝尔盟土壤 . 呼和浩特：内蒙古人民出版社，1992.

黄建辉，白永飞，韩兴国 . 物种多样性与生态系统功能：影响机制及有关假说 . 生物多样性，2001，9（1）：1-7.

黄茜，陈珂，刘霁瑶，等 . Scar 分子标记和叶形分析对银杏性别鉴定的研究 . 西南大学学报（自然科学版），2016，38（3）：62-69.

雷羚洁，孔德良，李晓明，等 . 植物功能性状、功能多样性与生态系统功能：进展与展望 . 生物多样性，2016，24（8）：922-931.

李博，孙鸿良，曾泗弟，等 . 呼伦贝尔牧区草场植被资源及其利用方向的探讨 . 资源科学，1980（4）：30-30.

李博 . 内蒙古地带性植被的基本类型及其生态地理规律 . 内蒙古大学学报（自然科学版），1962（2）：43-76.

李博 . 内蒙古植被研究史 . 内蒙古大学学报（自然科学版），1964（1）：1-14.

李博 . 中国北方草地退化及其防治对策 . 中国农业科学，1997，30（6）：1-9.

李博 . 中国草原植被的一般特征 . 中国草地学报，1979，1：2-12.

李继侗 . 李继侗文集：内蒙古呼伦贝尔盟谢尔塔拉种蓄场的植被 . 北京：科学出版社，1986.

刘琼，席青虎，乌仁其其格 . 不同利用方式对呼伦贝尔草甸草原植物群落特征的影响 . 中国草地学报，2020，42（6）：60-68.

刘钟龄，王炜，郝敦元 . 内蒙古草原退化与恢复演替机理的探讨 . 干旱区资源与环境，2002，16（1）：84-91.

刘钟龄 . 北方草原退化及其植被演替 . 北京：科学出版社，2005.

刘钟龄 . 内蒙古草原区植被概貌 . 内蒙古大学学报（自然科学版），1960（2）：49-76.

吕世海，卢欣石，金维林 . 呼伦贝尔草地风蚀沙漠化演变及其逆转研究 . 干旱区资源与环境，2005，19（3）：59-63.

马克平 . 生物群落多样性的测度方法 Ⅰ α 多样性的测度方法（上）. 生物多样性，1994（3）：162-168.

聂浩刚，岳乐平，杨文，等 . 呼伦贝尔草原沙漠化现状、发展态势与成因分析 . 中国沙漠，2005，25（5）：635-640.

聂莹莹，杜广明，王国庆，等 . 围栏封育对呼伦贝尔草甸草原群落物种多样性的影

响 . 中国草地学报，2016，38（6）：106-110.

钱崇澍，吴征镒，陈昌笃 . 中国植被的类型 . 地理学报，1956，22：37-92.

山丹，朱媛君，刘艳书，等 . 呼伦贝尔草原南缘植被类型分异及生物多样性特征 . 生态学杂志，2019，38（3）：4-11.

宋永昌 . 植被生态学 . 上海：华东师范大学出版社，2001.

宋永昌，阎恩荣，宋坤 . 再议中国的植被分类系统 . 植物生态学报，2017，41（2）：269-278.

孙鸿烈 . 中国生态系统 . 北京：科学出版社，2005.

唐海萍，陈姣，薛海丽 . 生态阈值：概念、方法与研究展望 . 植物生态学报，2015，39（9）：932-940.

铁军，马婧，金山，等 . 濒危植物南方红豆杉的叶面积测定及其相关分析 . 山西大学学报（自然科学版），2012（3）：581-586.

王炜，刘钟龄，郝敦元，等 . 内蒙古退化草原植被对禁牧的动态响应 . 气候与环境研究，1997，2（3）：236-240.

王百竹，朱媛君，山丹，等 . 呼伦贝尔典型草原群落退化对其物种多样性及生物量的影响 . 植物资源与环境学报，2019（4）：68-76.

王国宏，方精云，郭柯，等 .《中国植被志》研编的内容与规范 . 植物生态学报，2020，44（2）：128-178.

王明玖，李青丰，青秀玲 . 贝加尔针茅草原围栏封育和自由放牧条件下植物结实数量的研究 . 中国草地，2001，23（6）：21-26.

王玉辉，何兴元，周广胜 . 放牧强度对羊草草原的影响 . 草地学报，2002，10（1）：45-49.

乌兰，韩国栋，乔江，等 . 生态地境和状态——转换模型的研究综述 . 中国草地学报，2014，36（3）：90-97.

吴征镒，孙航，周浙昆 . 中国种子植物区系地理 . 北京：科学出版社，2011.

徐炜，井新，马志远，等 . 生态系统多功能性的测度方法 . 生物多样性，2016b，24（1）：72-84.

徐炜，马志远，井新，等 . 生物多样性与生态系统多功能性：进展与展望 . 生物多样性，2016a，24（1）：55-71.

闫玉春，唐海萍 . 围栏禁牧对内蒙古典型草原群落特征的影响 . 西北植物学报，2007，27（6）：1225-1232.

杨春华，李向林，张新全，等 . 秋季补播多花黑麦草对扁穗牛鞭草草地产量、质量

和植物组成的影响 . 草业学报，2004，13（6）：80-86.

杨利民，周广胜，李建东 . 松嫩平原草地群落物种多样性与生产力关系的研究 . 植物生态学报，2002，26（5）：589-593.

游旭，杨浩 . 糙隐子草生态学研究进展 . 草地学报，2016，24（4）：726-730.

张璐，郝匕台，齐丽雪，等 . 草原群落生物量和土壤有机质含量对改良措施的动态响应 . 植物生态学报，2018，42（3）：317- 326.

张苏琼，阎万贵 . 中国西部草原生态环境问题及其控制措施 . 草业学报，2006，15（5）：11-18.

赵一之，赵利清，曹瑞 . 内蒙古植物志（第三版）. 呼和浩特：内蒙古人民出版社，2018.

赵一之 . 呼伦贝尔草原区的植物资源及其开发利用保护意见 . 干旱区资源与环境，1987，2：111-118.

赵一之 . 内蒙古维管植物分类及其区系生态地理分布 . 呼和浩特：内蒙古大学出版社，2012.

中国呼伦贝尔草地编委会 . 中国呼伦贝尔草地 . 长春：吉林科学技术出版社，1992.

中国科学院内蒙古宁夏综合考察队 . 内蒙古植被 . 北京：科学出版社，1985.

中国科学院中国植被图编辑委员会 . 中国植被图集 . 北京：科学出版社，2001.

中国植被编辑委员会 . 中国植被 . 北京：科学出版社，1980.

朱媛君，乔鲜果，郭柯，等 . 中国戈壁针茅草原的分布、群落特征和分类 . 植物生态学报，2018a，42（7）：785-792.

朱媛君，山丹，张晓，等 . 揭示群落结构及其环境响应的联合物种分布模型的研究进展 . 应用生态学报，2018b，29（12）：4217-4225.

朱媛君，杨晓晖，时忠杰，等 . 林分因子对张北杨树人工林林下草本层物种多样性的影响 . 生态学杂志，2018c，37（10）：2869-2879.

朱媛君，张璞进，邢娜，等 . 毛乌素沙地丘间低地植物群落分类与排序 . 中国沙漠，2016，36（6）：1580-1589.

朱媛君，杨劼，万俊华，等 . 毛乌素沙地丘间低地主要植物叶片性状及其相互关系 . 中国沙漠，2015，35（6）：1496-1504.

周澎，朱凌红，王艳荣 . 洽草的研究进展及其生态适应特性 . 内蒙古民族大学学报（自然科学版），2014，29（1）：37-40.

祝廷成 . 我国的草原 . 北京：中国青年出版社，1964.